U0806189

刚柔组合基层沥青路面研究及应用技术

陈渊召　张舒畅　徐　莆　著

黄河水利出版社
·郑州·

内 容 提 要

本书在充分分析国内外刚柔组合基层沥青路面研究成果的基础上，结合实体工程对刚柔组合基层沥青路面进行了系统研究。本书详细阐述了半刚性材料性能、开裂机制、开裂预估，柔性层材料路用性能、配合比设计，刚柔组合基层路面结构荷载内力的敏感性分析、温度应力计算，基于车辙仪改进的刚柔组合基层疲劳模拟试验，基于刚柔组合基层结构抗裂疲劳的柔性层最佳厚度确定，刚柔组合基层层间处治材料性能，沥青稳定碎石排水基层性能，大粒径密级配沥青稳定碎石基层性能，刚柔组合基层沥青路面车辙预估及结构设计方法，柔性沥青碎石基层压实特性及机械合理配置、试验路铺筑、试验路检测评价、典型结构推荐等内容。

本书适合公路工程技术人员、相关专业院校师生及科研人员参考使用。

图书在版编目(CIP)数据

刚柔组合基层沥青路面研究及应用技术/陈渊召，张舒畅，徐莆著. —郑州：黄河水利出版社，2013.6

ISBN 978-7-5509-0495-8

Ⅰ.①刚… Ⅱ.①陈… ②张… ③徐… Ⅲ.①沥青路面-基层材料-研究 Ⅳ.①U416.217

中国版本图书馆 CIP 数据核字(2013)第 124371 号

策划编辑：李洪良 电话：0371-66024331 E-mail：hongliang0013@163.com

出 版 社：黄河水利出版社

地址：河南省郑州市顺河路黄委会综合楼 14 层 邮政编码：450003

发行单位：黄河水利出版社

发行部电话：0371-66026940、66020550、66028024、66022620(传真)

E-mail：hhslcbs@126.com

承印单位：黄河水利委员会印刷厂

开本：787 mm×1 092 mm 1/16

印张：17.75

字数：410 千字 印数：1—1 000

版次：2013 年 6 月第 1 版 印次：2013 年 6 月第 1 次印刷

定价：49.00 元

前言

半刚性基层沥青路面的早期破坏一直是困扰我国工程技术人员的一个主要问题，部分高速公路在开放交通几年内就出现了开裂、车辙、坑槽、抗滑性能不足等早期破坏类型，严重影响道路使用性能，不得不进行修复，从而造成严重的经济损失和很坏的社会影响。近年来国内公路建设中开始使用柔性基层，但随着沥青层的加厚，加之近年来沥青价格的飞涨，路面建设费用大幅上扬，同时由于对柔性基层沥青路面车辙等问题的研究不足，使公路建设乃至相关规范面临困惑。如何发挥柔性基层与半刚性基层的优势，并且使得初期造价提高不多，是我们道路工作者应思考的问题。我们通过调查半刚性基层沥青路面的使用现状和国内外路面结构类型，基于路面结构耐久性的设计理念，提出了沥青稳定碎石柔性层＋半刚性层的刚柔组合基层结构。

在当前公路建设的高潮时期，及时总结新时期公路建设实践经验，借鉴已有技术，形成系统理论并以此指导施工，正是编写《刚柔组合基层沥青路面研究及应用技术》的意义所在。根据研究成果，我们从刚柔组合基层沥青路面路用性能控制出发，详细介绍了刚柔组合基层柔性沥青层压实参数及机械合理配置方式，推荐了沥青层新型压实方式，提出了施工过程离析控制方法。

本书共10章，第1章介绍了半刚性基层和沥青碎石类基层的使用状况调查分析；第2章介绍了半刚性材料性能、开裂机制及开裂预估；第3章介绍了柔性层材料技术要求、配合比设计及路用性能；第4章介绍了刚柔组合基层路面结构荷载内力和温度应力的敏感性分析、刚柔组合基层疲劳性能；第5章介绍了刚柔组合基层层间处治材料性能；第6章介绍了沥青稳定碎石排水基层功能、技术指标要求、组成设计及路用性能；第7章介绍了大粒径密级配沥青稳定碎石基层功能、组成设计及力学性能；第8章介绍了刚柔组合基层沥青路面车辙预估、设计控制指标与标准、设计方法；第9章介绍了柔性沥青碎石基层压实特性及机械合理配置、新型碾压方式；第10章阐述了试验段检测评价方法，推荐了刚柔组合基层沥青路面典型结构。

全书由华北水利水电大学陈渊召、邯郸市交通运输局公路工程管理处张舒畅、邯郸市光太公路工程有限公司徐莆写作完成。其中，陈渊召负责第3章、第5章、第6章和第9章；张舒畅负责第1章、第2章和第10章；徐莆负责第4章、第7章和第8章。本书可供公路设计、施工、研究人员及相关院校师生参考使用。

由于作者水平有限，如有不妥之处，恳请读者批评指正。

作　者
2013年5月

目　录

第1章　绪　论

1.1　背　景

随着我国现代化步伐的加快和国民经济的飞速发展,道路交通量及车辆载重量增长迅速,从而不断对我国道路质量、寿命及服务水平提出新的要求。我国沥青路面基层结构形式也在不断更新和完善,对于基层的应用也经历了下面三个阶段:

在20世纪50年代,由于当时的交通量小以及是白色透气路面,为适应中、低交通的泥结碎石及级配砾石路面,主要采用手摆片石、碎石土、碎砖等当地材料为主的基层。

20世纪60~70年代,随着公路里程的快速增长,为改善路面行车质量,采用沥青表面处治路面,而原来的泥结碎石及级配砾石路面改作基层,但在推广中发现含土多、塑性指数大的泥结碎石及级配砾石基层,越来越明显地暴露出其水稳性差的弱点。

进入20世纪80年代以来,随着我国经济的迅速发展,高等级公路的里程不断增加,为适应高等级公路重交通、重载对道路的要求,根据我国实际情况提出了一种以无机结合料稳定粒料(土)类为基层、沥青混凝土为面层的所谓"半刚性路面"被大量用于高等级公路路面。鉴于半刚性沥青路面强度、平整度及抗行车疲劳性能较好且新建路面价格相对国外沥青路面便宜这一特点,更加之这期间我国沥青"强基薄面"思想的提出和广泛推广,20世纪90年代后,我国高等级公路的基层结构形式主要为半刚性基层。

半刚性基层具有较高的强度与承载力,良好的整体稳定性和耐久性,为实现"强基薄面"的结构提供了可靠保证。但是,半刚性基层沥青路面的早期破坏一直是困扰我国工程技术人员的一个主要问题。部分高速公路在开放交通1~2年就出现了开裂、车辙、坑槽、抗滑性能不足等早期破坏类型,严重影响道路使用性能,不得不进行修复,从而造成严重的经济损失和很坏的社会影响。虽然道路的设计使用年限为10~15年,但是现有道路的实际使用寿命只有8~12年,有的甚至3~4年或交工验收至竣工验收期就出现严重的破坏。特别是近年来早期修建的一些高速公路已相继进入大修或改建期,"开膛破肚"式的处理方式已经让我们付出了巨大的经济成本和社会代价。

欧美国家的高等级公路普遍采用沥青稳定碎石和级配碎石作为基层的柔性路面,已经具有较为成熟的路面设计计算方法、设计指标。沥青稳定碎石基层与沥青混凝土面层相比,它粒径较大,级配较粗,沥青用量较少,对原材料的要求相对较低;与半刚性基层相比,具有较高的抗剪强度、抗弯拉强度和耐疲劳特性,不易产生收缩开裂。

近年来国内一些省在公路建设中开始使用柔性基层,但随着沥青层的加厚,加之近年来沥青价格的飞涨,路面建设费用大幅上扬,同时由于对柔性基层沥青路面车辙等问题的研究不足,使公路建设乃至相关规范面临困惑。

如何发挥柔性基层与半刚性基层的优势，并且使得初期造价提高不多，是我们道路工作者应思考的问题。课题组通过调查半刚性基层沥青路面的使用现状和国内外路面结构类型，基于路面结构耐久性的设计理念，提出了沥青稳定碎石柔性层+半刚性基层的刚柔组合基层结构。

沥青稳定碎石柔性层+半刚性基层的刚柔组合基层结构具有以下优点：

(1)既具有半刚性基层强度高、刚度大的优点，又可发挥柔性层较强的抵抗变形能力。

(2)防止和减缓了半刚性基层的反射裂缝：改善了半刚性基层的温度、湿度状况，减小了半刚性基层的温度变化、温度梯度和湿度变化，从而减轻了半刚性基层的温度收缩、干燥收缩引起的开裂，延缓路面反射裂缝的发生；沥青稳定碎石可有效阻断裂缝尖端的扩展路径，削弱拉应力、拉应变的传递能力，并且能消散、吸收由交通荷载及环境温度变化所产生的荷载应力和温度应力，从而延缓反射裂缝向上扩展的速度。

(3)柔性层与沥青混凝土面层模量接近，易于黏结牢固，使路面结构受力更均匀。

(4)对于沥青面层厚15~18 cm的高等级路面，当沥青面层减薄为10~12 cm时，把原来属于5~8 cm沥青面层的投资用于修建10~15 cm厚度的沥青碎石基层，在初期造价增加不多情况下，增加了沥青层厚度。

(5)刚柔组合基层沥青路面一般不需要进行结构性修复或重建，延长了道路使用寿命。

(6)在使用寿命末期进行维修或改建时，沥青层材料能够被回收利用，节省了资源和后期修筑费用。

综上所述，刚柔组合基层有着良好的发展和应用前景。但是目前对沥青稳定碎石柔性层的抗裂效果、刚柔组合基层沥青路面整体车辙的预估、刚柔组合基层沥青路面的疲劳特性和刚柔组合基层沥青路面的设计方法等关键问题的研究甚少，导致结构层的确定盲目性很大，缺乏科学的依据。本书的完成将为河南省乃至全国公路建设提出承载能力高、使用性能好、造价合理的路面结构，对提高公路建设、设计和施工质量，降低初期工程建设投资及后期维修养护费用，合理利用当地自然材料资源，带动当地经济发展具有很重要的现实意义。

1.2 我国半刚性基层沥青路面使用状况调查分析

虽然半刚性基层材料具有以往基层材料无法比拟的优点和广阔的使用前景，且在我国道路建设进程中发挥了重要作用，但是在道路的实际使用过程中还是存在较多问题。

为详细了解我国半刚性基层使用状况，课题组对国内高等级公路采用的半刚性基层沥青路面结构及其使用情况进行了调查，见表1-1、表1-2。

从表1-1中可以看出，“九五”之前，我国的高等级路面结构中，多采用半刚性基层沥青路面的结构形式。从各条高速的使用情况来看，各条高速在未达到其使用年限时，就发生了严重的病害，抗裂效果较差。

表1-1 国内部分高等级公路采用的半刚性基层沥青路面结构及其使用情况

省份	公路名称	路面结构	使用情况
广东省	广佛高速	4 cm AC上面层,5 cm AC下面层,6 cm沥青碎石,25 cm 6%水泥石屑上基层,25~28 cm 4%水泥土(石粉砂砾)底基层	沥青路面厚度为15 cm,由于佛山到广州方向重车多,破坏严重。其中一段于1993年加铺4 cm奥地利改性沥青SMA罩面。从调查结果来看,加铺罩面后路面最大车辙深度为14 mm,平均车辙深为4.8 mm,裂缝度为15.8 m/km^2,裂缝率为8.0 m^2/km^2,未加铺路段的最大车辙深度为21 mm,平均车辙深度为6.8 mm,裂缝度为28.1 m/km^2,裂缝率为21.2 m^2/km^2
	广花高速	3 cm AC上面层,4 cm AC下面层,20 cm 6%水泥稳定碎石上基层,30 cm 4%水泥稳定碎石、石粉底基层	沥青路面厚7 cm,当时依照强基薄面的思路设计,建成后出现问题较多,现已全部加铺了4 cm的磨耗层。这段路上的最大车辙深度为14 mm,平均车辙深为7.3 mm,裂缝度为83.3 m/km^2,裂缝率为29.2 m^2/km^2
辽宁省	沈大高速	4 cm细粒式AC上面层,5 cm中粒式AC下面层,6 cm ATB,18~20 cm水泥稳定砂砾基层,30 cm天然砂砾	运营8年后,沥青路面的损坏或缺陷所表现出来的形态和特征多种多样
陕西省	西宝高速	4 cm细粒式AC上面层,6 cm中粒式AC中面层,6 cm粗粒式AC下面层,5 mm下封层,22 cm水泥稳定碎石基层,25 cm二灰(石灰粉煤灰)砾石底基层	自1996年全线通车,经过8年多运营,由于多种因素影响,出现各种不同病害
广东省	深南高速	5 cm AC上面层,8 cm沥青贯入下面层,40 cm 6%水泥石屑上基层,15 cm 4%水泥石屑底基层	使用前3年没有裂缝和车辙,3年后出现裂缝,目前裂缝较多,但不影响行车,还没大修。从调查结果看,目前裂缝已成为主要病害,原因是没有重车通过
浙江省	杭甬高速	计划后续3~4 cm细粒式AC,4~6 cm中粒式AC,5~8 cm沥青碎石,28~34 cm二灰碎石或水泥稳定碎石,20 cm级配碎石	所经地带的软土深度在全国是最严重的,深达60 m,含水量70%~80%,沉降量达到填一半陷一半,全线145 km,有94.5 km为软土,占杭甬路总长的65.2%。通车1年半以后,局部路段不同程度地出现了沥青混凝土路面裂缝、断裂、贫油、松散、龟裂,上基层、底基层开裂、变形、破损、唧浆等病害,破坏严重,有些数据已无法统计

续表 1-1

省份	公路名称	路面结构	使用情况
北京市	京津塘高速（北京段）	5 cm 厚 LH－20 Ⅰ级配类型上面层,6 cm 厚 LH－30 Ⅰ级配类型中面层,12 cm 厚沥青碎石下面层	运营 9 年来,除个别路段出现车辙、坑槽外,路面仍然处于比较好的状态
	京哈高速（北京段）	2 cm 厚沥青石屑上面层,4 cm 厚 LH－30 Ⅰ级配类型中面层,5 cm 厚沥青碎石下面层	根据检测结果,摩擦系数和构造深度数值比较小,这是由于表面层使用了石屑
江苏省	沪宁高速	4 cm 厚 AC－16B 多碎石级配类型上面层,6 cmAC－25 Ⅰ级配类型中面层,6 cm 厚 AC－25 Ⅱ级配类型沥青下面层,20 cm 厚二灰碎石底基层,40 cm 厚二灰土、二灰及石灰土基层,总厚度 76 cm	经过 2 年运营,面层出现少量横缝和松散,在少数丘陵地带有沉降发生,造成路面纵缝发生。从工程实践的体会中了解到,16 cm 厚的面层仍感觉有点薄,18 cm 可能会较合适。如果中间加沥青碎石层反射裂缝会少,但疲劳裂缝可能会成为主要问题
	南京机场高速	4.5 cm 厚 AC－16B 级配类型上面层,6 cm 厚 AC－25 Ⅰ级配类型中面层,6 cm 厚 AC－25 Ⅱ级配类型下面层,34 cm 厚二灰碎石基层,20 cm 厚二灰土底基层	通车 1 年后使用效果良好。路面各方面都满足要求,唯一问题是渗水,这可能是因为级配造成的,另外也可能是当时压实不够造成的,使用 1 年出现了压密现象,但没有泛油现象,路面平整度均方差通车时为 0.549 mm,1 年后为 0.68 mm
江西省	梨温高速（K125＋000～K149＋500）	4 cm 抗滑表层,6 cm 中粗式 AC 中面层,6 cm 粗粒式下面层,上下基层为水泥粉煤灰稳定碎石,其中上基层水泥∶粉煤灰∶碎石＝5∶9∶86,下基层水泥∶粉煤灰∶碎石＝4∶10∶86,碎石结构为骨架密实结构	上下基层均出现了较多的开裂现象,特别是上基层平均每 5～10 m 一道横向贯穿裂缝。由于施工期间气温较高,出现较严重的干燥收缩现象
内蒙古自治区	赤通高速（K18＋150～K18＋300）	下面层为 8 cm AC－25,上下基层均为水泥粉煤灰稳定基层,配合比为 3.5∶10∶90	上基层在铺设之前没有出现裂缝,面层没有出现明显的反射裂缝

注:AC—密级配沥青混凝土混合料;ATB—密级配沥青稳定碎石混合料;SMA—沥青玛瑞脂碎石混合料。

表 1-2 河北省地区半刚性基层沥青路面使用状况调查

<table>
<tr><th rowspan="2">公路名称</th><th rowspan="2">起止地</th><th rowspan="2">修建长度（km）</th><th colspan="3">沥青层</th><th colspan="2">基层</th><th colspan="2">底基层</th><th rowspan="2">裂缝描述</th></tr>
<tr><th colspan="2">类型</th><th>厚度（cm）</th><th>类型</th><th>厚度（cm）</th><th>类型</th><th>厚度（cm）</th></tr>
<tr><td>石安高速</td><td>石家庄—安阳</td><td>216.05</td><td colspan="2">沥青混凝土</td><td>15</td><td>水泥碎石</td><td>20</td><td>二灰土/石灰土</td><td>35～40</td><td>1999 年 1 月横向裂缝 86 条，纵向裂缝 2 条；2001 年 3 月横向裂缝 2 188 条，纵向裂缝 49 条；2002 年 8 月裂缝发展为全线 7 400 m</td></tr>
<tr><td rowspan="2">保津高速</td><td rowspan="2">保定—天津</td><td rowspan="2">105</td><td colspan="2" rowspan="2">沥青混凝土</td><td rowspan="2">15</td><td>水泥碎石</td><td>18</td><td rowspan="2">石灰土</td><td rowspan="2">20</td><td rowspan="2">2000 年 9 月裂缝长度为 7 520 m，尤以 K44～K45 段内裂缝较密集，纵缝宽度达 9 mm；2001 年 11 月裂缝总长达 22 500 m，最大裂缝宽度为 17 mm；2002 年 10 月裂缝已发展到 71 500 m，较严重段落集中在 K43～K67 段，且裂缝位置处路面开始出现错台</td></tr>
<tr><td>二灰碎石</td><td>18</td></tr>
<tr><td rowspan="2">宣大高速</td><td rowspan="2">宣化—大同</td><td rowspan="2">127</td><td>宣化方向</td><td rowspan="2">沥青混凝土</td><td>18</td><td>水泥碎石</td><td>34</td><td>水泥稳定砂砾</td><td>39</td><td rowspan="2">横向裂缝共计 8 876 条，纵向裂缝共计 20 条，其中绝大多数横向裂缝为贯通裂缝，轻微横向裂缝宽度为 1～5 mm，重度横向裂缝宽度为 6～15 mm，个别严重横向裂缝两侧边缘出现啃边现象，宽度已达 20～24 mm</td></tr>
<tr><td>大同方向</td><td>16</td><td>水泥稳定级配碎石</td><td>30</td><td>水泥稳定砂砾</td><td>39</td></tr>
<tr><td>京石高速</td><td>北京—石家庄</td><td></td><td colspan="2">沥青碎石</td><td>12</td><td>二灰砂砾</td><td>15</td><td>石灰土</td><td>40</td><td>—</td></tr>
<tr><td rowspan="2">石黄高速</td><td rowspan="2">石家庄—黄骅港</td><td rowspan="2">187.5</td><td colspan="2" rowspan="2">沥青混凝土</td><td rowspan="2">15</td><td>水泥碎石</td><td>18</td><td rowspan="2">石灰土</td><td rowspan="2">20</td><td rowspan="2">—</td></tr>
<tr><td>二灰碎石</td><td>19</td></tr>
</table>

所调查的半刚性基层沥青路面中往往在通车后当年或 2～3 年内，出现不同程度的车辙、网裂坑槽等早期破坏，且半刚性层干燥收缩、温度收缩而产生的基层裂缝最终导致面层产生的反射裂缝无法避免，随之而来的水损害大大降低了半刚性基层沥青路面使用寿命。通常我国半刚性基层沥青路面使用寿命较难达到 15 年的设计寿命，一般 7～8 年即

需进行大修；而国际上沥青路面使用寿命可达30~50年。

结合图1-1~图1-6进行病害特点分析，如表1-3所示。

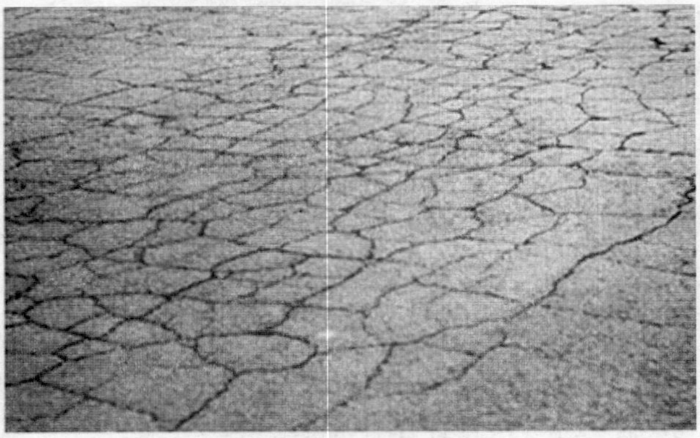

图1-1　传统龟裂(自下向上开裂)，破坏机制：弯拉疲劳

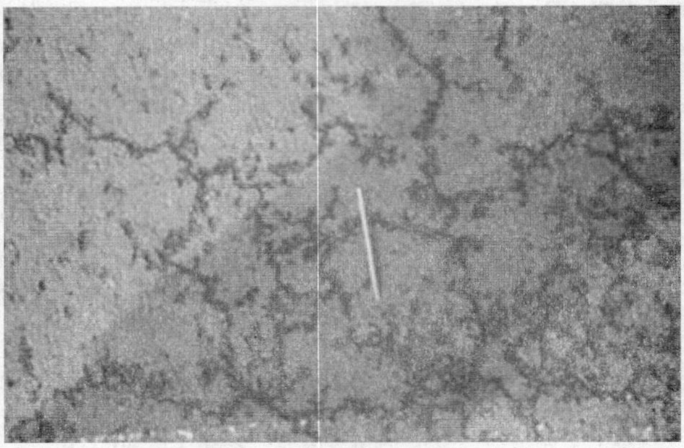

(a)

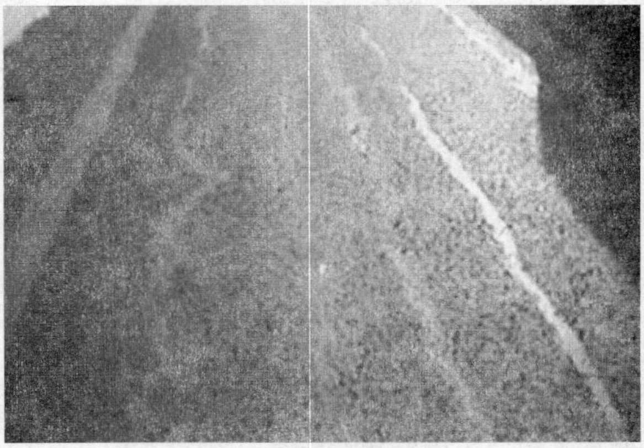

(b)

图1-2　新型龟裂(自上向下开裂)，破坏机制：剪切疲劳

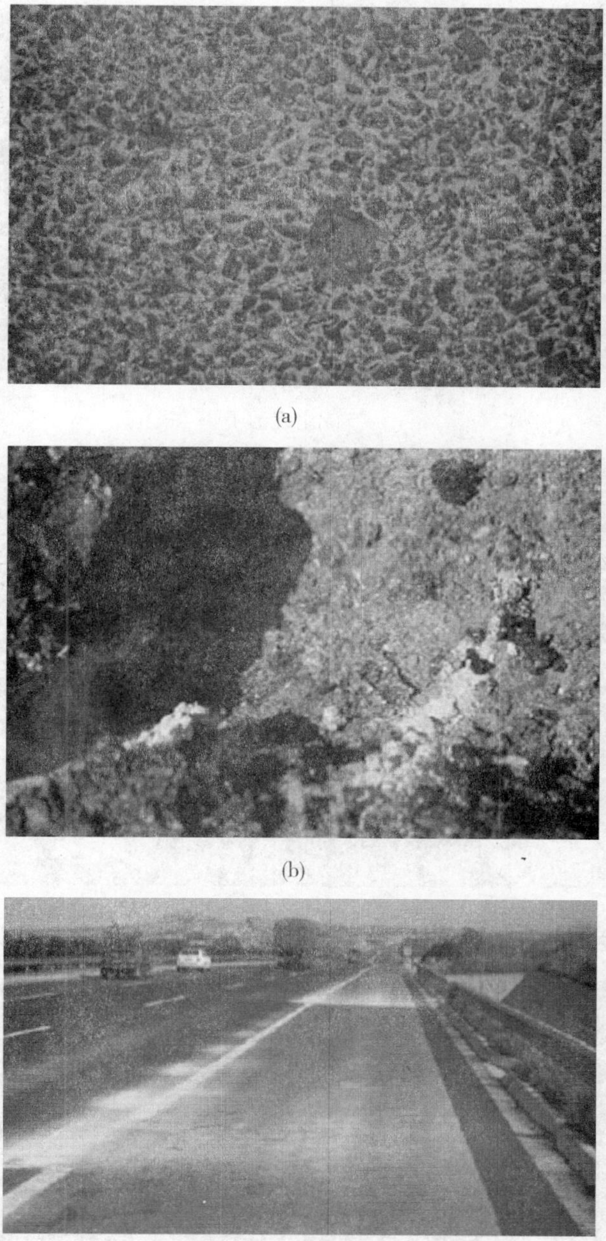

(a)

(b)

(c)

图 1-3　新型翻浆，破坏机制：动水压力

(a)出现油丁

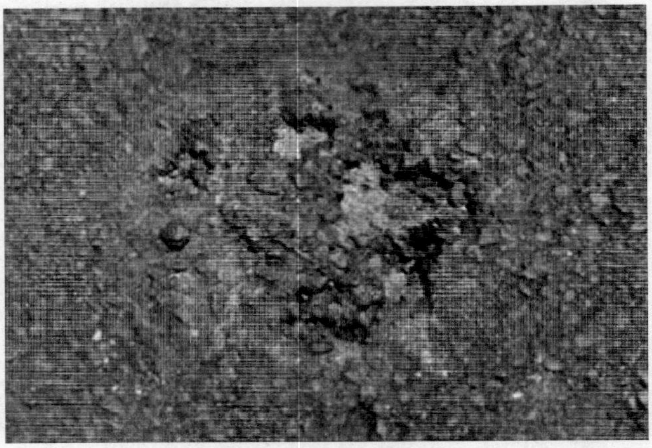

(b)油丁发展为坑槽

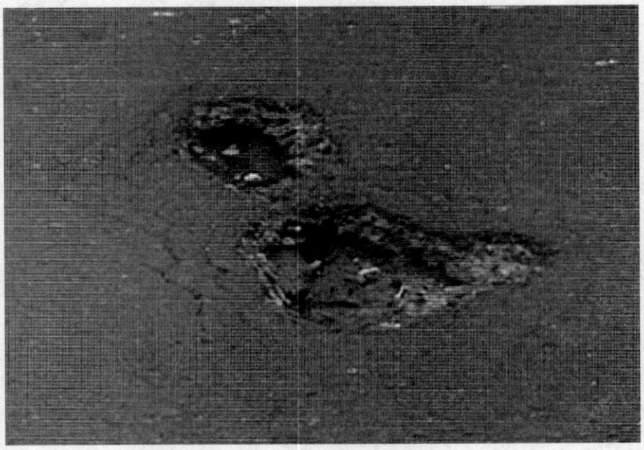

(c)坑槽发展为坑洞

图 1-4　新型坑槽,破坏机制:动水压力

(a)

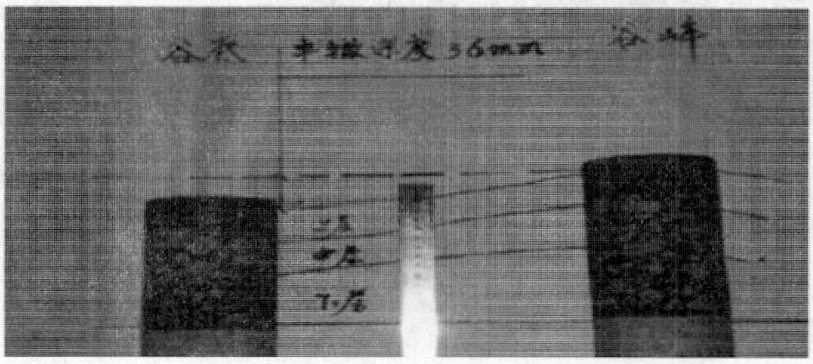

(b)

(c)

图1-5　早期车辙,破坏机制:剪切破坏

(a)

图1-6　泛油,破坏机制:沥青迁移(动水压力)

(b)

续图 1-6

表 1-3　沥青路面损坏对比分析

传统的损坏	目前的损坏
1. 产生于长期使用后	1. 产生于路面使用初期
2. 与整体抗力关系明显	2. 与结构的整体抗力关系不明显
3. 雨水的影响明显	3. 重载影响明显
4. 开裂产生于结构层底部，向上发展	4. 损坏起于面层，开裂向下传播
5. 损坏随累计 ESAL 增加缓慢增加	5. 雨水具有明显的影响
6. 伴随非荷载型损坏	6. 发展速度很快

调查表明，半刚性基层沥青路面横向开裂是道路病害的主要因素，对调查结果进行分析统计得到，半刚性基层沥青路面反射裂缝与使用年限之间的关系如表 1-4 所示。

表 1-4　我国半刚性基层沥青路面反射裂缝与使用年限之间的关系

公路名称	使用年限			说明
	1 年	2 年	5 年	
沈大高速	85.4 m	—	—	沥青层 15 cm + 水稳砂砾
沪嘉高速	出现裂缝	—	12.6 m	—
广佛高速	9.4 m	—	—	沥青层 15 cm + 水泥碎石
石安高速	—	98 m	50 m	沥青层 15 cm + 水稳碎石
保津高速	279 m	9.3 m	5 m	沥青层 15 cm + 水稳碎石或二灰碎石
宣大高速	—	28.6 m	—	沥青层 18 cm + 水稳碎石

调查结果表明，半刚性沥青路面裂缝已成为该结构的主要缺陷之一，不论是南方还是北方，通车后一年最迟第二年均出现大量裂缝。沈大高速公路某段1986年竣工，1987年3月在一段85.4 m长的路面上出现裂缝10条；沪嘉高速公路1988年底竣工，1990年2月即发现裂缝，至1994年16 km道路发现裂缝1 267条；广佛高速公路1989年7月竣工，1990年2月全线15 km共发现裂缝3 180条；石安高速公路河北段1997年12月竣工，1999年1月发现横向裂缝86条，纵向裂缝2条，2001年3月，发现横向裂缝2 188条，纵向裂缝49条，至2002年8月，裂缝已发展为全线7 400 m；保津高速公路1999年底竣工，到2000年9月，裂缝长度已达7 520 m，纵缝宽度达9 mm，2001年11月，裂缝总长度达22 500 m，最大裂缝宽度为17 mm，至2002年10月，裂缝已发展到71 500 m，在较为严重的路段，已出现错台；宣大高速公路河北段，2000年12月竣工，到2003年4月，横向裂缝共计8 876条，纵向裂缝共计20条，其中绝大多数横向裂缝为贯通裂缝，轻微横向裂缝宽度为1～5 mm，重度横向裂缝宽度为6～15 mm，个别严重的横向裂缝达到20～24 mm。

调查路段中，沥青路面开裂状况同半刚性基层材料及其施工环境密切相关，综合而言，采用水泥稳定碎石上基层的沥青路面早期开裂多较为严重，采用二灰稳定碎石及水泥粉煤灰稳定碎石路段则早期开裂状况控制较好。

现场钻芯取样观察显示，裂缝中相当数量为半刚性基层先裂而导致沥青面层开裂的反射裂缝，比例超过15%，大量反射裂缝在水的浸泡以及行车荷载的冲刷破坏下，由线性破坏迅速发展为网状开裂，直至导致结构性破坏，而传统灌缝处理方法由于施工季节、机械等因素制约，并不能够起到防治作用。此外，尤其是温度、湿度变化剧烈地区，反射裂缝的产生及发展削弱了结构强度，加速了面层弯曲破坏。

路况调查结果表明，半刚性沥青路面通车后1～2年出现裂缝，缝距为10～20 m，短则3～5 m，且普遍存在；通车后1年，最迟2年就要维修，3～5年就要大修，开裂现象十分严重。路面裂缝的产生降低了道路使用寿命，影响了通行能力，给当地经济和社会带来很大影响。

虽然经过从“七五”开始至今的长期研究工作，对道路面层开裂的产生有了深入的认识，但是至今仍然没有找到有效的方法阻止路面裂缝产生。为了使道路能够达到其设计使用寿命并在使用寿命中为车辆提供良好的服务，通常所能做的只有尽量减少或延缓路面开裂，减少道路车辙量。因而，开展沥青稳定碎石柔性基层研究，以期采用新的基层材料和结构来根本解决裂缝问题，真正提高道路的使用性能。因此，通过系统研究半刚性基层、沥青碎石柔性基层材料的力学特性和收缩特性，提出科学有效的防治措施，可以进一步改善其不足，对我国的公路建设事业具有重要意义。

1.3　国内外沥青路面沥青碎石类基层使用状况调查

1.3.1　国外沥青路面沥青碎石类基层使用状况调查

欧美各国及日本等经济发达国家的高速公路沥青路面结构，绝大部分采用了沥青稳定基层。部分国家所采用的沥青稳定碎石基层沥青路面结构如表1-5所示。

表 1-5 部分国家所采用的沥青稳定碎石基层沥青路面结构

国家	沥青稳定碎石路面结构形式
美国	OGFC(2.5)+HMA(7.5)+HMA(15)+HMA(7.5)(加利福尼亚州)
	Superpave(5)+HMA(14 或 11)+HMA(15.5 或 18)+级配碎石(25)
	SMA(6.5)+HMA(14 或 12.5)+HMA(16.5 或 18)+级配碎石(33)(密歇根州)
	SMA(6.5)+HMA(15)+HMA(19)+级配碎石(43)
	沥青混凝土(4+9)+沥青贯入式(17.5)+水结碎石(16)+砂砾(25)
	沥青混凝土(5)+沥青稳定碎石(19)+砂砾(15)+加固底基层(15)
	HMA(7.6)+HMA(17.8)+级配碎石(20.3)+级配砂砾(25.4)(新泽西州)
	HMA(11.4)+ATB(40.6)(爱荷华州)
	HMA(7.6)+ATB(35.5)+碎石土(15.24)(爱荷华州)
	SMA(5.1)+HMA(6.3)+AHMA(29.2)(玛丽兰州)
	OGFC+SMA(5)+Superpave(8)+Superpave(25)+HMA(10)(德克萨斯州)
	SMA(7.6)+Superpave(7.6)+HMA(20.3)+Superpave(5.1)+石灰稳定土(20.3)(德克萨斯州)
	HMA(5)+HMA(9 或 13)+HMA(9 或 10)+粒料(100)+级配碎石(43)(威斯康星州)
	Superpave(8.2)+HMA(25.4)+HMA(10.2)+骨料(15.2)(俄亥俄州)
法国	沥青混合料+沥青稳定基层(<15)+粒料底基层(20~50)+垫层
	沥青混合料+沥青稳定基层(15~40)+垫层
	沥青混合料+沥青稳定基层(10~20)+水硬性稳定处理底基层(20~40)+垫层
	沥青混合料+沥青稳定基层(10~20)+粒料(约 12)+水硬性稳定处理底基层(15~20)+垫层(法国 Stered 高速公路)
英国	热拌沥青混凝土(4~5)+沥青混合料(6)+ATB(5~40)
德国	沥青混凝土(4+3+5)+沥青稳定碎石(18)+级配砂砾(15)+防冻层
	沥青混凝土(3.5)+沥青混凝土(3.5+5)+沥青稳定碎石(18)+级配砂砾(15)+防冻层(德国汉堡高速)
日本	密式沥青混凝土(4)+粗粒式沥青混凝土(6)+沥青稳定碎石(10~20)+级配碎石(15~30)
	密式沥青混凝土(5)+粗粒式沥青混凝土(6)+沥青稳定碎石(20)+未筛分碎石(50)
	中粒式沥青混凝土(5)+粗粒式沥青混凝土(6)+沥青稳定碎石(15)+天然级配砂砾(20~25)
奥地利	沥青混凝土(2.7+3+4.1)+沥青稳定碎石(14+16)+防冻层(30)(奥地利 Brenner 高速公路)
比利时	沥青混凝土(4+8)+沥青稳定碎石(16)+底基层

续表 1-5

国家	沥青稳定碎石路面结构形式
意大利	沥青混凝土(3+7)+沥青稳定碎石(15)+级配砂砾(35)+砂层(30~40)(意大利 Del sole 高速)
挪威	沥青混凝土(10)+沥青稳定碎石(10)+未筛分的碎石(50)+砂砾(20)+防冻层(40~90)
荷兰	沥青混凝土(4+4)+沥青稳定砂砾(12~18)+水泥稳定砂(15~40)
瑞士	沥青混凝土(3+4)+沥青稳定碎石(11)+砂砾(30)+水泥处治砂砾(20)
西班牙	沥青混凝土(3~5+4~6)+沥青稳定碎石(5~10)+水泥砂砾(20)+级配砂砾或水泥砂砾(15)
阿根廷	沥青混凝土(7.5)+沥青稳定碎石(10)+沥青乳液稳定砂(50)+防冻层(35)
瑞典	沥青混凝土(5)+沥青稳定碎石(7.5)+水泥砂砾(18)
南非	沥青表层(4)+热拌沥青混合料(8~18)+水泥稳定天然碎(砾)石(25~45)

注:表中括号内数字为结构层厚度,单位为 cm。OGFC—大孔隙开级配排水式沥青磨耗层;HMA—热拌沥青混合料;Superpave—高性能沥青路面;其余符号意义同表 1-1。

从表 1-5 可以看出,由于交通量和交通组成的差异,以及路面设计理论的不同,各国路面结构的差别也很显著,但总体来说,沥青稳定碎石基层在各国沥青路面典型结构中占了很大的比重,采用沥青稳定碎石作为基层的沥青路面沥青层总厚度都比较大,大多达 25 cm 以上,有的甚至超过 50 cm,视交通类型与土基状况而定。

以美国各州的公路结构为例,虽然各州路面采用的设计方法不同,路面的结构及层厚存在差别,但基层基本均为沥青稳定类材料。道路调查的结构中 8 个州的沥青碎石或沥青稳定基层厚度为 20~35 cm,其中爱荷华州长寿命路面的沥青稳定碎石基层甚至达到 40 cm。由此可见,沥青稳定碎石基层在国外已经得到广泛的应用及推广。

各国在大量实践的基础上,提出了有关沥青稳定基层的施工设计规范,总的来看,对沥青稳定基层的材料组成设计要求都不如面层沥青混凝土严格,粒径也大于面层所用粒径,相应的混合料空隙率也比面层混合料大,且沥青用量相对较少。

国外对沥青稳定碎石基层的研究主要结论如下:

(1)沥青稳定碎石基层沥青路面具有更好的路面使用性能,在交通量大、气候恶劣的情况下优先选用沥青稳定碎石基层。

(2)车辙是沥青稳定碎石基层沥青路面的主要病害类型,但是车辙只发生在路表面,其余结构层内未发生结构性破坏。

(3)沥青稳定碎石基层底部抗弯拉强度不足时,在荷载的重复作用下,底部的疲劳裂缝是沥青稳定碎石基层的主要病害形式。

(4)沥青稳定碎石基层沥青路面裂缝病害较轻,其裂缝形式主要为 TDC 裂缝(TOP-DOWN CRACK),由基层发生的疲劳裂缝形成的 DTC(DOWN-TOP CRACK)反射裂缝在裂缝病害中的比例很小。

(5)沥青稳定碎石基层受气候、荷载等因素影响比面层混凝土小,高温状况下混合料要求与面层一样,低温要求比沥青面层降一个等级。

(6)采用较大粒径的沥青稳定碎石基层能提高基层结构强度,较为经济。

(7)沥青稳定碎石基层分为密级配混合料基层、半开级配混合料基层、开级配混合料基层,密级配混合料透水性小、密水性好;开级配混合料排水顺畅、受水侵害小,半开级配水滞留现象严重,水稳定性较差。

(8)沥青稳定碎石基层组成设计与沥青混凝土组成设计越来越接近,沥青混凝土组成设计较沥青稳定碎石组成设计严格,技术指标要求更高。沥青稳定碎石混合料组成设计可以参照沥青混凝土进行,在技术指标和性能要求上有所降低。

1.3.2 国内沥青碎石类基层使用状况调查

国内沥青碎石类基层路面结构汇总如表1-6所示。

表1-6 国内沥青碎石类基层路面结构汇总

公路名称	建设时间	省、直辖市	路面结构
邢临高速 K0+000~K15+600段	2003年	河北省	改性AC面层(4+6)+ATB-30(10~16)+级配碎石或水泥稳定碎石或水泥稳定砂砾(15~18)+二灰土或二灰碎石
邯长高速	2003年	河北省	K11+829~K14+925双幅沥青碎石(8)、K15+075~K18+383轻车道ATB-25沥青碎石(18)、重车道ATB-25沥青碎石(28)
石安高速	1994~1997年	河北省	SAC-16(4)+AC-25(5)+沥青稳定碎石(6)+水泥碎石或二灰碎石(20)+石灰土(20)或二灰土(40)
京津塘高速	1993年	河北省	AC-20I(5)+AC-30(6)+沥青稳定碎石(11/12)+水泥碎石基层(20)+石灰土底基层(28/30)
济青高速	1990~1993年	山东省	AC-20I(4)+AC-30(5/6)+沥青稳定碎石(6/8)+水泥砂砾或石灰粉煤灰碎石(20)+石灰土(20/39)
许平南高速	2002~2004年	河南省	沥青混凝土(4+6)+ATB沥青稳定碎石(11)+水稳碎石
安阳至新乡	2004年10月通车	河南省	SAC(4)+AC-25Ⅰ(5)+AS(7)+水泥碎石(20)+石灰稳定土(35)
郑州至洛阳	1995年12月通车	河南省	AC-16Ⅰ(4)+AC-25Ⅰ(5)+AS(7)+二灰稳定碎石(15)+石灰稳定土(35)
济焦高速	2005年	河南省	SMA-13(4)+AC-20(6)+ATB-25(13)+水泥粉煤灰稳定碎石(49)
祈临高速	2002~2003年	山西省	SMA-16(4)+改性AC-20(8)+ATB-25(12)+断级配碎石基层(24)+水泥稳定碎石或石灰稳定土底基层(20)

续表 1-6

公路名称	建设时间	省、直辖市	路面结构
沈阳绕城高速西环内侧	—	辽宁省	AC 面层(15) + ATB - 30(10 ~ 16) + 级配碎石 DGAB - 30(10) + 路拌 5% 水泥稳定砂砾(30) + 级配砂砾(15)
长余高速	2002 年	吉林省	改性沥青 SMA - 16(4) + 中粒式 AC(4 ~ 6) + ATB - 25 沥青碎石(10) + 石灰粉煤灰粒料(20 ~ 28) + 砂砾垫层(20)或二灰土(20)
杭甬高速	1991 ~ 1995 年	浙江省	中粒式 AC(4 ~ 6) + 沥青碎石(5 ~ 8) + 二灰碎石或水泥稳定碎石(28 ~ 34) + 级配碎石(20)
湖州—鹿山段 104 国道	2004 年		分别采用粗粒式沥青稳定碎石、乳化沥青稳定碎石和大粒径沥青混合料,厚度 10 ~ 30 cm 不等
宜章至连州	—	湖南省	细粒式 AC(4) + 粗粒式 AC(6) + 沥青碎石(6) + 水泥稳定碎石(20)或石灰土基层(20) + 级配碎石底基层(15)
沪嘉高速	1984 ~ 1988 年	上海市	细粒式 AC(4) + 粗粒式 AC(6) + 沥青稳定碎石(7) + 二灰碎石(46) + 砂砾(20)
莘松高速	1990 年		细粒式 AC(4) + 粗粒式 AC(6) + 沥青稳定碎石(8) + 二灰碎石(44) + 砂砾(15)
沪杭高速	1995 ~ 1998 年		AC - 20 Ⅱ(3) + AC - 30(6) + 沥青稳定碎石(8) + 二灰碎石(37) + 水泥碎石(20)
沪宁高速扩改建工程	2005 年	江苏省	中国规范设计:SMA - 13 + AC - 20 Ⅰ(SUP - 20) + AC - 25 Ⅰ(SUP - 25) + ATB - 25 + 级配碎石(31.5)
			美国设计:SMA - 19 + HMA - 19(细型) + HMA - 25(粗型) + ATB - 37.5 + 级配碎石
沪宁高速无锡段	1996 年		SMA - 13(4) + 改性沥青 SUP - 20(8) + 普通沥青 SUP - 25(8) + 普通沥青稳定碎石 AM(10) + 乳化沥青再生层(10) + 级配碎石(20) + 二灰碎石再生层(16)
沿江高速	2001 ~ 2004 年		沥青混凝土(4 + 6) + ATB 沥青稳定碎石(11) + 水稳碎石
广佛高速	1986 ~ 1989 年	广东省	AC 面层(4 + 5) + 沥青稳定碎石(6) + 6% 水泥石屑上基层(25) + 4% 水泥土(石粉砂砾)底基层(25 ~ 28)
广深高速	1987 ~ 1993 年		中粒式 AC(4) + 粗粒式 AC(8) + 密级配 ATB(10) + 开级配 ATB(10) + 4% 水泥稳定级配碎石(23) + 级配碎石(23) + 未筛分碎石(22/32)

续表 1-6

公路名称	建设时间	省、直辖市	路面结构
国道108线广北段	1998年	四川省	中粒式 AC－20Ⅰ(4)+ATB－35(6)+二灰砂砾(20)或二灰砂砾石基层(25)+级配砂砾底基层(18～26)
南充—广安高速	2001～2004年	四川省	AC－13(5)+AC－20(8)+ATB－30(12)+级配碎石基层(40)
成渝高速	2005年	重庆市	密级配中粒式 AC(5)+ATB层(7)+级配碎石基层(20)+石灰稳定泥岩底基层(28～36)
西临高速	1986～1990年	陕西省	AC－20Ⅰ(4)+AC－25(5)+沥青稳定碎石(6)+二灰砂砾(20)+二灰土(20/25)
蓝商高速	2008年	陕西省	AC－16(5)+AC－20(6)+ATB－30(9)+5%水泥稳定碎石基层(32)+4%水泥稳定碎石底基层(20)
小河至安康高速	2009年	陕西省	AC－16(5)+AC－25(7)+ATB－30(10)+5%水泥稳定碎石基层(36)+4%水泥稳定碎石底基层(20)
西安机场高速	2009年	陕西省	OGFC－13(5)+AC－20(6)+ATB－30(12)+二灰碎石底基层(40)+二灰碎石(20)
平西高速	2003～2005年	青海省	AC－20Ⅰ(5)+沥青稳定碎石(12)+级配碎石(34)
马平高速	2003～2005年	青海省	AC－13(4)+AC－20(6/7)+ATB－30(8/9)+级配砾石(30/20)+天然砂砾(17/25)

注:括号内数字为结构层厚度,单位为cm;SAC—多碎石沥青混合料;其余符号意义同前。

分析以上图表资料可以发现,随着我国道路建设的不断发展,沥青稳定碎石基层应用增多,其厚度有增加的趋势。国内沥青稳定碎石基层厚度对比如图1-7所示。

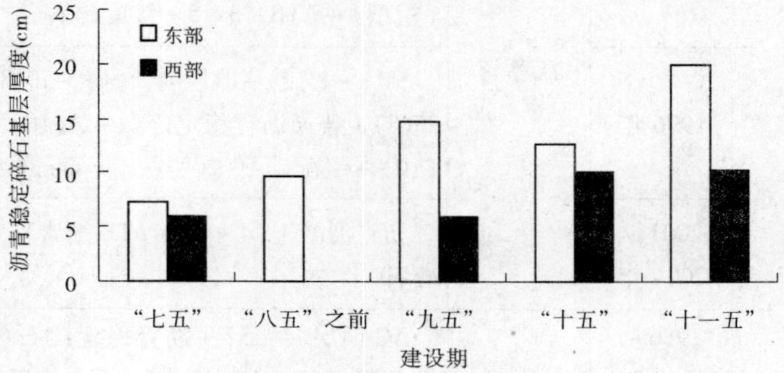

图1-7 国内沥青稳定碎石基层厚度对比

由表1-6可见,相对于国外,我国对柔性基层的应用及研究起步较晚。我国“七五”期间最早修建的几条高速公路采用了与国外道路类似的结构,但是沥青碎石层厚度较薄,可能因为当时我国道路修建以借鉴国外经验为主。我国高速公路在“八五”以后开始大规模修建半刚性基层路面，相对而言所调查高速公路中采用沥青稳定碎石作为基层的较少，2000年以前采用沥青稳定碎石基层的路面沥青稳定碎石层厚度一般为6～10 cm，极为少数的重载地区路面柔性基层厚度达到11～15 cm。

2000年之后沥青稳定碎石类基层路面在我国高速公路建设中开始得到较多的应用，究其原因为，我国早期修建的半刚性基层路面出现了不同程度的早期损坏。2000年以后修建的高速公路的沥青稳定碎石基层厚度在10～30 cm不等，其中东部地区重交通道路的沥青稳定碎石基层厚度可以达到20～30 cm，轻交通地区路面柔性基层厚度为10～16 cm，西部地区路面柔性基层的厚度普遍为9～12 cm，这与地区之间的经济实力是有联系的。

全国范围内修筑的道路及试验路中，如长余高速、邢临高速、沈阳绕城高速沥青路面等工程中均采用了半刚性基层+沥青碎石基层的结构形式。沥青稳定碎石层是为了加强面层与底基层之间的联结和提高面层抵抗疲劳能力而设置的，多用于交通繁重的道路；有时为了防止或减少面层受半刚性基层裂缝反射的影响，也可采用这种基层结构。这样，既可以有效地改善半刚性基层反射裂缝的问题，又可以避免纯柔性结构的高造价。

在所调查的公路中，所采用的柔性基层以沥青稳定碎石基层为主，这与国外的应用情况是相吻合的。但由于经济关系，我国的沥青稳定碎石层厚度一般为10～16 cm，要小于国外全厚式沥青路面所采用的厚度。部分高速公路的使用情况表明：

(1)采用较厚的沥青层，从目前来看，没有任何迹象表明高速公路强度不足。

(2)虽然沥青层较厚，但车辙很小，因此担心增加沥青层厚度会明显增加车辙没有足够的证据。

(3)裂缝主要表现为表面裂缝，且裂缝深度仅局限在表面层，这说明厚沥青层克服了传统的贯穿裂缝，而表面裂缝是非结构性的。

实践表明：采用沥青稳定碎石(ATB)层+半刚性层的刚柔组合基层结构对于抑制半刚性层的反射裂缝非常有效；特别是对于重载交通，采用刚柔组合基层的优化组合，还可以有效减少沥青路面的疲劳裂缝。

尽管国内近年来进行了沥青稳定碎石基层的研究和实践，但对沥青稳定碎石(ATB)层+半刚性层的刚柔组合基层结构并未进行深入研究，国内对刚柔组合基层的应用仅依靠经验，缺乏可靠的理论指导。如何实现两种或两种以上基层类型的优化组合，使刚柔组合基层的优势得到更好发挥，还有待进一步研究。

1.4　国内外研究现状

1.4.1　国外研究现状

总结美国、英国、法国、德国、澳大利亚和我国路面设计技术规范关于柔性基层沥青路面的规定，柔性基层沥青路面典型结构形式主要有两种：①柔性基层沥青路面，面层和上基层采用沥青混合料，下基层采用级配碎石或砂砾基层；②柔性组合式路面，即柔性基层与半刚性基层组合结构。面层和上基层采用沥青混合料，下基层采用水硬性稳定处理基层（水泥或二灰）；或在半刚性基层与沥青面层之间设置级配碎石上基层。

国外的沥青路面一般都采用柔性基层，沥青稳定碎石基层已经得到了广泛应用，其主要研究现状如下：

（1）20 世纪 50 年代，美国各州公路工作者协会（AASHTO）进行了著名的 AASHTO 试验路研究，分别比较了级配碎石基层、级配砾石基层、水泥处治基层和沥青稳定基层。研究结果显示，虽然沥青稳定基层路面与半刚性基层路面相比车辙变形比较大，但其路面的使用品质高于水泥稳定基层。以现时服务指数（PSI）来衡量，可以得出相同单位的沥青稳定基层的服务质量是水泥处治基层的 1.3 倍，由此可得，采用沥青稳定碎石基层的路面结构可以降低路面的总厚度。

（2）美国地沥青协会开发的 DAMA 路面设计程序包含了沥青稳定基层的设计方法，认为这种路面能够有效地减小水损害，使得路面结构的受力协调，并有利于采用统一的沥青材料从而保证路面质量。

（3）20 世纪 60 年代，德国的典型路面结构是采用沥青混凝土与级配碎石的组合。由于要满足抗冻厚度，需要大量优质的级配碎石，提高了路面造价，并且材料运输也为道路交通带来了较大负担。因此，德国公路部门开始考虑采用较薄的结构层来取代厚级配碎石层。1969 年，研究人员将美国全厚式沥青路面结构引入德国的道路建设，进行了大量的比较研究，用 14 cm 的沥青基层代替了 60 cm 厚的粒料基层，从而节省了石料的用量，从总的经济效益上看，采用全厚式结构是更有利的。

（4）日本从东名高速公路开始采用沥青稳定碎石基层，目前多采用 10 cm 沥青混凝土面层和 8 ~ 25 cm 的沥青稳定碎石基层，下设 10 ~ 30 cm 粒料底基层，一般要求沥青层最小厚度不小于 18 cm，寒冷积雪地区不小于 20 cm，传统的沥青稳定碎石基层粒径为 37.5 mm，目前也使用 31.5 mm 混合料。日本高速公路绝大部分都采用沥青稳定碎石基层，级配碎石和水泥稳定材料作为底基层，采用沥青稳定碎石基层的沥青路面在车辆荷载作用下耐疲劳性能好，但车辙问题较为严重。对比研究不同基层的沥青路面发现，较厚的半刚性基层反射裂缝严重，级配碎石基层模量太低，较薄的沥青面层在重交通条件下会迅速产生破坏。采用沥青稳定碎石基层的沥青路面的使用年限都远远大于设计使用年限，基本都没有发生结构性破坏，仅进行表面维修就能恢复良好的路面性能，即使是车辙现象严重的路段进行表面处治后，使用性能可被全面恢复，路面面层以下的结构层次状态良好。

（5）挪威等北欧国家，沥青碎石、沥青混凝土等与碾压碎、砾石等是最主要的基层类型，均有相应的设计方法。

（6）英国早在 20 世纪 40 ~ 60 年代就铺筑了几条试验路，以检验不同类型与厚度的基层的使用性能。对试验路几十年的变形和开裂观测以及各项试验研究表明：沥青稳定碎石基层表现出较其他类型基层更好的使用性能和经济效益。因此，沥青稳定碎石基层随后成为英国使用最广泛的基层类型。英国常用的沥青稳定基层混合料有 DBM（密级配沥青碎石混合料）、HRA（热拌热铺沥青混凝土）、DTM（密级配煤沥青碎石混合料）、DBM50（使用针入度为 50 的沥青）、HDM（多碎石沥青混合料）。

(7)加拿大气温低,其南方的高速公路较多的采用沥青稳定碎石基层,混合料粒径较小,厚度一般为 15 ~ 35 cm,沥青稳定碎石基层较接近沥青混凝土,混合料设计方法与沥青面层相似,差别在于较低的填料用量和较小的沥青用量。

(8)20 世纪 60 年代,美国就铺筑了全厚式沥青路面(Full-depth Pavement)和高强度沥青路面(Deep-strength Pavement)。全厚式沥青路面,是直接在土基上或改良后的土基上铺设单层或多层沥青混凝土;而高强度沥青路面是在粒料基层上铺设沥青混凝土层。随后,长寿命沥青路面在美国得到迅速的认可,其设计思想如图 1-8 所示。

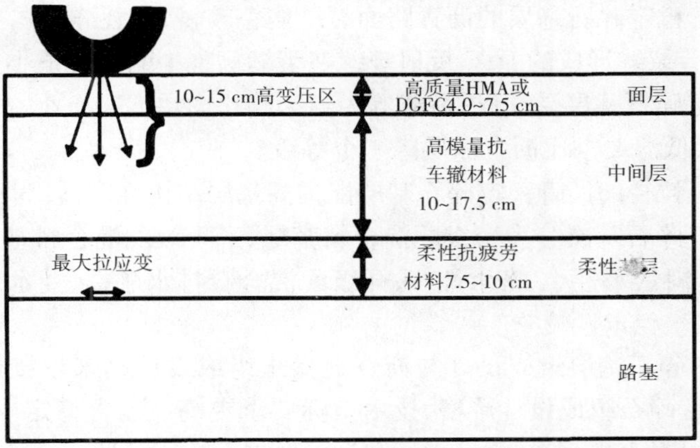

图 1-8 长寿命沥青路面设计思想

表面层采用高质量的热拌沥青混合料(Hot Mix Asphalt,简称 HMA)或开级配磨耗层(OGFC),厚度为 40 ~ 75 mm;中间层(或者称黏结层)采用高模量、抗车辙混合料,厚度为 100 ~ 175 mm;基层采用柔性抗疲劳 HMA 混合料,厚度为 75 ~ 100 mm。

(9)欧洲除法国外,一般采用粒径较粗的沥青稳定碎石做基层,最常用的有 25 mm、28 mm、32 mm、40 mm,欧洲目前正在逐渐统一规范,建议沥青稳定基层混合料统一采用 32 mm 混合料。欧洲北部等国如挪威、瑞典、丹麦、芬兰、冰岛,属于潮湿、冰冻气候区,半刚性基层的使用效果很差,基本不用,高速公路绝大多数采用沥青稳定碎石基层,较为典型的路面结构是较厚的沥青层和特厚的粒料底基层。西班牙、意大利、比利时在高速公路上以柔性基层为主,大交通量情况下多选用沥青稳定碎石基层,也常选用半刚性材料作为沥青稳定碎石基层的底基层使用。西班牙的路面典型结构是 20 cm 半刚性底基层上铺筑 22 ~ 40 cm 沥青层,意大利路面典型结构是 20 cm 半刚性底基层上铺筑 20 ~ 35 cm 沥青层,比利时路面典型结构是 15 ~ 45 cm 粒料底基层上铺筑 20 ~ 35 cm 沥青层,较厚的沥青层为沥青稳定碎石基层和沥青混凝土面层组合。

各国在大量实践的基础上,提出了有关沥青稳定基层的施工设计规范,总的来看,对沥青稳定基层的材料组成设计要求都不如面层的沥青混凝土严格,颗粒也大于面层所用的颗粒,相应的混合料的空隙率也比面层混合料大,而沥青用量相对较少。

从各国沥青稳定碎石基层的使用来看,国外沥青稳定碎石基层一般粒径为 19 ~ 40 mm,沥青用量为 3% ~5%,一般添加少量矿粉,依据材料情况确定是否添加消石灰等外加剂,空隙率一般为 3% ~6%,也有为 3% ~8%,基本为 3% ~12%。国外对沥青稳定碎石基层的研究主要结论如下：

(1)采用沥青稳定碎石基层的沥青路面具有更好的沥青路面使用性能，在交通量大、气候恶劣的情况下优先选用沥青稳定碎石基层。

(2)采用沥青稳定碎石基层的沥青路面，车辙是路面病害的主要类型，但是车辙只发生在路表面，其他结构层内没有发生结构性破坏。

(3)沥青稳定碎石基层底部的抗弯拉强度不足时，在荷载的重复作用下，底部的疲劳裂缝是沥青稳定碎石基层的主要病害形式。

(4)采用沥青稳定碎石基层的沥青路面裂缝病害较轻，其裂缝形式主要为 TDC 裂缝，由基层发生的疲劳裂缝形成的 DTC 反射裂缝在裂缝病害中的比例很小。

(5)沥青稳定碎石基层受气候、荷载等因素影响比面层混凝土小，高温状况下混合料要求与面层一样，低温要求比沥青面层降一个等级。

(6)采用较大粒径的沥青稳定碎石基层能提高基层结构强度，较为经济。

(7)沥青稳定碎石基层分为密级配混合料基层、半开级配混合料基层、开级配混合料基层，密级配混合料透水性小、密水性好，开级配混合料排水顺畅、受水侵害小，半开级配水滞留现象严重、水稳定性较差。

(8)沥青稳定碎石基层组成设计与沥青混凝土组成设计越来越接近，沥青混凝土组成设计较沥青稳定碎石组成设计严格，技术指标要求更高。沥青稳定碎石混合料组成设计可以参照沥青混凝土进行，在技术指标和性能要求上有所降低。

然而，国外对沥青碎石基层的研究仍显不足，国外主要使用以柔性基层为主的道路结构，未对沥青碎石类基层 + 半刚性基层的刚柔组合基层结构进行系统研究，因此在我国采用复合式基层结构时其结构组成及厚度的确定方法就应进行专门研究。

1.4.2 国内研究现状

我国前两年对沥青稳定碎石柔性基层的研究比较少，仅做过一些试验，比如大粒径碎石做基层，长安大学在这方面做过相关的试验研究。大粒径碎石做基层，抗压、抗疲劳的能力比较令人满意。大粒径基层在山东、江苏也做过很多的试验，直到最近几年，沥青稳定碎石柔性基层的研究与应用才得到广泛的重视。目前，柔性基层沥青路面在国内东南沿海省份已有应用，是国内沥青路面研究的热点。同时，通过增设沥青碎石层可以加厚沥青面层，有利于降低沥青层底的拉应变，从而降低其疲劳开裂的可能性，其疲劳寿命大大长于传统的半刚性基层沥青路面结构。

吉林省公路勘察设计院从材料、施工工艺等方面对柔性基层进行了研究；江苏省交通科学研究院结合国内外沥青稳定碎石基层的应用，采用大马歇尔试验设计方法系统地研究了密级配沥青稳定碎石混合料的设计，并结合宁连公路南京段改造工程的实践，提出了配合比设计方法和设计控制指标；安徽交通职业技术学院联合广州市市政工程局，通过与国外沥青稳定基层常用级配及国内相关级配的比较，经过大量的马歇尔试验和强度试验，初选出沥青稳定碎石 1#(最大公称粒径 26.5 mm)和沥青稳定碎石 2#(最大公称粒径 31.5 mm)两种级配，研究其抗疲劳性能，并进行疲劳寿命预估；长安大学进行了沥青稳定碎石基层的研究，提出了混合料的设计方法和施工技术。

长安大学袁宏伟进行了沥青稳定碎石基层材料的研究，提出了混合料的设计方法和施工技术，并铺筑了试验路，证明了柔性基层沥青路面的低温抗裂性要优于半刚性基层沥青路面。易湘舒进行了多年冻土地区沥青稳定碎石基层混合料路用性能研究，提出了适用于冻土地区的沥青稳定碎石级配和混合料设计方法，进行了强度性能、抗冻性能、低温抗裂性和低温疲劳性能研究。王玲娟采用以力学指标法为主、大马歇尔试验方法为辅的混合料配合比设计方法，综合确定了沥青稳定碎石混合料的最佳油石比，对混合料的振动成型方法进行研究，得出了最佳的振动参数组合，并系统地研究了沥青稳定碎石的路用性能。赵新坡采用 N 法、I 法、贝雷法和 Superpave 方法设计了密级配沥青稳定碎石（ATB－25）级配，分别用马歇尔方法、力学指标法和 Superpave 方法对设计的级配进行最佳沥青用量确定，并对这几种方法进行了比较评价，最后对比研究了设计级配的路用性能。

东南大学杨群进行了高速公路沥青稳定基层结构与设计方法研究，提出了沥青稳定基层沥青路面的设计指标和标准，进行了设计指标影响因素分析，提出了沥青稳定基层混合料的组成设计方法，并铺筑了试验路。葛折圣选出两种沥青稳定碎石级配，进行了应力控制的疲劳试验，研究其抗疲劳性能，并进行了疲劳寿命预估。

哈尔滨工业大学采用体积法分别设计了公称最大粒径为 26.5 mm、31.5 mm 和 37.5 mm的沥青稳定碎石混合料的级配，并进行了各级配混合料的强度性能试验、水稳定性试验、低温抗裂性试验以及贯入式重复加载试验。

高立波在“柔性基层与半刚性基层组合结构在高速公路中应用的探讨”一文中，分别采用我国现行规范设计方法和美国现行规范 AASHTO 设计方法，进行沥青路面结构设计，将沥青稳定碎石基层、级配碎石基层与半刚性基层组合结构应用于沈阳绕城高速公路沥青路面中修，工程取得了良好效果，但是其结构设计方法仍采用传统的结构设计，未针对基层材料的特点结合防止开裂方面进行研究。

长沙理工大学谢晓刚研究了 ATB－30 的路用性能，并计算了不同温度时、不同路面结构在急速降温作用下各层层底的最大温度应力、应变和在车辆荷载作用下各层层底的最大荷载应力、应变，以及两者共同作用下各层层底最大耦合拉应力、应变，并进行对比分析，对沥青稳定碎石基层的抗裂机制进行了分析与研究。

通过对国内在刚柔组合基层方面的研究调查，国内研究多集中在沥青碎石类材料自身的性能及路面结构整体特性进行，未能认识到半刚性基层早期开裂对路面结构的影响，且未对刚柔组合基层结构确定方法进行定量化的系统研究。

课题组相关研究人员前期先后进行了多个相关课题的研究。在“高速公路长寿命路面典型结构成套技术研究”中首次对长寿命路面结构的关键技术和材料组成等进行了系统深入的研究，提出了“沥青混凝土表层＋改性沥青应力吸收层＋水泥混凝土面层＋防水联结层”的结构形式，并成功地应用于 64.262 km 的许尉高速公路实体工程修筑，有效延长了路面结构的使用寿命。

在“青银高速半刚性基层抗裂研究”中，针对水泥稳定类、二灰稳定类、水泥粉煤灰稳定类基层易开裂的问题，对半刚性基层的抗裂配合比设计、缩裂微观机制、抗裂评价指标、整体结构温度应力、裂缝间距与宽度预估及裂缝类型和防治措施等进行了系统研究，为提高半刚性基层抗裂性能提供科学的理论依据。

在“高速公路 SMA&ATB 新型路面成套技术研究”中针对河南省公路路面干燥收缩、温度收缩一般同时发生作用的现状,首次提出以综合抗裂指标——抗裂指数为半刚性材料抗裂设计的控制指标,并进行计算验证。设计采用了半刚性基层 + ATB 联结层的结构形式。同时,对济焦高速公路 ATB 联结层的设计参数进行敏感性分析,并推荐了相应设计参数范围。

课题组前期的相关科研成果为本课题沥青路面刚柔组合基层合理结构研究奠定了良好的研究基础。

1.5　本书的主要内容

本书主要结合已有研究成果,通过室内试验,主要研究沥青碎石基层 + 半刚性层的刚柔组合基层结构合理组合组成研究,深入研究半刚性基层材料及刚柔组合基层合理材料特性及结构组成。主要针对以下内容进行了研究:

(1)刚柔组合基层半刚性层材料及其路用性能研究。

(2)半刚性材料机制研究、开裂评价指标及开裂预估。

(3)刚柔组合基层柔性层材料组成及路用性能评价。

(4)刚柔组合基层沥青路面合理结构组合研究。

(5)刚柔组合基层层间结合状态及材料研究。

(6)刚柔组合基层沥青路面车辙预估研究。

(7)刚柔组合基层沥青路面设计指标及设计方法研究。

(8)刚柔组合基层柔性层压实特性及材料研究。

第 2 章　半刚性材料研究及开裂状况预估

半刚性基层材料自身的强度、板体性及相对较低的造价使得其在基层应用中具有较高的优势，但该材料收缩开裂及随之而来的水损害问题成为影响半刚性基层沥青路面使用的主要因素。在道路刚柔组合基层研究中，提高半刚性材料自身特性，进行其开裂状况分析评价具有重要的意义。

2.1　半刚性材料性能研究

半刚性材料干燥收缩性能、温度收缩性能、力学性能及抗冲刷耐疲劳性能是决定其刚柔组合基层层位的重要因素，课题组通过对水泥稳定碎石、石灰粉煤灰稳定碎石及水泥粉煤灰稳定碎石材料性能进行试验研究及对比，确定材料特性并对刚柔组合基层结构设计提供基础。

2.1.1　半刚性材料干燥收缩性能研究

2.1.1.1　干燥收缩试验方法

在最佳含水量和最大干密度的条件下，利用静压法成型中梁试件（10 cm × 10 cm × 40 cm），（材料所用配比见 10.2 节试验段半刚性材料设计），利用千分表在三角支架上测定刚成型试件的干燥收缩量，将试件放在实验室内，上下面均需要整平，把千分表固定在其表面，在常温下让水分自由散失，每天称试件的质量，直到水分散失尽，然后计算干燥收缩系数及干燥收缩率，干燥收缩试验示意图如图 2-1 所示。

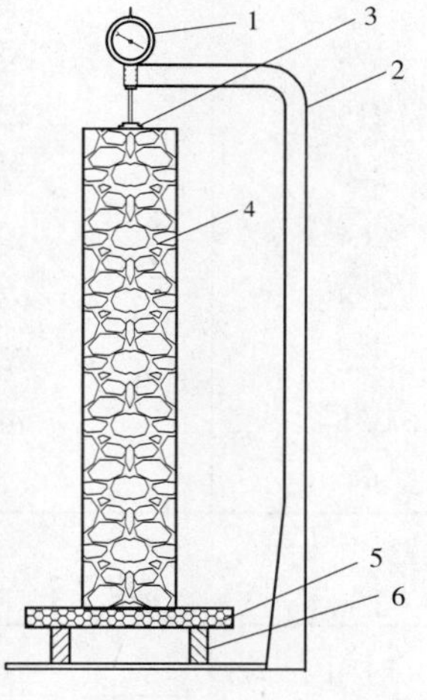

1—千分表；2—支架；3—侧板；4—试件；5—多孔板；6—垫块

图 2-1　试件干燥收缩试验示意图

半刚性（底）基层材料的干燥收缩性能主要以干燥收缩应变 ε_d 和平均干燥收缩系数 α_d 两个指标来衡量：

$$\varepsilon_d = \frac{\Delta L}{L} \tag{2-1}$$

$$\alpha_d = \frac{\varepsilon_d}{\Delta\omega} \tag{2-2}$$

式中：ε_d 为由于水分损失引起的试件单位长度的收缩量，（$\times 10^{-6}$）；α_d 为在某失水量情况下，试件的干燥收缩应变与试件的失水率之比，（$\times 10^{-6}$）；ΔL 为含水量损失 $\Delta\omega$ 时，试件的整体收缩量，（$\times 10^{-3}$ mm）；L 为试件的整体长度，mm；$\Delta\omega$ 为失水率（即失水量与试件的干重之比）（%）。

2.1.1.2 不同半刚性材料干燥收缩试验

一般来说，半刚性基层干燥收缩导致的开裂主要发生在基层铺筑后、面层铺筑前。根据干燥收缩与温度收缩导致裂缝产生时间的不同，确定干燥收缩试验在试件成型后马上测试，温度收缩试验在试件养生 90 d 后测试。

本书对石灰粉煤灰稳定碎石、水泥稳定碎石及水泥粉煤灰稳定碎石三种半刚性材料进行了干燥收缩试验。试验温度为 15 ~ 19 ℃，相对湿度为 12% ~ 18%，具体试验结果如表 2-1、表 2-2 所示。

表 2-1 不同配合比半刚性材料的累计干燥收缩量与时间的关系

时间(h)	累计干燥收缩量($\times 10^{-6}$)		
	石灰粉煤灰稳定碎石	水泥稳定碎石	水泥粉煤灰稳定碎石
0	0	0	0
24	3.8	6.2	5.7
48	10.6	14.6	12.4
72	13.7	15.9	21.0
96	20.8	24.7	37.0
120	28.2	29.4	44.3
144	34.9	42.8	53.4
168	41.3	49.6	66.5
192	45.0	58.9	76.7
216	52.2	73.4	83.3
240	53.9	78.9	89.6
264	59.5	83.2	95.4
288	63.9	89.1	99.9
312	72.3	97.7	107.3
336	74.3	102.8	112.4
360	81.5	107.0	116.5

表 2-2 不同配合比半刚性材料的失水率与时间的关系

时间(h)	失水率(%)		
	石灰粉煤灰稳定碎石	水泥稳定碎石	水泥粉煤灰稳定碎石
0	0	0	0
24	0.62	0.90	1.37
48	1.24	1.13	1.43
72	1.58	1.27	1.90
96	1.86	1.41	2.27
120	2.00	1.41	2.45
144	2.08	1.58	2.57

续表 2-2

时间(h)	失水率(%)		
	石灰粉煤灰稳定碎石	水泥稳定碎石	水泥粉煤灰稳定碎石
168	2.14	1.63	2.63
192	2.31	1.74	2.92
216	2.42	1.80	2.98
240	2.42	1.80	3.04
264	2.48	1.80	3.10
288	2.53	1.86	3.16
312	2.59	1.91	3.28
336	2.59	1.91	3.28
360	2.64	1.91	3.34

由表 2-1、表 2-2 分析可得：

自然条件下，试件成型后初期失水率最大，但相应的收缩应变却并不一定大。成型 48 h 内的失水率占总失水率的 42.8% ~59.8%，平均 51.3%。但是所对应的收缩应变占总收缩应变的 9.8% ~28.1%，平均 19.0%。

试验结果表明，半刚性材料的干燥收缩具有滞后性，而且早期失水速度的减小，同样可以抑制收缩。干燥收缩在失水率为 1% 以内，各种配合比方案的收缩量相差无几，收缩变化较为平缓；而当失水率超过 1% 时，干燥收缩量有急剧增大的趋势。良好配合比方案的干燥收缩量曲线较为平缓。试验结果也表明了施工中养生的重要性，不能因养生不充分造成较大失水的发生，从而发生干燥收缩开裂。

根据表 2-1 与表 2-2 可以回归累计干燥收缩量与时间以及累计失水率的方程，如表 2-3和表 2-4 所示。

表 2-3　累计干燥收缩量与时间的关系

代号	回归方程	R^2
石灰粉煤灰稳定碎石	$y = 29.863\ln x - 106.72$	0.903 0
水泥稳定碎石	$y = 41.395\ln x - 150.27$	0.871 7
水泥粉煤灰稳定碎石	$y = 45.98\ln x - 163.57$	0.933 2

注：y—干燥收缩量，μm；x—时间，h。

表 2-4　累计干燥收缩量与累计失水率的关系

代号	回归方程	R^2
石灰粉煤灰稳定碎石	$y = 1.472 \times e^{1.4966x}$	0.992 0
水泥稳定碎石	$y = 0.575 \times e^{2.7165x}$	0.991 4
水泥粉煤灰稳定碎石	$y = 2.1092 \times e^{1.2296x}$	0.991 6

注：y—干燥收缩量，μm；x—失水率(%)。

由表2-3和表2-4中的回归方程,可以确定出在不同时间、不同失水程度下的干燥收缩量,从而在养护时可以控制含水量的变化对干燥收缩的影响。

由表2-5分析可得:

(1)半刚性材料干燥收缩系数随时间的延长而逐渐增大。

(2)相同龄期的二灰稳定碎石的干燥收缩性能略优于水泥粉煤灰稳定碎石,水泥粉煤灰稳定碎石优于水泥稳定碎石,早期平均干燥收缩系数比水泥稳定碎石低15.2%,平均干燥收缩系数比水泥稳定碎石的干燥收缩系数平均减小了33.7%,其抗裂关系为二灰稳定碎石>水泥粉煤灰稳定碎石>水泥稳定碎石。

表2-5　不同级配半刚性材料的干燥收缩系数与时间的关系

时间(h)	干燥收缩系数($\times10^{-6}$)		
	石灰粉煤灰稳定碎石	水泥稳定碎石	水泥粉煤灰稳定碎石
0	0	0	0
24	11.6	17.3	15.3
48	7.9	32.3	21.7
72	7.4	31.3	27.6
96	13.8	43.8	40.7
120	22.2	52.1	45.2
144	29.3	67.8	51.9
168	31.7	76.0	63.2
192	37.6	84.6	65.7
216	47.6	102.0	69.9
240	47.1	109.6	73.7
264	50.1	115.5	76.9
288	53.0	119.7	79.0
312	56.0	127.9	81.8
336	59.5	134.5	85.7
360	64.6	140.0	87.2
384	68.2	145.8	89.6
平均	38.0	87.5	61.0

2.1.2　半刚性基层材料温度收缩性能研究

2.1.2.1　温度收缩试验方法

同干燥收缩成型试件一样,试件尺寸为10 cm×10 cm×40 cm,在标准养生条件下((20±2)℃,湿度>90%),养生90 d。采用电阻应变片测试材料的温度收缩系数,测试时首先将两侧烘干,贴上应变片,接到电路中,将环境箱先降到最低温度(−30 ℃),然后恒温2 h,以后每2 h升温5 ℃,当各温度段应变片的数据稳定后(每2 h后),读取相应的数据直到最终温度(30 ℃),数据通过自动数据采集仪采集。温度收缩试验仪如图 2-2 所示。

(a)　(b)

图 2-2　温度收缩试验仪

评价指标:温度收缩系数指的是变化单位温度材料的线收缩系数。例如,当温度从 T_1 变到 T_2 时(试验中以 5 ℃为温度间隔),测定材料的温度收缩应变($\Delta\varepsilon$),该温度段的平均温度收缩系数(α_t)为:

$$\alpha_t = \beta_{m1} = \Delta\varepsilon/\Delta T + \beta_{m2} \tag{2-3}$$

式中:α_t 为平均温度收缩系数,($\times 10^{-6}$/℃);$\Delta\varepsilon$ 为温度收缩应变,($\times 10^{-6}$);β_{m1} 为测试试件的线收缩系数,($\times 10^{-6}$/℃);β_{m2} 为标准试件的线收缩系数,($\times 10^{-6}$/℃)(为消除测试过程中的误差,采用标准试件对测试结果进行修正,该指标为标准件的线收缩系数值);ΔT 为试验温差,℃。

2.1.2.2　不同级配半刚性材料温度收缩试验

不同级配半刚性材料温度收缩试验结果及分析如下:

试验取级配优化后的石灰粉煤灰稳定碎石、水泥稳定碎石及水泥粉煤灰稳定碎石进行半刚性材料温度收缩特性研究及对比。具体试验结果如表 2-6 和图 2-3 所示。

表 2-6　不同级配半刚性材料温度收缩试验结果

级配类型	各温度区段平均收缩系数($\times 10^{-6}$/℃)									
	30 ~ 20 ℃	20 ~ 10 ℃	10 ~ 0 ℃	0 ~ −10 ℃	−10 ~ −20 ℃	−20 ~ −30 ℃	平均值	高温平均(30 ~ 0 ℃)	低温平均(0 ~ −30 ℃)	最大值
石灰粉煤灰稳定碎石	5. 23	6. 25	7. 52	10. 88	6. 05	5. 37	6. 88	6. 33	7. 43	10. 88
水泥稳定碎石	11. 55	13. 06	13. 12	16. 58	14. 05	12. 22	13. 43	12. 58	14. 28	16. 58
水泥粉煤灰稳定碎石	6. 60	7. 20	8. 10	12. 50	10. 30	8. 80	8. 92	7. 30	10. 53	12. 50

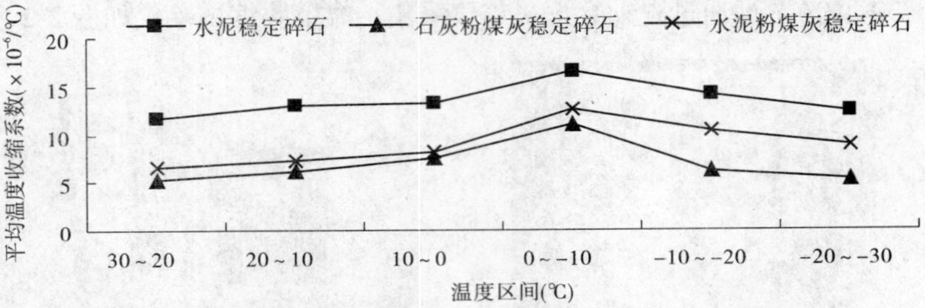

图 2-3　不同级配半刚性材料温度收缩结果

分析表 2-6 和图 2-3 可得：

不同级配的半刚性材料温度收缩系数曲线在试验温度区间（30 ~ －30 ℃）内表现出随温度降低而出现峰值，在 0 ~ －10 ℃区间，温度收缩系数达到最大。这说明半刚性基层在寒冷的冬天易发生温度收缩裂缝，因此采用以 0 ~ －10 ℃的温度收缩系数评价材料温度收缩性能较为合理。混合料温度收缩性能的优劣顺序为：石灰粉煤灰稳定碎石 > 水泥粉煤灰稳定碎石 > 水泥稳定碎石。这与采用低温区段的平均温度收缩系数评价结果相同。

产生以上结果的原因为：随温度的下降，混合料的毛细管中弯曲液面内外压力差和弯曲液面表面张力增大，当这种作用力超过毛细管壁颗粒内部的连接力时，使温度收缩系数增大。在高温区弯曲液面内外压力差和弯曲液面表面张力较小，所以随温度下降，温度收缩系数变小，在 0 ~ 10 ℃之间部分重力水和自由水（自由水冰点一般在 4 ℃左右）开始结冰膨胀，抵消了部分收缩变形，但由于这部分水含量极少，所以冰冻作用不明显，表现在图上为温度收缩系数变小，并达到最小值；但温度低于 0 ℃后，毛细管张力有可能大于颗粒的连接力，使温度收缩系数变大。温度低于 －10 ℃后，温度收缩系数变化不大，甚至有减小的趋势，这可能是因为毛细管中水的冰点一般在 －10 ~ －20 ℃，当温度达到该区间时，大部分空隙水积聚冻结，使整体体积发生膨胀，从而表现为温度收缩系数在该区间内变小。

水泥稳定碎石中掺加粉煤灰后的水泥粉煤灰稳定碎石混合料的温度收缩系数曲线在试验温度区间（－30 ~ 30 ℃）内同样表现出随温度降低而出现峰值，且在 0 ~ －10 ℃区间，温度收缩系数达到最大。再次说明了半刚性基层在寒冷的冬天易发生温度收缩裂缝及采用以 0 ~ －10 ℃之间的温度收缩系数评价材料温度收缩性能的合理性。同时可以发现，通过掺加膨胀剂或粉煤灰能明显改善水泥稳定碎石的温度收缩性能。

2.1.3　半刚性基层材料力学性能研究

2.1.3.1　抗压回弹模量

刚度是反映材料变形对外力的敏感程度的一个重要指标。依据《公路工程无机结合料稳定材料试验规程》（JTG E51—2009），采用顶面法测试了各类半刚性材料的抗压回弹模量，试验结果见表 2-7 和图 2-4 所示。

由图 2-4 可知：

相同龄期条件下，悬浮密实结构的抗压回弹模量高于骨架密实结构；在同级配的半刚性材料中，水泥粉煤灰稳定碎石和二灰稳定碎石的抗压回弹模量略低，水泥稳定碎石较高。

表 2-7　抗压回弹模量试验结果

龄期(d)	抗压回弹模量(MPa)		
	水泥稳定碎石	二灰稳定碎石	水泥粉煤灰稳定碎石
28	846	811	685
90	1 295	1 213	926
180	1 660	1 591	1 001

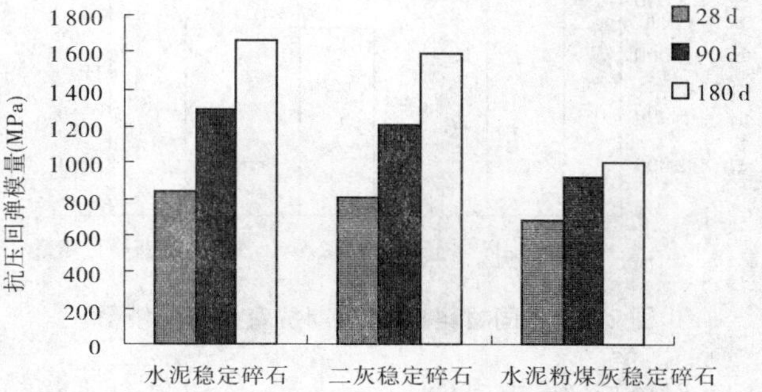

图 2-4　不同材料的抗压回弹模量

该规律解释为：水泥稳定类材料刚度取决于原材料本身模量、反应生成物模量及其组成结构形式等。初期由于反应刚进行，胶结料的形成不足以使混合料成为一整体即混合料还处于松散状态，因此早期刚度主要由材料组成结构形式及原材料本身模量决定，所以数值较低。随着水泥水化反应的进行，胶结物不断生成，颗粒间连接和整体结构逐步加强，表现为刚度逐渐增大；往后由于反应不断减弱，胶结物生成量也不断减少，刚度增长趋于平稳。粉煤灰的加入，延缓了火山灰反应，生成物的胶体数量降低，因此在相同龄期下，水泥粉煤灰稳定碎石回弹模量低于水泥稳定碎石。

从抗裂角度出发，在满足强度要求下，刚度尽量越小越好；但是从路面的结构设计角度来说，刚度越大则结构厚度越薄，所以结构设计时要求刚度越大越好；而且层间结构刚度相差不能太大，否则使路面产生过大的拉应力，特别是在干燥收缩和温度收缩的综合影响下，也使路面的抗裂性能降低。因此，基层刚度的选择应合理，这样不仅可提高抗裂性能，还可优化路面结构设计。

2.1.3.2　抗弯拉回弹模量

参照现行规范《公路工程水泥及水泥混凝土试验规程》(JTG E30—2005)中的标准方法，对上述试验方案进行抗弯拉回弹模量的测定，结果如表 2-8 和图 2-5 所示。

图 2-5 表明，不同基层材料 90 d 龄期抗弯拉回弹模量，二灰稳定碎石最低，水泥稳定类(包括水泥稳定碎石、水泥粉煤灰稳定碎石和粉煤灰水泥碎石)相对较高。对比发现，采用骨架密实结构不能降低抗弯拉回弹模量，而掺入膨胀剂对抗弯拉回弹模量影响不大，但掺入粉煤灰却使抗弯拉回弹模量略有提高。

表 2-8　抗弯拉回弹模量试验结果

龄期(d)	抗弯拉回弹模量(MPa)		
	水泥稳定碎石	二灰稳定碎石	水泥粉煤灰稳定碎石
90	10 815	6 860	10 423

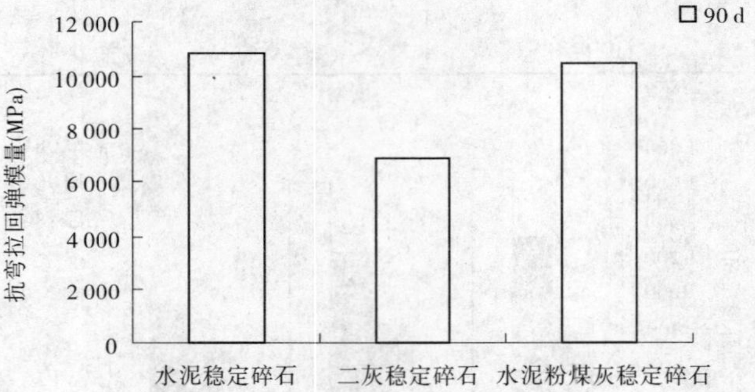

图 2-5　不同材料 90 d 龄期抗弯拉回弹模量

2.1.4　半刚性基层材料耐久性研究

2.1.4.1　半刚性基层材料疲劳性能研究

半刚性基层材料疲劳试验在 MTS 试验机上进行(见图 2-6),二灰类材料试件养生 180 d,水泥类基层材料养生 90 d,在最佳含水量和最大干密度条件下成型试件,压实度采用最大干密度的 98%,试验时首先测出各组试件的抗弯拉强度,然后确定应力比,一般至少取四个应力比,根据抗弯拉强度和应力比确定疲劳试验时所加的荷载、波形、频率,设置初始状态。将试件放在支架上,三分点受力下开动试验机,直至试件被破坏。

(a)

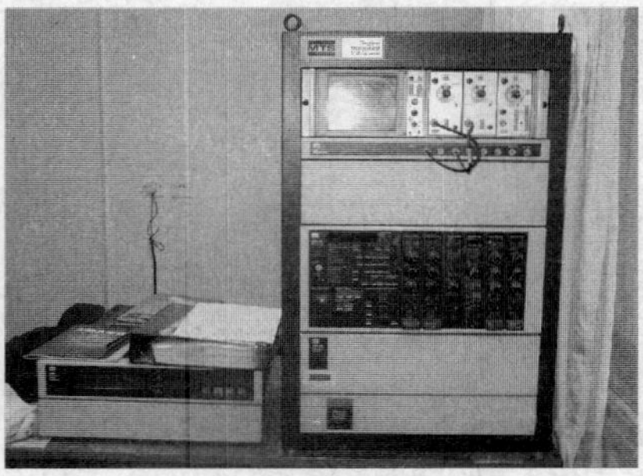
(b)

图 2-6　半刚性材料 MTS 疲劳试验

国外研究者波尔等早在 20 世纪 50 年代就指出,沥青路面后期出现的裂缝与行驶车辆产生的弯曲应力超过材料抗弯拉强度有关,裂缝是疲劳作用的结果,这种作用取决于弯沉的大小和行车荷载重复作用的次数,因而在一定程度上能反映出不同材料的疲劳特性。在车辆荷载的作用下,路面中将产生动态应力(应变)反应。

半刚性基层底部的应力(应变)一般接近于时间的半正弦函数。车轮对路面作用一次的时间以其应力(应变)反应的时间来表示,这种反应时间主要取决于轮重、车速、交通类型和车辆的行驶序列,在一定程度上也取决于路面的性质(材料和厚度等)。根据国外的研究结果获知,在进行疲劳试验时,采用加载波形频率为 5 Hz 的正弦波,加载时间为 0.01 s,相当于 60 ~ 65 km/h 的行车速度。在疲劳试验过程中,半刚性混合料中梁试件底部的弯拉应变随荷载作用次数增加的总的变化规律是:总应变随加载次数增加而逐渐增大,其增大速度与荷载应力水平有关,应力水平越高,增大速度就越快。

由试验结果可知,半刚性材料的应力水平(重复荷载应力幅值 S_r 与静力抗弯拉强度 S 之比)同疲劳寿命 N_t 之间的关系较好地符合如下方程:

$$S_r/S = kN_t^n$$

在双对数坐标系中两者呈线性关系。其中,k 值接近于 1.0;n 值反映了材料的抗疲劳性能,n 越大表征材料的抗疲劳性能越好,其大小随材料类型、材料级配不同而变化。由于无机结合料稳定材料脆性,对应力水平极为敏感,故 n 值普遍较小。这类材料的动态抗疲劳性能不仅取决于其静态强度与刚度,还有其内在的机制。通过对疲劳断裂面的观测发现,断裂并不都发生在碎石的界面上,断裂面上相当部分碎石本身也发生了断裂。

本次试验采用课题组设计的三种混合料,又参照规范推荐的级配设计中值而设计的悬浮密实水泥稳定碎石进行了疲劳试验对比,依据抗疲劳试验方法,采用不同应力强度比,各半刚性材料疲劳试验结果如表 2-9 所示。

表 2-9　半刚性材料疲劳试验结果

代号	应力水平 (S_r/S)	疲劳寿命 (N_t)	回归方程 $S_r/S = kN_t^n$ 参数		相关系数 (R^2)
			k	n	
悬浮密实水泥稳定碎石	0.88	389	1.055	−0.029 6	0.995 8
	0.82	5 124			
	0.78	24 753			
骨架密实水泥稳定碎石	0.88	4 089	1.052 4	−0.020 8	0.993 8
	0.81	360 325			
	0.78	1 356 897			
二灰稳定碎石	0.84	1 324	1.101	−0.037 1	0.978 7
	0.80	4 782			
	0.76	24 324			
水泥粉煤灰稳定碎石	0.85	4 983	1.064	−0.026 98	0.987 6
	0.82	15 388			
	0.79	59 887			

分析表 2-9 可得:

骨架密实水泥稳定碎石与悬浮密实水泥稳定碎石的规范级配相比,骨架密实水泥稳定碎石 n 值提高了 42% 左右。与悬浮级配相同的水泥粉煤灰稳定碎石的 n 值比同级配的悬浮密实水泥稳定碎石提高了 9.71%。二灰类普遍比水泥稳定碎石类和含粉煤灰的水泥稳定碎石类的要小。

从本试验结果可以看出,骨架密实结构稳定类 n 值要高于悬浮结构稳定碎石;水泥粉煤灰稳定碎石的 n 值要高于同类结构的水泥稳定类材料。因此,在骨架型水泥稳定碎石中加入适当粉煤灰形成水泥粉煤灰稳定碎石,不仅能减少温度收缩系数,还能显著地提高其抗疲劳性能。

对这一规律的解释是:疲劳破坏与材料内部结构有关。基层材料在重复荷载的作用下材料内部结构发生疲劳损伤,而损伤是材料结构组织在外界因素作用下发生的力学性能劣化,并导致体积单元破坏的现象。

半刚性材料是由无机结合料、骨料等加水后组成的复合材料,在自然状态下是一种疏松介质。这类材料在受力后,会在体内产生弥散裂隙。这些以裂隙或孔洞形式表现的材料损伤,将在荷载、环境等因素的持续作用下进一步增长、扩展,逐渐并集、聚合,形成一定尺度的宏观裂纹,导致结构强度、刚度的下降。也就是说,材料内部结构的微细裂纹是材料疲劳破坏主要根源。因此,凡是与材料微细裂纹形成有关的因素都将是导致材料疲劳破坏的主要内因。譬如,由无机结合料与细骨料水化后形成的胶体基材固相中存在不同形式与大小的裂缝通道元(如 $Ca(OH)_2$ 板状结晶的层间裂面、相邻凝胶粒子外壳接触处已破损部分和胶凝粒子内外包络面的径向裂面等)和裂缝阻挡元(局部高阻力和钝化的裂缝前沿区域),存在裂缝通道元及裂缝阻挡元这一情况导致硬化水泥浆体裂缝扩展初期就会受到暂时抑制,进一步增加荷载则可能形成新的裂缝途径。骨料的作用主要表现在对裂缝扩展的影响方面:

(1)产生和诱发裂隙,由于离析,骨料下面往往形成储水腔,造成温度收缩裂缝;另外骨料与浆体材料的界面是一个薄弱面,受力后主要是从这一区域引发裂缝的。

(2)阻挡裂缝,在水泥稳定碎石材料中骨料的强度一般都大于硬化后浆体的强度。若在给定荷载下裂缝从最薄弱面或较薄弱的浆体大空隙处开始扩展,则在扩展过程中会遇到骨料,因而受到阻挡。但是裂缝的阻挡不仅取决于硬化的水泥浆体和骨料的力学性质,还取决于几何分布,如裂缝遇到骨料前已达到相当长度的裂缝就不可能阻挡。

众所周知,在通常的气候条件下,半刚性基层材料即使在承受荷载之前,已经存在大量的微细裂纹和孔洞,这必定影响半刚性材料的疲劳寿命。从半刚性材料的整个寿命来考虑,最早的裂纹是由于未充分压实而形成的,未充分压实可导致高孔隙率的局部区域。这些区域在荷载的作用下起着类似于预裂区域的作用。在硬化过程中水泥不断水化放热,而硬化水泥浆体与骨料的热胀性不一致,因而温度变化会引起水泥浆体与骨料界面产生裂纹。在硬化过程中水泥还要产生化学收缩而导致微细裂缝的产生,另外水分的蒸发、毛细管表面张力发生变化也将产生裂缝等。这些都是影响材料疲劳寿命的内在因素。表 2-10汇总了半刚性材料整个生命不同特征期及相应的裂缝形成。

密实骨架结构之所以疲劳性能优于同类材料悬浮结构,也就是因为其初期存在微细裂纹或孔洞少。含粉煤灰或膨胀剂材料的水泥稳定碎石其疲劳性能优于同类结构的水泥稳定碎石是因为粉煤灰或膨胀剂的存在使孔隙率减小,裂纹扩展需要相对较长的一个过程。二灰类疲劳性能普遍低于水泥稳定类,因为浆体强度比较低,或浆体与骨料表面界面间强度较低,所以在荷载的重复作用下,裂缝容易从该区域扩展,最终导致破坏。

表 2-10　半刚性材料整个生命不同特征期及相应的裂缝形成

生命特征期	典型的微细裂纹形成
拌和	离析产生泌水腔
摊铺及压实	孔隙率
硬化阶段	热化裂缝,化学及毛细管收缩裂缝
干燥阶段	干燥收缩裂缝
承载阶段	裂缝在荷载作用下的生长和扩展

2.1.4.2　半刚性基层冲刷性能研究

1. 半刚性基层材料的冲刷机制

半刚性基层材料的水稳定性不仅是指静态水的作用,还指材料经受压力水和流动水的作用。当地表水通过不同途径进入到沥青路面或水泥混凝土路面结构层中时,如果进入的水未能及时排出,而是滞留在面层与基层之间,就会导致基层局部潮湿直至处于饱水状态,从而发生体积的膨胀;此时在行车荷载作用下,路面结构层内或基层材料中的自由水会对混合料产生相当大的动水压力,这种动水压力对基层材料进行冲刷破坏,虽然一次冲刷的量是很小的,但在行车荷载的反复作用下,无数次冲刷结果会导致唧泥现象的出现,逐渐淘空,最终导致更大面积的破坏。这种现象在沥青路面中非常普遍,因此对于半刚性基层材料而言,改善或提高其抗冲刷性能就显得很有必要。

显然路面结构层内自由水的水压力随行车荷载的增加而增大,同时冲刷量随行车反复作用次数而增加。基层的冲刷程度与进入路面结构层的水量有关,进入的水愈多,冲刷程度愈大;同时,冲刷程度还与基层材料本身特点有关,材料中含有细料越多,冲刷愈严重。

2. 冲刷试验结果及分析

采用长安大学自行研制的冲刷仪,该仪器采用的频率为 10 Hz,配重为 3 块,偏心块的夹角为 126°,经过计算得到其压头的静面压力为 0.3 MPa,用以模拟行车对路面基层的作用力。根据击实结果,在最佳含水量和最大干密度的条件下,成型$\phi 15 \times 15$ cm 圆柱体,为了增大其冲刷量,此处采用 95% 的压实度,自制冲刷仪如图 2-7 所示。

图 2-7　自制冲刷仪

该试验方法是将试件在标准条件下养生 28 d,泡水 24 h,然后将其固定在冲刷仪上,加入适量的水,使液面超过试件顶面 5 mm,然后开启电源,进行冲刷试验,5 min 后,将试件取出,收集冲刷筒里的剩余物并烘干称重,可计算其冲刷量,具体计算式如下:

$$W = G/t \tag{2-4}$$

式中:W 为单位时间内的冲刷量,g/min;G 为 t 时间内的冲刷质量,g;t 为冲刷时间,min。

试验龄期为 180 d,其试验结果如表 2-11 和图 2-8 所示。

表 2-11　采用自行设计冲刷仪 180 d 龄期的各方案冲刷结果

代号	悬浮型水泥稳定碎石(资料)	水泥稳定碎石	石灰粉煤灰稳定碎石	水泥粉煤灰稳定碎石
平均冲刷量(g/min)	14.8	13.4	9.2	12.2

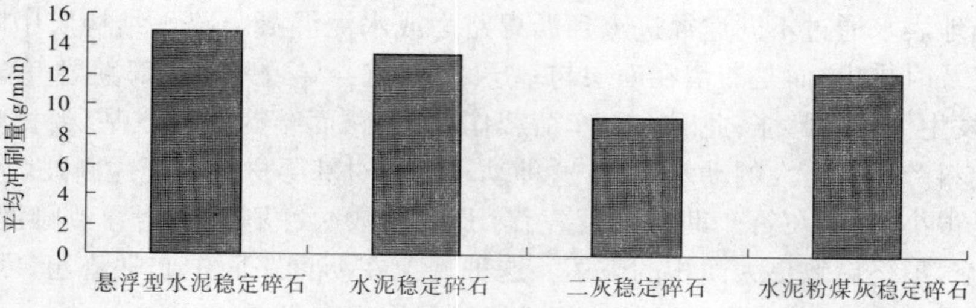

图 2-8　采用自行设计冲刷仪 180 d 龄期各方案的冲刷结果

由表 2-11 和图 2-8 可以看出:180 d 龄期的各方案抗冲刷性能的优劣顺序为:二灰稳定碎石 > 水泥粉煤灰稳定碎石 > 水泥稳定碎石 > 悬浮型水泥稳定碎石。

2.2　半刚性层开裂机制分析及预估模型

大气温度和太阳辐射的周期性变化,致使路面结构层内产生由年温差引起的胀缩应力。年温差引起的温度变形周期性较长,温度变化较缓慢,因此可认为路面结构层的胀缩在厚度范围内呈均匀分布。在温度交替变化过程中,由于层状路面结构的相互约束作用,在路面结构层内将产生温度应力。正常状态下,温度应力的累积是非常缓慢的过程,但在持续低温状态或急剧降温条件下,温度应力来不及释放,将在结构层内产生显著的温度应力,并可能超过其断裂强度而导致低温开裂破坏。由温差引起的收缩应力是影响基层开裂的一个重要因素。

本节利用弹性层状体系理论,对半刚性材料的胀缩应力进行分析,推导出半刚性层的最大温度收缩应力、最大干燥收缩应力、温度收缩裂缝间距及宽度的近似计算公式。

2.2.1　刚柔组合基层半刚性层温度收缩应力、干燥收缩应力计算

我国已建成高速公路使用调查表明,路面裂缝中 50% 以上为半刚性基层先开裂导致沥青面层开裂的反射裂缝,而半刚性层内的裂缝往往在铺筑沥青面层之前就已经形成了。国内外的研究均表明,半刚性层的开裂主要是由半刚性材料的温度收缩和干燥收缩引起

的。半刚性层的温度收缩和干燥收缩使基层内产生温度收缩应力和干燥收缩应力，当这两种应力综合的最大应力值一旦超过了半刚性材料的极限抗拉强度，就会产生裂缝。根据断裂力学理论，裂缝的扩展主要有三种模式，即Ⅰ型拉裂、Ⅱ型剪裂和Ⅲ型撕裂（见图 2-9）。三种模式中Ⅰ型拉裂和Ⅱ型剪裂较常见，Ⅲ型撕裂较少。对于促使裂缝扩展的温度收缩应力和干燥收缩应力来说均为拉应力，因而其导致的裂缝扩展模式主要为Ⅰ型拉裂。温度收缩裂缝、干燥收缩裂缝在半刚性层表面表现为横向裂缝，其分布通常有一定的规律性，一般沿路线方向每隔一段距离就有一道横向裂缝。为了更有效地防止半刚性层的温度收缩裂缝、干燥收缩裂缝，就必须弄清裂缝产生的内在原因、发展机制以及温度收缩应力和干燥收缩应力的计算方法。

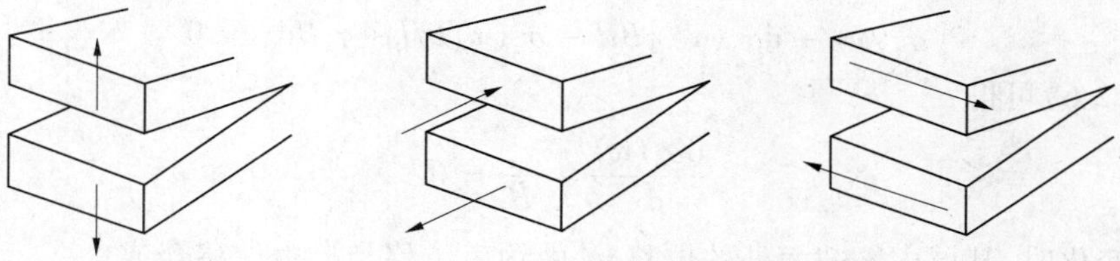

(a) Ⅰ型拉裂　　(b) Ⅱ型剪裂　　(c) Ⅲ型撕裂

图 2-9　裂缝扩展模式

2.2.1.1　**计算中的基本假定**

（1）半刚性材料和下承层材料均符合线弹性体假设，即为均匀的、连续的和各向同性的材料。

（2）路面的半刚性层下面为底基层，与基层相比，底基层的厚度很小。假定相互约束的底基层和基层均为可变形的弹性结构，底基层对半刚性层的约束可以通过它们之间的剪应力与约束收缩变形的关系表现出来。

（3）假设半刚性层材料与面层之间的界面的位移约束力符合 Goodman 假设，即简化成平均摩擦力，新的研究成果表明宜用抗剪强度表征，即阻力与位移成正比：

$$\tau_x = -C_x u_x \tag{2-5}$$

式中：C_x 为摩擦阻力系数，随下承层的变形模量增加而增加，随下承层的塑性变形增加而减小，一般偏安全，土基 0.06 MPa/mm，石灰土 0.06～0.10 MPa/mm，水泥稳定类、二灰稳定类 0.10～0.60 MPa/mm；u_x 为基层内 x 处水平位移；－为摩擦应力与位移相反。

（4）假定半刚性层沿厚度变化的范围内，经受的温度变化和含水量变化是均匀的，产生的温度收缩和干燥收缩以及收缩应力也是均匀的。

（5）从实际观测到的裂缝情况来看，收缩裂缝基本上都是互相平行的横向裂缝，因而假设半刚性层只受沿路长方向的纵向约束，而不受横向约束。

2.2.1.2　**温度收缩应力计算公式**

根据上述基本假定，运用弹性力学基础理论，可建立弹性地基上一长条板均匀受力计算模型，如图 2-10 所示的受力模型。

半刚性层的横截面为矩形，长度为 L。在任意点 x 处，截取一段长 dx 的微元体，微元体宽度为 B，厚度为 H，截面平均温度收缩应力为 $\sigma_t(x)$，剪应力为 τ_x，即半刚性层与下承

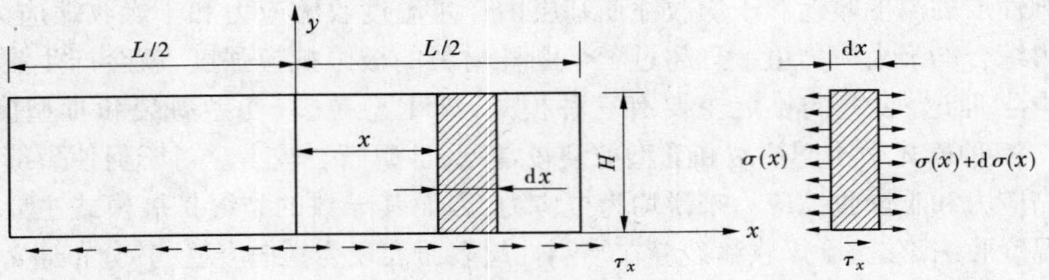

图 2-10　半刚性层力学模型及计算单元

层间的摩擦应力。

微元体水平方向的平衡方程为

$$[\sigma_t(x)+\mathrm{d}\sigma_t(x)]BH-\sigma_t(x)BH+\tau_x B\mathrm{d}x=0 \tag{2-6}$$

由式(2-6)可得：

$$\frac{\mathrm{d}\sigma_t(x)}{\mathrm{d}x}+\frac{\tau_x}{H}=0 \tag{2-7}$$

温度变化时，基层内 x 截面处的位移 u_x 由约束位移与自由位移合成：

$$u_x=u_\sigma+\alpha_t Tx \tag{2-8}$$

式中：u_x 为基层内 x 截面处的位移；u_σ 为截面约束位移；α_t 为半刚性材料的温度收缩系数；T 为基层的温度下降值。

将式(2-8)两边对 x 微分得：

$$\frac{\mathrm{d}u_x}{\mathrm{d}x}=\frac{\mathrm{d}u_\sigma}{\mathrm{d}x}+\alpha_t T \tag{2-9}$$

将式(2-9)两边对 x 微分得：

$$\frac{\mathrm{d}^2u_x}{\mathrm{d}x^2}=\frac{\mathrm{d}^2u_\sigma}{\mathrm{d}x^2} \tag{2-10}$$

x 截面处的温度收缩应力又可表示为

$$\sigma_t(x)=E\frac{\mathrm{d}u_\sigma}{\mathrm{d}x} \tag{2-11}$$

将式(2-11)两边对 x 微分得：

$$\frac{\mathrm{d}\sigma_t(x)}{\mathrm{d}x}=E\frac{\mathrm{d}^2u_\sigma}{\mathrm{d}x^2} \tag{2-12}$$

将式(2-10)代入式(2-12)得：

$$\frac{\mathrm{d}\sigma_t(x)}{\mathrm{d}x}=E\frac{\mathrm{d}^2u_x}{\mathrm{d}x^2} \tag{2-13}$$

将式(2-13)代入式(2-7)得：

$$E\frac{\mathrm{d}^2u_x}{\mathrm{d}x^2}+\frac{\tau_x}{H}=0 \tag{2-14}$$

将式(2-5)代入式(2-14)，并令 $\beta=\sqrt{\dfrac{C_x}{HE}}$ 得：

$$\frac{d^2u_x}{dx^2} - \beta^2 u_x = 0 \tag{2-15}$$

此微分方程的通解为

$$u_x = C_1 x \mathrm{ch}\beta + C_2 x \mathrm{sh}\beta \tag{2-16}$$

由边界条件：① $x=0, u_x=0$；② $x=\frac{L}{2}, \sigma_t(x)=0$，求得 $C_1=0$。由式(2-11)、式(2-9)得：

$$\sigma_t(x) = E\left(\frac{du_x}{dx} - \alpha_t T\right) \tag{2-17}$$

又由 $C_1=0$、式(2-16)可得：

$$\frac{du_x}{dx} = \beta C_2 x \mathrm{ch}\beta \tag{2-18}$$

将边界条件②代入式(2-17)、式(2-18)可求得 $C_2=\frac{\alpha_t T}{\beta(L/2)\mathrm{ch}\beta}$，则 u_x 为

$$u_x = \frac{\alpha_t T}{\beta(L/2)\mathrm{ch}\beta}\mathrm{sh}\beta x \tag{2-19}$$

将式(2-19)代入式(2-17)即得截面温度收缩应力：

$$\sigma_t(x) = -E\alpha_t T\left(1 - \frac{x\mathrm{ch}\beta}{(L/2)\mathrm{ch}\beta}\right) \tag{2-20}$$

水平应力 $\sigma_t(x)$ 是引起横向贯穿裂缝的主要应力，由式(2-20)可知，当 $x=0$ 时，温度收缩应力 $\sigma_t(x)$ 最大，考虑基层内温度收缩应力属二维平面应力，且半刚性材料具有应力松弛性质，则：

$$\sigma_t(x)_{\max} = -\frac{E\alpha_t T}{1-\mu}\left(1 - \frac{1}{(L/2)\mathrm{ch}\beta}\right)H(t) \tag{2-21}$$

式中：E 为半刚性材料的弹性模量，MPa；α_t 为温度收缩系数，($\times 10^{-6}$/℃)；T 为温差；H、L 分别为半刚性层的厚度和长度，mm；μ 为泊松系数，一般取 0.25；$H(t)$ 为应力松弛系数，一般取 0.3 ~ 0.5，当温差急剧变化时，取 0.8 ~ 1.0。

由式(2-20)可以看出，半刚性层中间部位的温度收缩应力最大。由式(2-21)可知，最大温度收缩应力与基层材料的弹性模量、温度收缩系数以及温差呈线性关系。此外，最大温度收缩应力还与基层受底基层的约束程度，即与底基层对半刚性层的阻力系数 C_x、半刚性层的厚度 H 和长度 L 有关。下承层对基层的阻力系数增加，应力增加；基层厚度增加，应力降低；基层长度增加，应力增加，但这些关系都不是线性变化关系。

2.2.1.3　干燥收缩应力计算公式

干燥收缩应力的计算同样取长度为 L 的半刚性层板，半刚性层在干燥收缩过程中受底基层约束所产生干燥收缩应力为 $\sigma_d(x)$，其受力模式仍可参照图 2-10。在任意点 x 处仍截取一段 dx 长的微元体，宽度为 B，厚度为 H，在底部所受摩擦应力仍为 τ_x。

微元体水平方向的平衡方程为

$$[\sigma_d(x) + d\sigma_d(x)]BH - \sigma_d(x)BH + \tau_x B dx = 0 \tag{2-22}$$

由式(2-22)可得:

$$\frac{\mathrm{d}\sigma_{\mathrm{d}}x}{\mathrm{d}x}+\frac{\tau_x}{H}=0 \tag{2-23}$$

当半刚性层内含水量减小时,基层内 x 截面处的位移 u_x 由约束位移与自由位移合成:

$$u_x=u_\sigma+\alpha_{\mathrm{d}}\omega\cdot x \tag{2-24}$$

式中:u_x 为基层内 x 截面处的位移;u_σ 为截面约束位移;α_{d} 为干燥收缩系数;ω 为基层的含水量减小值。

将式(2-24)两边对 x 两次微分得:

$$\frac{\mathrm{d}^2u_x}{\mathrm{d}x^2}=\frac{\mathrm{d}^2u_\sigma}{\mathrm{d}x^2} \tag{2-25}$$

x 截面处的干燥收缩应力又可表示为

$$\sigma_{\mathrm{d}}(x)=E\frac{\mathrm{d}u_\sigma}{\mathrm{d}x} \tag{2-26}$$

式(2-26)两边对 x 微分并由式(2-25)可得:

$$\frac{\mathrm{d}\sigma_{\mathrm{d}}(x)}{\mathrm{d}x}=E\frac{\mathrm{d}^2\mu_x}{\mathrm{d}x^2} \tag{2-27}$$

将式(2-23)代入式(2-27),再由式(2-5),并令 $\beta=\sqrt{\frac{C_x}{HE}}$ 可得:

$$\frac{\mathrm{d}^2\mu_x}{\mathrm{d}x^2}-\beta^2u_x=0 \tag{2-28}$$

微分方程式(2-28)、式(2-15)的形式相同,同时两方程的边界条件也完全相同,故可比照温度收缩应力的推导得:

$$\sigma_{\mathrm{d}}(x)=-\frac{E\alpha_{\mathrm{d}}\omega}{1-\mu}\left(1-\frac{x\mathrm{ch}\beta}{(L/2)\mathrm{ch}\beta}\right)H(t) \tag{2-29}$$

由式(2-29)可知,当 $x=0$ 时,干燥收缩应力也取得最大值,即

$$\sigma_{\mathrm{d}}(x)_{\max}=-\frac{E\alpha_{\mathrm{d}}\omega}{1-\mu}\left(1-\frac{1}{(L/2)\mathrm{ch}\beta}\right)H(t) \tag{2-30}$$

由式(2-30)可知,半刚性层的最大干燥收缩应力也产生于基层中间部位,最大干燥收缩应力与半刚性层含水量损失量、半刚性材料弹性模量以及干燥收缩系数有关。此外,半刚性层干燥收缩应力的大小还与基层的约束程度,即与底基层对基层的阻力系数 C_x、半刚性层的厚度 H 和长度 L 有关,但这些关系也都不是线性变化关系。

2.2.1.4 总收缩应力

半刚性层内总的收缩应力是温度收缩应力和干燥收缩应力的叠加,由式(2-21)和式(2-30)可得总的最大收缩应力为

$$\sigma(x)_{\max}=-\frac{E(\alpha_{\mathrm{t}}T+\alpha_{\mathrm{d}}\omega)}{1-\mu}\left(1-\frac{1}{(L/2)\mathrm{ch}\beta}\right)H(t) \tag{2-31}$$

式中,由于温度是降低的,T 为负值,并且随着干燥收缩的进行,含水量是逐渐减小的,因

而含水量的变化量 ω 也为负值。所以,总的收缩应力为正值,即为拉应力。由式(2-31)和 β 的表达式可以看出,半刚性层中间部位的收缩应力最大,最大收缩应力随着基层弹性模量、温差、含水量变化量、温度收缩系数、干燥收缩系数的增大而增大,此外,最大收缩应力还随着基层受底基层的约束程度,即随着底基层对半刚性层的阻力系数 C_x、半刚性层的厚度 H 和长度 L 的增大而增大。

2.2.2 裂缝的形成规律

2.2.2.1 缩缝间距的影响因素

根据半刚性层受力特点,其缩缝间距与下面几个因素有关。

1. 温度胀缩应力

大气温度和太阳辐射的周期性变化,致使半刚性层产生较大的年温差。年温差引起温度变形,周期性较长,温度变化较缓慢,因此半刚性层间距的胀缩在其厚度范围内是均匀分布的,这种变形一旦受到约束将产生均匀的温度胀缩应力。由年温差引起的胀缩应力是影响半刚性层缩缝间距的重要因素。

2. 温度翘曲应力

在日温差较大的季节,由于日温差变化周期较短,在路面厚度范围内呈现不均匀分布,半刚性层板上下形成温度梯度,将产生翘曲应力。在气温差较大的情况下,半刚性层顶部温差幅度很大,而底部温差幅度相对较小,在最高气温与最低气温两个不同时刻形成的最大变温场也将产生温度翘曲应力。考虑到养生阶段覆盖物、沥青下封层及沥青层的隔温作用,半刚性层内温度梯度不是很大,因此翘曲应力不是控制半刚性层缩缝间距的主要因素。

3. 干燥收缩应力

由于水泥的水化和水分的蒸发,半刚性材料发生收缩变形,当干燥收缩变形受到约束时产生干燥收缩应力。干燥收缩应力除取决于半刚性层锯缝间距,还取决于其干燥收缩系数、下承层的约束情况、失水量等因素,其中失水是产生干燥收缩的内因。因此,在施工中若能严格控制半刚性层的水分散失,通过加强养护,便能够减少甚至完全消除干燥收缩裂缝的发生;而且沥青面层铺筑之后,其水分散失变得困难。因此,干燥收缩应力也不是控制缩缝间距的主要因素。

4. 荷载应力

在半刚性基层沥青路面设计中,对荷载作用于基层产生的拉应力进行了验算,所以只要设计合理,荷载应力对半刚性层锯缝间距的确定无明显影响。此外,在温度应力与荷载应力综合、干燥收缩应力与荷载应力综合以及翘曲应力与荷载应力综合作用下,荷载应力将加剧缩缝以及反射裂缝的扩展,但荷载应力作用的瞬时性以及温度应力作用的缓慢性和延续性,使得荷载应力对控制缩缝间距不起主要作用。因此,荷载应力也不是控制缩缝间距的主要因素。

综上可知,只有温度胀缩应力是控制半刚性层缩缝间距的主要因素,而温度翘曲应力、干燥收缩应力和荷载应力均不是控制缩缝间距的主要因素。

2.2.2.2　缩缝发生发展规律

在我国寒冷的北方区域，路面材料在低温时体积收缩，由于材料的弹性变形受到限制，就产生了温度应力。当温度应力超出材料本身的抗拉强度就会发生开裂，尤其是在突然降温时，瞬间的温度应力极大，造成破坏。

由材料力学可知，假设半刚性板长为 L、宽为 W、厚为 h。在基层中间昼夜温差或季节性温差 ΔT 的作用下，半刚性层受面层约束产生胀缩应力，其应力和位移如图 2-11 所示。

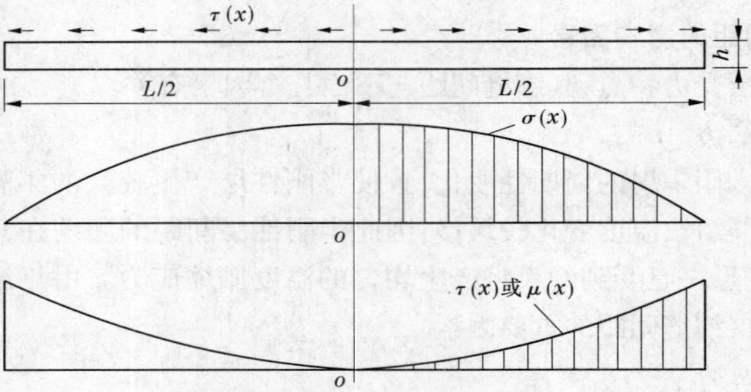

图 2-11　基层 $\sigma(x)$、$\tau(x)$ 和 $\mu(x)$ 定性分布示意图

分析图 2-11 可得：在半刚性层板中位置，其温度胀缩应力最大，剪应力和位移最小为 0；相反在板的边缘处，温度胀缩应力最小为 0，而剪应力和位移则最大。

理想状态下，在突然降温过程中，由于温度的变化在板中产生了较大的温度应力，一旦超过半刚性材料的抗拉强度，基层就在该点处产生裂缝，这样基层出现第一道裂缝。同样道理，基层板一块分两块，两块分四块，如此下去，每块板都有自己的水平应力分布，其分布相同，但其应力最大值由于长度减半而减半，直到最后一块板中的温度应力小于或等于材料的抗拉强度时，裂缝便不再增加。因此，半刚性层的裂缝间距是有规律的，具体见图 2-12。

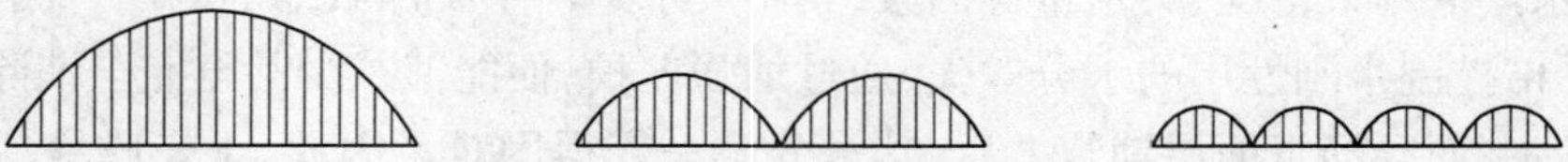

(a) $\sigma_{xmax} > R$　　(b) $\sigma'_{xmax} > R$　　(c) $\sigma''_{xmax} > R$

图 2-12　温度应力分布及裂缝形成规律示意图

当然，若原材料质量稳定、混合料配合比控制严格、施工水平高，则形成裂缝的规律性较强。但大部分时候由于材料的性质分布不均或施工等因素，基层开裂并不是严格按照最大应力处开裂这个规律，而是在很多因素共同作用下，当基层某个薄弱面（或点）的应力超过该面（或点）混合料的抗拉强度时，就在该薄弱面开裂。

2.2.3　裂缝间距和宽度预估

2.2.3.1　裂缝间距预估

根据奥特（Otte）对半刚性材料的应力—变形性质的研究，他提出半刚性材料在某一临界荷载作用下是线弹性的，该状态下半刚性基层材料特性公式可表示为 $R=E\varepsilon$。

根据抗拉强度与拉应变的正比关系，将式(2-31)变化整理得：

$$\begin{cases}\sigma_{\max} = R \\ u = \varepsilon_{\max}\end{cases} \tag{2-32}$$

将 $R=E\varepsilon_{\max}$ 代入式(2-32)可得裂缝最大间距为

$$L_{\mathrm{mzc}} = 2\sqrt{\frac{EH}{C_x}}\operatorname{arch}\frac{\alpha_{\mathrm{t}}T+\alpha_{\mathrm{d}}\omega}{(\alpha_{\mathrm{t}}T+\alpha_{\mathrm{d}}\omega)+\dfrac{1-\mu}{H(t)}\varepsilon_{\max}} \tag{2-33}$$

式中，降温时 T 为负值，极限变形为正值（拉伸），含水量减小时 ω 宜取负值，$\alpha_{\mathrm{t}}T$、$\alpha_{\mathrm{d}}\omega$ 与 $\varepsilon_{\max}$ 为异号，为便于应用，以绝对值表示。

同时，根据温度收缩裂缝的形成规律，当 $\sigma_{x\max}>R$，可能从中间开裂，最小间距 $L_{\min}=\frac{L_{\max}}{2}$，则裂缝平均间距为

$$L=\frac{L_{\max}+L_{\min}}{2}=\frac{3}{4}L_{\mathrm{mzc}}=1.5\sqrt{\frac{EH}{C_x}}\operatorname{arch}\frac{\alpha_{\mathrm{t}}T+\alpha_{\mathrm{d}}\omega}{(\alpha_{\mathrm{t}}T+\alpha_{\mathrm{d}}\omega)+\dfrac{1-\mu}{H(t)}\varepsilon_{\max}} \tag{2-34}$$

由式(2-34)可知，半刚性层厚度、材料弹性模量的增加会使裂缝间距增大。同时，裂缝间距 L 还随 C_x 变化而变化，当 $C_x\to 0$ 时，基层变形接近自由，L 可以为任意长。但从施工角度来看，降低 C_x，基层难以压实，易开裂，对路面结构整体受力也不利，因此对于 C_x 可以在容许的范围内适当提高。

由式(2-34)还可以看出，对于温度相对变形 $\alpha_{\mathrm{t}}T$ 与材料的极限拉应变 $\varepsilon_{\max}$，一般 $|\alpha_{\mathrm{t}}T|>|\varepsilon_{\max}|$，它们之间差值越大，$L$ 越小；差值越小，L 越大。所以，当采取措施降低温差或材料温度收缩系数，提高材料极限拉应变，使 $|\varepsilon_{\max}|\to|\alpha_{\mathrm{t}}T|$，于是 $\operatorname{arch}\infty\to\infty$，$L\to\infty$，即无温度收缩裂缝产生。另外，当 $|\varepsilon_{\max}|\geqslant|\alpha_{\mathrm{t}}T|$，数学上无解，但工程上也不会产生裂缝。

2.2.3.2　裂缝宽度预估

裂缝宽度即为裂缝两端位移之和，即 $\delta=2u$。当 $x=\frac{L}{2}$，即在最大应力处开裂，由式(2-19)、式(2-20)可得：

$$\delta=2u_{\max}=2\frac{\alpha_{\mathrm{t}}T}{\beta}\frac{L}{2}\operatorname{th}\beta \tag{2-35}$$

根据式(2-35)，考虑到半刚性材料为非弹性材料，故应考虑其对裂缝宽度的影响，则平均裂缝宽度公式为

$$\delta=2\psi\sqrt{\frac{EH}{C_x}}(\alpha_{\mathrm{t}}T+\alpha_{\mathrm{d}}\omega)\frac{L}{2}\operatorname{th}\beta \tag{2-36}$$

式中：ψ 为考虑半刚性材料非弹性影响系数，一般取 0.4～0.6；其他参数同上。

大气温度和太阳辐射周期性变化，致使路面结构层内产生由年温差引起的胀缩应力。

年温差引起的温度变形周期性较长，温度变化较缓慢，因此可认为路面结构层的胀缩在厚度范围内呈均匀分布。在温度交替变化过程中，由于层状路面结构的相互约束作用，在路面结构层内将产生温度应力。正常状态下，温度应力的累积是非常缓慢的过程，但在持续低温状态或急剧降温条件下，温度应力来不及释放，将在结构层内产生显著的温度应力，并可能超过其断裂强度而导致低温开裂破坏。由温差引起的收缩应力是影响基层开裂的一个重要因素。

2.3 半刚性层开裂预估及规律分析

2.3.1 半刚性层预估参数确定

2.3.1.1 环境参数分析确定

综合考虑影响半刚性材料层干燥收缩、温度收缩状况的主要环境因素，半刚性材料所处环境的温度变化幅度及频率、所处环境的湿度条件一定程度影响着其干燥收缩、温度收缩状况。

温差是影响半刚性材料温度梯度的主要因素，其因地区、海拔、纬度、天气、季节等不同而不同。一般而言，较为恶劣环境下年温差为 40 ~ 60 ℃，极端地区温差可达 80 ~ 100 ℃，通常情况下温差以 20 ~ 40 ℃为主。考虑到半刚性层材料自身温度变化，当温度低于其养生成型时即存在收缩应力，因此在温度环境较为恶劣季节或无覆盖半刚性材料地区，温度梯度可取为 -20 ℃，环境状况一般的地区或季节温度梯度可取 -10 ℃。

空气湿度条件、气温及空气流动速度等因素是影响半刚性材料湿度梯度的主要因素，其因不同地区及不同季节的变化而变化。不同半刚性材料在相同环境下含水量的减少也存在差异，同半刚性材料最佳含水量存在一定关系。半刚性层的收缩开裂应通过计算确定合理的湿度梯度。

2.3.1.2 计算参数分析确定

对进行干燥收缩、温度收缩试验研究的石灰粉煤灰稳定碎石、水泥稳定碎石及水泥粉煤灰稳定碎石等三种骨架密实型半刚性材料及通过调查得到的悬浮型半刚性材料的干燥收缩系数、温度收缩系数为计算依据进行其开裂预估，相关材料计算参数如表 2-12 和表 2-13所示。

根据式(2-33)开裂间距预估计算公式，需进行基本计算参数选取(见表 2-13)。其中，基层厚度以半刚性层单层典型厚度 18 cm 为基本计算单位；半刚性层水平变形阻力系数 C_x 为摩擦阻力系数，随下承层的变形模量增加而增加，随下承层的塑性变形增加而减小，一般偏安全取值：土基 0.06 MPa/mm，石灰土 0.06 ~ 0.10 MPa/mm，水泥稳定类、二灰稳定类粒料 0.10 ~ 0.60 MPa/mm，本次计算以半刚性层水平变形阻力系数 C_x 分别为 0.1、0.3 及 0.5 进行计算；μ 为泊松系数，一般取 0.25；$H(t)$ 为应力松弛系数，一般取 0.3 ~ 0.5，当温差急剧变化时，取 0.8 ~ 1.0。

表 2-12　半刚性基层材料计算参数

混合料名称代号		抗弯拉强度 S(MPa)	抗弯拉模量 E(MPa)	极限拉应变 $\varepsilon_{max}(\times10^{-6})$	温度收缩系数 $\alpha_t(\times10^{-6}/℃)$	干燥收缩系数 $\alpha_d(\times10^{-6}/℃)$
石灰粉煤灰稳定碎石		1.30	6 619	196.4	8.43	38.0
水泥稳定碎石		1.46	10 815	135.0	16.58	87.5
水泥粉煤灰稳定碎石		1.38	10 423	132.4	12.5	58.0
骨架悬浮（资料）	二灰碎石	1.26	6 860	183.7	10.88	46.4
	水泥稳定碎石	1.21	9 940	121.7	13.84	151.8
	水泥粉煤灰碎石	1.6	11 460	139.6	12.8	53.7

注：1. 表中抗弯拉回弹模量为 90 d 龄期，单位为 MPa。

2. 最大温度收缩系数为测试温度区间 −10 ~ 0 ℃的温度收缩系数，单位为 10^{-6}/℃。

表 2-13　开裂预估基本计算参数

混合料代号		应力松弛系数 $H(t)$	泊松系数 μ	水平变形阻力系数 C_x	基层厚度 H (mm)
石灰粉煤灰稳定碎石		气候较缓和季节或地区取 0.4；气候较为严酷季节或地区取 0.8	0.25	0.1、0.2、0.3、0.4、0.5	180
水泥稳定碎石					
水泥粉煤灰稳定碎石					
悬浮密实	二灰碎石				
	水泥稳定碎石				
	水泥粉煤灰碎石				

2.3.2　半刚性层层间接触条件对开裂影响分析

为研究半刚性基层层间结合状况对其开裂状况的影响，采用上述基本计算参数，变化值 C_x 在稳定碎石层间结合状况 0.1 ~ 0.6 取 0.1、0.2、0.3、0.4、0.5 五个值进行该状态下半刚性基层开裂预估。

根据道路最不利状况下开裂间距对比分析，确定水平变形阻力系数 C_x 变化对半刚性层开裂影响。计算温度梯度取值为 15 ℃，含水量减少按 4% 进行计算，应力松弛系数 $H(t)$ 取 0.8。计算结构如表 2-14、图 2-13 所示。

表 2-14　不同 C_x 对应的半刚性开裂间距计算

代号	不同 C_x 对应的半刚性开裂间距(m)				
	0.1	0.2	0.3	0.4	0.5
18 cm 厚石灰粉煤灰稳定碎石	21.606	15.278	12.474	10.803	9.662
36 cm 厚二灰稳定碎石	30.555	21.606	17.641	15.278	13.665
水泥稳定碎石	8.325	5.886	4.806	4.162	3.723
水泥粉煤灰稳定碎石	12.007	8.490	6.932	6.004	5.370

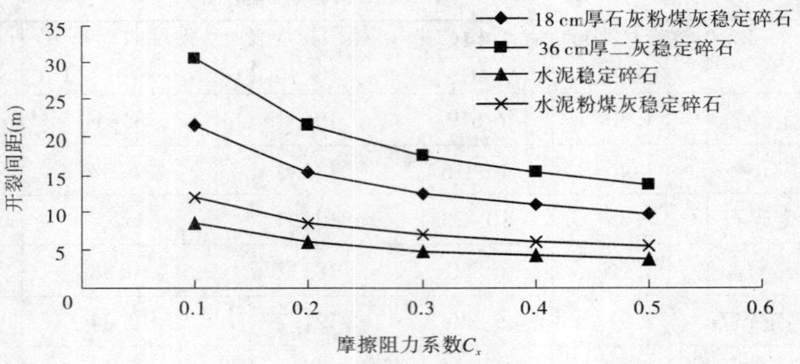

图 2-13 下层摩擦阻力系数对半刚性层开裂影响

由表 2-14 可见,随着下层摩擦阻力系数 C_x 增加,半刚性层开裂间距呈递减趋势,并逐步趋于平稳。C_x 的增加对半刚性基层开裂状况不利,原因在于下层结构的约束作用使得半刚性层收缩应力无法通过整体释放,转而进行小范围内应力集中,从而造成裂缝间距的变小。这一规律同水泥混凝土路面板受基层约束作用而开裂的规律是相似的。根据数据分析可见,当 C_x 从 0. 1 增加到 0. 5 三种材料开裂间距均缩小约 123. 6% ,作为板体性强的半刚性基层其下基层摩擦系数 C_x 处于某一高值水平对其抗开裂是不利的。

通过对 18 cm 及 36 cm 二灰稳定碎石开裂状况对比可见,半刚性层厚度的增加对提高半刚性基层抗开裂能力是有益的。这一规律同层间摩擦的增加似乎存在矛盾关系,因为当 C_x 提高到 1 时开裂呈递增趋势,而该接触状态若视为上下同层材料则对抗开裂是有益的。该矛盾产生的原因在于,当同类材料完全接触双层结构视为单层时,厚度的增加会提高其抗裂能力,但不同双层类材料模量不一致时,合为一层后对其无效,且因层间结合过于紧密容易造成上层开裂间距减小。

通过不同半刚性材料开裂间距对比可见,由于干燥收缩、温度收缩系数不同,半刚性材料开裂间距宜不同,且跟干燥收缩、温度收缩性能有较好相关关系。以上三种材料开裂间距分别为石灰粉煤灰稳定碎石层 > 水泥粉煤灰稳定碎石层 > 水泥稳定碎石层,即在路面结构中,石灰粉煤灰稳定碎石半刚性层开裂间距是最大的,其具有最优抗开裂性能,水泥粉煤灰稳定碎石层其次,裂缝间距较其缩小 44. 4% ,水泥稳定碎石较差较二灰碎石缩小 61. 4% 。

通过以上分析可见,半刚性层下层摩擦系数 C_x 的增大对半刚性层的开裂是不利的,增加层厚和更换干燥收缩、温度收缩性能较好的材料可起到较好的减少开裂的效果。因此,由于“半刚性 - 稳定土”接触界面稳定土对其摩擦阻力系数为 0. 06 ~ 0. 1 MPa/mm,其增加对半刚性层开裂影响较小,半刚性基层施工过程中,可通过清理表面、洒水等措施增加层间接触条件,以利于道路结构受力层间连续。碎石类材料接触界面可通过“双层同性材料,无界面施工”以提高其抗裂性能与道路受力层间接触条件,亦可通过改善级配、更换抗裂较好材料,增加层厚等提高抗裂效果。

2. 3. 3 工后裸露半刚性层开裂预估分析

根据青红高速河北段沿线水温状况调查,河北邯郸地区 6、7 月份温度较高,野外日温度变化为15 ℃左右。沥青路面半刚性基层多在此时施工,施工结束后半刚性层裸露在外部少则7~10 d,多则1~2月,该过程中由于温度梯度变化较大且天气干热导致的含水量的迅速减少较易形成早期开裂,见图2-14、图2-15。

图2-14　完成7 d养生后的裸露半刚性基层

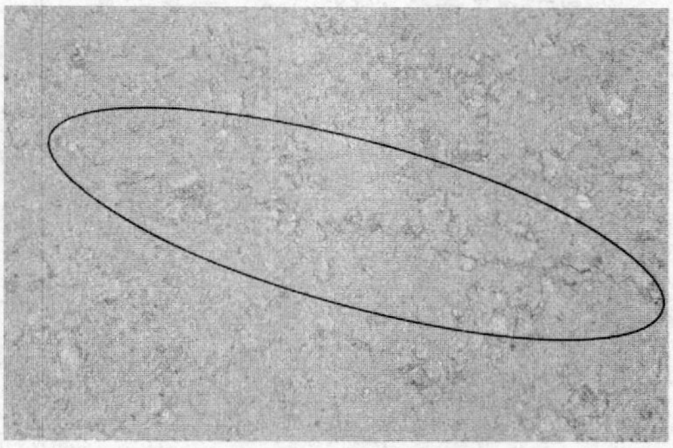

图2-15　裸露半刚性基层开裂

结合工地实际养生7 d的习惯,取温度梯度为太阳照射温度同夜间温度梯度,以20 ℃为计算值。含水量减少率分别以含水量减少1.5%、2.5%、3.5%、4.5%、5.5%进行不同养生条件下开裂状况模拟。由于养生期材料参数同干燥收缩、温度收缩计算参数略有不同,开裂间距计算仅针对完成养生且未及时进行上层施工罩面的裸露半刚性基层进行。

2.3.3.1　最佳应力松弛系数的确定

考虑到应力松弛系数对开裂间距计算结果影响较大,特选取水泥稳定碎石进行开裂间距预估,计算如表2-15、图2-16所示。

表2-15　不同应力松弛系数下水泥稳定碎石开裂间距计算　(单位:m)

项目	不同失水率的开裂间距				
	2.2%	2.4%	2.6%	2.8%	3.0%
应力松弛系数0.4	无开裂	无开裂	40.12	27.305	22.777
应力松弛系数0.5	28	22.662	19.495	17.426	15.924

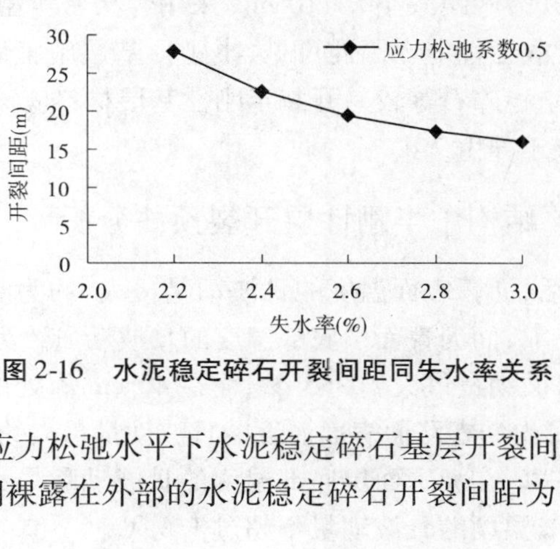

图2-16　水泥稳定碎石开裂间距同失水率关系

由表2-15可见,该应力松弛水平下水泥稳定碎石基层开裂间距为28~15.9 m。根据现场调查,养生期后长期裸露在外部的水泥稳定碎石开裂间距为20 m左右,其失水率为

1.5% ~2.5%,可见上述计算较为接近实际情况,因此在温度变化平稳的情况下应力松弛系数取0.4~0.5是较为合适的。

2.3.3.2 裸露半刚性基层开裂预估及分析

以应力松弛系数为0.5,失水率为2% ~6%进行不同材料开裂间距预估,计算结果如表2-16所示。

表2-16 不同失水率下半刚性基层开裂间距计算 (单位:m)

项目		不同失水率下的开裂间距				
		1.5%	2.5%	3.5%	4.5%	5.5%
石灰粉煤灰稳定碎石		无开裂	无开裂	无开裂	无开裂	无开裂
水泥稳定碎石		无开裂	20.882	13.430	10.719	—
水泥粉煤灰稳定碎石		无开裂	无开裂	21.840	12.383	9.737
悬浮密实	二灰碎石	无开裂	无开裂	无开裂	无开裂	10.3
	水泥稳定碎石	19.2	10.74	8.3	7.01	—
	水泥粉煤灰碎石	52.3	30.4	24.4	19.6	12.3

由表2-16中不同半刚性基层开裂间距计算数据可见,半刚性层材料随着失水率的增多开裂间距呈缩减趋势,同路段裂缝数量明显增多。失水率对半刚性基层开裂随材料不同而有所差异,水泥稳定碎石失水率开裂区间在2% ~3%,石灰粉煤灰在5% ~6%,水泥粉煤灰稳定碎石在3% ~4%,该区间随材料抗裂性不同而有所不同。

根据环境因素分析,养生条件良好的裸露半刚性基层可保证不出现早期开裂,养生条件不利状况下裸露半刚性基层水稳碎石较易出现开裂,开裂间距22.6~8.3 m;二灰碎石及水泥粉煤灰碎石抗裂效果良好,常规养生条件下,不易出现早期收缩开裂,若长时间裸露在自然环境中,二灰碎石开裂间距为24.9~15.6 m,水泥粉煤灰稳定碎石开裂间距为21.8~13.5 m。骨架密实型半刚性材料层开裂间距明显大于悬浮型,相同环境下,骨架密实型级配较悬浮型级配开裂间距减小5~10 m。采用骨架密实型半刚性基层结构能显著降低材料干燥收缩、温度收缩性能。因此可见,半刚性基层施工后应尤其加强养生,并及时进行上层结构铺筑。水稳碎石等较易开裂半刚性基层材料应该在未加铺上层结构前每天洒水养生,而不能仅限于养生7 d。

2.3.4 刚柔组合基层结构中半刚性层开裂预估分析

道路加铺沥青路面后,沥青表面温度的日波动量最大,约为40 ℃,在5 cm深处温度的日波动量最大约为20 ℃,而沥青面层底部温度的日波动量约为11 ℃,在30 cm深处的半刚性基层中,温度的日波动量最大约为5 ℃,而在40 cm深处的底基层中,温度的日波动量只有2 ℃左右。1月份沥青路面表面温度的日波动量最大约为20 ℃,5 cm深处温度的日波动量最大约为11 ℃,在沥青面层底部温度的日波动量最大约为6 ℃,在上基层中部约为3 ℃,而在下基层,温度的日波动量不超过1.5 ℃。

根据半刚性层沥青路面罩面后温度状况分析,冬天极端温度梯度可取5 ℃,由于加铺沥青层后其含水量变化较小,进而失水率较小,一般为0.5% ~1.5%甚至更小,因此取最不利失水率为1.5%。由于此时温度变化较为平缓,因此取应力松弛系数为0.5。计算结果表明,该状态下半刚性基层均无开裂现象出现。

显然该计算参数取值是无法反映其实际收缩开裂的,因此根据应力计算公式,可取温度梯度为对应施工材料温度状况下材料的温度下降值,失水率宜在该情况下取值。此时冬天不利季节半刚性材料极端温度为1~3 ℃,施工温度为20~25 ℃,温度下降梯度为22 ℃,应力松弛系数宜在不利温度状况下取值0.8。

计算结果(见表2-17)表明,石灰粉煤灰稳定碎石失水率开裂区间为3.4% ~3.6%,水泥稳定碎石失水率开裂区间为1.2% ~1.4%,水泥粉煤灰稳定碎石失水率开裂区间为1.8% ~2.0%。由于其材料自身特性,不同材料最佳含水量及自身失水率对其影响有所不同,因此半刚性基层材料自身特性较大程度上影响到其使用过程中的开裂状况。

表2-17　刚柔组合基层结构中半刚性基层开裂间距计算

基层类型		温度梯度(℃)	总失水率(%)	总开裂间距(m)	说明
石灰粉煤灰稳定碎石		20	4	17.9	C_x 取0.2;应力松弛系数取0.8
水泥稳定碎石		20	2	12.9	
水泥粉煤灰稳定碎石		20	2.3	17.2	
悬浮密实	二灰碎石	20	4	10.3	
	水泥稳定碎石	20	2	7.2	
	水泥粉煤灰碎石	20	2.3	9.4	

道路使用过程冬季不利季节开裂间距计算显示,道路使用过程中半刚性基层对失水率更加敏感,在失水率为2%时,水泥稳定碎石及水泥粉煤灰稳定碎石即出现开裂。失水率较小时,水泥稳定碎石开裂较水泥粉煤灰稳定碎石开裂间距小,开裂严重,当失水率超过4%时水泥粉煤灰稳定碎石开裂状况最为严重。由于冬天道路实际使用过程半刚性基层对失水率较为敏感,一旦接近上述区间则较易出现开裂。采用刚柔组合基层结构后,由于半刚性层上防水层、柔性基层及面层等结构的设置,较大程度上改变了其温度梯度及保水状况,因此可避免在使用过程中基层开裂的发展。

2.3.5　半刚性层开裂状况总体分析评价

根据以上计算及分析,半刚性层施工结束后及使用过程中均可能出现缩裂,但由于其使用过程中采用刚柔组合基层沥青路面结构失水率较小,因此半刚性基层开裂过程主要在于施工养生后至加铺上层结构前,且由于这一过程中裂缝的出现,道路使用过程中通过此裂缝可以释放部分收缩应力,进一步降低了这一过程半刚性基层开裂出现的概率。

结合半刚性材料开裂间距计算参数分析,对所用三种半刚性基层材料进行实际工作状况下裂缝预估,预估值如表2-18、表2-19、图2-17所示。

表 2-18　道路各阶段半刚性层开裂间距计算　（单位：m）

代号		不同开裂阶段的开裂间距		
		早期开裂	使用过程开裂	后期总体开裂
石灰粉煤灰稳定碎石		45.5	17.9	17.9
水泥稳定碎石		22.3	12.9	12.9
水泥粉煤灰稳定碎石		32.6	17.2	17.2
悬浮密实	二灰碎石	36.3	10.3	10.3
	水泥稳定碎石	10.74	7.2	7.2
	水泥粉煤灰碎石	20.6	9.4	9.4

表 2-19　半刚性层路面裂缝条数预估

代号		后期总裂缝（条/km）	早期裂缝（条/km）	早期开裂率（%）
石灰粉煤灰稳定碎石		40.8	22.0	53.8
水泥稳定碎石		51.8	44.8	86.5
水泥粉煤灰稳定碎石		37.5	30.7	81.9
悬浮密实	二灰碎石	68.5	27.5	40.2
	水泥稳定碎石	108.7	93.1	85.7
	水泥粉煤灰碎石	75.8	48.5	64.1

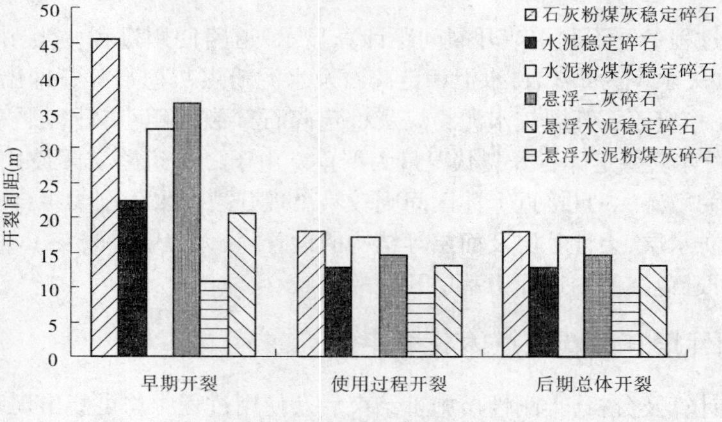

图 2-17　道路各阶段半刚性基层开裂间距示意

由表 2-19、图 2-17 可见，无论采用哪种半刚性基层材料其干燥收缩、温度收缩开裂均不可避免，而石灰粉煤灰稳定碎石及水泥粉煤灰稳定碎石基层干燥收缩间距较大，其抗裂性能较好。三种材料中以水泥稳定碎石最易出现收缩开裂，在温度梯度为 15 ℃，当含水量损失超过 1.3% 时即出现收缩开裂。由收缩开裂发展过程看，早期开裂以水泥稳定碎石较为严重，后期开裂以石灰粉煤灰稳定碎石较为严重。道路总体开裂，石灰粉煤灰稳定碎石及水泥粉煤灰稳定碎石每千米出现裂缝数量较少,抗裂效果较佳。由道路早期开裂可见,半刚性基层应在 7 d 养生期结束后,尽快进行上层结构施工,并在此期间加强洒水养生。掺加粉煤灰的半刚性基层,具有较好的抗开裂性能,相同水平下能提高道路 28% 的抗开裂能力。

由开裂间距对比可见,水泥稳定碎石及水泥粉煤灰稳定碎石早期开裂分别占道路总体开裂的 86.5%、81.9%,二灰稳定碎石占 53.8%。可见,在道路施工过程中半刚性基层干燥收缩、温度收缩裂缝 50% ~ 80% 的已经发生,施工过程中应重点针对其早期开裂进行处理。我国半刚性基层沥青路面裂缝的破坏规律为道路使用过程中半刚性基层对面层的反射。

因此,在刚柔组合基层结构中采用半刚性基层时,应针对其缩裂采取相应的抗裂措施,并对结构进行抗裂理论计算,以避免刚柔组合基层自身开裂而引起的面层反射裂缝。

2.3.6　青红高速半刚性基层开裂状况评价预估

2.3.6.1　青红高速沿线地区水温状况调查

河北省地处华北平原东北部,环抱北京与天津两大直辖市,东临渤海,地势特殊,交通便利,是进出京津两地的必经之路,也是我国腹地与东北地区联通的门户,有 17 条重要的国道经过河北而辐射向全国。河北省地处中国东部沿海,气候属于温带大陆性季风气候,四季分明。全年平均气温介于 −0.5 ~ 14.2 ℃,年极端最高气温多出现在 6、7 月份。长城是河北省气温分布的重要界限,长城以北地区年平均气温低于 10 ℃,长城以南地区高于 10 ℃,中南部地区年平均气温在 12 ℃以上。河北省热源充沛,年日照时数为 2 355 ~ 3 062 h,坝上及北部山区和渤海沿岸,是河北省稳定的多日照区。年无霜期为 120 ~ 240 d,年均降水量为 300 ~ 800 mm,主要集中在 7、8 月份。

青红高速河北段自然区划属于 II_4 区,属温带大陆性季风气候。沿线气温相差不大,多年平均气温 12.4 ~ 13.6 ℃,最低月平均气温 −18 ~ −3.3 ℃,最高月平均气温 25.4 ~ 26.8。极端最高气温一般出现在 6 月份,气温为 40.4 ~ 43.5 ℃。极端最低气温一般出现在 1 月份,气温为 −18.3 ~ −21.2 ℃。最晚解冻期在 4 月份,最大冻土深度为 31 ~ 45 cm。青红高速沿线气候状况见表 2-20。

表 2-20　青红高速沿线气候状况

指标	参考值	指标	参考值
多年平均气温(℃)	14.8	极端最高气温(℃)	42.5
1 月平均气温(℃)	−2.3	多年平均降雨量(mm)	579
7 月平均气温(℃)	26.9	标准冻深(cm)	<6.0
极端最低气温(℃)	−19		

2.3.6.2　青红高速半刚性层开裂预估

青红高速半刚性层施工时间在 5 ~ 7 月份,属于夏季天气,施工期间高温干旱,且昼夜温差达 15 ℃。半刚性层施工结束后进行 7 d 养生,养生结束后 10 ~ 40 d 内进行上结构层的铺筑。根据现场调查及分析，取青红高速邯涉段半刚性层温度梯度为 -10 ℃，湿度梯度根据材料不同为 -2.5% ~4%。根据环境条件，青红高速半刚性层开裂间距预估结果见表 2-21。

表 2-21 道路各阶段半刚性层开裂间距预估结果 （单位：m）

代号	不同开裂阶段的开裂间距		
	早期开裂	使用过程开裂	后期总体开裂
石灰粉煤灰稳定碎石	40 ~ 60	30 ~ 45	30 ~ 45
水泥稳定碎石	18 ~ 30	15 ~ 25	15 ~ 25
水泥粉煤灰稳定碎石	25 ~ 36	20 ~ 30	20 ~ 30

青红高速所采用半刚性材料为骨架密实型级配，且施工初期养生条件较好，半刚性材料早期抗弯拉强度的提高减小了半刚性层的收缩开裂。根据现场调查，水泥稳定碎石早期开裂为 22 ~ 40 m，同预测结果基本一致，材料抗裂效果较好。由此可见，所采用的预测模型能较好地对现场半刚性材料收缩开裂进行预估，且青红高速半刚性材料设计及施工条件较好，有效控制了半刚性层早期开裂的发生。

2.3.7 基于开裂状况的半刚性层等级划分

半刚性基层材料自身的开裂状况，不仅能影响该层在道路结构中的整体回弹模量，而且在使用过程中其裂缝对上层沥青层的反射裂缝作用也较为严重。半刚性基层沥青路面开裂破坏多源于半刚性基层收缩裂缝对上层的反射作用。因此，对半刚性基层收缩裂缝进行等级划分，可有利于在应用半刚性基层时对上层沥青面层设计中采用相应设计方法。

通过对我国半刚性基层应用情况调查，根据不同材料半刚性基层开裂预估，结合不同半刚性基层沥青路面开裂严重程度，确定半刚性基层路面开裂状况等级划分见表 2-22。

表 2-22 半刚性基层路面开裂状况等级划分

等级	等级描述	开裂间距（m）	适用材料	说明
1	严重	<5	级配悬浮型、胶结料过多的材料	养生差、胶结料过多
2	较为严重	5 ~ 10	级配悬浮型水泥稳定碎石、水泥粉煤灰稳定碎石、二灰碎石	养生条件较差
3	中等	10 ~ 15	水泥稳定碎石、水泥粉煤灰稳定碎石、二灰碎石	养生条件较好
4	较为良好	15 ~ 30	骨架密实型水泥粉煤灰稳定碎石、石灰粉煤灰稳定碎石、掺加剂半刚性基层材料	养生条件较好
5	良好	>30		养生条件较好，组成设计合理

由表 2-22 可见，若要提高半刚性基层材料性能可采取选用较好的半刚性材料、合理的材料组成设计、良好的工后养生条件，以及通过增厚上层沥青层改善其水温状况的方式。

根据上述等级划分标准，半刚性施工过程可通过对材料干燥收缩、温度收缩状况进行性能试验的基础上，确定计算参数按照课题组提出的开裂预估公式进行开裂预估，以确定其半刚性基层材料收缩开裂性能。

2.4　本章小结

本章系统研究了水泥稳定碎石、石灰粉煤灰稳定碎石及水泥粉煤灰稳定碎石等三种典型半刚性基层材料的材料特性，采用奥特公式推导出了综合材料干燥收缩性能、温度收缩性能的半刚性层开裂预估模型，结合我国自然状况对裸露及沥青层覆盖的半刚性材料层进行了开裂预估及开裂规律分析，提出了半刚性基层开裂评价等级划分标准。

(1)全面研究了水泥稳定碎石、水泥粉煤灰稳定碎石及石灰粉煤灰稳定碎石等三种半刚性基层材料的干燥收缩、温度收缩、抗压回弹模量及抗弯拉回弹模量等性能，对不同半刚性材料各项性能进行了系统评价。

①干燥收缩、温度收缩试验表明，相同龄期的二灰稳定碎石的早期平均干燥收缩系数比水泥稳定碎石低 15.2%，较水泥稳定碎石的干燥收缩系数平均低 33.7%，其抗裂关系为：石灰粉煤灰稳定碎石 > 水泥粉煤灰稳定碎石 > 水泥稳定碎石。混合料温度收缩性能的优劣顺序为：水泥粉煤灰稳定碎石 > 石灰粉煤灰稳定碎石 > 水泥稳定碎石。

②相同龄期条件下，悬浮密实结构的抗压回弹模量高于骨架密实结构；同级配的半刚性材料以水泥粉煤灰碎石和二灰碎石的抗压回弹模量较低，水泥稳定碎石较高。

③180 d 龄期的各方案抗冲刷性能的优劣顺序为：二灰碎石 > 水泥粉煤灰稳定碎石 > 骨架型水泥稳定碎石 > 悬浮型水泥稳定碎石。

④骨架密实结构的水泥稳定碎石与悬浮结构的规范级配相比，骨架密实水稳碎石抗疲劳性能 n 值提高了 42% 左右。悬浮级配水泥粉煤灰稳定碎石的抗疲劳性能 n 值比水泥稳定碎石提高了 9.71%。二灰类普遍比水泥稳定碎石类和含粉煤灰的水泥稳定碎石类的要小。

(2)深入研究了半刚性层力学特性，推导了综合半刚性层温度收缩及干燥收缩性能的总收缩应力计算公式。在对半刚性层裂缝形成规律进行分析的基础上，采用奥特半刚性材料特性公式，首次提出了综合干燥收缩、温度收缩性能的半刚性层开裂间距及宽度预估公式。

①建立弹性地基上一长条板均匀受力计算模型，对半刚性层温度收缩应力、干燥收缩应力进行了理论计算，并综合干燥收缩应力、温度收缩应力推导出了半刚性材料层总收缩应力计算式：

$$\sigma(x)_{\max} = -\frac{E(\alpha_t T + \alpha_d \omega)}{1-\mu}\left(1 - \frac{1}{(L/2)\operatorname{ch}\beta}\right)H(t)$$

②对半刚性基层反射裂缝机制分析，采用奥特半刚性材料特性公式首次提出了综合干燥收缩、温度收缩性能的裂缝间距与宽度的近似计算公式。

平均裂缝间距为

$$L_{mzc} = 2\sqrt{\frac{EH}{C_x}}\operatorname{arch}\frac{\alpha_t T + \alpha_d \omega}{(\alpha_t T + \alpha_d \omega) + \frac{1-\mu}{H(t)}\varepsilon_{max}}$$

平均裂缝宽度为

$$\delta = 2\psi\sqrt{\frac{EH}{C_x}}(\alpha_t T + \alpha_d \omega)\frac{L}{2}\operatorname{th}\beta$$

(3)系统分析了全国半刚性层开裂状况，首次对裸露及沥青层覆盖的半刚性层进行了开裂状况预估及开裂规律分析，得到了不同材料特性及环境条件下的半刚性层开裂规律。

①进行了半刚性层阻力系数 C_x、应力松弛系数变化规律分析，得出当 C_x 从 0.1 增加到 0.5 三种材料开裂间距均缩小约 123.6%。在温度变化平稳的情况下应力松弛系数取值宜为 0.4 ~ 0.5。

②首次对裸露及沥青层覆盖的半刚性层开裂特性进行了计算预估，提出了半刚性基层施工后应尤其加强养生，并及时进行上层结构铺筑。水泥稳定碎石等较易开裂半刚性基层材料应该在未加铺上层结构前每天洒水养生，而不能限于 7 d。

③半刚性层总收缩开裂预估过程表明，50% ~ 80% 的开裂发生在施工裸露期及当年冬天，提出了半刚性基层收缩裂缝多在通车前已经发生，半刚性基层沥青路面破坏规律为使用过程的下层裂缝向上的反射。

④结合半刚性层开裂预估规律及工程实际情况，全面分析了不同材料、级配及养生条件下半刚性层开裂状况及开裂水平，提出了基于开裂状况的半刚性基层 5 级划分标准。

第 3 章　刚柔组合基层柔性层材料研究及路用性能评价

为克服半刚性材料在干燥收缩、温度收缩及强度等方面的缺点，刚柔组合基层结构中的柔性层材料应进行针对性设计，具有能减缓半刚性基层干燥收缩、温度收缩状况、提高自身抗裂性能、缓解半刚性层开裂带来的面层反射裂缝破坏的能力，同时应在一定程度上缓和行车荷载对上层沥青面层的冲击，减小沥青层的永久变形破坏。沥青路面刚柔组合基层柔性层材料有 ATB、ATPB、LSAM、泡沫沥青稳定碎石及乳化沥青稳定碎石等沥青碎石类材料及级配碎石无结合粒料类。本章重点对刚柔组合基层柔性层材料的抗裂性能及相关路用性能进行研究，旨在提高其路面结构的耐久性。

3.1　刚柔组合基层柔性层材料技术要求

3.1.1　沥青路面的损坏模式及其受力状态分析

根据 Ishai 和 Herrin 等对美国中西部 7 个州 8 000 多 km 沥青和乳化沥青稳定碎石基层路面的调查后发现，由于混合料稳定性不足而导致的变形占 76.5%；由于冻胀而导致的变形占 30.9%；裂缝破坏占 57.4%；混合料的分离占 69.1%；基层软化占 29.4%。由此可见，由于混合料稳定性不足导致的变形比例、混合料的分离比例和裂缝比例均超过 50%。这说明这类主要的破坏具备了相似的原因，混合料黏结力不足应该是它们共同的原因，另外现场的压实控制问题也是个共同的原因。

通过对该种路面损坏成因进行调查分析，对于裂缝产生的原因首先是较弱的土基或底基层，其次是施工控制的原因，再次是结构能力的不足。对于变形，首要的原因是沥青用量过量，或是乳化沥青的挥发过快，然后是较弱的土基或底基层，其次是施工控制的原因。对于分离，首要的原因是施工控制的原因，然后是过低的沥青用量，乳化沥青挥发过快，其次是较弱的土基或底基层。

路面内部的应力状态非常复杂，基层设置在面层之下，并与面层一起将车轮荷载的反复作用传递到底基层、垫层、土基，起主要的承重作用。当沥青稳定碎石作为刚柔组合基层柔性时，其结构层位于受压区和受拉区，沥青稳定碎石层既要承受荷载的压实作用，又要承受底面的弯拉作用。为了防止在荷载的压实作用下，沥青稳定碎石基层不会出现过度的不可恢复的竖向变形，必须对沥青稳定碎石基层混合料的抗压变形能力进行试验分析；为了防止沥青稳定碎石基层底面在受拉的情况下，使用期间不会出现抗拉能力的不足，需要对沥青碎石稳定基层混合料的抗拉疲劳性能进行分析。

在本课题研究中，主要是考虑沥青稳定碎石混合料作为基层时的情况。因此，应在充分考虑基层功能要求的基础上，既要考虑到普通混合料的损坏模式，也要考虑到其本身的特殊性，以抗拉能力和抗压稳定性作为沥青稳定碎石基层混合料设计中需要考虑的主要因素，并以此来确定沥青稳定碎石基层混合料设计的评价指标和试验方法。

3.1.2 柔性材料性能要求

沥青稳定碎石柔性层一般位于路面以下 12 cm 左右或更下面的层位，所面临的应力水平和温度状况均远远不如面层严峻，有研究表明，沥青稳定柔性层的应力水平大致在 0.3 MPa 左右，较高气温下沥青稳定碎石的平均温度可近似用气温来表示。

研究沥青混合料的强度、稳定性、破坏模式，都必须紧密结合混合料的使用环境。对不同的沥青混合料来说，在不同温度域的破坏模式有很大的不同。作为柔性层的沥青稳定碎石混合料虽然基本都在路面下 10 cm 以下的层位，温度变化不如表面层剧烈，但其使用环境仍可分为高温温度域、低温温度域和常温温度域。

针对沥青稳定碎石柔性层混合料所面临的荷载条件和温度状况，以及结构功能的要求，沥青稳定碎石柔性层一般必须具备以下几个基本条件。

3.1.2.1 强度和刚度性能

在车辆荷载的作用下，路面内部的应力状态非常复杂，沥青稳定碎石柔性层位于面层以下，处于受压区和受拉区，即沥青稳定碎石柔性层需要承受荷载的压实作用以及底面的弯拉作用。因此，要保证沥青稳定碎石柔性层混合料有足够的抗压强度和抗拉强度。

另外，也应该保证沥青稳定碎石柔性层有足够的刚度，以防止在车辆荷载作用下产生过量变形，从而造成路面结构的车辙、沉陷等破坏。

3.1.2.2 高温稳定性

作为柔性层的沥青稳定碎石混合料，虽然所遭遇的高温远低于沥青路面表面的高温，但是在夏季高温时，它层内的平均气温却仍能达到大致与气温相当的温度，也就是说，沥青稳定碎石柔性层内的最高温度仍将近 40 ℃。因此，有必要对沥青稳定碎石类柔性层混合料的高温性能进行研究，确保高温稳定性。

3.1.2.3 低温抗裂性

柔性层，在一般气候条件下，沥青稳定碎石所面临的气候条件远不如面层严峻，沥青稳定碎石混合料所面临的低温状态不会很严重，但在冬季气温急剧降低时，也可能会因收缩而产生横向裂缝。柔性层的开裂不但会造成柔性层本身强度的降低，而且裂缝会反射到面层，造成面层的开裂，破坏路面结构完整性，进而在水分和行车荷载的综合作用下产生饱和。其结果是路面强度明显降低，在大量行车荷载的反复作用下，产生冲刷和唧浆现象，从而使裂缝发展成为网裂、龟裂而使路面很快产生结构破坏。因此，必须要保证沥青稳定碎石具有良好的低温抗裂性能。

3.1.2.4 疲劳性能

对于沥青稳定碎石柔性层，由于其层位的关系，它处于高温温度域或低温温度域的机会应该不会很多，主要是处于常温温度域。此时，沥青混合料的模量既不太高，又不太低，荷载反复作用造成的疲劳破坏成为混合料的主要破坏模式。

3.1.2.5 施工和易性

良好的施工是沥青稳定碎石一切路用性能的前提和基础，因此要实现沥青稳定碎石柔性层混合料上述的各种路用性能，首先就要保证混合料有良好的施工性能，即施工和易性。

沥青碎石材料能否满足以上要求，使用前必须进行相关试验研究。

3.2　ATB 柔性基层设计及路用性能研究

ATB（Asphalt Treated Based）热拌沥青稳定碎石混合料以其骨架性强、嵌挤效果良好、沥青用量较少等众多优点在柔性基层设计中应用较多，但由于沥青稳定碎石基层层位要求及自身强度形成机制较 AC 沥青混凝土有所区别，且研究所采用的 ATB－25 属粗型沥青混合料，因此需专门确立适合于 ATB 自身的材料组成设计方法。

3.2.1　原材料试验

考虑到 ATB 沥青稳定碎石柔性基层回弹模量合理范围为 800～1 200 MPa，同时该层位功能要求其混合料具有较好的水稳及疲劳等性能，一定的抗车辙性能，因而柔性基层材料要求较沥青混凝土面层低。ATB 材料选用时在保证其层位功能需求的同时可兼顾其经济效益。

3.2.1.1　沥青

河北地区属于温带大陆性季风气候，1 月平均温度为－1.3 ℃，极端最低气温一般为－18.3～－21.2 ℃。考虑到其温度状况该地区 ATB 沥青稳定碎石胶结沥青宜采用重交 70 号基质沥青，高寒地区可以考虑采用 90 号基质沥青。ATB 混合料配合比采用胶结沥青为山东淄博齐鲁石化产“东海”牌重交 70 号基质沥青。该沥青主要技术性质见表 3-1。

表 3-1　“东海”牌重交 70 号沥青技术指标检测

产品名称	70 号 A 级道路石油沥青		执行标准	GB/T 15180—2000 执行
项目		质量指标	检测结果	检测方法
针入度（25 ℃，100 g，5 s），1/100 mm		60～80	73	T0604
针入度指数 *PI*		－1.5～＋1.0	－1.323 3	T0604
直线回归相关系数 *R*，不小于		0.997	0.999 5	T0604
当量软化点（公式计算法，℃）		—	46.483 5	T0604
当量脆点（℃）		—	－10.970 8	T0604
延度（15 ℃，5 cm/min），cm		≥100	＞100.0	T0605
延度（10 ℃，5 cm/min），cm		≥20	57	T0605
软化点（环球法）（℃，不小于）		46	48.0	T0606
60 ℃动力黏度（Pa·s，不小于）		180	223	T0620
蜡含量（蒸馏法）（%）		≤2.2	0.5	T0615
闪点（开口杯法）（℃）		≥260	296	T0611
溶解度（%）		≥99.5	99.84	T0607
密度（15 ℃，kg/m^3）		实测	1.039	T0603

续表 3-1

项目		质量指标	检测结果	检测方法
TFOT 后	质量变化,不大于	±0.8%	-0.01	T0609
	残留针入度比(25 ℃),不小于	61%	65	T0604
	残留延度(15 ℃),不小于	15 cm	89	T0605
	残留延度(10 ℃),不小于	6 cm	8	T0605

试验结果表明,所用基质沥青各项指标均符合《公路沥青路面施工技术规范》(JTG F40—2004)中对重交 70 号沥青的相关技术要求,满足刚柔组合基层科研试验段路面中柔性基层对沥青性能的要求。

3.2.1.2 粗骨料

粗骨料宜选用石灰岩,亦可因地制宜,就地选取符合材料检测指标的石料。

ATB-25 沥青稳定碎石配合比设计采用三种粗骨料,均为武安白沙料场生产的石灰岩,粒径规格分别为 10~25 mm、10~20 mm、5~10 mm。粗骨料各项技术指标检测结果如表 3-2 所示。

表 3-2 粗骨料技术性质

试验项目		JTG F40—2004 要求	实测指标		
			10~25 mm	10~20 mm	5~10 mm
压碎值(%),不大于		28	—	24.9	—
洛杉矶磨耗损失(%),不大于		30	—	20.9	—
表观相对密度,不小于		2.50	2.732	2.723	2.726
吸水率(%),不大于		3.0	0.18	0.24	0.46
坚固性(%),不大于		12	0.3	2	0.4
黏附性,不小于		4 级	—	4 级	—
针片状含量(%),不大于	混合料	15	5.8	10.2	11.5
	粒径大于 9.5 mm	12	5.8	10.2	0
	粒径小于 9.5 mm	18	—	12.3	11.6
<0.075 mm 颗粒含量(%),不大于		1.0	0.1	0.2	0.4
软石含量(%),不大于		5	0	0.9	1.2
粗骨料磨光值 *PSV*,不小于		40	—	—	—

试验结果表明,以上三种粗骨料均符合《公路沥青路面施工技术规范》(JTG F40—2004)中关于高速公路沥青中、下面层粗骨料性质的技术要求。

3.2.1.3 细骨料

沥青稳定碎石混合料设计所用细骨料采用武安白沙料场生产的石灰岩机制砂。细骨料的试验项目及试验检测结果见表3-3。

表3-3　细骨料技术指标检测

试验项目	JTG F40—2004要求	细骨料实测指标
		机制砂
表观相对密度，不小于	2.50	2.718
含泥量（小于0.075 mm含量，%）	不大于3	—
坚固性（%），不大于	12	2
砂当量（%），不小于	60	85
亚甲蓝值（g/kg），不大于	25	0.8
棱角性（流动时间，s），不小于	30	58.3

结果表明，该石灰岩机制砂的各项技术指标符合《公路沥青路面施工技术规范》（JTG F40—2004）中关于高速公路沥青面层细骨料的技术要求。

3.2.1.4　**矿粉**

ATB沥青稳定碎石所采用矿粉为磁县民生建材有限公司生产的石灰岩矿粉。该石灰岩试验结果见表3-4。

表3-4　石灰岩矿粉技术性质

项目试验		试验法	技术要求	试验方法
表观相对密度，不小于		2.699	2.5	T0352
含水量（%），不大于		0.2	1	T0352烘干法
粒度范围	<0.6 mm	100	100	T0351
	<0.15 mm	98.7	90～100	
	<0.075 mm	95.7	75～100	
亲水系数		0.75	<1	T0353
塑性系数		3.9	<4	T0118
外观		无团粒结块	无团粒结块	—
加热安定性		实测记录	颜色	T0355

试验结果表明，该矿粉的各项技术指标均符合《公路沥青路面施工技术规范》（JTG F40—2004）中关于高速公路沥青面层矿粉的技术要求。

3.2.2　ATB-25目标配合比设计

3.2.2.1　ATB级配设计理念

ATB沥青稳定碎石强度生成机制以大粒径骨料嵌挤作用为主，同时通过适量的细骨料及胶结料增强其抗疲劳性能，其级配设计理念较AC略有区别。我国传统AC热拌沥青混凝土级配设计多参考沥青路面设计规范推荐的级配中值曲线，并采取围绕中值的S型级配曲线作为设计级配。该方法符合AC级配嵌挤紧密的最大密实理论，但以此设计方法进行ATB矿料级配设计较难实现混合料中大粒径骨料嵌挤关系，且混合料内部骨料摩阻力无法满足柔性基层需求。对ATB沥青混合料而言较低的沥青用量、适当的细料填充以及粒料间良好的摩阻力是保证其设计成功的条件。

本次级配设计中对比了国内外ATB级配设计要求（见图3-1），并对国内十几条采用柔性基层的高速公路中ATB使用情况进行了调查。

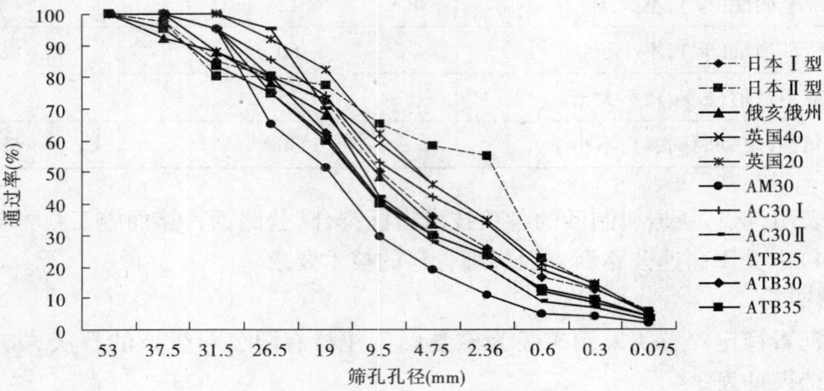

图3-1　各国沥青稳定碎石级配范围

调查结果显示，我国AM－30级配中细骨料含量过低，空隙率过大，不适宜作基层；而ATB介于AM和AC两者之间，具有粗骨料含量大、细骨料含量多的特点。也就是说，既有足够数量的粗骨料形成骨架结构，又有充足的细料填充空隙。

在沥青稳定基层的材料组成设计中，确定材料级配时，必须采用连续级配，保证足够的细料数量。在确定沥青稳定碎石基层的矿物料级配结构时，为形成嵌挤骨架密实结构类型，可以设定通过4.75 mm孔径的含量为33%～25%，该范围内设计ATB混合料均具较好的路用性能，且当取该范围上限时材料具有较好的强度，取下限时具有较好的抗反射裂缝性能。级配设计同时应满足级配曲线平滑，呈中值线走势，并采用贝雷法三参数*CA*、*FAC*、*FAF*进行级配嵌挤情况验证。符合以上条件后可选定较好级配曲线进行配合比设计。

3.2.2.2　级配设计

室内对所选用骨料进行水洗法筛分试验，筛分结果见表3-5，应符合《公路沥青路面施工技术规范》（JTG F40—2004）中对骨料规格的要求。

根据ATB柔性碎石层位功能及材料设计需要，为对ATB合理级配进行研究，设计过程采取两种级配型式，分别为较为贴近规范中值的中值型——M型曲线以及略低于中值的D型合成级配曲线，两种级配配比如表3-6、表3-7所示，合成级配曲线如图3-2所示。两种级配4.75 mm筛孔通过率分别为33.6%、28.2%，级配类型均形成骨架密实结构。

表 3-5　矿料筛分结果

筛孔（mm）	不同粒径（mm）矿料通过各种孔筛的质量百分比（%）					
	10～25	10～20	5～10	3～5	0～3	矿粉
31.5	100.0	100.0	100.0	100.0	100.0	100.0
26.5	68.3	100.0	100.0	100.0	100.0	100.0
19	6.0	69.3	100.0	100.0	100.0	100.0
16	2.8	32.7	100.0	100.0	100.0	100.0
13.2	1.6	13.1	100.0	100.0	100.0	100.0
9.5	1.3	1.7	92.8	100.0	100.0	100.0
4.75	1.3	0.9	27.0	91.9	100.0	100.0
2.36	1.3	0.9	0.5	6.6	92.1	100.0
1.18	1.3	0.9	0.4	1.9	61.7	100.0
0.6	1.3	0.9	0.4	1.7	23.3	100.0
0.3	1.3	0.9	0.4	1.7	14.2	100.0
0.15	1.3	0.9	0.4	1.7	8.2	99.5
0.075	1.3	0.9	0.4	1.7	7.0	94.9

表 3-6　两种级配曲线矿料通过不同筛孔的质量百分率

级配类型	不同粒径矿料的质量百分率（%）				
	10～25	10～20	3～10	机制砂	矿粉
D 型级配	23	36	18	3	17
M 型级配	19	33	20	4	21

表 3-7　两种级配曲线矿料通过不同筛孔的质量百分率（%）

筛孔（mm）	上限	下限	中值	M 型级配	D 型级配
31.5	100	100	100	100.0	100.0
26.5	100	90	95	94.0	92.7
19	80	60	70	72.0	67.3
16	68	48	58	59.3	53.4
13.2	62	42	52	52.6	46.1
9.5	52	32	42	47.4	40.6
4.75	40	20	30	33.6	28.2
2.36	32	15	23.5	23.2	19.5
1.18	25	10	17.5	16.6	14.2
0.6	18	8	13	8.6	7.7
0.3	14	5	9.5	6.7	6.1
0.15	10	3	6.5	3.4	3.1
0.075	6	2	4	5.0	4.8

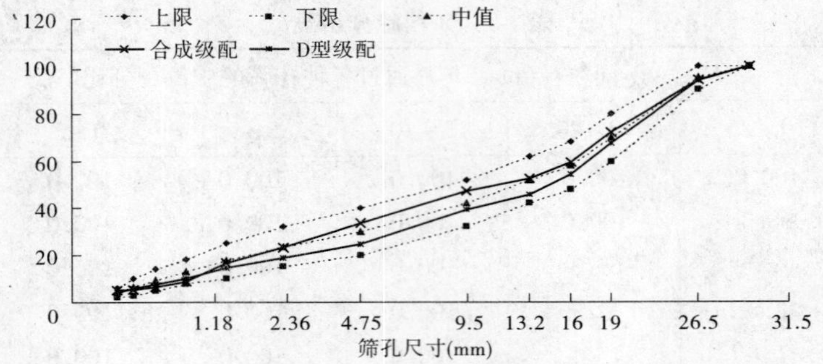

图 3-2　两种级配曲线线型图

采用贝雷三参数对两种级配进行级配验证(见表 3-8)显示,两种级配类型贝雷设计参数均较为接近贝雷法中对粗细料比例的要求。两种级配同时兼顾了施工时的离析控制,能够有效地减小施工过程中的变异性。

表 3-8　贝雷三参数级配验证

贝雷参数	*CA*	*FAC*	*FAF*
D 型级配	0. 33	0. 50	0. 43
M 型级配	0. 40	0. 49	0. 40
ATB 贝雷参数技术标准	0. 35 ~ 0. 8	0. 3 ~ 0. 5	0. 3 ~ 0. 5

3. 2. 2. 3　级配优选

根据河北地区 ATB 应用情况调查显示,该地区所用 ATB 油石比为 3. 3% ~ 3. 6% ,因此油石比确定过程初设油石比为 3. 4% 。

我国沥青混合料试验规程中虽规定最大公称粒径为 26. 5 mm 时马歇尔试验采用小型马歇尔试件。但由于 ATB - 25 属于粗粒式混合料,且沥青稳定碎石类混合料其强度组成较大程度上取决于其矿料嵌挤关系,若采用小型马歇尔成型试件,不仅使得其矿料分布关系难以模拟实际矿料级配,更可能在成型过程中造成大粒径骨料破碎现象,从而使得马歇尔试验无法反映出其实际级配状态下性能指标,进而造成马歇尔设计结果的不准确性。因此,为尽量提高马歇尔设计的准确性,ATB 沥青稳定碎石材料组成设计采用大型马歇尔法进行设计。

为确定对比级配状况,对两种级配成型大型马歇尔试件进行级配验证。两种级配类型成型马歇尔试件检测指标如表 3-9 所示。

表 3-9　两种级配马歇尔试验结果

级配类型	毛体积密度 (g/cm^3)	空隙率 (%)	*VMA* (%)	*VFA* (%)	粉胶比	沥青薄膜厚 (μm)
M 型级配	2. 411	4. 8	13. 5	64. 6	1. 56	7. 9
D 型级配	2. 398	3. 1	14. 0	64. 3	1. 60	8. 4

由表 3-9 可见,两种级配类型空隙率、*VFA*、稳定度及流值均符合要求。相同油石比情况下两种级配以 M 型级配空隙率较小,可见围绕级配设计中值线进行级配设计可得到较

小的空隙率及较高的稳定度。

经验算，两种级配 VCA_{mix} 及 VCA_{DRC} 验算均满足 $VCA_{mix} < VCA_{DRC}$。两种级配粉胶比验算规律为D型级配的大于M型级配的。鉴于M型级配稳定度及空隙率较其他级配类型相差不大，且该级配类型贝雷参数较接近中值，考虑其良好抗反射裂缝能力，选用M型级配作为设计级配。

3.2.2.4 目标配合比试验

ATB配合比马歇尔设计过程中应重点控制其空隙率，不同油石比对其空隙率影响较大。由于空隙率同柔性基层抗车辙性能、抗反射裂缝能力及抵抗水侵害能力密切相关，因此应对空隙率做专门对比。ATB较高的空隙率将增大其抗反射裂缝能力，但随之造成的压缩性车辙现象较为严重。空隙率过低，一方面易造成抗反射裂缝性能下降；另一方面浸入内部的水不易排出，从而导致基层水损害的发生。研究表明，ATB柔性基层合理空隙率宜为3%～6%。但考虑到马歇尔设计方法存在以增加沥青用量来减小空隙率的问题，建议配合比设计时取该范围上限以4.5%～3.5%为宜，并在实际施工过程中加强混合料施工压实以期在实际路面结构中达到合理空隙率，从而保证该层路面结构具有优良的各项性能。

实验室采用选定设计级配（见表3-10、图3-3），以油石比3.4%为中值，上下浮动油石比0.3%，取3.7%、4.0%、3.1%、2.8%分别成型马歇尔试件，每组成型试件数不少于9个。根据试验数据分析，按沥青路面设计规范方法进行油石比确定，最终确定 OAC_1（油石比）为3.325%，OAC_2 为3.350%，计算 OAC（油石比）为3.338%。

表3-10 ATB沥青稳定碎石马歇尔试验数据汇总

油石比(%)	2.8	3.1	3.4	3.7	4.0	技术标准
毛体积密度(g/cm^3)	2.400	2.404	2.414	2.403	2.400	—
空隙率(%)	6.7	3.5	4.6	4.2	4.1	4.5～3.5
矿料间隙率(%)	13.4	13.7	13.4	14.0	14.4	>13
饱和度(%)	50	59	65	69	71	>55
稳定度(kN)	18.31	17.22	22.19	19.02	18.31	>15
粉胶比	1.933	1.625	1.575	1.442	1.331	<1.6

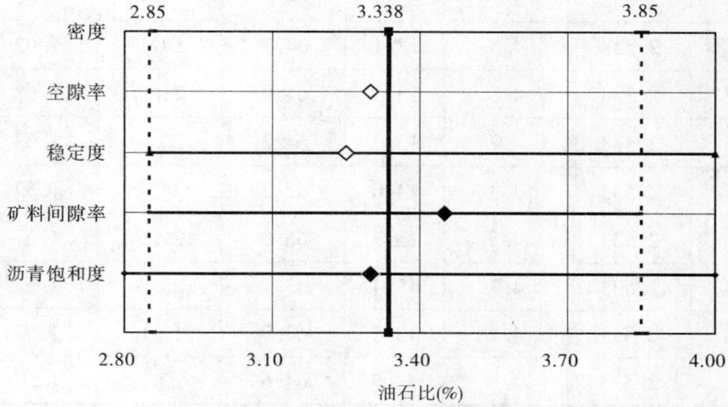

图3-3 ATB目标配合比油石比确定

3.2.2.5　目标配合比优化

青红高速邯涉段地处夏炎热区，夏季极端最高温度达 42.5 ℃，根据刚柔组合基层温度分布状况分析，该层位温度接近气温，因此极端温度为 40 ~ 42.5 ℃，且其重车方向累计轴载达 6 117 万次，油石比确定过程应兼顾其高温抗车辙性能。考虑到马歇尔试验本身的缺点，由于其确定沥青混合料油量有所偏大，有必要对其设计油石比进行进一步验证。鉴于我国沥青路面高速公路普遍存在车辙现象，如何解决路面车辙成为我国沥青路面解决的主要问题。造成车辙的主要因素除超重载交通外，另一个重要因素是我国普遍采用马歇尔方法进行油石比确定。马歇尔方法击实成型过程，无论是成型方法还是击实功均达不到现场压实状态，从而造成以沥青用量的增加来弥补空隙率，因而使得现场成型过程中油量偏大，道路使用过程车辙较为普遍产生。鉴于我国采用马歇尔试验时间较长且实践经验较为丰富，因此仍有必要以马歇尔试验方法进行油石比设计。

为解决马歇尔试验存在的问题，国内多通过采用 GTM 方法进行油石比设计。美国工程兵发明的 GTM 方法早在 20 世纪 90 年代即开始应用于重载交通沥青路面设计，由于该成型方法更能代表路面成型过程，因此其确定的油石比较具代表性。研究表明，GTM 方法进行油石比设计较马歇尔方法降低沥青用量 0.1% ~ 0.3%。但该方法室内成型效果大于现场压实机械压实功，造成实际工程中难以达到其设计标准，最后不得不采用调整该标准的方法进行施工控制。所以，GTM 方法容易使得压实标准失去控制意义。

根据上述分析，结合相关研究内容有必要在马歇尔确定油石比的基础上，对马歇尔试验确定油石比进行优化。根据青红高速附近标段相同料源材料 GTM 试验所确定 3.1% 油石比，为更加科学地进行油石比优化确定，我们要求实验室对油石比为 3.3%、3.4% 的 ATB－25 混合料进行了马歇尔试验，试验结果见表 3-11。

表 3-11　马歇尔油石比优化对比试验

油石比	毛体积密度 (g/cm^3)	最大理论密度 (g/cm^3)	空隙率 *VV* (%)	*VMA* (%)	沥青饱和度 *VFA* (%)	稳定度 (kN)	粉胶比	沥青薄膜厚度 (μm)
3.3%	2.414	2.538	4.9	13.3	63.5	18.4	1.62	7.69
	2.420	2.538	4.7	13.1	64.6	22.7	1.62	7.69
	2.421	2.538	4.6	13.1	64.7	19.1	1.62	7.69
	2.417	2.538	4.8	13.3	64.0	21.5	1.62	7.69
平均	2.418	2.538	4.7	13.2	64.2	20.4	1.62	7.69
3.4%	2.399	2.533	3.3	14.0	62.2	24.7	1.57	7.93
	2.419	2.533	4.5	13.3	66.0	21.9	1.57	7.93
	2.414	2.533	4.7	13.4	63.1	23.3	1.57	7.93
	2.413	2.533	4.7	13.5	64.9	16.8	1.57	7.93
平均	2.411	2.533	4.8	13.5	64.6	22.2	1.57	7.93

由对比试验结果可见，油石比为 3.3% 时，其毛体积密度较油石比为 3.4% 略高，空隙

率较其略低，*VMA*、*VFA* 沥青饱和度等指标相差不大，且两者动稳定度较为相似。

综合以上分析，建议 ATB 混合料目标配合比设计油石比为 3.3%，并需进行相关路用性能验证。

3.2.3　ATB－25 生产配合比设计

3.2.3.1　ATB 热料原材料试验

现场根据冷料仓设计比例对热料仓进行了标定，并逐仓取热料（见图 3-4）进行生产配合比设计。热料仓取样采取卸料口横向接料的方式，并对每料仓热料进行称重计量，该冷料比例下各热料仓计算比例见表 3-12。热料仓骨料取样（见图 3-5）分上中下、端部及中间 6 个位置进行，保证取样骨料具代表性。

图 3-4　热料仓取料

图 3-5　热料仓骨料取样

表 3-12　各热料仓计算比例

热料规格(mm)	22～35	11～22	6～11	3～6	0～3
料仓料重(kg)	1 930	2 575	1 270	1 005	920
料仓比例(%)	23.1	33.4	16.5	13.1	11.9

热料仓骨料取样密度试验如表 3-13 所示，其中 2.36 mm 筛孔以上骨料采用水中重法，0～3 mm 规格热料表观密度采用饱和面干法。

表 3-13　热料仓骨料取样密度试验

热料规格(mm)	22～35	11～22	6～11	3～6	0～3
毛体积相对密度	2.696	2.703	2.692	2.694	2.674
表观相对密度	2.724	2.740	2.728	2.711	2.736
表干相对密度	2.706	2.716	2.705	2.701	2.697
吸水率(%)	0.38	0.50	0.49	0.24	0.86

实验室对 5 个规格热料仓热料进行筛分试验，筛分结果见表 3-14。

表 3-14 热料筛分试验

筛孔(mm)	不同热料规格(mm)通过各种孔筛的质量百分比(%)					
	22~35	11~22	6~11	3~6	0~3	矿粉
31.5	100.0	100.0	100.0	100.0	100.0	100.0
26.5	74.5	100.0	100.0	100.0	100.0	100.0
19	1.6	88.1	100.0	100.0	100.0	100.0
16	0.7	64.4	100.0	100.0	100.0	100.0
13.2	0.5	34.3	100.0	100.0	100.0	100.0
9.5	0.3	2.9	82.9	100.0	100.0	100.0
4.75	0.2	1.4	3.7	94.4	100.0	100.0
2.36	0.2	0.8	0.7	32.7	93.9	100.0
1.18	0.2	0.6	0.7	5.8	68.2	100.0
0.6	0.2	0.6	0.7	1.1	27.8	100.0
0.3	0.2	0.5	0.7	0.8	14.7	100.0
0.15	0.2	0.5	0.7	0.7	4.8	99.5
0.075	0.2	0.5	0.6	0.7	3.4	94.9

根据热料仓热料筛分结果，参考目标配合比设计级配进行生产配比级配设计。生产配比设计级配除应参照目标配比级配曲线进行设计，其掺配比例应尽量接近热料仓出料比例，以利于生产过程混合料的稳定性和混合料生产的连续性。

由表 3-15、表 3-16 及图 3-6 可见，生产配比级配较目标配比设计级配较为接近。4.75 mm 筛孔通过率及细骨料通过率同目标配合比级配基本接近。由于原设计级配 10～20 mm 骨料偏细，目标配比 16 mm 筛孔有所波动，生产配比中对其进行了调整，故 16 mm 筛孔通过率较原级配降低 5%。同时，生产配比掺配比例较热料仓出料比例较为接近，可保证混合料级配的稳定性，并避免生产过程料仓等料现象发生。

表 3-15 热料仓掺配比例

热料规格(mm)	22~35	11~22	6~11	3~6	0~3	矿粉
热料仓出料	23.1	33.4	16.5	13.1	11.9	—
掺配比例	23	36	11	11	15	4

表 3-16 生产配比合成级配 (%)

筛孔(mm)	上限	下限	中值	合成级配	目标配比级配
31.5	100.0	100.0	100.0	100.0	100.0
26.5	100.0	90.0	95.0	94.1	94.0
19	80.0	60.0	70.0	73.1	72.0
16	68.0	48.0	58.0	64.3	59.3

续表 3-16

筛孔(mm)	上限	下限	中值	合成级配	目标配比级配
13.2	62.0	42.0	52.0	53.5	52.6
9.5	52.0	32.0	42.0	40.2	47.4
4.75	40.0	20.0	30.0	30.3	33.6
2.36	32.0	15.0	23.5	22.1	23.2
1.18	25.0	10.0	17.5	13.2	16.6
0.6	18.0	8.0	13.0	8.6	8.6
0.3	14.0	5.0	9.5	6.6	6.7
0.15	10.0	3.0	6.5	3.1	3.4
0.075	6.0	2.0	4.0	4.7	5.0

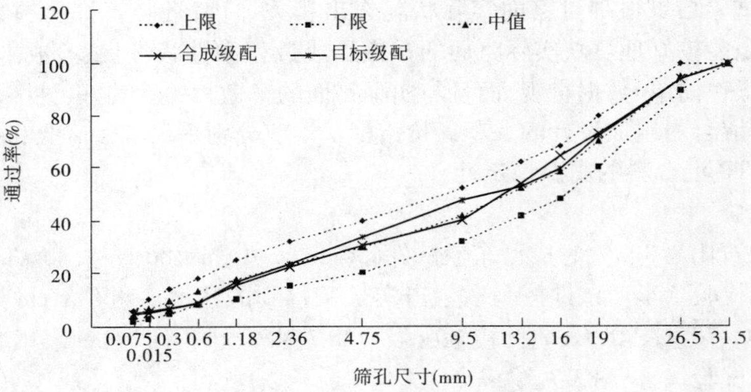

图 3-6　生产配比级配曲线设计

3.2.3.2　生产配合比设计试验

在目标配合比油石比优化确定的基础上，选用 3.0%、3.3%、3.6% 三个油石比进行生产配合比试验。分别测定三组试件体积指标及马歇尔指标。试验结果如表 3-17 所示。

表 3-17　生产配比油石比确定试验

油石比(%)	3.0	3.3	3.6
毛体积相对密度	2.424	2.466	2.455
空隙率(%)	5.8	3.1	3.0
矿料间隙率(%)	12.6	11.3	11.9
饱和度(%)	54.3	73.2	74.9
稳定度(kN)	17.8	17.2	22.2
流值(mm)	1.658	1.512	1.389

由生产配比试验结果可见，三组试件体积指标及稳定度均符合规范要求，以 3.3% 油石比稳定度最佳，因此生产配合比设计油石比为 3.3%。

3.2.4　ATB 热拌沥青碎石路用性能研究

3.2.4.1　高温稳定性

国外对一些沥青稳定基层试验段的调查也表明，车辙是采用沥青稳定基层后面临的主要问题。因此，必须对 ATB 层的高温变形特性进行研究。

可用于沥青混合料高温性能试验的方法很多，包括实验室圆柱试件的单轴静载、动载、重复试验，三轴静载、动载、重复试验，径向静载、动载、重复试验，简单剪切的静载、重复加载和动力试验。此外，还有中空圆柱试件的动力、剪切试验，棱柱梁试件的弯曲蠕变试验，小型模拟试验设备的车辙试验，大型环道、直道试验设备的足尺路面高温性能试验和现场试验路面的加速车辙试验等。

目前，我国评定沥青路面高温稳定性的室内试验方法有马歇尔试验、车辙试验以及环道试验等。其中，马歇尔试验虽然应用广泛，但由于该试验过程中试件内部的应力分布状态极为复杂，试验结果很难对路面实际状况作出相关评价，近年来许多国家对此提出异议；环道试验虽能较好地反映实际路面的车辙形成过程和性状，但试验成本较高、周期较长；车辙试验操作简单、数据直观，而且与实际路面的车辙相关性甚好，许多国家已把车辙试验作为沥青混合料组成设计的一项评价指标。本节分别采用车辙试验和单轴静载蠕变试验来评价 ATB 混合料的高温稳定性。

1. 车辙试验

在最佳油石比为 3.3% 时成型车辙试件（30 cm × 30 cm × 80 cm），对 ATB 混合料的抗车辙能力进行检验。车辙试件按马歇尔击实试验得到的密度 2.466 g/cm^3 成型，试验温度分别为 60 ℃、70 ℃、80 ℃，轮胎接触压强为 0.7 MPa，进行车辙试验，试验设备采用双轮全自动车辙试验仪，见图 3-7。

(a)　　(b)

图 3-7　双轮全自动车辙试验仪

车辙试验动稳定度（DS）的计算如下：

$$DS = \frac{42(t_2 - t_1)}{d_2 - d_1} \times C \tag{3-1}$$

式中：DS 为沥青混合料的动稳定度，次/mm；t_1、t_2 为试验时间，分别为 45 min 和 60 min；d_1、d_2 为分别对应于时间 t_1、t_2 的变形量，mm；C 为试件系数，实验室制备的宽 300 mm 的试件为 1.0，从路面切割的宽 150 mm 的试件为 0.8。

由车辙试验得到的时间—变形曲线上可以得到三类指标，车辙深度、动稳定度及变形速率。车辙深度尽管非常直观，但不同试验之间的波动较大。在整个变形过程中，开始阶段的几次碾压产生很大的变形，与试件接触的好坏是数据波动的主要原因。另外，总车辙深度能区分试验结果的差别，但不便估计变形的发展变形情况。因此，采用动稳定度或变形速率作为沥青混合料的高温性能评价指标，以避免试验开始阶段，尤其是开始与试件接触的影响。变形速率实际上是动稳定度的倒数。不同试验条件下的车辙试验结果如表 3-18和图 3-8 所示。

表 3-18　车辙动稳定度试验结果

试验温度(℃)	*DS*(次/mm)	技术标准(次/mm)
60	4 354	>1 500
70	2 360	—
80	1 280	—

分析表 3-18 可得：轮胎接触压强相同条件下，混合料的动稳定度随温度的升高而显著降低；当试验温度从 60 ℃变化为 70 ℃、80 ℃时，动稳定度分别下降了 45.8%、70.6%，降低效果分别为 4.58%/℃、7.06%/℃。说明在温度较高的情况下，沥青混合料抵抗剪切变形、侧向流动的能力降低，塑性变形增长加快，因此在夏季高温季节，路面车辙量将迅速激增。

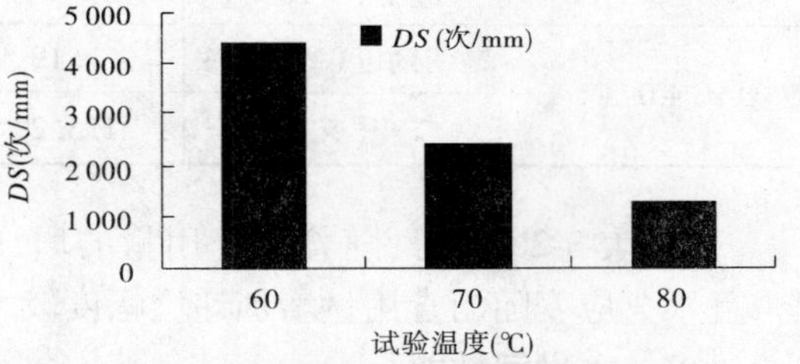

图 3-8　车辙动稳定度试验结果

表 3-19 表明：随着沥青用量的增加，沥青混合料的车辙试验动稳定度呈减小趋势。因此，在进行沥青混合料设计时，在满足其他路用性能的情况下，为提高混合料的高温性能，应尽可能降低沥青用量。

表 3-19　沥青用量对动稳定度的影响

沥青用量	OAC－0.3	OAC	OAC＋0.3
动稳定度(次/mm)	4 501	4 354	3 578

2. 单轴静载蠕变试验

国内外许多研究者通过研究沥青混合料的高温蠕变性能预测其永久变形特性，其中以壳牌法最具代表性。本书通过无侧限单轴静载蠕变试验来评价 ATB 混合料的高温蠕变性能。

美国无侧限单轴静载蠕变试验加载应力采用 0.1～0.2 MPa，试验温度 40 ℃。欧洲加载应力采用 0.1 MPa，试验温度 22～40 ℃。壳牌法加载应力 0.1 MPa，试验温度 40 ℃，加载时间 60 min，预载 0.002 MPa。综合国外目前采用的试验条件，结合 ATB 层的受力特点，试验采用静压法成型试件，尺寸为ϕ 100 mm×200 mm，加载应力 0.1 MPa，试验温度

40 ℃,试验时间采用加载 60 min,卸载 60 min。在 MTS－810 试验机上进行试验,MTS 试验机自动采集数据,采集频率 6 个/min。用蠕变劲度模量和永久应变来评价沥青混合料的高温性能。蠕变劲度模量公式如下:

$$S = \sigma_0 / \varepsilon_t \tag{3-2}$$

式中:σ_0 为蠕变试验施加的轴向应力;ε_t 为永久应变,卸载末的永久变形与试件高度的比值。

试验采用三种 ATB－25 沥青用量进行单轴静载蠕变试验,每种沥青用量平行试件 3 个,试验数据见表 3-20。

表 3-20　ATB－25 沥青混合料 40 ℃蠕变试验参数

沥青用量	参数	试件 1	试件 2	试件 3	均值
OAC－0.3	蠕变劲度(MPa)	40.64	38.08	40.06	39.59
	永久应变($\times 10^{-4}$)	27.13	28.95	27.52	27.87
OAC	蠕变劲度(MPa)	21.80	36.03	26.37	28.06
	永久应变($\times 10^{-4}$)	50.57	30.60	41.82	41.00
OAC＋0.3	蠕变劲度(MPa)	7.19	3.11	5.87	5.39
	永久应变($\times 10^{-4}$)	153.29	213.59	82.74	149.87

分析表 3-20 可得:随着沥青用量的增加,蠕变劲度呈下降趋势,永久应变呈递增趋势,且永久应变随沥青用量增加递增幅度较大。

3.2.4.2　水稳定性能

水损害是沥青路面的主要病害之一。沥青路面在水或冻融循环的作用下,由于汽车车轮动态荷载的作用,进入路面空隙中的水不断产生动水压力或受真空负压抽吸的反复循环作用,水分逐渐渗入沥青与骨料的界面上,使沥青黏附性降低并逐渐丧失黏结力,沥青膜从石料表面剥落,沥青混合料强度降低,沥青层的应变增大,将加速路面的破坏,路表形成坑槽、推挤变形等损坏现象。

评价沥青混合料水稳定性的方法多种多样,但是各种评价方法无非是在混合料试验条件(如成型方法、尺寸、试件尺寸等)、浸水和模拟浸水的试验条件(包括温度、时间、循环次数等)、采用的物理力学性质的试验和指标等方面有所不同。目前,广泛应用的水稳定试验方法有浸水马歇尔试验、冻融后的劈裂强度试验、浸水冻融劈裂强度试验、浸水抗压强度试验、浸水车辙试验等。

本书按照《公路沥青路面施工技术规范》(JTG F40—2004),采用浸水马歇尔试验和冻融劈裂试验两种试验方法对 ATB－25 混合料的水稳定性进行评价。

1. 浸水马歇尔试验

按《公路工程沥青及沥青混合料试验规程》(JTG E20—2011)中 T0709 的要求进行两种浸水马歇尔试验。一种为 48 h 浸水马歇尔试验,将试件分两组,每组 3 个平行试件。一组在 60 ℃水浴中保养 30～40 min 后测其马歇尔稳定度 MS;另一组在 60 ℃水浴中恒温保养 48 h 后测其马歇尔稳定度 MS_1;计算浸水残留稳定度 $MS_0 = (MS_1 / MS) \times 100\%$。

另一种为真空饱水马歇尔试验，将试件分两组，每组 3 个平行试件。一组在 60 ℃水浴中保养 30～40 min 后测其马歇尔稳定度 MS；另一组在 98.3 kPa 气压下抽真空 15 min，然后打开进水胶管，靠负压进入冷水流使试件全部浸入水中，浸水 15 min，取出试件放在 60 ℃的恒温水槽中保温 48 h 后测定马歇尔稳定度 MS_2，计算浸水残留稳定度 $MS_0' = (MS_2/MS) \times 100\%$。试验数据见表 3-21。

表 3-21　浸水马歇尔试验数据

沥青用量	MS(kN)	MS_1(kN)	MS_2(kN)	MS_0(%)	MS_0'(%)
OAC－0.3	16.38	15.65	13.55	95.5	82.7
OAC	15.96	13.33	13.44	83.5	84.2
OAC＋0.3	14.07	12.81	11.76	91.0	83.6

由以上浸水马歇尔试验可见，采用直接浸水马歇尔试验无法反映水对沥青碎石混合料的侵蚀作用，残留稳定度均接近 100%，甚至超百；而采用 SHELL 法的真空饱水马歇尔试验则能较好地反映水对沥青稳定碎石混合料的破坏作用，能较好地区分评价混合料抗水损害能力，因此建议沥青稳定碎石混合料进行浸水马歇尔试验时采用真空饱水马歇尔法。

2. 冻融劈裂试验

《公路工程沥青及沥青混合料试验规程》（JTG E20—2011）中 T0729 对冻融劈裂试验成型试件尺寸规定为小型马歇尔试件，但由于沥青稳定碎石在小型马歇尔试件成型过程中无法完全反映其粒径组成，因此本次试验中成型 ϕ 150 mm×93.3 mm，击实次数为 112 次，控制空隙率 5%～7%。试件分两组，每组 4 个平行试件。一组在水浴中浸泡 2 h 后测试劈裂强度 R_1；另一组先在 25 ℃水中浸泡 2 h，然后在 0.09 MPa 下浸水抽真空15 min，再放到 －18 ℃冰箱中放置 16 h，而后放到 60 ℃水中浸恒温 24 h，再放到 25 ℃水中浸泡 2 h 后测试其劈裂强度 R_2；计算其残留强度比 $R_0 = (R_2/R_1) \times 100\%$。试验数据见表 3-22，冻融劈裂强度随沥青用量的变化情况见图 3-9。

表 3-22　冻融劈裂试验数据

沥青用量(%)	R_1(MPa)	R_2(MPa)	R_0(%)
OAC－0.3	0.85	0.72	84.7
OAC	0.99	0.84	84.8
OAC＋0.3	0.87	0.80	92.0

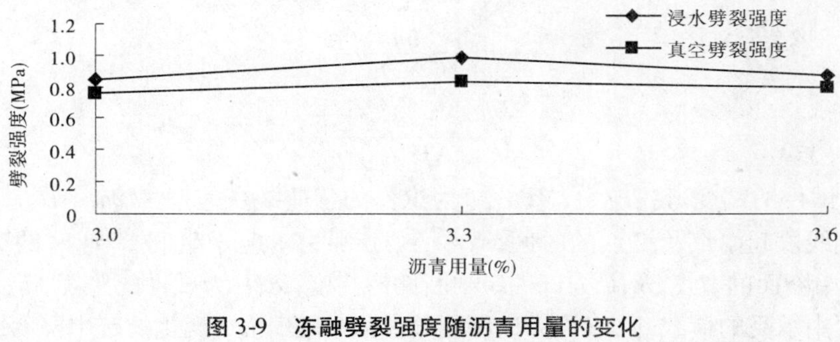

图 3-9　冻融劈裂强度随沥青用量的变化

表3-21与表3-22中试验结果表明：与浸水马歇尔试验和真空饱水马歇尔试验的残留稳定度比相比，冻融劈裂试验的残留强度比更小，表明冻融劈裂试验更能反映抗水侵蚀的稳定性。在ASTM及日本等大多数国家的标准均是规定将成型好的试件在60 ℃水中浸泡48 h后试验，但实践证明，除非是酸性石料，否则浸水马歇尔试验测定的残留稳定度很少有达不到标准规定的75%要求。

研究表明，冻融循环可以使室内试验与野外现场结果之间具有很好的相关性。经过模拟野外冻融条件，能使骨料表面的沥青膜在反复温度胀缩的作用下逐渐乳化，有利于反映水分对沥青膜侵害的最不利情况，较好地模拟野外现场温度变化对沥青混合料强度的影响。因此，推荐采用冻融劈裂试验评价ATB沥青碎石的水稳定性。

3.2.4.3　低温抗裂性能

沥青路面的低温度收缩开裂是气温下降时产生的温度应力超过了沥青混合料的抗拉强度而导致面层的开裂，因此若沥青混合料具有较高强度或在低温下有较好的抗变形能力，温度应力不会累积过大，沥青混合料均会有较好的低温抗裂性能。

1. 低温弯曲蠕变

自20世纪60年代加拿大率先对沥青面层的低温收缩开裂进行系统研究以来，各国已经对沥青混合料的低温性能进行了大量研究工作。评价沥青混合料的低温性能有多种试验方法，如等应变加载的破坏试验（间接拉伸试验、弯曲试验、压缩试验），直接拉伸试验，弯曲拉伸蠕变试验，受限试件温度应力试验，三点弯曲J积分试验，C^*积分试验，收缩系数试验，应力松弛试验等。本节对三种沥青用量的ATB混合料成型标准车辙板试件，然后切割成30 mm×35 mm×250 mm的棱柱体小梁。在MTS－810材料试验系统上进行弯曲蠕变试验，以测得蠕变速率来评价混合料的低温抗裂性能。

弯曲蠕变试验是对规定尺寸的小梁试件在跨中施加恒定的集中荷载，测定随时间不断增长的蠕变变形。在单位应力条件下，变形等速增长的稳定期内单位时间增加的应变值即蠕变速率，蠕变速率反映了沥青混合料的低温变形能力。在相同条件下，低温蠕变速率越大，沥青混合料的低温变形能力越好。

按《公路工程沥青及沥青混合料试验规程》（JTG E20—2011）T0728的方法，在时间—跨中挠度曲线上读出蠕变稳定期直线段起点及终点的时间及变形（t_1、d_1以及t_2、d_2），按式（3-3）～式（3-5）计算试件的弯曲蠕变速率：

$$\sigma_0 = \frac{3LP_0}{2bh^2} \times 10^{-6} \tag{3-3}$$

$$\varepsilon(t) = \frac{6hd(t)}{L^2} \tag{3-4}$$

$$\varepsilon_s = \frac{(\varepsilon_2 - \varepsilon_1) \times \sigma_0}{t_2 - t_1} \tag{3-5}$$

式中：σ_0为试件的蠕变弯拉应力，MPa；ε_s为试件的弯曲蠕变速率，MPa/s；t_1、t_2分别为蠕变稳定期直线段起始点及终点的时间，s；ε_1、ε_2分别为对应于时间t_1、t_2时的蠕变应变；b为试件跨中断面的宽度，m；h为试件跨中断面的高度，m；L为试件的跨径，m；P_0为试件在加载过程中承受的荷载，N；$d(t)$为试件加载过程中随时间t变化的跨中挠度，m。

试验过程和试验后的试件见图 3-10、图 3-11，试验结果见表 3-23 和图 3-12。

图 3-10　弯曲试验进行中

图 3-11　试验完成后断裂的试件

表 3-23　0 ℃弯曲蠕变速率　　（单位：$\times 10^{-7}$ MPa/s）

沥青含量		试件 1	试件 2	试件 3	平均值
1	3.0%	2.25	1.82	2.45	2.17
2	3.3%	3.76	3.47	2.94	3.39
3	3.6%	4.31	3.68	3.42	3.80

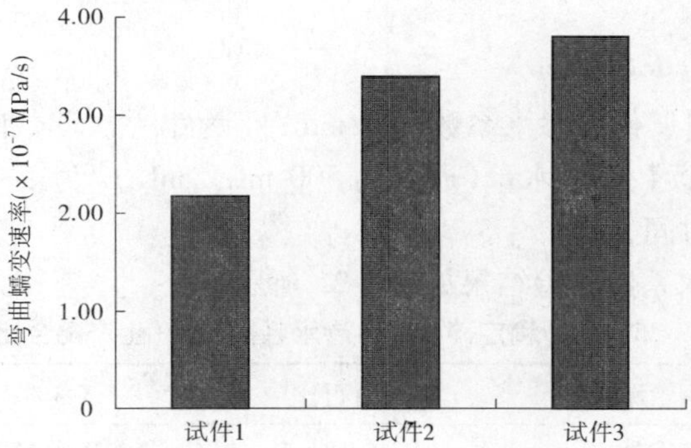

图 3-12　0 ℃时各沥青含量的弯曲蠕变速率

由图 3-12 可知，0 ℃时各沥青含量的弯曲蠕变速率大小顺序是：3 > 2 > 1。因此，沥青含量 3.6% 的低温抗裂性最好，3.3% 次之，3.0% 最差。

2. 低温小梁试验

为反映材料低温性能，现场通过标准试验方法对混合料低温性能进行检验，见表 3-24。

通过低温小梁弯曲试验可见，由于沥青稳定碎石粒径因素影响其低温小梁弯曲应变低于普通沥青混合料，因此其低温性能试验可重点针对其低温抗裂性进行。

表 3-24 沥青混合料低温弯曲试验

成型方式	轮碾成型	加载速率(mm/min)	50	试验温度(℃)	-10 ℃
油石比	3.3%	试件尺寸(mm)	30×35×250	试件跨径(mm)	200
试件编号	试件破坏时的最大荷载(N)	试件破坏时的跨中挠度(mm)	试件抗弯拉强度(MPa)	最大弯拉应变(με)	弯曲破坏劲度模量(MPa)
1	553.00	0.31	4.51	1 628	2 774
2	552.33	0.33	4.51	1 733	2 602
3	632.50	0.33	3.16	1 733	2 980
4	407.67	0.31	3.33	1 628	2 045
5	616.83	0.29	5.04	1 523	3 307
6	560.00	0.30	4.57	1 575	2 902
平均值	553.72		4.52	1 636	
标准差	84		最终结果	1 636	
使用仪器设备	WD-402 高低温试验箱(105)、WDW-1020 微控电子万能材料试验机				

3.2.4.4 渗水试验

此外，本书还采用路面渗水仪测试轮碾法制作的沥青混合料试件的渗水系数，试件尺寸为 30 cm×30 cm×8 cm，计算公式如下：

$$C_w = \frac{V_2 - V_1}{t_2 - t_1} \times 60 \tag{3-6}$$

式中：C_w 为沥青混合料试件的渗水系数，mL/min；V_1 为第一次读数时的水量（通常为 100 mL），mL；V_2 为第二次读数时的水量（通常为 500 mL），mL；t_1 为第一次读数时的时间，s；t_2 为第二次读数时的时间，s。

沥青稳定碎石渗水系数试验结果如表 3-25 所示。

表 3-25 沥青稳定碎石试件渗水系数试验（生产配合比）

试件成型方式	轮碾成型	油石比	3.3%	渗水系数(mL/min)
试件编号	试件尺寸(mm×mm×mm)	渗水时间(min)	渗水量(mL)	
1	300×300×80	3	331	110
2	300×300×80	3	367	122
3	300×300×80	3	318	106
平均值		3	339	113
使用仪器设备	LSY-95 沥青路面渗水试验仪(123)、503 秒表(D36)			

渗水系数试验结果（目标配合比）较为接近普通沥青混合料性能技术要求的规定，渗水系数不大于 120 mL/min。可见，由于空隙率较普通沥青混合料有所增加，沥青稳定碎石混合料透水性能较普通沥青混合料高，因此应对该基层结构加强排水设施设计，并设置

防水层防止对刚柔组合基层中半刚性层产生影响。

3.2.4.5　疲劳性能

沥青路面使用期间经受车轮荷载的反复作用，长期处于应力应变交迭变化状态，致使路面结构强度逐渐下降。当荷载重复作用一定次数以后，在荷载作用下路面内产生的应力就会超过强度下降的结构抗力，使路面出现裂纹，产生疲劳断裂破坏。从疲劳观点来看，沥青混合料的劲度模量是一个重要的材料特性。沥青混合料在大气因素作用下的老化过程可使其劲度模量增高。B. Vallerga，F. Finn，R. Hicks 为了研究老化对沥青混凝土疲劳性能的影响所进行的室内试验研究，得出了类似的结论。在控制应变加载模式中，混合料的劲度模量越高，每次重复加载作用与试件的应力就越大，疲劳寿命就越小。

国外对沥青混合料的疲劳性能研究已有 40 多年的历史，如美国沥青协会（Asphalt Institute）通过对沥青混合料疲劳性能的研究，提出了控制沥青层底拉应变为设计标准的路面结构设计方法，比利时沥青路面结构设计方法也以控制面层开裂为依据。

疲劳试验方法归纳起来大致可分为四类：第一类是实际路面在真实汽车荷载作用下的疲劳破坏试验，以著名的 AASHTO 试验路为代表；第二类是足尺路面结构在模拟汽车荷载作用下的疲劳试验研究，包括环道试验和加速加载试验，如美国华盛顿日立大学的室外大型环道和重庆公路科学研究所的室内大型环道疲劳试验，澳大利亚和新西兰的加速加载设备（ALF），南非国立道路研究所的重型车辆模拟车（NVS）；第三类是试板试验法；第四类是室内小型试件的疲劳试验研究。由于前三类试验方法耗资大、周期长，开展得并不普遍，因此大量采用的还是周期短、费用少的室内小型试件的疲劳试验研究，包括脉冲压头式、动轮轮迹式和动板轮迹式等。但是迄今为止，各国均没有将疲劳试验作为标准试验方法纳入规范。国内外各种疲劳试验方法比较表明，重复弯曲试验、直接拉伸试验和间接拉伸试验是三种综合性能较好的疲劳试验方法。

本书按《公路工程沥青及沥青混合料试验规程》（JTG E20—2011）T0703 规定的轮碾压实成型 ATB 混合料标准车辙板试件，然后切割成 50 mm × 50 mm × 240 mm 小梁。试验温度选用 15 ℃，采用 10 Hz 连续半正弦波荷载加载，控制应变加载模式，应变比采用 0.2、0.4、0.6 三种，在 MTS－810（见图 3-13）材料试验系统上进行小梁弯曲疲劳试验。同时采用劈裂疲劳试验，试件尺寸 Φ 152.4 mm × 93.3 mm，进行对比分析。

1. 三分点加载的重复弯曲疲劳试验

疲劳试验前，参照《公路工程沥青及沥青混合料试验规程》（JTG E20—2011）T0715 的方法对 ATB 混合料进行弯拉强度试验，试验温度同样为 15 ℃。小梁弯曲试验结果如表 3-26 所示。

表 3-26　沥青混合料弯曲试验结果（平均值）

沥青用量（%）	抗弯拉强度（MPa）	最大弯拉应变（%）	弯曲劲度模量（MPa）	试件个数（个）
3.0	1.185 2	1.012 5	117	4
3.3	1.547 3	0.510 0	303	4
3.6	2.010 1	0.697 5	288	4

2. 疲劳试验数据

应变(应力)比与疲劳寿命在双对数坐标上分别表现为直线关系,可用式(3-7)、式(3-8)来表示:

$$\lg N_f = k + n\lg\frac{1}{\varepsilon} \tag{3-7}$$

$$\lg N_f = k + n\lg\frac{\sigma}{\sigma_{\max}} \tag{3-8}$$

式中:N_f 为荷载作用次数;ε 为三分点加载试验时所控制的小梁底面中间段弯拉应变;$\frac{\sigma}{\sigma_{\max}}$为劈裂疲劳试验时径向施加荷载的应力比;$k$、$n$ 为回归常数。

图 3-13　MTS－810 材料试验机

3. 三分点加载疲劳试验

对最佳沥青用量的 ATB－25 进行三分点加载疲劳试验,试验结果见表 3-27 和图 3-14。

表 3-27　ATB－25 三分点加载疲劳试验数据

沥青用量	应变比	疲劳作用次数(次)
OAC	0.2	342 078
	0.4	14 645
	0.6	2 519

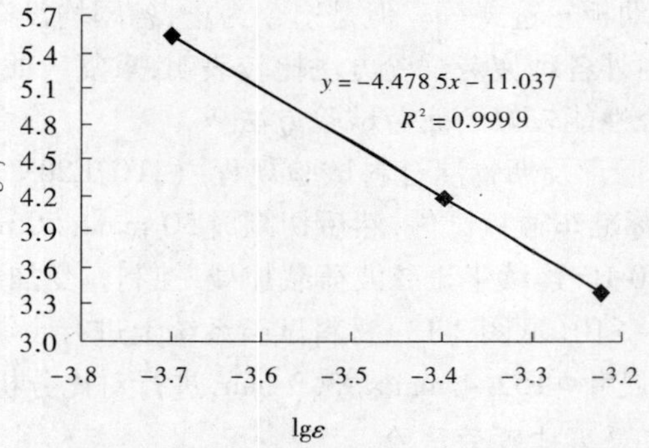

图 3-14　双对数坐标下 ATB－25 疲劳曲线

4. 劈裂疲劳试验

ATB－25 劈裂疲劳试验数据见表 3-28。

表 3-28　ATB－25 劈裂疲劳试验数据

沥青用量(%)	应力比			
	0.2	0.4	0.6	0.8
3.0	682 500	36 960	5 985	2 625
3.3	625 800	42 000	7 245	2 730
3.6	397 950	38 850	9 870	1 995

经回归分析，ATB－25 劈裂疲劳方程见表 3-29。

表 3-29　ATB－25 劈裂疲劳方程

沥青用量(%)	换算方程	相关系数
3.0	$\lg N_f = -3.1282 + 3.5058\left(\frac{\sigma}{\sigma_{max}}\right)$	0.9781
3.3	$\lg N_f = -2.9282 + 4.5017\left(\frac{\sigma}{\sigma_{max}}\right)$	0.9862
3.6	$\lg N_f = -3.0282 + 3.5092\left(\frac{\sigma}{\sigma_{max}}\right)$	0.9975

对不同沥青用量疲劳寿命进行研究，在大应力状态下，数据较离散，但通过小应力状态下的疲劳试验可以看出，存在一最佳沥青用量，此时的疲劳寿命最大。对于劈裂疲劳试验，由于加载的过程中，试件处于三维拉伸状态，混合料主要依靠沥青胶结料的黏结力和矿料之间的摩擦力来承受荷载的作用。因此，沥青胶结料有一最佳用量，此时的黏结力最好，通过疲劳试验确定的该最佳沥青用量也为确定排水性沥青混合料的最佳沥青用量提供了参考。

本书通过对 ATB－25 不同沥青用量的劈裂疲劳试验表明，沥青用量在 4.1% 附近时，ATB－25 的疲劳寿命最好。对比劈裂疲劳试验和弯拉疲劳试验所得的疲劳寿命与应力(应变)曲线，可知两种试验方法的疲劳指数 n 非常接近，这意味着通过试验找到弯曲和劈裂两个试验结果之间的关系后，有可能通过平移间接拉伸试验的疲劳曲线来获得相应的弯曲试验疲劳曲线，从而利用劈裂疲劳这一相对简单、易于实施的试验方法来达到相对较为复杂的弯曲疲劳试验方法的效果。

3.2.4.6　沥青稳定碎石回弹模量试验

本试验用于测定 ATB 热拌沥青混合料的抗压回弹模量和抗压强度，试验温度 20 ℃。试件尺寸为直径 100 mm ± 2.0 mm 的圆柱体试件。加载速率为 2 mm/min。

按 T0704 用静压法成型 ATB－25，室温下放置 24 h 以上。

本次试验采用 810 型 MTS 材料试验机(见图 3-15)进行单轴抗压回弹模量试验，峰值试验数据如表 3-30 所示。

(a)

图 3-15　MTS 材料测试系统、试件，试验进行中

(b)

(c)

续图 3-15

表 3-30　单轴抗压回弹模量试验数据

试件	荷载峰值	位移	时刻
1	20. 012 079	3. 023 181 7	91. 101 563
2	16. 700 127	2. 991 304 2	89. 979 492
3	21. 040 686	2. 947 053 4	89. 852 051

荷载峰值的平均值：$P = 19.25$ kN。

抗压强度：$R_C = 4P/(\pi d^2) = 4 \times 19.25 \times 1\,000/(3.141\,59 \times 10\,000) = 2.45$(MPa)。

加载级别：$0.1P$、$0.2P$、$0.3P$、$0.4P$、$0.5P$、$0.6P$、$0.7P$。

以 2 mm/min 速度加载至 $0.2P$，进行预压保持 1 min，试件 1 试验数据如表 3-31 所示。

回归后的 $Q_i \sim \Delta L$ 曲线如图 3-16 所示。

表 3-31　试件 1 加载数据

加载级别	P_i(kN)	Q_i(MPa)	L_1(mm)	L_2(mm)	ΔL(mm)	h(mm)
0.1P	1.943	0.247	0.008 846	0	0.008 846	85
0.2P	3.840	0.488 864	0.041 3	0.000 99	0.040 31	85
0.3P	5.738	0.730 561	0.080 958	0.022 945	0.058 013	85
0.4P	7.715	0.982 286	0.138 477	0.063 3	0.075 177	85
0.5P	9.542	1.214 94	0.208 221	0.115 186	0.093 035	85
0.6P	11.533	1.468 458	0.285 296	0.179 91	0.105 386	85
0.7P	13.475	1.715 692	0.360 214	0.245 64	0.114 574	85

注:P_i—施加的荷载;Q_i—施加到试件上的压强;ΔL—回弹变形;h—卡规的高度,即试件测量的试验高度。

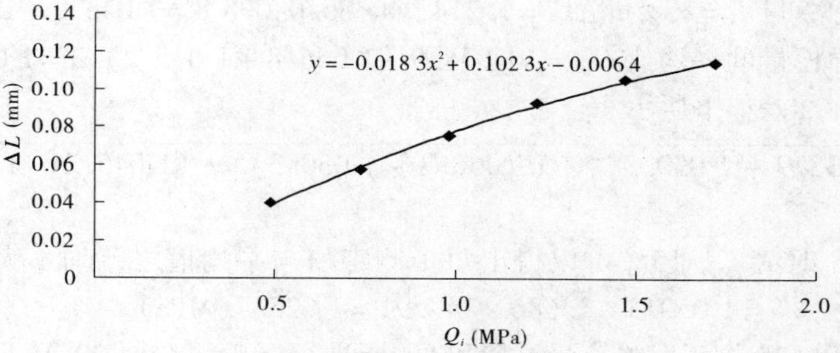

图 3-16　$Q_i \sim \Delta L$ 曲线

由曲线可知,修正后的 $\Delta L_5 = 0.093 + 0.006\,4 = 0.099\,4$(mm)。

则抗压回弹模量 $E = q_5 \times h/\Delta L_5 = 1.214\,94 \times 85/0.099\,4 = 1\,038.9$(MPa)。

同理,试件 2 数据如表 3-32 所示。

表 3-32　试件 2 加载数据

加载级别	P_i(kN)	Q_i(MPa)	L_1(mm)	L_2(mm)	ΔL(mm)	h(mm)
0.1P	1.928	0.245 481	0.009 79	0	0.009 79	85
0.2P	3.856	0.490 962	0.041 734	0.000 45	0.041 284	85
0.3P	5.784	0.736 442	0.085 809	0.025 416	0.060 393	85
0.4P	7.712	0.981 923	0.140 879	0.065 293	0.075 586	85
0.5P	9.64	1.227 403	0.193 895	0.101 462	0.092 433	85
0.6P	11.568	1.472 885	0.269 654	0.167 708	0.101 946	85
0.7P	13.496	1.718 366	0.345 547	0.234 235	0.111 312	85

修正后的 $\Delta L_5 = 0.092 + 0.005\,8 = 0.097\,8$(mm)。

则抗压回弹模量 $E = q_5 \times h/\Delta L_5 = 1.227\,403 \times 85/0.097\,8 = 1\,066.8$(MPa)。

试件 3 数据如表 3-33 所示。

表 3-33　试件 3 加载数据

加载级别	P_i(kN)	Q_i(MPa)	L_1(mm)	L_2(mm)	ΔL(mm)	h(mm)
0.1P	1.942 77	0.247 361	0.010 524	0	0.010 524	85
0.2P	3.839 529	0.488 864	0.036 885	0.001 09	0.035 795	85
0.3P	5.737 805	0.730 561	0.079 541	0.021 564	0.057 977	85
0.4P	7.714 853	0.982 286	0.145 622	0.069 875	0.075 747	85
0.5P	9.542 107	1.214 94	0.210 487	0.120 133	0.090 355	85
0.6P	11.533 23	1.468 458	0.290 456	0.185 212	0.105 244	85
0.7P	13.475	1.715 692	0.351 235	0.232 541	0.118 694	85

修正后的 $\Delta L_5 = 0.090\ 4 + 0.008\ 4 = 0.098\ 8$(mm)。

则抗压回弹模量 $E = q_5 \times h / \Delta L_5 = 1.214\ 94 \times 85 / 0.098\ 8 = 1\ 045.2$(MPa)。

则抗压回弹模量的平均值 $E_{均} = (1\ 038.9 + 1\ 066.8 + 1\ 045.2)/3 = 1\ 050.3$(MPa)。

实测值的标准差如下所示

$$S = \sqrt{[(1\ 038.9 - 1\ 050.3)^2 + (1\ 066.8 - 1\ 050.3)^2 + (1\ 045.2 - 1\ 050.3)^2]/2} = 14.591$$

试件数为 3 时 $K = 1.15$。可以得出每个测定值与平均值之差均不大于标准差的 K 倍。则 $E = E' - t \times S = 1\ 050.3 - 1.686 \times 14.591 = 1\ 025.7$(MPa)。

通过对 ATB－25 抗压回弹模量试验可见，所进行试验混合料 20 ℃下回弹模量可达到 1 025.7 MPa，满足力学计算过程中拟定的 1 000～1 200 MPa 的标准。

3.3　泡沫沥青稳定碎石基层研究

泡沫沥青技术发明于 1956 年，当时美国的森义教授(Prof. Ladis Csanyi)在高热的沥青中加入少量的水，水急剧汽化使沥青大量发泡而产生体积膨胀的现象，这种状态的沥青因为黏度相当低而具有拌和所需的工作性。这项发明后来成为一种专利而应用不普遍，使泡沫沥青技术的发展应用较为缓慢，一直到专利过期后的 90 年代，伴随施工机械的发展，泡沫沥青技术才又开始受到普遍的重视。图 3-17 为泡沫沥青发泡示意图。

3.3.1　泡沫沥青碎石基层机制

泡沫沥青以膨胀比(Expansion Ratio)及半衰期(Half-Time)来描述沥青的发泡特性。所谓膨胀比，是指当沥青与水拌和发泡后的最大体积与未发泡前体积的比值，而半衰期则是指由发泡最大体积为准起算，至体积缩减至一半所经过的时间。一般高温沥青与少量水拌和后，体积在很短的时间内膨胀至最大，此后体积开始缩减，为了使发泡后的沥青能顺利与常温的湿粒料拌和，膨胀比愈大愈好，半衰期则应尽量长，以便使混合料有足够的拌和时间。

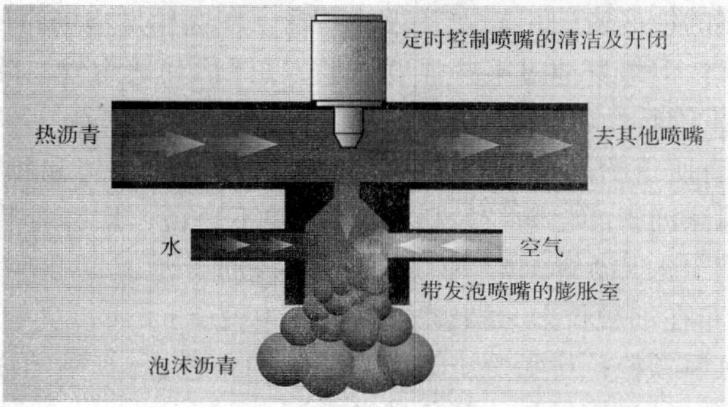

图3-17 泡沫沥青发泡示意图

沥青的发泡特性,也就是膨胀比与半衰期受到许多因素影响,其中较重要者有以下四点:

(1)沥青发泡时的温度:一般而言,发泡时沥青的温度愈高,发泡特性会愈好,但温度高表示需要较多的能量将沥青加热。

(2)发泡时加入的水量:一般而言,发泡时加入沥青的水量愈多,则膨胀比会愈大,但是半衰期会愈短。

(3)发泡舱中的压力:一般沥青抽送入发泡舱中与水接触后发泡,若发泡舱中的压力较低(例如低于0.3 MPa),则不利于膨胀比及半衰期。

(4)沥青或水中是否加入消泡剂,如在炼油厂中为不使沥青在抽送及储存的过程中发泡,可能加入一些硅化合物类的消泡剂,若是如此,则此种沥青的发泡特性可能受到影响,不适合用于泡沫沥青。

图3-18可以说明一般沥青的发泡特性,图中横坐标为以秒为单位的半衰期,范围为0~25 s,纵坐标为膨胀比,一般体积膨胀的范围约在20以内,中间的三条曲线都显示加入的水量愈高则膨胀比愈大,但是膨胀比愈大则半衰期愈短。为了与冷粒料拌和均匀,膨胀比愈大虽愈有利,但若半衰期过短,也无法在短时间内就将沥青与粒料拌和均匀,故以够长的半衰期为前题下,选择较大的膨胀比。一般经验认为,最好的发泡特性必须在膨胀比与半衰期间适当加以选择,再以图3-18作说明,若将图中的沥青加热至170 ℃,并用约2.5%用水量来发泡,则泡沫沥青的膨胀比可达11倍,而半衰期约为9 s。

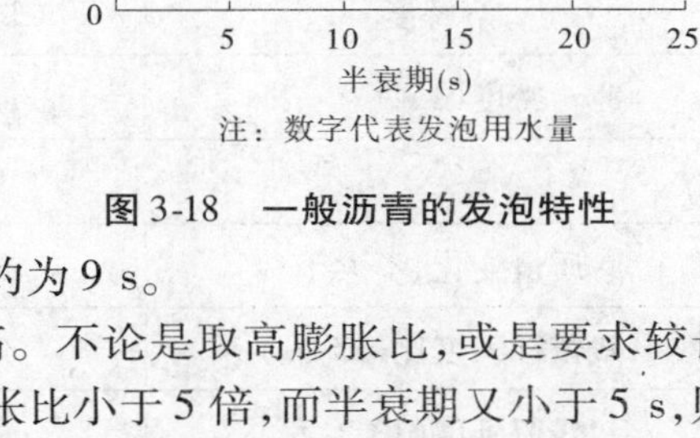

注:数字代表发泡用水量

图3-18 一般沥青的发泡特性

沥青的发泡特性愈好则再生的混合料品质愈高。不论是取高膨胀比,或是要求较长的半衰期,都没有比两者都适当来得好。但若是膨胀比小于5倍,而半衰期又小于5 s,则应认定沥青发泡特性不良,无法获得良好性能的混合料。这种情形可以更换沥青,或是另外添加发泡剂来提高沥青的发泡特性。

一般而言,较软等级的沥青会有较好的发泡特性,但沥青等级的选择应依地区性的气候决定,气候较炎热的地区应选用较硬等级的沥青。在选用发泡沥青的沥青等级时,虽可选用较软一级的沥青,但最好通过某些强度试验,以评估其适用性。除沥青等级以外,沥青的化学成分也对发泡特性有影响,含过量沥青质的沥青,发泡特性不佳。

与一般热拌沥青所得的混合料呈黑色不同,泡沫沥青工法拌和所得的混合料并不是黑色的,因为拌好泡沫沥青的粗颗粒粒料,表面上并不裹覆一层沥青膜,反而大都像是没有任何沥青包覆。当泡沫沥青与粒料颗粒接触时,沥青泡瞬间化为数以百万计的"小点",这些沥青点散布在细颗粒上,尤其是粒径小于0.075 mm的粒料上,仿佛形成富含沥青微粒的填缝料,在粗颗粒粒料间扮演类似胶砂浆的角色,将其黏结成形。所以,用泡沫沥青拌和完成的混合料,只使材料的颜色稍微变深。

若在混合料中加入水泥、石灰,或是其他类似微细的粉末(粒径皆小于0.075 mm),将对沥青散布的均匀度有很大的影响。特别是用泡沫沥青再生沥青铣刨料时,因为沥青铣刨料中粒径小于0.075 mm通过率一般不超过5%,若没有另外添加微细的粉末,不容易将泡沫沥青散布均匀。

3.3.2　原材料性质分析

3.3.2.1　沥青

通常情况下,软质沥青具有较好的发泡特性,根据沥青的气候分区选用针入度为80~100的90号沥青,其各项指标应满足道路石油沥青技术要求。沥青的各项指标如表3-34所示。

表3-34　中海90号沥青技术指标

指标	单位	测值	技术要求	试验方法
针入度(25 ℃、100 g、5 s)	0.1 mm	85	80~100	T0604
软化点($T_{R\&B}$)	℃	47.9	≥45	T0606
延度(15 ℃、5 cm/min)	cm	>150	≥100	T0605
含蜡量(蒸馏法)	%	1.77	<2.2	T0615
闪点	℃	302	≥245	T0611
溶解度	%	99.6	≥99.5	T0607
密度(15 ℃)	g/cm³	1.009	实测	T0603
RTFOT后残留物				
质量变化,不大于	%	0.000 86	±0.8	T0610或T0609
残留针入度比(25 ℃)	%	60.25	≥57	T0604
残留延度(10 ℃)	cm	>100	≥8	T0605

注:试验方法下面的代号为《公路工程试验规程》中试验方法的代号。

骨料采用与ATB相同的骨料,各项指标均满足规范规定。

3.3.2.2　筛分试验及矿质混合料配合比计算

对沥青混合料的各种矿料按照图 3-19 或表 3-35 级配进行筛分，并确定其级配组成。落在 *A* 区域的骨料是适合泡沫沥青稳定的，且适合重交通道路；若落在 *B* 区域，则说明材料中细骨料含量偏多，适用于轻交通道路，可加入适当的粗骨料将级配调整至区域 *A*；区域 *C* 的材料因缺少细骨料使得泡沫沥青稳定效果变差，通过加入适当的细骨料或粉煤灰，以改善稳定效果。

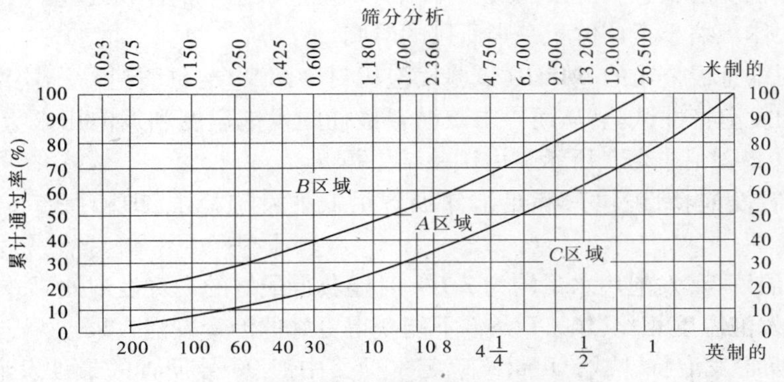

图 3-19　泡沫沥青混合料级配范围

表 3-35　通过下列筛孔的百分率

筛孔尺寸（mm）	0.075	0.15	0.3	0.6	1.18	2.36	4.75	9.5	13.2	16	19	26.5
参考上限（%）	20	25	31	38	46	56	67	79	86	—	93	100
参考下限（%）	3.5	8	12	17.5	24	33	43	55	61	66	69	76

本试验调整后的级配曲线如图 3-20 所示。

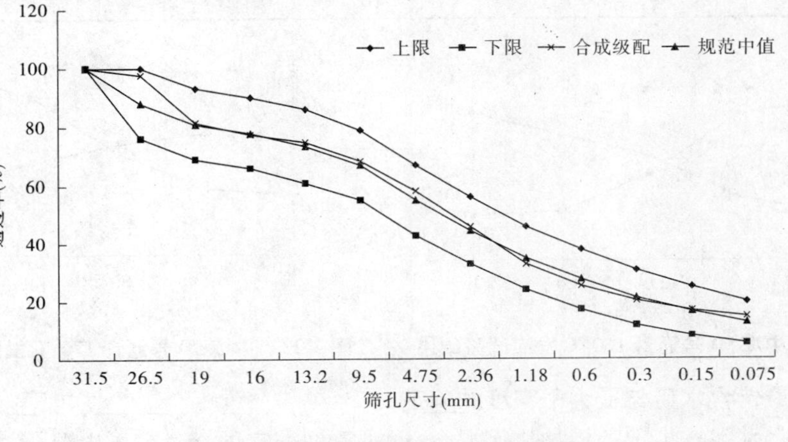

图 3-20　泡沫沥青稳定碎石级配曲线

3.3.3　泡沫沥青混合料配合比设计

3.3.3.1　沥青发泡

在拌制泡沫沥青混合料之前,应对所选用的沥青进行发泡特性试验,用以确定沥青的最佳发泡条件,如发泡温度(140～180 ℃)和发泡用水量等。

对于沥青的发泡效果,用膨胀率(发泡体积倍数)和半衰期这两个指标加以评价。膨胀率是指沥青在发泡状态下测量的最大体积与未发泡状态下的体积之比。半衰期是指泡沫沥青从最大体积缩小至该体积一半所用的时间。

利用德国维特根公司的 WLB10 试验发泡机对中海 90 号沥青进行不同温度、不同用水量条件下的发泡特性试验,从而寻求该沥青最佳的发泡温度和发泡用水量。试验结果如表 3-36 和图 3-21、图 3-22 所示。由试验结果可知:

(1)该沥青发泡特性良好,满足泡沫沥青最低的发泡标准,即膨胀率 >10 倍,半衰期 >8 s。

(2)两种温度下,发泡用水量均为 2.0% 时能获得最好的沥青发泡效果。

(3)两种发泡温度相比,160 ℃条件下能获得更好的沥青发泡效果。

因此,由沥青发泡特性试验可最终确定本项目中海 90 号沥青的最佳发泡条件为:发泡温度,160 ℃;发泡用水量,2.0%。

表 3-36　中海 90 号沥青发泡特性试验结果

发泡用水量(%)	发泡温度			
	160 ℃		170 ℃	
	膨胀率(倍)	半衰期(s)	膨胀率(倍)	半衰期(s)
1.0	12.5	39	12.0	30
1.5	15.7	38	13.2	20
2.0	22.3	25	19.8	20
2.5	25.9	17	31.2	15
3.0	29.3	16	36.2	11

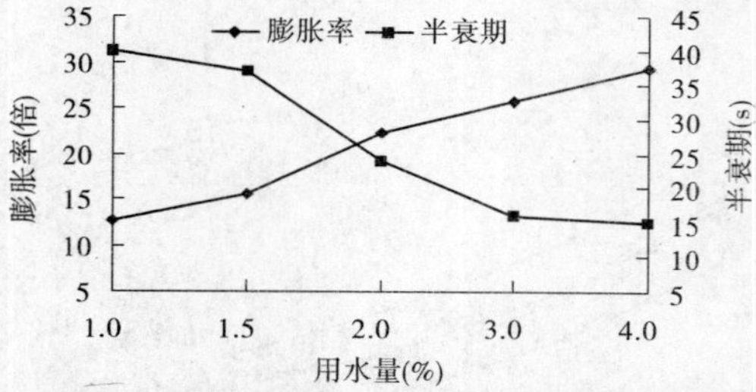

图 3-21　中海 90 号沥青 160 ℃发泡试验结果

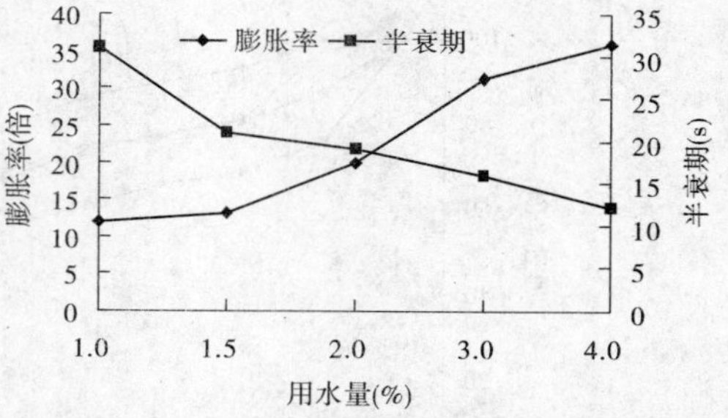

图 3-22　中海 90 号沥青 170 ℃发泡试验结果

3.3.3.2　最佳含水量与最大干密度的确定

将骨料、水泥按拟定的掺加比例混合,通过重型击实试验确定再生混合料的最佳含水量和最大干密度,试验结果如表 3-37 和图 3-23 所示。

表 3-37　泡沫沥青再生混合料重型击实试验结果

含水量(%)	干密度(g/cm^3)	最佳含水量(%)	最大干密度(g/cm^3)
3.45	2.089	3.1	2.163
4.40	2.100		
4.90	2.157		
3.53	2.147		
6.50	2.071		

3.3.3.3　最佳泡沫沥青用量的确定

按合成级配中骨料、水泥的掺加比例，将各部分混合拌匀，再根据重型击实试验确定的最佳含水量的 70% 对应的水量，加入到混合骨料中进行拌和，然后分别加入四种泡沫沥青用量：1.5%、2.0%、2.5%、3.0%，与混合骨料进行拌和。拌和好的混合料以马歇尔法双面各击实 75 次成型试件，在室温下放置 24 h 后，放入 40 ℃通风烘箱养生 72 h。养生后的马歇尔试件分为干湿两组，一组直接浸泡于 25 ℃水浴中 24 h 后进行间接拉伸试验(ITS_s)，另一组放入 25 ℃烘箱中保温 1 ~ 2 h 后进行间接拉伸试验(ITS_g)，由两组试件试验结果可得到残留劈裂强度比(*TSR*)。根据各沥青用量下的干、湿劈裂强度以及残留强度比综合确定最佳泡沫沥青用量。图 3-24 ~ 图 3-26 和表 3-38 给出了合成级配在不同泡沫沥青用量下的劈裂强度试验结果。

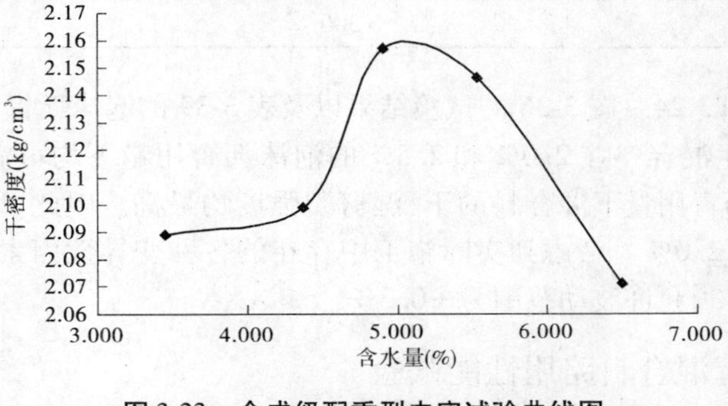

图 3-23　合成级配重型击实试验曲线图

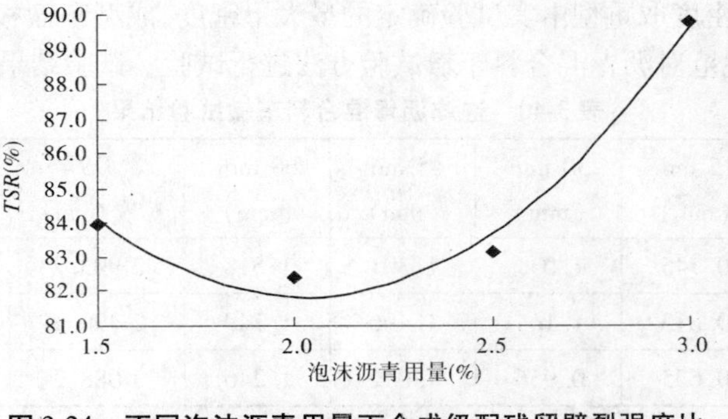

图 3-24　不同泡沫沥青用量下合成级配残留劈裂强度比

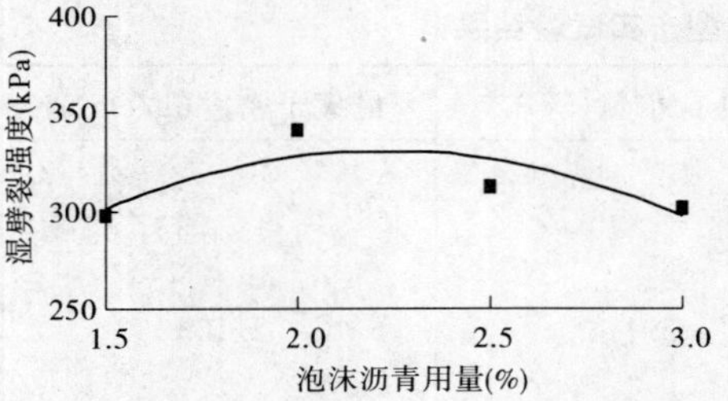

图 3-25　合成级配湿劈裂强度

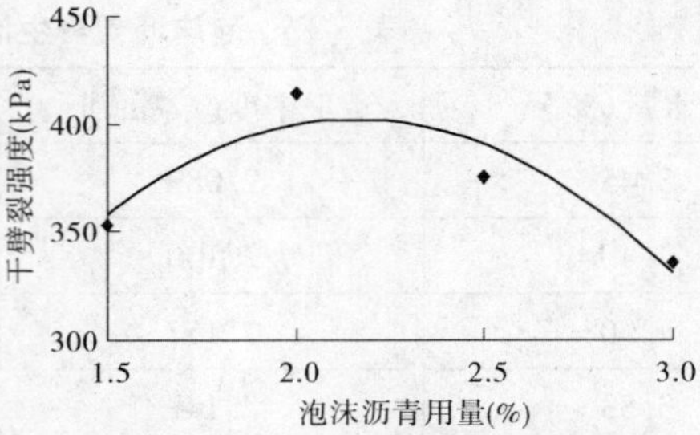

图 3-26　合成级配干劈裂强度

表 3-38　不同泡沫沥青用量下合成级配的劈裂强度试验结果

泡沫沥青用量(%)	干劈裂强度(kPa)	湿劈裂强度(kPa)	残留强度比(%)
1.5	353.4	296.7	84.0
2.0	414.2	341.2	82.4
2.5	373.2	312.1	83.2
3.0	335.6	301.4	89.8

参照国内外多年的研究成果及使用经验,确定泡沫沥青再生基层混合料的技术标准如表 3-39 所示。

表 3-39　泡沫沥青再生混合料技术标准

干劈裂强度(kPa)	湿劈裂强度(kPa)	残留强度比(%)
>350	>300	>75

由表 3-38 和图 3-24 ~ 图 3-26 的试验结果以及表 3-39 的泡沫沥青再生混合料技术标准可知,设计的再生混合料在 2.0% 和 2.5% 的泡沫沥青用量下均可满足技术标准的要求,且 2.0% 泡沫沥青用量下混合料的干、湿劈裂强度均最高。因此,设计的合成级配最佳泡沫沥青用量为 2.0% 。考虑到实际施工中存在的各种变异性因素,最终推荐最佳泡沫沥青用量为 2.3% ,允许波动范围为 ±0.3% 。

3.3.4　泡沫沥青混合料路用性能试验

3.3.4.1　车辙试验

车辙试验试件密度取重型击实试验确定的最大干密度,成型车辙板后室温下养生24 h,完成养护后,依据规范对沥青混合料车辙试验方法进行试验。试验结果如表 3-40 所示。

表 3-40　泡沫沥青混合料车辙试验结果

混合料类型	编号	15 min (mm)	30 min (mm)	45 min (mm)	60 min (mm)	*DS* (次/mm)	平均值 (次/mm)	变异系数 (%)
泡沫沥青混合料	1	0.745	1.031	1.301	1.518	2 903.2	2 827.2	2.7
	2	0.813	1.164	1.496	1.749	2 490.1		11.9
	3	0.625	0.956	1.042	1.246	3 088.2		9.2

由表 3-40 可见，动稳定度试验结果远大于规范规定的 1 000 次，试验的泡沫沥青稳定碎石具有良好的抗车辙能力。

3.3.4.2　水稳定性试验

1. 浸水马歇尔试验

采用马歇尔击实试验仪：双面击实各 75 次，室温养护。试验条件：5 d 龄期，干燥。设计要求：稳定度 > 4.5 kN。试验结果见表 3-41。

$MS_0 = 6.55/8.60 \times 100\% = 76.2\%$。浸水马歇尔数据良好。满足规范要求的 75%。

表 3-41　泡沫沥青混合料浸水马歇尔试验结果

非浸水					
试件编号	高度(mm)			高度均值(mm)	最大力(kN)
J-1	63.86	63.58	64.32	63.92	8.2
J-2	64.20	63.86	63.94	64.00	9.6
J-3	62.06	62.22	62.34	62.21	9.2
J-4	63.36	63.28	63.32	63.32	7.4
平均值				63.362 5	8.60
浸水					
试件编号	高度(mm)			高度均值(mm)	最大力(kN)
M-1	64.22	64.06	64.3	64.20	6.7
M-2	62.38	62.24	62.66	62.43	7.6
M-3	64.02	64.18	63.56	63.92	6.8
M-4	64.24	64.84	63.68	64.25	7.2
平均值				63.70	7.075

2. 冻融劈裂试验

按《公路工程沥青及沥青混合料试验规程》(JTG E20—2011)中 T0729 进行冻融劈裂试验。冻融劈裂试验采用两组试件：一组是未冻融试件，在 25 ℃下进行劈裂试验；另一组是冻融试件，先经过真空饱水，在 -18 ℃条件下冰冻 16 h，再在 60 ℃条件下浸泡 24 h，然后在 25 ℃条件下劈裂，测试抗水损害能力。泡沫沥青混合料的冻融劈裂试验结果如表 3-42所示。

则
$$RT_1 = 0.006\,287 \times 7.98/63.56 \times 1\,000 = 0.789\,3(\text{MPa})$$
$$RT_2 = 0.006\,287 \times 7.25/62.94 \times 1\,000 = 0.724\,2(\text{MPa})$$

$TSR = RT_2/RT_1 \times 100 = 91.75\%$，满足规范要求的 70%。

3.3.4.3　抗疲劳性能试验

采用三分点加载的重复弯曲疲劳试验来检验泡沫沥青碎石混合料的抗疲劳性能，试件尺寸 250 mm × 40 mm × 40 mm，棱柱体小梁，试验温度 15 ℃。

准备工作：按马歇尔法确定的表观密度，用轮碾仪成型 300 mm × 300 mm × 50 mm 的板，切割成长 250 mm × 40 mm × 40 mm 的棱柱体小梁，采用 MTS 万能材料试验机进行疲劳试验，见图 3-27。

表 3-42　泡沫沥青混合料的冻融劈裂试验结果

试件编号	高度(mm)			均值(mm)	最大力(kN)
冻 -1	62.84	63.12	63.00	62.99	7.5
冻 -2	62.48	62.48	62.44	62.47	7.1
冻 -3	63.42	63.20	63.28	63.30	6.8
冻 -4	63.20	62.86	63.00	63.02	7.6
平均值				62.94	7.25
不冻 -1	63.46	63.46	63.24	63.39	8.5
不冻 -2	63.24	64.38	63.44	63.69	8.1
不冻 -3	63.24	64.02	63.44	63.57	7.9
不冻 -4	63.34	64.12	63.34	63.60	7.4
平均值				63.56	7.98

图 3-27　疲劳试验进行中

弯拉试验:在疲劳试验前,用 MTS810 材料试验系统对这沥青混合料所成型的小梁进行弯拉强度试验。加载方式:应力控制,中点加载,支座间距(小梁跨径)为 200 mm。计算试件的弯拉强度 R_B、破坏时梁底最大弯拉应变 ε_B 及破坏时的弯曲劲度模量 S_B,结果见表 3-43。

表 3-43　泡沫沥青稳定碎石疲劳试验结果

应力比	疲劳次数(次)			平均(次)
0.1	9 854.5	9 563.8	10 020.4	9 812.9
0.2	4 983.5	5 003.1	4 987.4	4 992.0
0.3	3 978.5	3 001.4	2 987.1	3 322.3
0.4	1 235.8	1 198.4	1 506.4	1 313.5
0.5	985.6	856.7	948.7	930.3
0.6	463.5	542.1	420.5	475.4

选定应力比进行疲劳试验:试验的加载方式采用中点加载,简支跨径为 200 mm,荷载波形为无间歇时间的正弦波,加载频率为 10 Hz,试验温度为 15 ℃,加载模式为控制应力的方式。应力水平分别为 0.3～0.6 时,对混合料进行动载疲劳试验,小梁试件以完全断裂为破坏标志,记录每次破坏时荷载作用次数,试验结果如表 3-43 和图 3-28 所示。

双对数坐标回归疲劳方程为 $y = 291.33x^{-1.6513}$,$R^2 = 0.9316$,见图 3-28。

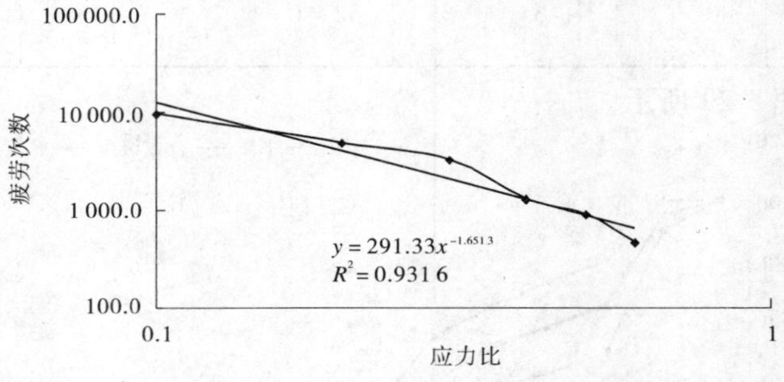

图 3-28　泡沫沥青稳定碎石疲劳试验双对数曲线图

疲劳方程的参数 k 值可以称为疲劳扩大系数,k 值越大,说明疲劳寿命越长,n 可以称为速度系数,该值越大,说明疲劳次数随着应力水平的增加衰减的速度越快,耐久性能良好的混合料的疲劳方程一般具有 k 值较大、n 值较小的特点。

3.4　乳化沥青稳定碎石基层研究

乳化沥青稳定碎石基层,是以乳化沥青为胶结材料,对一定级配的矿料进行稳定的基层。乳化沥青混合料作为一种柔性基层,当上面铺设沥青混凝土面层时,面层与基层间黏结牢固,并且由于其模量接近,因此受力状态更为均匀。研究表明,乳化沥青稳定碎石基层需要相对较长试件完成硬化达到最终强度,但其对于车辙形成的影响较小。需要注意的是强度形成初期的行车压实问题,处理不好极有可能影响路面的使用性能。作为柔性基层的一种,乳化沥青稳定碎石基层具有一系列不可忽视的优点:节约能源和资源、延长施工季节、改善施工条件、减少环境污染。

3.4.1　乳化沥青稳定碎石配合比试验

3.4.1.1　原材料

粗骨料、细骨料、填料方面,乳化沥青碎石与热拌沥青碎石 ATB 所用石料相同,均为满足规范要求的合格石料。

拌制乳化沥青稳定基层混合料的乳液,采用 BC－1 拌和用的阳离子乳化沥青。对于乳化沥青稳定基层,选择 70 号的道路石油沥青进行乳化。

3.4.1.2　级配调整

对沥青混合料的各种矿料级配进行筛分(见表 3-44),利用级配设计程序确定其级配组成。

表 3-44 乳化沥青碎石混合料(ATB－25)矿料级配范围(方孔筛)

筛孔尺寸(mm)	31.5	26.5	19.0	16.0	13.2	9.5	4.75	2.36	1.18	0.6	0.3	0.15	0.075
通过百分率(%)	100	90～100	50～80	43～73	38～65	25～55	10～32	2～20	0～14	0～10	0～8	0～6	0～5

级配曲线如图 3-29 所示。

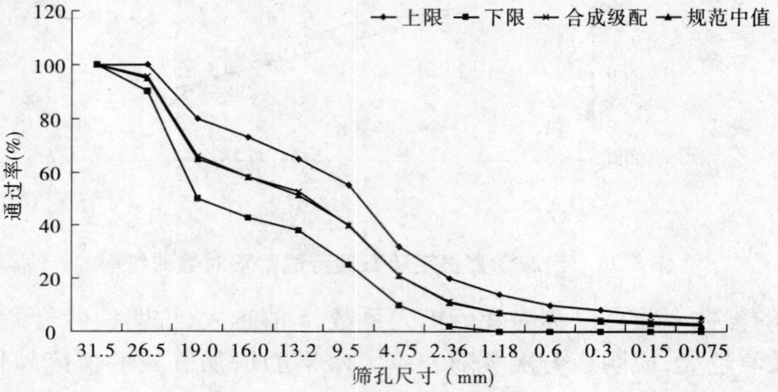

图 3-29 乳化沥青碎石混合料级配曲线

3.4.1.3 沥青混合料的修正马歇尔稳定度试验

1. 试件击实和养生

一组试样采用 6 个试件。其中,3 个放在室温条件下养生(温度 15～25 ℃,相对湿度 50%～80%),试件在试模内和试模外分别养生 24 h,然后在 20 ℃条件下试压。另外,3 个试件在 110 ℃烘箱中于试模内养生 24 h。脱模后在室内静置 24 h,然后在 60 ℃的条件下试压。每个试件在制作时,上、下两面各击实 50 次,并且分为两次击实。首先在混合料试件拌制入模时,于试件上、下两面各击实 25 次,经过规定条件的模内养生后,再于上、下两面各补击 25 次,然后冷却脱模。

2. 试拌乳液用量

对于试拌乳液用量可采用下式初步确定:

$$P = 0.06A + 0.12B + 0.2C$$

式中:P 为试用乳液占矿料干质量的百分率(%);A 为大于 2.5 mm 的矿料占全部矿料总质量的百分率(%);B 为粒径为 2.5～0.075 mm 的矿料占全部矿料总质量的百分率(%);C 为小于 0.075 mm 的矿料占全部矿料总质量的百分率(%)。

根据筛分的矿料配合比称取矿料,分别采用 7%、7.5%、8%、8.5%、9% 五种乳液用量配制各类沥青混合料,制作马歇尔试件,进行马歇尔稳定度试验。

根据测得的毛体积相对密度、空隙率、沥青饱和度、矿料间隙率、稳定度、流值,绘制曲线,计算最佳油量,相关关系见图 3-30。

在图 3-30 上求取相对密度最大值、稳定度最大值、目标空隙率(或中值)、沥青饱和度

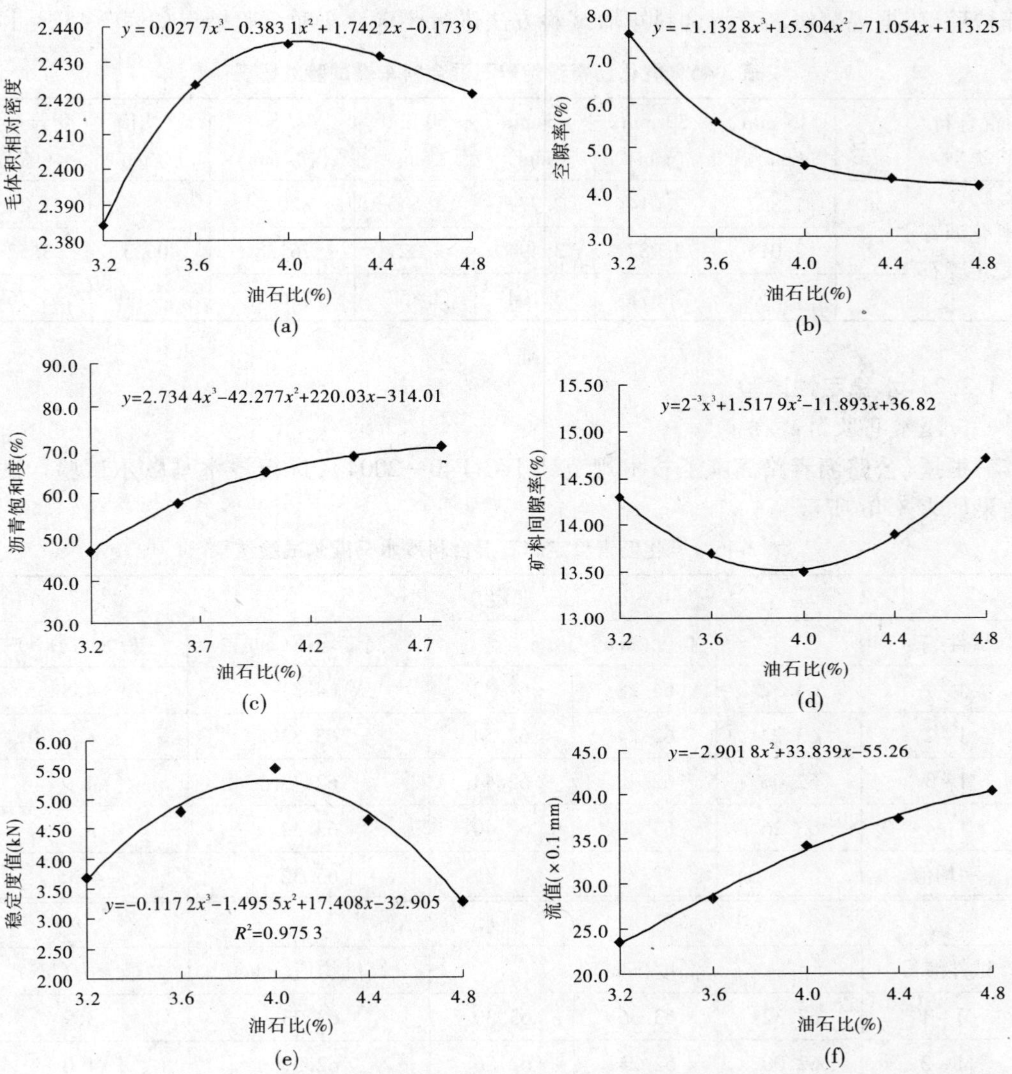

图 3-30　乳化沥青稳定碎石配合比马歇尔试验结果曲线

范围的中值沥青用量 a_1、a_2、a_3、a_4，且所选择的沥青用量已经涵盖了沥青饱和度的要求范围，密度和稳定度曲线均出现了峰值。按下式求平均作为 OAC_1：

$$OAC_1 = (a_1 + a_2 + a_3 + a_4)/4 = (4.071 + 4.102 + 4.079 + 4.079)/4 = 4.083$$

以符合各项指标技术标准的沥青用量范围 $OAC_{min} \sim OAC_{max}$ 的中值作为 OAC_2，由曲线计算可知，$OAC_{min} = 3.521$，$OAC_{max} = 4.492$，$OAC_2 = (3.530 + 4.503)/2 = 4.017$，$OAC = (4.083 + 4.017)/2 = 4.05$。因此，确定出最佳油石比取 4.1%。

3.4.2　乳化沥青稳定碎石配合比检验

3.4.2.1　车辙试验

车辙试验试件密度取马歇尔试验确定的混合料密度，成型车辙板后按养护方法完成养护后,依据规范对沥青混合料车辙试验方法进行要求。车辙试验结果如表3-45所示。

表3-45 乳化沥青稳定碎石混合料车辙试验数据表

混合料类型	编号	15 min (mm)	30 min (mm)	45 min (mm)	60 min (mm)	*DS* (次/mm)	平均值 (次/mm)	变异系数 (%)
乳化沥青稳定碎石	1	1.857	2.014	2.777	3.545	820.3	806.3	1.74
	2	2.015	2.987	3.494	4.321	761.8		3.52
	3	1.965	2.578	3.104	3.857	836.7		3.76

3.4.2.2 水稳定性试验

1. 浸水马歇尔试验

根据《公路沥青路面施工技术规范》(JTG F40—2004),进行浸水马歇尔试验。试验结果如表3-46所示。

表3-46 乳化沥青稳定碎石混合料浸水马歇尔试验结果

非浸水					
试件编号	高度(mm)			高度均值(mm)	最大力(kN)
J-1	64.32	64.28	64.32	64.31	4.8
J-2	63.22	63.24	63.54	63.33	4.5
J-3	62.06	62.48	62.44	62.33	4.9
J-4	63.26	63.30	63.40	63.32	3.2
平均值				63.32	4.35
浸水					
试件编号	高度(mm)			高度均值(mm)	最大力(kN)
M-1	63.32	63.36	63.30	63.33	3.9
M-2	62.00	62.24	62.86	62.37	4.0
M-3	64.72	64.20	63.42	64.11	4.3
M-4	64.20	64.42	63.44	64.02	3.7
平均值				63.46	3.98

$MSO = 3.98/4.35 \times 100\% = 91.5\%$。浸水马歇尔数据良好。满足规范要求的75%。

2. 冻融劈裂试验

按《公路工程沥青及沥青混合料试验规程》(JTG E20—2011)中T0729进行冻融劈裂试验。冻融劈裂试验采用两组试件:一组是未冻融试件,在25 ℃下进行劈裂试验;另一组是冻融试件,先经过真空饱水,在-18 ℃条件下冰冻16 h,再在60 ℃条件下浸泡24 h,然后在25 ℃条件下劈裂,测试抗水损害能力。冻融劈裂试验结果如表3-47所示。

表 3-47　乳化沥青稳定碎石混合料冻融劈裂试验结果

试件编号	高度(mm)			高度均值(mm)	最大力(kN)
冻－1	63.5	63.42	63.42	63.45	3.2
冻－2	62.48	62.44	62.4	62.44	4.8
冻－3	63.4	63.2	63.4	63.33	3.4
冻－4	62.8	62.76	63	62.85	3.3
平均值				63.02	3.675
不冻－1	63.26	63.36	63	63.21	3.8
不冻－2	63.54	64	63.44	63.66	4.1
不冻－3	63.64	64.0	63.84	63.83	3.9
不冻－4	63.62	64.02	63.82	63.82	4.2
平均值				63.63	4.0

则　　$RT_1 = 0.006\ 287 \times 4.0/63.63 \times 1\ 000 = 0.395\ 222(\text{MPa})$

$RT_2 = 0.006\ 287 \times 3.675/63.02 \times 1\ 000 = 0.366\ 625(\text{MPa})$

$TSR = RT_2/RT_1 \times 100 = 92.76\%$，满足规范要求的 70%。

3.4.2.3　渗水试验

利用轮碾成型的车辙时间，按《公路工程沥青及沥青混合料试验规程》(JTG E20—2011)中 T0730 进行渗水试验。平行 3 个试件，试验数据如下：

试件 1：$$C_w = \frac{422-100}{180-0} \times 60 = 107(\text{mL/min})$$

试件 2：$$C_w = \frac{420-100}{180-0} \times 60 = 106(\text{mL/min})$$

试件 3：$$C_w = \frac{434-100}{180-0} \times 60 = 111(\text{mL/min})$$

渗水系数的平均值 = (107 + 106 + 111)/3 = 108(mL/min)

3.5　级配碎石基层研究

级配碎石基层是世界各国普遍采用的基层类型之一，采用具有一定厚度和严格级配要求的优质级配碎石作为上基层，而半刚性材料作为下卧基层。这种上柔下刚的倒装结构，使上下基层优势互补，既充分发挥半刚性基层沥青路面强度较高的优点，同时克服其缺点，能在很大程度上防止和减少半刚性基层的反射裂缝。但是，级配碎石层整体强度不足，抵抗变形能力差，在荷载多次重复作用下易产生塑性变形积累，为达到较高的压实度应采用重型压实标准。然而，当其厚度较大时，即使达到较高压实度，在重复荷载作用下也会产生较大的残余变形。

铺筑在半刚性基层与沥青面层之间的级配碎石过渡层，处于三向受压的状态，不传递拉应力、拉应变,使得级配碎石层能充分吸收其下层裂缝释放的应变能,从而达到抑制裂缝的效果;级配碎石的隔离作用,大大地改善了半刚性基层的湿度尤其是温度状况,极大地减少了半刚性基层遭受的温度及湿度变化,从根本上极大地减轻了半刚性基层自身的温度收缩和干燥收缩;级配碎石层较大的空隙结构,使其成为路面结构的重要排水途径,极大地提高了路面排水效能,降低了水对路面结构的危害。因此,这种"上柔下刚"的结构组合既发挥了半刚性基层沥青路面高强度的优点,又在很大程度上克服了半刚性路面的缺点。美国、澳大利亚以及南非等将优质的级配碎石用于半刚性基层与沥青面层之间,作为减少沥青路面反射裂缝的措施,取得了良好的效果。

3.5.1　级配碎石基层的应用调查

经调查,级配碎石基层在全国高速公路中的应用情况见表3-48。

表3-48　级配碎石基层在我国高速公路应用情况

所在省份	公路名称	级配碎石层结构
河北	邢临高速	15 cm 级配碎石基层
山西	蔡家崖至歧道二级公路试验段	16 cm 级配碎石基层
河南	洛南高速	40 cm 级配碎石底基层 +20 cm 级配碎石基层
	驿阳高速试验段	15 cm 级配碎石上基层
陕西	九凤二级公路	40 cm 级配碎石底基层
四川	南广高速	40 cm 级配碎石基层
重庆	渝湛高速试验段	19 ~40 cm 级配碎石基层
浙江	龙葛二级公路	20 cm 大粒径级配碎石基层
福建	机场高速	18 cm 级配碎石基层
	浦南高速	15 cm 级配碎石柔性基层
	龙长高速	16 cm 级配碎石基层
广西	南梧二级公路	32 cm 级配碎石基层
广东	茨菇塘至南华寺段改建工程	20 cm 级配碎石基层

由调查可见,级配碎石材料在我国高速公路中已有了一定的应用经验。级配碎石在我国高速公路中的应用主要以中下基层为主,仅在河南驿阳高速中采用了级配碎石上基层。级配碎石层的厚度应用为15 ~40 cm,所调查13 条道路中有8 条道路级配碎石层厚度为15 ~20 cm,其余多采用30 ~40 cm 的级配碎石厚度。但是,全国对碎石材料应用的过程对其级配要求不严,施工工艺仍按传统的半刚性基层进行,若将其大面积用于高等级公路中上基层,尚需进一步研究。

3.5.2　级配碎石材料要求

级配碎石材料较为简便,若按规格分类可分为碎石及石屑,由于其组成较为简单,因此其骨料的性质应严格要求。

3.5.2.1　碎石

碎石分未筛分碎石和单一尺寸碎石。

未筛分碎石:轧制碎石的材料可以是各种类型的坚硬岩石、圆石或矿渣。必须注意:用于轧制碎石的圆石的粒径应是碎石最大粒径的 3 倍以上;矿渣应是已崩解稳定的,其干密度和质量应比较均匀,干密度不小于 960 kg/m^3。碎石机出来的碎石应经过一个与规定最大粒径相符的筛分,这种方式生产的碎石称为未筛分碎石,工程上又俗称“通料”。通料仅能用在一般公路基层或一级公路的底基层。

单一尺寸碎石:从碎石机中出来的碎石通过几个不同筛孔的筛,得出不同粒级的碎石,如 40 ~ 20 mm、20 ~ 10 mm 和 10 ~ 5 mm 的碎石,要想获得高质量和次高质量的级配碎石,必须采用几个不同规格的单一尺寸碎石进行组配。单一尺寸碎石的质量取决于生产机械类型和筛孔的合理设置以及吸尘的效果。传统的颚式破碎机生产出来的碎石质量不稳定,碎石的扁平、针片状颗粒含量多,碎石的形状不好,特别是 20 mm、10 mm 以下规格的碎石质量更无法保证。现在的破碎机应是反击式或锤式且是二级破碎。同时,除尘设备也是必备的,一是本身碎石质量的保证,二是环保的要求。碎石中的扁平、长条颗粒的总含量应不超过 20%(高质量级配碎石要求不超过 10%、次高质量级配碎石要求不超过 15%),碎石中不应有黏土、植物等有害物质。

刚柔组合基层结构中级配碎石柔性基层宜采用单一尺寸碎石,且对碎石中含泥量及有机质进行严格控制。

3.5.2.2　石屑或细骨料

石屑或其他细骨料可以使用一般碎石场的细筛余料,最好是利用轧制沥青混合料用石料时的细筛余料,或专门轧制的细碎石骨料。石屑或其他细骨料的质量对级配碎石质量的影响是显著的,必须予以高度重视。

各国对级配骨料中小于 0.5 mm 颗粒含量的规定有很大差异,苏联的规定含量最少,美国、澳大利亚等规定较严,这种细颗粒的液限和塑性指数对级配骨料的水稳性有很大影响,液限和塑性指数愈大,骨料的水稳性愈不好,同时承载比也愈小。

也可以用天然砂砾和粗砂代替石屑。天然砂砾的颗粒尺寸应该合适,必要时应筛除其中的超尺寸颗粒。天然砂砾或粗砂应有较好的级配。

3.5.3　级配碎石基层材料组成设计

3.5.3.1　原材料试验

级配碎石设计采用 15 ~ 30 mm、10 ~ 20 mm、5 ~ 10 mm 及石屑共四种规格骨料,骨料产地及技术指标同二灰碎石。四种骨料筛分试验结果如表 3-49 所示。

表 3-49　四种骨料筛分试验结果　(%)

矿料名称	37.5 mm	31.5 mm	19 mm	9.5 mm	4.75 mm	2.36 mm	0.6 mm	0.075 mm
15 ~ 30 mm	100	95	20	0.4	0.4	0.4	0.4	0.4
10 ~ 20 mm	100	100	85.2	9.6	0.3	0.3	0.3	0.3
5 ~ 10 mm	100	100	100	99.4	33	3.7	1	1
石屑	100	100	100	100	99.7	76.4	34	11.8

3.5.3.2 级配设计

骨料级配是影响级配碎石的强度、稳定性最为重要的因素之一。一般来说较密实的连续级配由于容易获得较高的密实度,因而具有较高的 *CBR* 值和抗永久变形能力。综合国际上的研究成果,影响骨料级配的主要因素为公称最大粒径、4.75 mm 及 0.075 mm 的通过率。

1. 最大公称粒径

公称最大粒径越大,骨料中粗骨料就越多,因此容易形成稳定的骨架作用,具有更高的 *CBR* 值;但粒径太大又容易离析、不均匀,会使混合料强度、密实度下降。综合考虑材料来源、施工成本、使用性能及施工工艺,从目前情况看,级配碎石的公称最大粒径不宜大于 37.5 mm,也不宜小于 26.5 mm,推荐采用公称最大粒径 26.5 mm 的混合料,它抗离析效果和强度都较好,而且可以较大减小施工离析的发生。

2. 4.75 mm 通过率研究

4.75 mm 以下颗粒含量与干密度、*CBR*、三轴抗剪切强度之间的关系是驼峰关系。随着 4.75 mm 含量的增加,干密度逐渐增加,再继续增加超过顶峰后则反而下降。试验表明,4.75 mm 通过率在 38% 左右各指标达到最大值。

3. 0.075 mm 通过率研究

级配碎石的干密度、*CBR*、三轴抗剪切强度随 0.075 mm 以下颗粒含量增加而增加,室内试验表明,0.075 mm 通过率为 5% 左右,抗剪强度达到最大值,在 6.8% 左右干密度、*CBR* 达到最大值,当 0.075 mm 以下颗粒继续增加,粉料将粗骨料形成的空隙填满,继续增加的粉料会撑开粗骨料,从而导致干密度、*CBR*、三轴抗剪切强度迅速降低。但是对于同一料源的材料,0.075 mm 通过率越大,级配碎石基层的冻胀值也越大,且水稳定性也越差,尤其是 0.075 mm 通过率过大,将严重影响渗水性。因此,为了提高路面的强度,需适当增加 0.075 mm 颗粒含量,以获得最大的干密度、*CBR*、三轴抗剪切强度,而太密实又不利于级配碎石材料的渗水功能。实践中需要平衡两者的关系,一般在多雨潮湿地区、冰冻地区应该充分考虑材料的抗冰冻性能及渗水性能,适当降低材料 0.075 mm 的通过率,取低值;而在干旱地区,则重点考虑提高结构强度,0.075 mm 的通过率可取高值。实际上,0.075 mm 通过率往往为原材料所限制,如果不外加矿粉,级配混合料中 0.075 mm 水筛通过率一般并不会太大。从成本和施工拌和的角度出发,为增加 0.075 mm 的通过率而掺加矿粉是没有必要的。实际配合比设计时,宜将 0.075 mm 通过率控制在 5% 以下为好。

4. 级配设计

基于上述分析,本书进行了针对刚柔组合基层的级配碎石级配设计,级配碎石设计比例为 15 ~ 30 mm∶10 ~ 20 mm∶5 ~ 10 mm∶石屑 = 35∶20∶7∶38,合成级配如表 3-50、图 3-31 所示,表中级配范围为根据《公路沥青路面设计规范》(JTG D50—2006)推荐的级配碎石连续型级配范围优化而来的,其更加注重了骨架结构同连续型结构相结合的理念。

表 3-50 级配碎石合成级配

矿料名称	31.5 mm	19 mm	9.5 mm	4.75 mm	2.36 mm	0.6 mm	0.075 mm
级配范围(%)	100	80	71	55	40	25	5
	100	66	46	30	18	9	0
合成级配(%)	96.5	69	47	40.4	29.5	13.2	4.8

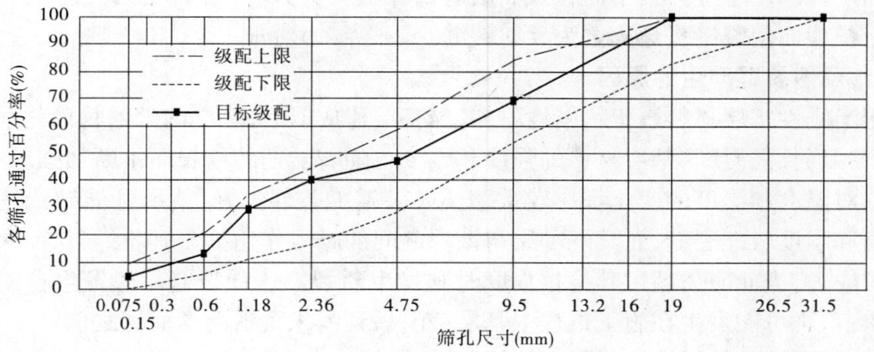

图 3-31　级配碎石合成级配曲线

3.5.3.3　配合比设计

1. 含水量试验

级配确定后进行了级配碎石的击实试验，击实试验结果表明：级配碎石最佳含水量为 $\omega_{op}=4.6\%$，最大干密度为 $\rho_{dmax}=2.34\ g/cm^3$，土的液塑限如表 3-51 所示。

表 3-51　土的界限含水量（液塑限联合测定法）

骨料类型	液限 ω_L	塑限 ω_P	塑性指数 I_P
石屑	12	11	1(2)

2. CBR 试验

CBR 值（California Bearing Ratio 加州承载比），为测定土基和粒料基层材料相对强度的室内试验方法，是美国加利福尼亚州道路局于 1928 ~ 1929 年进行道路调查时最先采用，是为了建立 CBR 设计法而开创的室内试验方法。美国材料试验协会（ASTM）标准《CBR 标准试验方法》（D193—93）指出，CBR 试验的目的是用于评估公路基层、底基层及垫层材料的潜在强度，它是柔性路面设计方法的一个组成部分。

CBR 值是指贯入量达 2.5 mm 或 5 mm 时单位压力相对于标准碎石压到相同贯入量时的标准荷载强度的比值，是评价土基和粒料基层材料工程特性的指标。

采用标准方法对级配碎石进行加州承载比试验，其 CBR 试验值如表 3-52 所示。

表 3-52　级配碎石的承载比试验

压实度(%)	93	94	96	100
承载比(%)	111.3	113.5	118.5	135.5

通过级配碎石 CBR 试验可见，随着压实度的提高其抗压入变形能力较强，因此级配碎石施工应加强压实。同时，考虑到级配对级配碎石强度的重要性，建议级配碎石柔性层可采用沥青拌和站进行拌和，并采用沥青混合料施工设备进行施工，以保证其良好级配，减少施工过程离析。

3.5.4　级配碎石基层抗反射裂缝研究

由于半刚性基层先于沥青路面开裂，在荷载应力和温度应力的共同作用下，在基层开裂处的面层底部产生应力集中而导致面层底部在上方大致相同的位置开裂，然后逐渐向下或向上扩展而使裂缝贯穿称之为反射裂缝。

3.5.4.1　反射裂缝产生的原因

由于半刚性基层材料属于水硬性材料，当基层建成以后，基层内部的物理化学反应要持续一个相当长的时间，基层材料的强度和刚度也随着龄期的增长而不断加强。所以，这一类材料对温度和湿度的变化都比较敏感。如果施工条件不好，就有可能导致基层产生干燥收缩和温度收缩裂缝，而其下卧层与该层之间的摩阻作用抑制其收缩，从而在该层内部产生拉应力，当此应力超过其抗拉强度时则发生断裂。这种裂缝一般发生在使用期间的初冬季节，也可能发生在施工过程中基层铺筑后到尚未覆盖沥青面层之前。

3.5.4.2　级配碎石基层抗反射裂缝的机制

在倒装路面结构中，级配碎石层位于半刚性基层和道路面层之间，由温度和材料干燥收缩产生的应变能通过级配碎石层传递。试验结果表明，级配碎石所能承受的最大应力虽然不如沥青混凝土，但它具有强化材料的特点，级配碎石结构进入塑性阶段后，其承载能力得到充分发挥；而且这种结构能承受较大的变形。这两种因素共同作用，使级配碎石能吸收、储存更多的应变能。这样，一方面级配碎石不易产生裂缝；另一方面，随着传递给沥青混凝土的应变能的减少，道路面层产生裂缝的可能性降低。一旦出现反射裂缝，无黏结级配碎石骨料在荷载的作用下位置重新调整，同时应力重新分布，骨料重新排列。这不仅不会促进裂缝的发展，还会使产生的裂缝得到一定程度的弥合，这表明级配碎石材料对裂缝具有自愈性。

3.5.4.3　级配碎石基层抗反射裂缝的表现

(1)优质级配碎石吸收和消减了半刚性基层裂缝尖端应力和应变，减少和缓和了反射裂缝的产生。国外不少地区使用厚度为 10 ~ 15 cm 的级配碎石上基层，在防止和减少半刚性路面反射裂缝方面取得良好效果，如加拿大通常冬季严寒，魁北克省和安大略省试验路表明，级配碎石基层对减少反射裂缝非常有效。地处温暖多雨地带的澳大利亚及南非也大量采用级配碎石基层，并取得很好的效果。

(2)具有严格级配要求的优质级配碎石基层除具有消散应力、减少反射裂缝的作用外，同时还能起到路面基层排水的作用。这一功能对于进一步改善高等级公路路面使用品质，延长使用寿命极为重要。

(3)级配碎石上基层进一步改善了其下半刚性基层可能遭受的不利水温状况，大大减小了半刚性基层的温度、湿度变化及由此产生的温度收缩、干燥收缩应力，在很大程度上消除了半刚性基层的固有裂缝。

(4)上柔下刚式的“倒装结构”，由于下卧层刚性大，级配碎石易于获得较高密实度，同时较高刚度的下卧层有利于其上碎石基层非线性特性的充分发挥，使得在完成合理的结构厚度设计后，结构能较好地承受重交通的疲劳作用。

本章设置级配碎石试验段，以期对其在我国高速公路结构中的大面积应用提供理论指导。

3.6　本章小结

本章结合室内试验,系统研究了 ATB 热拌沥青稳定碎石、泡沫沥青稳定碎石、乳化沥青碎石、级配碎石等 4 种柔性基层材料的组成设计及材料相关性能,提出了沥青碎石类材料的设计参数及疲劳方程。

(1)深入研究了热拌沥青稳定碎石材料组成设计方法,设计了基于抗车辙及疲劳性能的沥青碎石级配及油石比确定方法,推荐了热拌沥青碎石 ATB－25 的合理材料组成。

(2)系统研究了沥青碎石材料高温、水稳、低温、疲劳、力学等性能,得到了不同油石比下 ATB－25 沥青混合料路用性能变化规律,并对其路用性能进行了评价。

①当试验温度从 60 ℃变化为 70 ℃、80 ℃时,ATB 动稳定度分别下降了 45.80%、70.6%,降低效果分别为 4.58%/℃、7.06%/℃。随着沥青用量的增加,蠕变劲度呈下降趋势,永久应变呈递增趋势,且永久应变随沥青用量增加递增幅度较大。

②ATB 沥青稳定碎石在最佳油石比情况下,沥青碎石疲劳方程为

$$\lg N_f = -2.9282 + 4.5017\left(\frac{\sigma}{\sigma_{\max}}\right)$$

③室内 ATB 回弹模量试验表明,该混合料 20 ℃下回弹模量可达到 1 031 MPa,满足力学计算过程中拟定的 800～1 200 MPa 的标准。

(3)系统分析了泡沫沥青发泡机制及乳化沥青碎石基层关键技术,进行了泡沫沥青碎石、乳化沥青碎石混合料材料组成设计,并对其路用性能进行了试验研究及评价。

(4)全面研究了级配碎石材料在减缓反射裂缝中的应用,确立了级配碎石材料组成设计方法,对其抵抗反射裂缝机制进行了系统分析。

第 4 章　刚柔组合基层合理结构组合研究

半刚性基层沥青路面裂缝无法避免,且该结构对行车荷载敏感性较强,传统的半刚性基层沥青路面已难以适应气候变化较大、重载交通日益增加的道路使用状况。因此,基于对半刚性基层材料干燥收缩特性、温度收缩特性及路用性能的研究,对其扬长避短,发挥其长处,同时借鉴国内外在长寿命路面研究方面的进展,特引入沥青路面刚柔组合基层设计的概念。

沥青路面刚柔组合基层为设置于沥青路面结构垫层及沥青面层之间,以不同厚度及材料的刚性、半刚性基层和柔性基层相结合而成的路面基层类型。该基层起着承受和有效扩散沥青面层的行车荷载,改善沥青面层及下层土基(含垫层)水温状况的作用,在路面使用过程中自身破坏较少,且能减小上层沥青面层的破坏状况,延长路面使用寿命。

本章中沥青路面刚柔组合基层结构包括半刚性基层及柔性基层两部分。半刚性基层以水泥粉煤灰稳定碎石、石灰粉煤灰稳定碎石、水泥稳定碎石及石灰水泥粉煤灰稳定碎石等半刚性材料为主,所采用半刚性材料应具有较好的抗裂性能及力学性能,能为路面结构提供较好的结构承载力,且费用相对较低。柔性基层部分包括以级配碎石为主的无结合料粒料基层和以 ATB、ATPB、LSAM 为主的各类沥青稳定碎石基层。

4.1　刚柔组合基层结构中柔性基层的设置

由于半刚性基层结构自身收缩开裂无法避免,刚柔组合基层结构中设置柔性基层可对面层反射裂缝的产生进行有效延缓。该结构能缓解半刚性层开裂带来的面层破坏,为半刚性层提供较好的力学工作状况和水温条件,能在一定程度上缓和行车荷载对上层沥青面层的直接冲击,减小沥青层的车辙水平。刚柔组合基层结构不仅解决了沥青路面半刚性基层的反射裂缝、水损害及面层车辙问题,同时能提高沥青路面"面层 - 基层"接触状况,提高沥青路面结构整体性能。

4.1.1　沥青碎石柔性层设置的原因

半刚性基层沥青路面具有强度高、平整度好等优点,然而通车运行后,半刚性基层沥青路面裂缝较严重的缺陷就日益暴露,不论是北方冰冻区还是南方非冰冻区都是如此。裂缝在很大程度上影响了高等级路面功能的发挥。

设置 ATB 柔性层可以改善半刚性基层顶面的积水状况。沥青路面的水损害,一方面是水侵入沥青面层内部后,在水和荷载的共同作用下使沥青与石料剥落;另一方面,自由水可能进入沥青面层,并滞留在面层与基层的交界面上。由于半刚性基层不透水且抗冲刷能力不足,当高速车辆通过,轮下的压力会将轮下结构层中的水压挤,而同时车轮驶离时又产生相当大的抽吸力,这两种力的瞬时先后作用能将滞留在基层顶面的浆水唧出表面，造成对半刚性基层的冲刷，被掏空后形成坑槽。

虽然沥青稳定碎石具有较高的模量，而且在低温条件下，半刚性基层的裂缝尖端的集中应力仍会使其开裂进而引起沥青上面层的开裂，反射裂缝亦不能完全避免。但沥青稳定碎石柔性层沥青路面在防止反射裂缝方面仍具有以下优势：

(1)沥青稳定碎石柔性层设置在面层与半刚性基层之间，能够吸收和削减半刚性基层尖端应力和应变，减少和延缓反射裂缝的发生。

(2)沥青稳定碎石的隔离作用，大大改善了半刚性基层的温度、湿度状况，极大地减小了半刚性基层遭受的温度变化、温度梯度及湿度变化，从而从根本上大大消除和减轻了半刚性基层的温度收缩和干燥收缩，减少了反射裂缝。

(3)设置有沥青稳定碎石柔性层的沥青路面，相当于增加了沥青层的总厚度，抗裂总能力增加。

(4)提高了与其下面的半刚性基层的摩擦力，增强了路面的抗裂性。

4.1.2　柔性材料抗裂性能分级与评价

4.1.2.1　柔性材料层抗裂机制分析

由于刚柔组合基层半刚性层自身收缩开裂不可避免且多为早期缩裂，因此刚柔组合基层沥青路面反射裂缝示意见图 4-1。其上层柔性层材料抵抗自下而上的反射裂缝的能力较为重要。

图 4-1　刚柔组合基层沥青路面反射裂缝示意图

导致沥青路面反射裂缝的原因主要在于行车荷载及温度荷载作用下半刚性基层缩裂处的尖端应力集中导致其底层开裂，加之低温状况下沥青层自身的温度收缩性能，加剧了其裂缝反射破坏。刚柔组合基层柔性材料层能有效防止和减缓下层半刚性层对沥青面层的反射裂缝，其原因主要在于：

(1)沥青碎石混合料具有矿料粒径大、沥青含量少、空隙率大等多空隙结构特点，可有效阻断裂缝尖端的扩展路径，削弱拉应力、拉应变的传递能力，消散、吸收由交通荷载及环境温度变化所产生的荷载应力和温度应力。此外，大粒径沥青碎石混合料温度收缩系数较小，其大粒径、多空隙结构具有较大的塑性变形能力，可充分吸收接缝释放的应变能，减小接缝处加铺层的应力集中现象，从而延缓反射裂缝向上扩展的速度。

(2)温度应力是引起沥青路面反射裂缝的主要原因之一，由于柔性层空隙率较大，热导系数较小且厚度一般为 8～12 cm，该层的隔离作用大大改善了路面温度状况，减少了降温及温度梯度对路面的影响程度，因而改善沥青加铺层在温度作用下的受力状况。

(3)刚柔组合基层结构中设置柔性层提高了路面结构的整体强度,可有效地减小沥青路面的荷载应力,延缓沥青加铺层荷载型反射裂缝的产生与扩展速度。

综合分析,在刚柔组合基层结构中半刚性基层和沥青面层之间柔性层的设置较大程度上改善了下层半刚性层的温湿状况,减小了半刚性层的温度、温度梯度及湿度变化,从而减轻了半刚性基层的温度收缩和干燥收缩现象。

4.1.2.2 柔性材料抗裂性能综合评价

影响材料抗裂性能的因素主要有混合料级配组成结构、混合料空隙率、骨料的种类与形状、沥青品质、沥青用量及矿粉的品质和用料。就其技术指标而言,柔性材料主要的抗裂性能决定因素在于其粗骨料粒径及含量、回弹模量、温度收缩系数及耐疲劳性能。

1.粗骨料粒径及含量

1)骨料粒径对裂缝尖端应力强度因子的影响

结合抗裂力学尖端应力强度因子计算公式,采用 ANSYS 计算工具对不同骨料粒径混合料裂缝尖端应力强度因子进行计算,计算结果如表 4-1 和图 4-2 所示。

表 4-1 粗骨料粒径对裂缝尖端应力强度因子 K 的影响

公称粒径(mm)	10	12	15	20	25	30
$K(N\cdot m^{-2/3})$	4.076 4	3.591 2	3.004 1	2.265 8	1.725 7	1.513 6

注:粗骨料下缘距裂缝尖端的距离固定为 1 mm,裂缝长度为 5 mm。

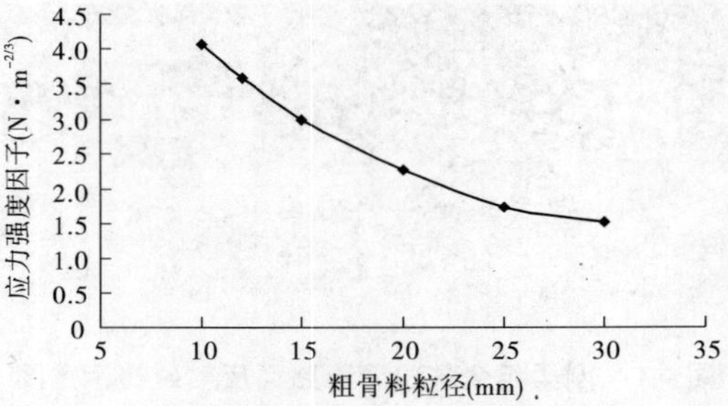

图 4-2 粗骨料粒径对裂缝尖端应力强度因子的影响规律

从表 4-1 和图 4-2 的计算结果可以看出:粗骨料的存在可以大幅度地降低柔性沥青层底裂纹尖端的应力强度因子 K,且应力强度因子降低的幅度与粗骨料的粒径高度相关。粗骨料的粒径越大,则其加筋作用也就越明显,使得裂纹尖端的应力强度因子降低的幅度越大,应力强度因子的值越小。粗骨料粒径为 25 mm 时,其裂缝尖端强度因子较粗骨料粒径 20 mm 时降低 23.8%;粗骨料粒径为 30 mm 时裂缝尖端强度因子较粗骨料粒径为 25 mm 时降低 12.3%。

2)粗骨料离裂纹尖端的距离对裂纹尖端应力强度因子的影响

为了寻找粗骨料离裂纹尖端的距离对裂纹尖端应力强度因子的影响规律,通过固定粗骨料的粒径,改变骨料与裂纹尖端的距离 d 的值,该情况下裂纹尖端相应的应力强度因子如表 4-2 所示。

表4-2　粗骨料与裂缝尖端间的距离对裂缝尖端应力因子的影响

距离(mm)	1	2	3	4	5
K($N \cdot m^{-2/3}$)	4.076 4	4.839 7	5.684 8	6.273 9	6.514 1

注:裂缝长度为5 mm,粗骨料粒径固定为20 mm。

从表4-2可以看出:粗骨料对沥青混凝土的加筋作用、对裂纹尖端应力强度因子的降低幅度,与粗骨料距裂纹尖端的距离有关。粗骨料离裂纹尖端的距离越近,则其加筋作用就越明显,裂纹尖端的应力强度因子也相应的越小。因此,沥青碎石类材料中粗骨料所占比例越大,其距裂缝尖端的距离越近,则裂缝尖端应力强度因子也就越小。

由以上分析可见,刚柔组合基层柔性层采用较大粒径的碎石类及提高骨架骨料比例以减小其距裂缝尖端的距离能够有效降低裂缝处的尖端强度因子。就此而言,大粒径沥青碎石、开级配沥青稳定碎石抗裂效果均大于粗粒式沥青稳定碎石,粗粒式沥青稳定碎石抗裂效果大于普通沥青混凝土。

2. 回弹模量

柔性材料回弹模量是影响刚柔组合基层柔性层底裂缝尖端强度因子的重要因素。不同模量下刚柔组合基层柔性层裂缝尖端强度因子在半刚性层未完全开裂、半刚性层贯穿裂缝及柔性层出现部分开裂三种状态下值如表4-3所示。

表4-3　不同柔性层回弹模量下裂缝尖端强度因子

强度因子	裂缝状态	柔性层回弹模量 E				
		500	1 000	1 500	2 000	2 500
K ($MPa \cdot m^{1/2}$)	半刚性层未完全开裂	0.081	0.059	0.039	0.021	0.004
	半刚性层贯穿裂缝	0.413	0.203	0.121	0.077	0.049
	柔性层出现部分开裂	0.122	0.147	0.160	0.167	0.170

表4-3可知,在沥青路面结构中存在裂缝的情况下,柔性层材料的弹性模量对裂缝尖端应力强度因子有影响。随着柔性层回弹模量的增加,基层裂缝尖端应力强度因子减小而柔性层裂缝尖端应力强度因子增大。

在半刚性基层已经存在裂缝而柔性层还未开裂的情况下,柔性层材料的回弹模量对基层裂缝尖端的应力强度因子仍有很大的影响。柔性层材料的回弹模量越大,则基层裂缝尖端的应力强度因子越小,这意味着:提高柔性层材料的回弹模量能抑制或减缓基层裂缝向柔性层反射。若裂缝已经反射到柔性层,沥青柔性层材料的回弹模量越大,则柔性层裂缝尖端的应力强度因子越大,这意味着:沥青柔性层材料的回弹模量越大,裂缝越容易向路表反射。因此,减小沥青柔性层材料的回弹模量即降低柔性层材料的刚度能抑制或减缓裂缝向路表反射。

因此,就回弹模量而言,柔性材料抗裂性能为级配碎石 > 开级配沥青稳定碎石 > 密级配沥青稳定碎石 > 大粒径沥青稳定碎石。可见,底层开裂初期,大粒径沥青稳定碎石层底裂缝尖端强度因子较小,其抗裂效果较好。但随着裂缝的发展,若柔性层产生裂缝后,大粒径沥青碎石裂缝发展速度则较快,而模量相对较低的级配碎石及开级配沥青稳定碎石则对反射裂缝的延缓性能较好。

3. 温度收缩系数

柔性材料温度收缩系数对刚柔组合基层柔性层底裂缝尖端强度因子具有一定影响。不同柔性材料温度收缩系数下刚柔组合基层柔性层裂缝尖端强度因子在半刚性层未完全开裂、半刚性层贯穿裂缝及柔性层出现部分开裂三种状态下其值如表 4-4 所示。

表 4-4　不同柔性材料温度收缩系数下的尖端应力强度因子

强度因子	裂缝状态	柔性材料温度收缩系数 $\alpha(\times10^{-5}\ \mathrm{m}\cdot℃^{-1})$				
		1	2	3	4	5
K ($\mathrm{MPa}\cdot\mathrm{m}^{1/2}$)	半刚性层未完全开裂	0.089	0.064	0.039	0.014	-0.012
	半刚性层贯穿裂缝	0.196	0.158	0.121	0.084	0.047
	柔性层出现部分开裂	0.152	0.156	0.160	0.164	0.168

表 4-4 中结果表明，在沥青路面结构中存在裂缝的情况下，沥青面层材料的温度收缩系数 α 对裂缝尖端应力强度因子有影响。随着温度收缩系数的增加，基层裂缝尖端应力强度因子减小，而面层裂缝尖端应力强度因子增大。

在半刚性基层已经存在裂缝而沥青面层还未开裂的情况下，沥青面层材料的温度收缩系数对基层裂缝尖端的应力强度因子仍有很大的影响。沥青面层材料的温度收缩系数越大，则基层裂缝尖端的应力强度因子越小，这意味着：提高沥青面层材料的温度收缩系数能抑制或减缓基层裂缝向面层反射。若裂缝已经反射到面层，沥青面层材料的温度收缩系数越大，则面层裂缝尖端的应力强度因子越大，这意味着：沥青面层材料的温度收缩系数越大，裂缝越容易向路表反射。因此，减小沥青面层材料的温度收缩系数能抑制或减缓裂缝向路表反射。

混合料中细料及矿粉所占比例越大其温度收缩系数则越大。密级配沥青稳定碎石温度收缩系数小于普通沥青混凝土，且随着其骨料粒径的增大、骨架骨料比例的增加沥青稳定碎石温度收缩系数相应降低。因此，就温度收缩系数而言，ATPB > 级配碎石 > ATB > LSM，该状态下其延缓反射开裂能力也相应降低。

4. 耐疲劳性能

混合料耐疲劳性能是其抵抗温度及行车荷载反复作用延缓开裂的能力，在裂缝尖端应力强度因子一定的情况下，混合料耐疲劳性能越强其抗反射裂缝能力也越强。

不同类型沥青碎石类混合料相应疲劳寿命试验结果如表 4-5、图 4-3 所示。

表 4-5　沥青碎石混合料抗裂疲劳寿命

混合料类型	疲劳次数	说明
AC-30	40 985	S 型级配
ATB-30	34 099	下限级配
AM-30	30 751	S 型
ATPB-30	5 684	—
ATB-25	42 000	中值
AC-25	57 875	S 型

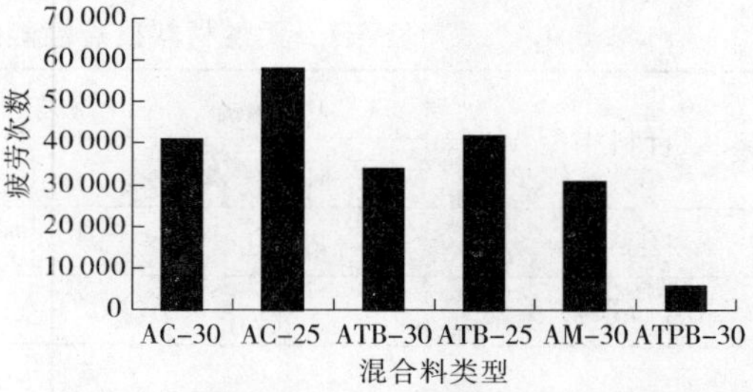

图4-3　沥青碎石混合料抗裂疲劳寿命相关关系

由表4-5及图4-3可见，级配类型对沥青混合料抗裂性能有很大影响。密级配、连续级配混合料疲劳寿命明显大于半开级配混合料和开级配混合料。对公称粒径30 mm混合料而言，密级配沥青混凝土AC－30的荷载疲劳次数最大，平均达到40 985次，ATPB－30的荷载疲劳次数最小，平均只有5 684次，相差近7倍。混合料疲劳寿命随着公称粒径的增大而呈降低趋势，AC－30、ATB－30均分别比AC－25、ATB－25疲劳寿命降低29.1%、18.8%。由此可见，刚柔组合基层柔性层耐疲劳性能为：ATB > LSAM > ATPB。

综合以上分析，为定量评价不同沥青混合料抗裂性能采用抗裂性能指数$I_{柔性材料}$表征不同柔性材料相对于AC－25密级配沥青混凝土的相对抗裂性能。相对抗裂性能指数$I_{柔性材料}$表达式如下所示：

$$I_{柔性材料} = \frac{R_{柔性材料}}{R_{AC-25}}$$

式中：$I_{柔性材料}$为所评价沥青混合料的相对抗裂性能指数；$R_{柔性材料}$为所评价沥青混合料的抗裂性能；R_{AC-25}为基准抗裂材料AC－25的抗裂性能。

根据以上相对抗裂性能指数计算公式，对不同因素下柔性层裂缝尖端强度因子及材料耐疲劳性能进行对比计算，不同刚柔组合基层柔性层材料相对抗裂性能指数如表4-6所示。

表4-6　混合料相对抗裂性能指数汇总

混合料类型	裂缝尖端强度因子			耐疲劳性能	说明
	骨料粒径及含量	回弹模量	温度收缩系数		
AC	1	1	1	1	AC－25
ATB	1.1	1.08	1.02	0.92	ATB－25
LSAM	1.28	0.96	1.12	0.88	公称粒径大于30 mm
ATPB	1.3	1.17	1.18	0.59	ATPB－25
级配碎石	1.24	1.26	1.15	0.56	粗粒式；具有开裂自愈功能

综合以上分项抗裂性能指数计算方法，采用德尔菲法对其设定权重系数，进行抗裂性能综合评价，其综合抗裂性能指数计算方法为

$$I^*_{柔性材料} = \sum I_i A_i a$$

式中：$I^*_{柔性材料}$为柔性材料综合抗裂性能指数；I_i为i条件下材料相对抗裂性能指数；A_i为i条件的德尔菲系数，取值见表4-7；a为沥青结合料类型系数，普通沥青取1.0，SBS高性能改性沥青取1.2。

表 4-7　柔性材料抗裂性能综合评价德尔菲法权重系数

混合料类型	裂缝尖端强度因子			耐疲劳性能
	骨料粒径及含量	回弹模量	温度收缩系数	
编号	1	2	3	4
德尔菲系数 A_i	0.4	0.2	0.1	0.3

由上述分析可见,上述四种混合料抗裂性能均较密级配沥青混凝土有所提高,见表 4-8。四种材料综合抗裂指数分别较密级配沥青混凝土提高 5.1%、8.7%、10.7% 及 10.1%,三种类型的 SBS 改性沥青混合料分别较密级配沥青混凝土提高 26.1%、30.4% 及 32.8%,较改性沥青混凝土提高 6.0%、10.4% 及 12.8%。因此,对于刚柔组合基层结构而言,选用抗裂性能较好的材料及采用改性沥青混合料能较大程度提高柔性层的抗裂性能。不同材料抵抗及延缓反射裂缝能力综合评价为:SBS 改性 ATPB > SBS 改性 LSAM > SBS改性 ATB > SBS 改性 AC > 级配碎石 > ATPB > LSAM > ATB > AC。

表 4-8　柔性材料抗裂性能综合评价综合抗裂性能指数

混合料类型	ATB - 25		LSAM - 30		ATPB - 25		级配碎石
	普通	改性	普通	改性	普通	改性	
综合抗裂性能指数 $I^*_{柔性材料}$	1.051	1.261	1.087	1.304	1.107	1.328	1.101

注:改性沥青采用 SBS 高性能改性沥青。

4.1.3　ATB 柔性层对路面车辙性能的影响分析

不同的路面结构组合和材料组成,车辙的产生和发展程度不同。对于半刚性基层,沥青路面的抗车辙能力主要取决于沥青混合料的高温变形性能。在半刚性基层路面中,沥青面层的车辙量大概占路面总车辙的 90% 以上。半刚性基层可以认为没有黏性变形,半刚性基层路面车辙主要产生于沥青混凝土路面;而对于柔性基层,沥青路面的抗车辙性能不但与沥青混合料密切相关而且还与整个柔性基层的抗变形能力有很大关系。基层的沥青混合料具有黏弹性特性,高温时在荷载的重复作用下,会产生不可恢复的黏性变形,路面基层和面层均可能导致柔性路面的车辙产生。通常认为,在相同的条件下柔性基层与半刚性基层相比产生车辙的概率大些。

沥青路面的车辙来源于路基、基层和面层的永久变形。永久应变同荷载、材料特性之间的统计关系如下式:

$$\varepsilon_{p1} = \varepsilon_{e1}(c + m\lg N)ba \tag{4-1}$$

$$\varepsilon_{p2} = \varepsilon_{e2}aN^b \tag{4-2}$$

式中:ε_{p1}、ε_{p2} 为路基、基层的永久变形;ε_{e1}、ε_{e2} 为路基、基层的回弹应变;c、m 为路基材料特性参数;a、b 为基层材料特性参数;N 为标准荷载重复作用次数。

随着施工技术的提高及施工质量管理的完善,路基含水量及压实度得到了有效的控制。加之半刚性基层沥青路面的广泛应用,使得由路基基层产生的永久变形占路面永久变形及车辙的比例越来越小,而沥青面层永久变形的比例越来越高。大量的试验路观测及理论分析表明,以半刚性材料为基层的路面,面层的车辙占总车辙的 90% 以上;如果在旧路上修铺路面,则面层的车辙占 98% 以上。

很显然,沥青层厚度是影响车辙的重要因素。但究竟如何影响,国内外有一些不同的看法。一种看法认为,厚度越大,车辙越严重。也有人认为,在我国目前的沥青层厚度情况下,厚度大的车辙不一定严重,厚度过薄可能变形更大。

交通部公路所通过加速加载试验(ALF),分别针对 15 cm、9 cm、6 cm、4.5 cm 四种不同厚度的沥青面层进行试验,得出以下主要结论:

(1)沥青面层的厚度不同,车辙产生和发展规律也不同,沥青面层越厚,车辙发展越快。

(2)轴载不同,相同沥青面层厚度的车辙在加载初期基本相同,到加载后期,大轴载比小轴载产生的车辙要大。

(3)各段车辙发展陡呈阶梯状,说明沥青面层在荷载作用下,其变形处在加速—稳定—加速的过程,随着加载次数的增加,其稳定阶段越短。

然而,根据壳牌沥青设计手册提出的车辙预估公式 $\Delta h = C_m h \dfrac{\overline{\sigma}}{S_{m,\eta}}$ 可以看出,一般来说,车辙量与沥青层厚度 h 成正比。但是车辙量 Δh 并不简单地随沥青层厚度 h 增加而增加,因为 Δh 是 h 的函数,且随 h 的增加而减小。

因此,在其他条件不变时,车辙与厚度的关系在大于某一临界厚度时是增函数,低于此临界厚度时是减函数。此临界厚度与路面结构、材料组成有关,一般为 15 ~ 25 cm。

4.2　刚柔组合基层路面结构荷载内力的敏感性分析

课题组根据材料的强度和刚度特性,合理选择、安排沥青面层结构层次和设计各层厚度,使整个路面结构在行车荷载和自然因素的共同作用下,体系内所产生的各个应力和位移分量均恰当地限制在容许范围内,同时又能充分发挥各结构层的最大效能,保证刚柔组合基层路面结构设计的经济及合理性。

为较准确地获得刚柔组合基层结构的应力应变变化情况,采用的计算参数变化范围见表 4-9。

表 4-9　刚柔组合基层结构的应力应变计算参数

结构层	厚度(cm)	弹性模量 E(MPa)	泊松比 μ
沥青面层	7 ~ 17(固定时取 10)	800 ~ 1 800(固定时取 1 200)	0.25
刚柔组合基层 ATB 层	7 ~ 18(固定时取 13)	800 ~ 1 600(固定时取 1 000)	0.25
刚柔组合基层半刚性层	20 ~ 35(固定时取 25)	1 000 ~ 1 700(固定时取 1 300)	0.25
路基(含垫层)	—	40 ~ 200(固定时取 80)	0.35

4.2.1 轴载对刚柔组合基层路面结构应力应变影响分析

由于车辆的普遍超载和重载化，修建路面的过早损坏也变的越来越明显。许多地区的路面达不到设计使用年限，在使用初期即出现车辙、坑槽、开裂、沉陷或唧泥、错台、断裂等破坏，使路面使用寿命大大缩短，路面使用性能衰减加快，给社会及运输部门造成很大的经济损失。为分析车辆荷载对刚柔组合基层路面结构的影响，本文对刚柔组合基层结构在各级车辆荷载作用下的受力状况进行力学分析。轴载按 40 kN 的增量分别取 100 kN、140 kN、180 kN、220 kN、260 kN、300 kN，为计算方便，接地面积与中心距保持不变，轮压随轴重等比例增减，轴载对应的轮压分别为 0.70 MPa、0.98 MPa、1.26 MPa、1.54 MPa、1.82 MPa、2.10 MPa。刚柔组合基层路面结构应力应变计算结果见图 4-4。

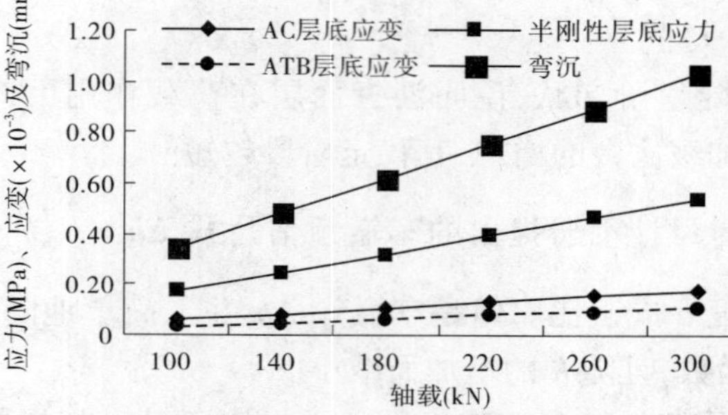

图 4-4 刚柔组合基层应力应变及弯沉随轴载变化图

从图 4-4 可以看出，随着车辆轴载的增加，刚柔组合基层路面结构的弯沉 l_d、面层层底应变 ε_{AC}、柔性基层层底应变 ε_{ATB}、半刚性层底应力 σ_b 均逐渐增大，与轴载基本呈线性关系，特别是 l_d 和 σ_b 随轴载增加的幅度较大，当轴载从 100 kN 增至 300 kN 时，l_d、ε_{AC}、ε_{ATB}、σ_b 的增幅均在 200% 左右，表明重载对刚柔组合基层路面结构的影响相当大，明显加剧道路的破坏。因此，可通过对重载车辆进行限制，降低重载对路面结构的破坏。

4.2.2 柔性基层厚度、模量对刚柔组合基层路面结构应力应变影响分析

4.2.2.1 柔性基层厚度影响分析

柔性基层的厚度与刚柔组合基层路面结构的应力应变有很大关系。一般来说，柔性基层越厚，刚柔组合基层内部的受力状况越好，但柔性基层也不能无限度增厚，一是经济上不可行，二是柔性基层过厚易产生车辙。柔性基层厚度按 2 cm 的增量从 7 cm 增至 17 cm。刚柔组合基层路面结构内力变化见图 4-5。

从图 4-5 可以看出，随着柔性基层厚度的增加，轮隙中心处的 l_d、ε_{ATB} 及 σ_b 逐渐减小，而 ε_{AC} 却逐渐增大，且 ε_{AC} 和 σ_b 变化幅度较大。由此可见，随着 ATB 厚度的增加，在荷载作用下，刚柔组合基层路面结构很可能从面层开始开裂，形成 TDC 裂缝，即路面结构未发生功能性破坏。因此，如果条件允许，尽可能增加柔性基层的厚度。

4.2.2.2 柔性基层模量影响分析

材料模量随着材料组成的不同及温度、湿度等环境因素而变化，不同材料组成、不同

环境的刚柔组合基层路面结构中产生的内力是不同的。以下分析ATB模量的变化对交通荷载内力的影响,ATB模量按200 MPa的增量从600 MPa增至1 600 MPa。刚柔组合基层路面结构应力应变计算结果见图4-6。

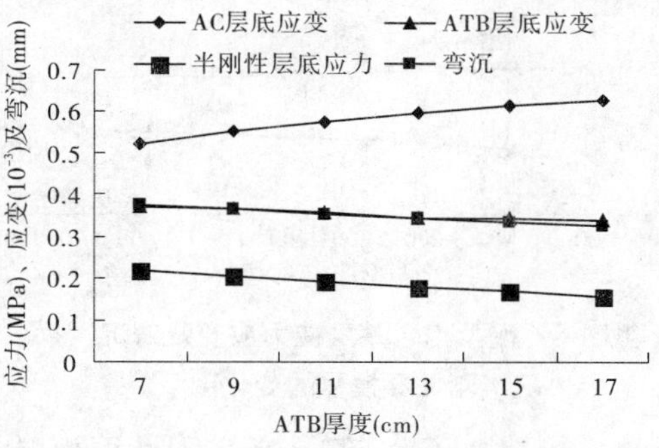

图4-5 刚柔组合基层应力应变及弯沉随柔性基层厚的变化图

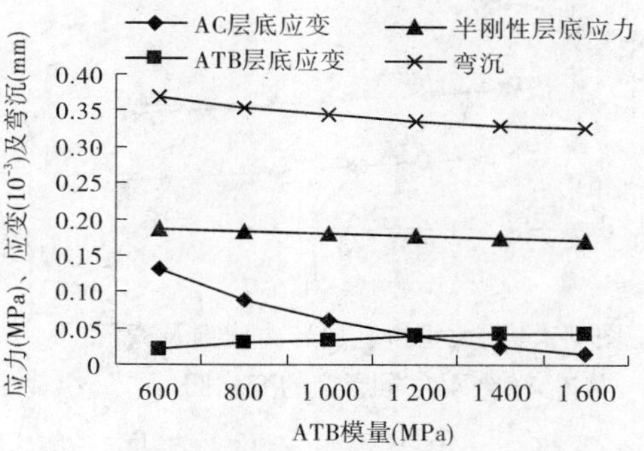

图4-6 刚柔组合基层应力应变及弯沉随ATB模量的变化图

从图4-6可以看出,随着ATB模量的增加,刚柔组合基层路面结构的l_d、ε_{AC}、σ_b逐渐减小,而ε_{ATB}却逐渐增大,且ε_{AC}和ε_{ATB}变化幅度较大,变化幅度分别为-88.94%、111.33%。当ATB模量从600 MPa增至1 200 MPa时,ε_{AC}和ε_{ATB}的变化率分别为-11.70%/100 MPa和14.38%/100 MPa。当ATB模量超过1 200 MPa后,再增加其模量,二者的变化率则显著减小。由此可见,采用大模量ATB虽可以显著降低ε_{AC},同时由于ε_{ATB}增加范围较小。因此,柔性基层模量大于800 MPa能显著降低ε_{AC},较高的柔性基层模量对减小路面结构受力是有益的,但考虑到模量增加超过1 200 MPa后,提高柔性层的模量较为困难,面层应变的减小对面层意义较小。建议柔性基层模量在不增加造价的情况下可以提高,若提高模量较为困难,则不宜低于800 MPa。普通沥青碎石类混合料模量不宜超过1 200 MPa,若提高模量可采用大粒径沥青碎石等高模量柔性层。

4.2.3 半刚性层厚度、模量对刚柔组合基层路面结构应力应变影响分析

4.2.3.1 半刚性层厚度影响分析

半刚性层厚度按3 cm的增量从20 cm增至38 cm,刚柔组合基层路面结构应力应变计算结果见图4-7。

分析图4-7可得:随着半刚性层厚度的增加,ε_{AC}逐渐增大,而l_d、ε_{ATB}、σ_b却逐渐减小。当半刚性层厚度从20 cm增至29 cm时,ε_{ATB}、σ_b降低幅度比较大,降低效果分别为2.067%/cm、2.988%/cm,超过29 cm后,降低效果则显著减小。由此可见,半刚性层的厚度并非越厚越好,而是存在一最佳范围,综合考虑施工因素建议在32~36 cm范围内,刚柔组合基层路面结构的受力情况较好。

4.2.3.2 半刚性层模量影响分析

半刚性层模量按100 MPa的增量从1 000 MPa增至1 700 MPa,刚柔组合基层路面结构应力应变计算结果见图4-8。

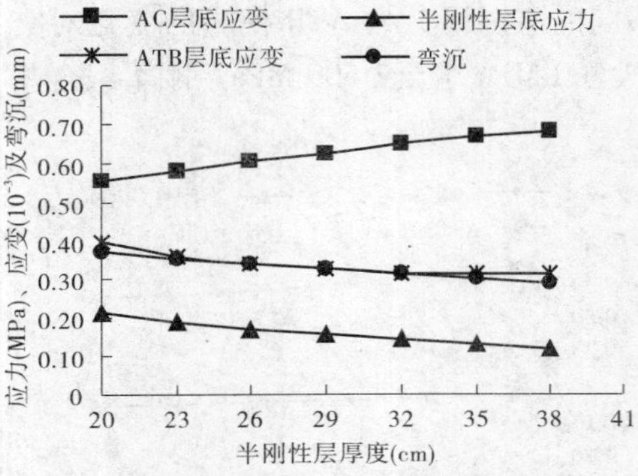

图 4-7　刚柔组合基层应力应变及弯沉随半刚性层厚度的变化图

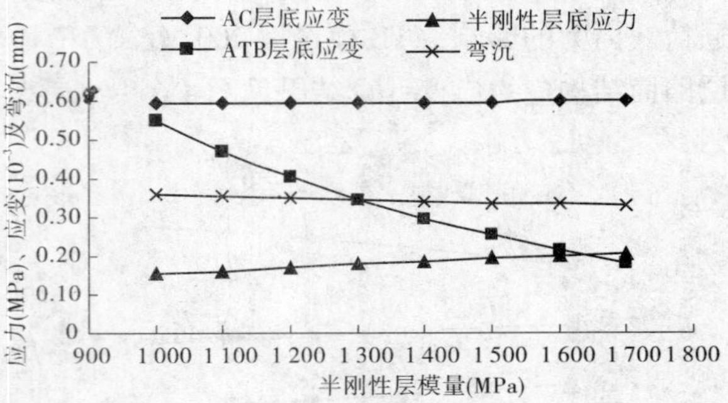

图 4-8　刚柔组合基层应力应变及弯沉随半刚性层模量的变化图

从图 4-8 可以看出：①ε_{AC}随半刚性层模量的增加变化不大，但是当半刚性层模量在 1 000 ~ 1 200 MPa 时，ε_{AC}逐渐减小，超过 1 200 MPa 以后，ε_{AC}却又开始逐渐增大；②ε_{ATB}随半刚性层模量的增加显著减小，当半刚性层模量从 1 000 MPa 增至 1 700 MPa 时，ε_{ATB}从 0. 550 7 MPa 降至 0. 181 1 MPa，降低效果为 9. 588%/100 MPa；③l_d 随半刚性层模量的增加而减小，但变化幅度不大；④σ_b 随半刚性层模量的增加而增大，当半刚性层的模量从 1 000 MPa 增至 1 700 MPa 时，σ_b 增加了 35. 225%，由此可见，在荷载作用下，为了防止刚柔组合基层半刚性层的开裂，半刚性层的模量不宜过大；⑤综合考虑半刚性层模量对 ε_{AC} 和 σ_b 的影响，推荐半刚性层的模量不超过 1 300 MPa。

4. 2. 4　路基(含垫层)模量对刚柔组合基层结构应力应变的影响分析

路基模量按 40 MPa 的增量从 40 MPa 增加到 200 MPa。刚柔组合基层路面结构应力应变计算结果见图 4-9。

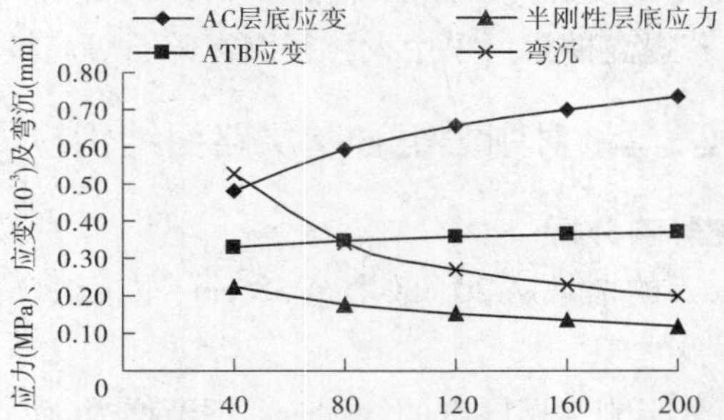

图4-9　刚柔组合基层应力应变及弯沉随路基模量的变化图

分析图 4-9 可得：①ε_{AC}随着路基模量的增加而显著增大，当路基模量从 40 MPa 分别增至 80 MPa、120 MPa、160 MPa、200 MPa 时，ε_{AC} 分别增加了 231. 548%、362. 415%、452. 41% 和 519. 12%，增加幅度几乎与模量的增加倍数相同，由此可见，为防止 ε_{AC}超过面层材料的最大弯拉应变而开裂，应控制路基的模量；②ε_{ATB}随路基模量的增加而逐渐增大，但增幅不大，当路基模量从 40 MPa 增至 200 MPa 时，ε_{ATB}仅增加了 13. 076%；③σ_b 随路基模量的增加而逐渐减小，但是降低效果随路基模量的增加而减弱；当路基模量从40 MPa增至80 MPa、120 MPa、160 MPa、200 MPa时，ε_{ATB}的降低效果分别为4.892%/10 MPa、3.761%/10 MPa、3.193%/10 MPa、2.868%/10 MPa；由此可见，为减小σ_b而大幅度提高路基的模量并不经济合理；④l_d随路基模量的增加而减小，且同σ_b一样，l_d的降低效果随路基模量的增加而减弱。

综合考虑路基模量对刚柔组合基层结构内力的影响和经济性，推荐刚柔组合基层沥青路面路基模量范围为80～120 MPa。

4.3　刚柔组合基层柔性基层抗裂力学分析

4.3.1　计算模型

我国现行沥青混凝土路面设计规范中的应力计算是根据弹性层状体系得来的，研究对象由沥青混凝土路面、级配碎石过渡层、带有裂缝的二灰碎石基层和路基组成。各结构层采用8节点三维实体单元组成，建立空间三维模型，进行应力、应变及位移分析，路面结构三维空间模型如图4-10所示。

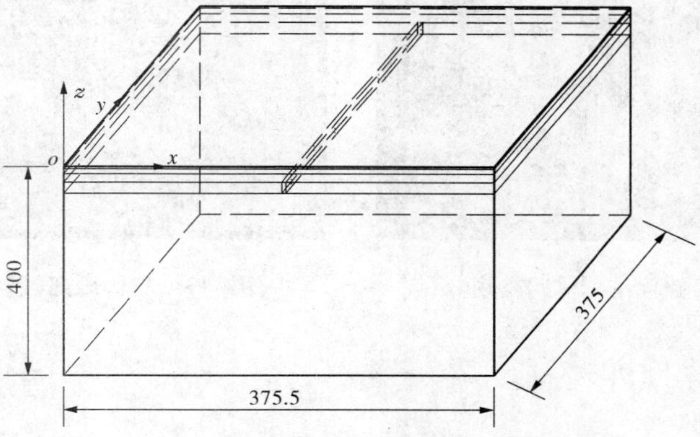

图4-10　路面结构三维空间模型　（单位：cm）

各结构层作如下假定：①各结构层为均匀、连续、各向同性的弹性体；②各层层间竖向、水平位移均连续（级配碎石层除外）；③基础底面各向位移为零，基础侧面水平方向位移为零；④不计路面结构的自重影响；⑤裂缝宽度假设为5 mm。

4.3.2　计算参数

根据以往研究经验及成果，结合高速公路实际情况，拟定模型尺寸为3.75 m×3.75 m×4 m，经试算该模型的计算精度是符合要求的，平面尺寸如图4-11（a）所示。

行车荷载采用标准轴载BZZ－100，轮胎内压0.7 MPa，单个轮压作用范围18.9 cm×18.9 cm，接触面积为357.21 cm^2，双轮间距为32 cm，两侧轮隙间距为182 cm。经过不同荷位分析计算比较，车轮荷载作用在接缝一侧沿车道中轴对称布置对柔性基层最为不利，布载方式如图4-11（b）所示。柔性基层的厚度为13 cm，弹性模量为1 000 MPa。

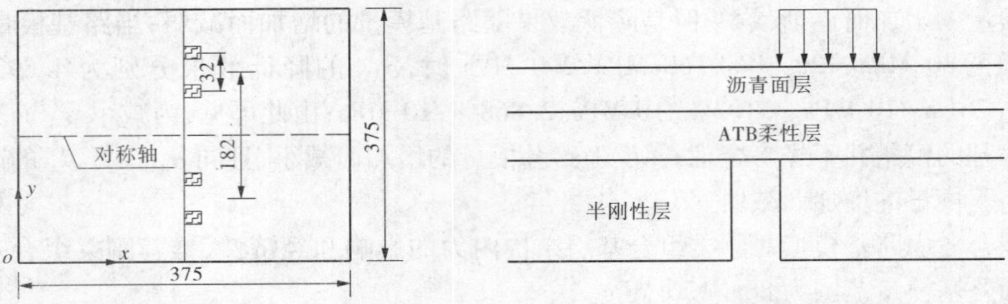

(a)路面模型平面尺寸　　(b)路面沥青层应力计算图示

图 4-11　路面沥青模型平面尺寸及沥青层应力计算图　（单位:cm）

路面整体结构有限元网格划分如图 4-12 所示。为满足计算精度要求,对各关键部位,如裂缝及其附近柔性基层结构进行网格细化,经过误差分析,最后裂缝处取最小单元边长为 0.005 m,如图 4-13 所示。

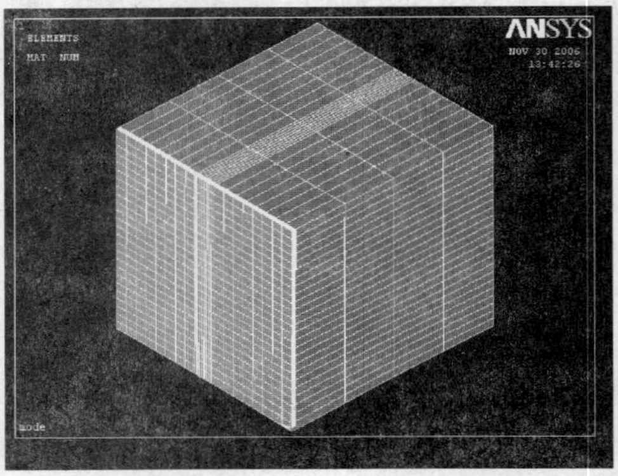

图 4-12　沥青路面结构体网格划分

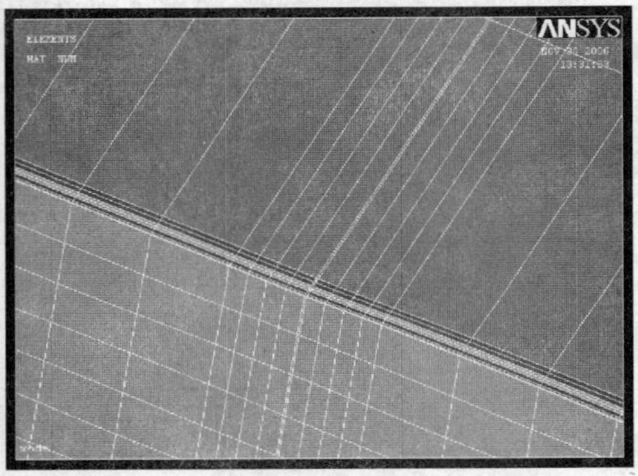

图 4-13　结构局部(裂缝处)网格加密

4.3.3　结构计算分析

沥青面层层底应力如图 4-14 ~ 图 4-23 所示。

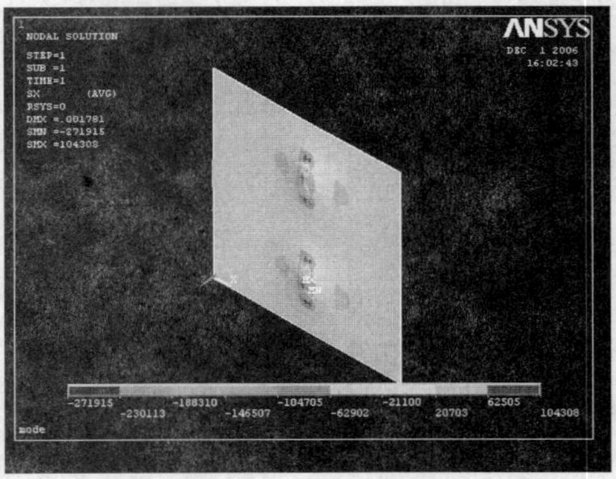

图 4-14　沥青面层层底应力 σ_x

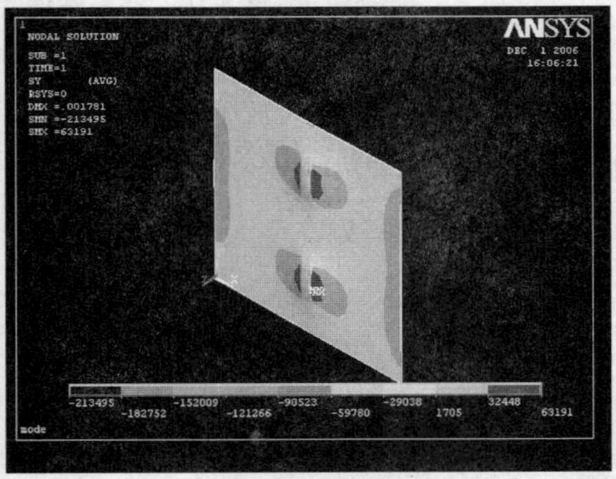

图 4-15　沥青面层层底应力 σ_y

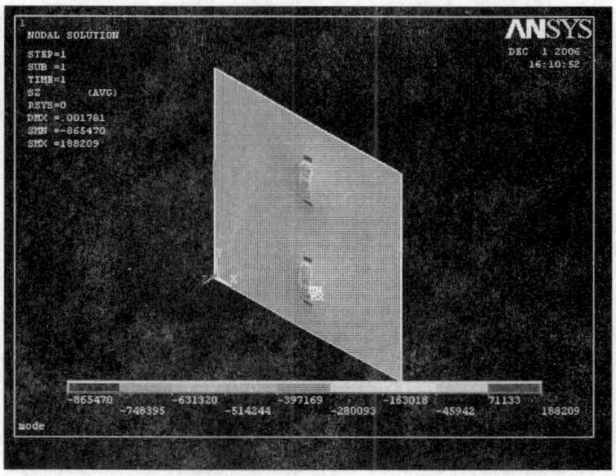

图 4-16　沥青面层层底应力 σ_z

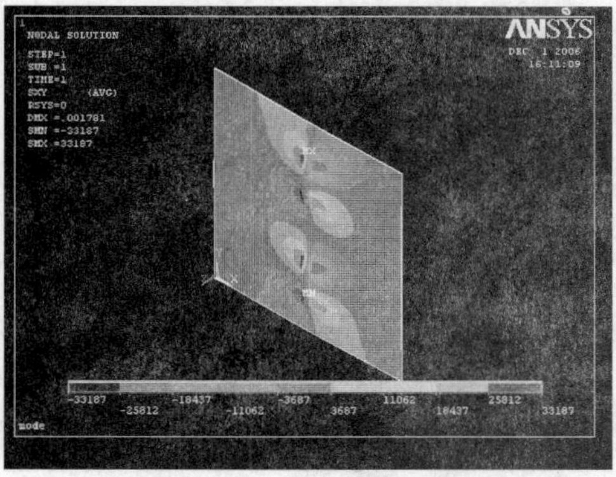

图 4-17　沥青面层层底应力 τ_{xy}

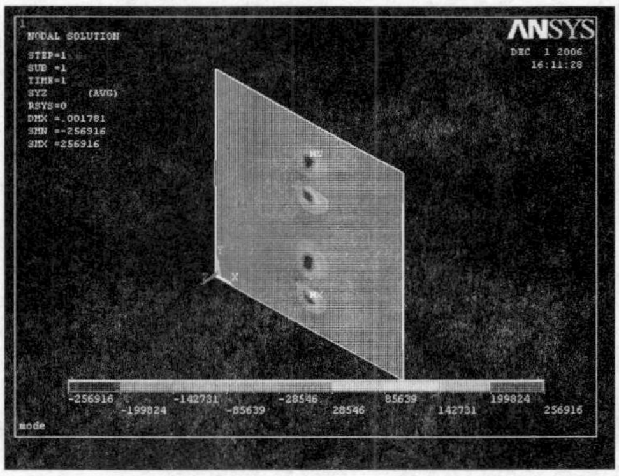

图 4-18　沥青面层层底应力 τ_{yz}

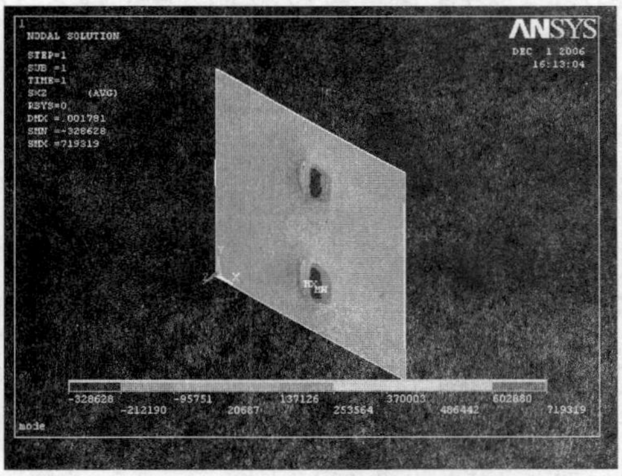

图 4-19　沥青面层层底应力 τ_{zx}

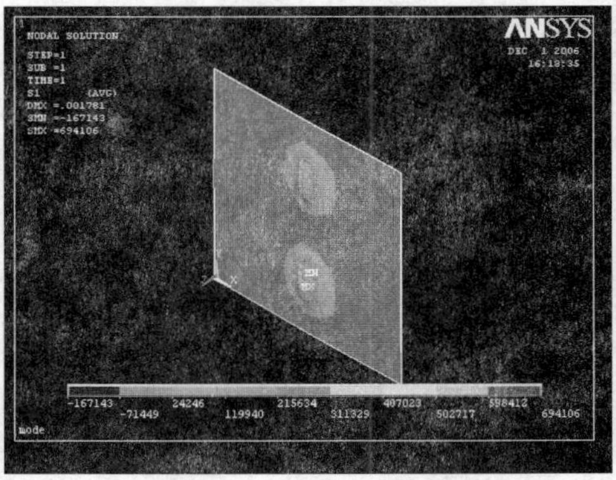

图 4-20　沥青面层层底应力 σ_1

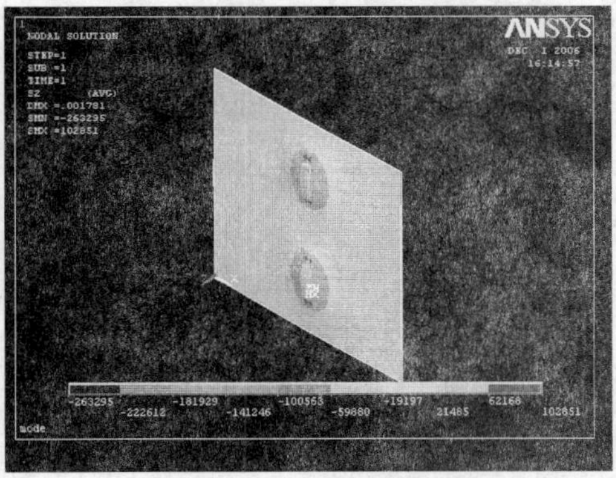

图 4-21　沥青面层层底应力 σ_2

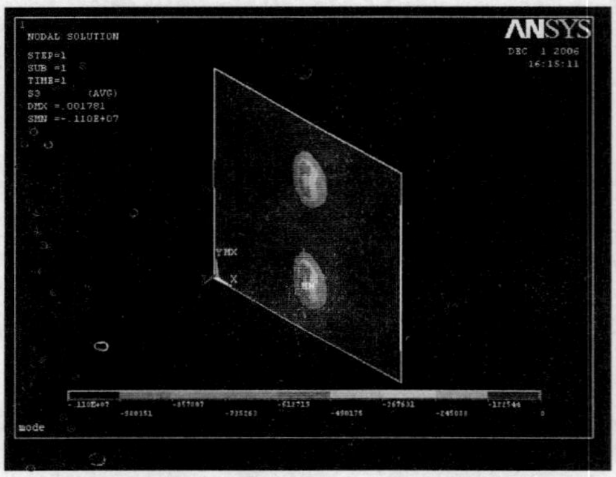

图 4-22　沥青面层层底应力 σ_3

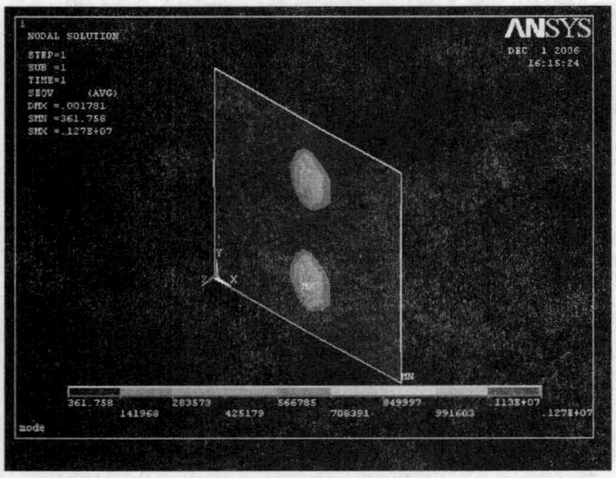

图 4-23　沥青面层层底等效应力 σ_e

4.3.4　ATB 模量对荷载应力的影响分析

ATB 模量和强度随级配及材料组成的不同而变化。研究发现，柔性基层劲度模量从 200 MPa 变化到 2 500 MPa，导致沥青面层对荷载响应的变化，不同材料组成的柔性基层中产生的应力应变是不同的。现分析柔性基层模量的变化对车辆荷载应力产生的影响，模量按 200 MPa 的增量从 600 MPa 增至 1 400 MPa。裂缝处沥青面层荷载响应计算结果见表 4-10。

表 4-10　柔性基层模量对沥青面层应力的影响　　（单位：MPa）

柔性基层模量	沥青面层应力					
	σ_x	σ_y	σ_z	τ_{xy}	τ_{yz}	τ_{zx}
600	-0.270	-0.212	-0.865	0.047	0.242	0.722
800	-0.271	-0.213	-0.865	0.038	0.251	0.721
1 000	-0.272	-0.213	-0.866	0.033	0.257	0.719
1 200	-0.272	-0.213	-0.866	0.029	0.262	0.717
1 400	-0.273	-0.214	-0.866	0.027	0.266	0.715

柔性基层模量	沥青面层应力				
	σ_1	σ_2	σ_3	σ_e	τ_{max}
600	0.693	-0.263	-1.116	1.293	0.904
800	0.694	-0.263	-1.112	1.288	0.903
1 000	0.694	-0.263	-1.108	1.278	0.901
1 200	0.694	-0.263	-1.105	1.275	0.900
1 400	0.695	-0.264	-1.102	1.272	0.898

分析表 4-10 可得，随着柔性基层模量的增大，沥青面层的等效应力 σ_e 及最大剪应力 τ_{max} 在一定程度上有所减小，具有一定的效果。路面结构厚度相同的情况下，柔性基层模

量为 600 MPa 时，σ_e 及 τ_{max} 分别为 1.293 MPa 和 0.904 MPa，当柔性基层模量达到 1 400 MPa 后，σ_e 及 τ_{max} 分别减少了 1.62% 及 0.66%。当采用拉伸模量小于 1 000 MPa 的材料时，其主要作用体现在吸收、扩散沥青面层的应力，增大应力分布范围，减小应力集中现象，延缓裂缝的发展，防止原有裂缝扩张，承担部分水平应力并与沥青面层一并共同工作。因此，柔性基层模量越大，对减少沥青面层等效应力 σ_e 及最大剪应力 τ_{max} 的效果越为明显。但由计算结果可知，当模量超过 1 000 MPa 后，再增加柔性基层模量以减小沥青面层应力的效果越来越差。当柔性基层模量从 600 MPa 增加至 1 000 MPa，σ_e 减小 1.16%，当柔性基层模量从 1 000 MPa 增加至 1 400 MPa，σ_e 仅减小 0.46%。因此，柔性层模量的提高对降低刚柔组合基层结构中沥青层应力有利，但采用大模量柔性基层以减小沥青面层的应力是不经济合理的。

4.3.5　柔性基层厚度对荷载应力的影响分析

柔性基层厚度与反射裂缝的扩展有很大关系。一般来说，刚柔组合基层柔性基层越厚，其防止或延缓反射裂缝的效果就越好，裂缝扩展到路表面的时间也就越长，但柔性基层也不可能无限度地增厚。以下对柔性基层厚度与荷载应力的关系进行分析，柔性基层厚度从 8 cm 增至 18 cm。裂缝处沥青面层层底应力变化情况见表 4-11。

表 4-11　柔性基层厚度对沥青面层应力的影响

柔性基层厚度 (cm)	沥青面层应力(MPa)					
	σ_x	σ_y	σ_z	τ_{xy}	τ_{yz}	τ_{zx}
8	-0.271	-0.213	-0.866	0.056	0.265	0.842
10	-0.272	-0.213	-0.866	0.045	0.262	0.787
13	-0.272	-0.213	-0.866	0.033	0.257	0.719
16	-0.272	-0.214	-0.866	0.033	0.252	0.688
18	-0.272	-0.214	-0.866	0.031	0.249	0.662

柔性基层厚度 (cm)	沥青面层应力(MPa)				
	σ_1	σ_2	σ_3	σ_e	τ_{max}
8	0.797	-0.263	-1.214	1.493	1.006
10	0.751	-0.263	-1.165	1.392	0.958
13	0.694	-0.263	-1.108	1.278	0.901
16	0.663	-0.263	-1.086	1.225	0.874
18	0.641	-0.263	-1.063	1.186	0.852

分析表 4-11 可得，沥青面层的等效应力 σ_e 及最大剪应力 τ_{max} 随柔性基层厚度增加呈变小的趋势。当柔性基层厚度从 8 cm 增加到 18 cm，σ_e、τ_{max} 下降速率较快，分别减少了 20.6% 和 15.3%，柔性基层厚度平均每增加 1 cm，σ_e、τ_{max} 可分别降低 0.031 MPa 和 0.015 MPa，说明增加柔性基层厚度对减小沥青面层的应力起到了很大的作用。相比较通过提

高刚柔组合基层柔性基层模量以减小沥青面层的应力而言，增加柔性基层厚度对减小沥青面层的应力作用要更明显、更合理。但由计算结果可知，当柔性基层达到一定厚度后，沥青面层的应力减小幅度随柔性基层厚度的增加逐渐变小。当柔性基层厚度从 8 cm 增至 13 cm，σ_e 减小了 14.4%，当柔性基层厚度从 13 cm 增至 18 cm，σ_e 仅减小了 7.2%。另外由于技术、经济等方面的因素，柔性基层厚度也不可能无限制地增大。因此，当柔性基层达到一定厚度后，应配合其他防裂措施以取得良好的效果。

4.4　刚柔组合基层结构温度应力计算

路面结构完全处在自然环境的影响中，经受着持续变化的各种环境因素的综合作用。这种作用的结果集中体现为路面温度场的复杂分布。环境因素的持续、周期性变换使路面结构产生不稳定的热传导，从而导致路面结构内部温度场的分布状况也是不均匀、不稳定的。由于层状路面材料感温性能的差异、各结构层之间的相互约束，以及狭长路面体沿路线方向上的约束，路面体内产生温度应力。温度应力对沥青路面的承载能力和使用性能都有显著影响。因此，有必要对刚柔组合基层路面结构的温度应力进行深入分析。

目前，在沥青混凝土路面结构温度应力的理论研究领域里，国内外普遍采用一维黏弹性理论体系和热弹性层状理论体系。综合分析这两个理论体系，发现它们各有优劣。按照一维黏弹性理论体系分析时，还有几点有待研究。沥青路面是一种层状结构，层与层之间相互约束、相互影响，这种约束和影响对于路面结构的受力分析至关重要，不容忽视。沿沥青面层厚度方向的温度梯度是影响路面结构温度应力分布和变化的一个重要因素，也不容忽视。但是该理论由于考虑了沥青混合料的黏弹性性质，在研究沥青路面低温开裂时具有更大的优势。

按照热弹性层状体系理论分析时，由于未考虑沥青混凝土的黏弹性性质，因此计算出的温度应力与沥青路面的实际情况将会有一些出入。但是该方法计算相对简单可行，尤其在研究非定常温度应力的周期性变化时，易于通过软件实现，在工程应用的精度范围内，还是能够比较准确地反映沥青路面的实际状况。

因此，本章选择热弹性层状理论体系作为沥青路面道路结构温度应力数值模拟的理论基础。

4.4.1　路面温度场理论

4.4.1.1　对流换热

当大气气流掠过路表时，由于路表与气流之间形成温差引起热流交换，形成对流换热 P，由牛顿公式可知对流换热为

$$P = \alpha_r (T_a - T_s) \tag{4-3}$$

式中：α_r 为路表放热系数；T_a 和 T_s 分别为大气温度和路表温度。

由于气温受到自然界很多因素影响，其日变化规律十分复杂。对晴天天气而言，尚有一定规律。如日最低气温出现在黎明前后 4 ~ 6 h，而最高气温大多出现在最大太阳辐射出现后 2 h；从最低气温上升到最高气温不足 10 h，而从最高气温降至最低气温需要 14 h

以上。有文献曾提出用下式描述气温变化规律：

$$\left.\begin{aligned} T_{\mathrm{a}}(t) &= \frac{a_0}{2} + \sum_{k=1}^{12}[a_k\cos k\omega_0 t + b_k\sin k\omega_0 t] \\ \omega_0 &= \frac{2\pi}{25} \\ a_k &= \frac{2}{25}\sum_{j=0}^{24} t_j\cos\frac{2\pi kj}{25}, k = 0,1,\cdots,12 \\ b_k &= \frac{2}{25}\sum_{j=0}^{24} t_j\sin\frac{2\pi kj}{25}, k = 1,2,\cdots,12 \end{aligned}\right\} \tag{4-4}$$

式中，$t_j(j=0,1,2,\cdots,24)$为时刻$t=0,1,2,\cdots,24$的气温实测数据。

4.4.1.2　太阳辐射

路面材料可以视为灰体，太阳辐射投射到地面时，部分辐射量被路表吸收，其余部分被路表反射。如果不考虑雨季、云量等影响，太阳辐射量周期性随时间的日变化规律可以模拟为：

$$Q(t) = \begin{cases} \dfrac{Q_0}{\pi} + \dfrac{Q_0}{2}\sin\omega t + \dfrac{2Q_0}{\pi}\displaystyle\sum_{k=1}^{\infty}\frac{1}{1-(2k)^2}\sin\left(2k\omega t + \frac{\pi}{2}\right), m = 1 \\ \dfrac{Q_0}{m\pi} + \dfrac{2mQ_0}{\pi}\displaystyle\sum_{k=1}^{\infty}\frac{1}{m^2-k^2}\cos\left(\frac{k\pi}{2m}\right)\sin\left(k\omega t + \frac{\pi}{2} - \frac{k\pi}{2}\right), m \neq 1 \end{cases} \tag{4-5}$$

式中，$Q_0 = 0.131Q_{\mathrm{d}}$，$Q_{\mathrm{d}}$为总辐射量的日总量，$Q_0$为中午时最大辐射量；$m=12/c$，$c$为实际日照时间。

对非周期性变化的阴雨天气，太阳辐射量日变化过程可以用傅立叶级数逼近，其表达式为

$$\left.\begin{aligned} Q(t) &= \frac{c_0}{2} + \sum_{k=1}^{12} c_k\cos k\omega_0 t + d_k\sin k\omega_0 t \\ \omega_0 &= \frac{2\pi}{25} \\ c_k &= \frac{2}{25}\sum_{j=0}^{24} q_j\cos\frac{2\pi kj}{25}, k = 0,1,\cdots,12 \\ d_k &= \frac{2}{25}\sum_{j=0}^{24} q_j\sin\frac{2\pi kj}{25}, k = 1,2,\cdots,12 \end{aligned}\right\} \tag{4-6}$$

式中，$q_j(j=0,1,2,\cdots 24)$为时刻$t=0,1,2,\cdots,24$的太阳辐射量实测数据。

4.4.1.3　辐射换热

计算路面温度场时，把辐射换热考虑为大气投射到路表的能量与被路面吸收能量之差，并称之为有效辐射。本书课题组认为大气和路表的辐射换热可表示为

$$\left.\begin{aligned} q_{\mathrm{s}} &= h_{\mathrm{r}}(T_{\mathrm{ak}} - T_{\mathrm{sh}}) = h_{\mathrm{r}}(T_{\mathrm{a}} - T_{\mathrm{s}}) \\ h_{\mathrm{r}} &= \delta f_{\mathrm{s}}(T_{\mathrm{ak}}^2 + T_{\mathrm{sh}}^2)(T_{\mathrm{ak}} + T_{\mathrm{sh}}) \\ f_{\mathrm{s}} &= \frac{\alpha_{\mathrm{a}}\alpha_{\mathrm{s}}}{1-(1-\alpha_{\mathrm{a}})(1-\alpha_{\mathrm{s}})} = \frac{1}{\dfrac{1}{\alpha_{\mathrm{a}}} + \dfrac{1}{\alpha_{\mathrm{s}}} - 1} \end{aligned}\right\} \tag{4-7}$$

式中：T_{ak} 为空气的绝对温度；T_{sh} 为路表的绝对温度；h_r 为辐射换热系数；δ 为 Stefen-Boltzmanm 常数，$\delta = 5.67\times10^{-8}\ \mathrm{W\cdot m^{-2}\cdot K^{-4}}$；$f_s$ 为辐射系数；α_a 为空气的吸收率；α_s 为路表的吸收率。

4.4.1.4　进入路表热流量

进入路表热流应等于对流换热 P、太阳辐射 $Q(t)$ 及路表辐射换热 q_s 之和，考虑到路面的吸收率 α_s，即

$$\begin{aligned} q &= \alpha_s Q(t) + P + q_s \\ &= \alpha_s Q(t) + \alpha_r(T_a - T_s) + h_r(T_a - T_s) \\ &= \alpha_s Q(t) + (\alpha_r + h_r)(T_a - T_s) \\ &= \alpha_s Q(t) + B(T_a - T_s) \end{aligned} \tag{4-8}$$

式中：B 定义为路表复合换热系数，$B = \alpha_r + h_r$。

4.4.1.5　热传导方程

一般情况下，温度 T 在路面体内的分布是空间坐标位置 (x,y,z) 和时间 t 的函数。在温度未达到完全平衡的物体内会发生热流，如果热量仅仅通过热传导来传播，则在均质各向同性的物体里，某一给定瞬间 t 的这种热流，可用温度场表示为

$$T = T(x,y,z,t) \tag{4-9}$$

如果路面结构内各质点用图 4-24 直角坐标系确定，则温度梯度可以表示为

$$\mathrm{grad}T = i\frac{\partial T}{\partial x} + j\frac{\partial T}{\partial y} + k\frac{\partial T}{\partial z} \tag{4-10}$$

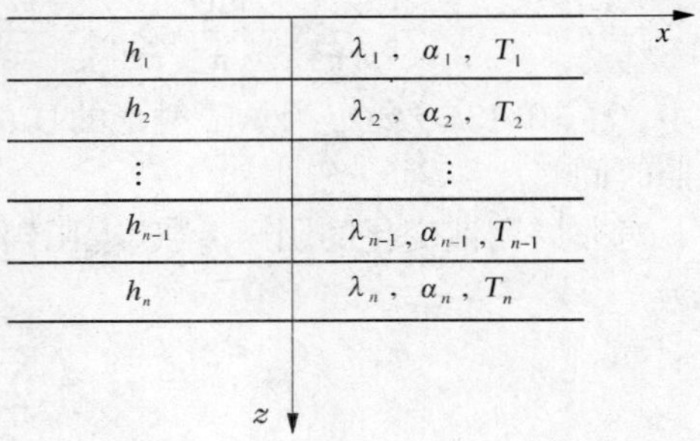

图 4-24　路面结构示意图

假设路面结构第 i 层导热系数和导温系数分别为 λ_i 和 $\alpha_i(i=1,2,\cdots,n)$，厚度为 $h_i(i=1,2,\cdots,n$，其中 $h_n=\infty)$，温度函数为 $T_i = T_i(x,y,z,t)$，并令 $g_0 = h_1, g_i = \sum\limits_{i}^{k-1} h_i$，则 $T_i = T_i(x,y,z,t)$ 满足热传导方程：

$$\begin{cases} \dfrac{\partial T_1}{\partial t} = \alpha_1\left(\dfrac{\partial^2 T_1}{\partial x^2} + \dfrac{\partial^2 T_1}{\partial y^2} + \dfrac{\partial^2 T_1}{\partial z^2}\right), 0 \leqslant z \leqslant g_0 \\ \dfrac{\partial T_2}{\partial t} = \alpha_2\left(\dfrac{\partial^2 T_2}{\partial x^2} + \dfrac{\partial^2 T_2}{\partial y^2} + \dfrac{\partial^2 T_2}{\partial z^2}\right), g_0 \leqslant z \leqslant g_1 \\ \qquad\vdots \\ \dfrac{\partial T_n}{\partial t} = \alpha_n\left(\dfrac{\partial^2 T_n}{\partial x^2} + \dfrac{\partial^2 T_n}{\partial y^2} + \dfrac{\partial^2 T_n}{\partial z^2}\right), g_{n-2} \leqslant z < \infty \end{cases} \tag{4-11}$$

式中，t 为时间变量。

4.4.2　边界条件

4.4.2.1　接触边界条件

路面体温度分布就是导热方程的解，而方程的解是一个泛函数，有无数个解。确定某

一具体的导热问题,还须附加限制条件,即单直性条件。主要包括:

(1)几何条件:说明研究对象的几何形状。

(2)时间条件:说明研究对象开始时的温度分布,即初始条件。

(3)物理条件:说明研究对象的物理性质,如导热系数、密度等随温度变化的关系等。

(4)边界条件:说明研究对象表面和周围大气之间的热交换情况。通常边界条件有以下四种情况。

①第一类边界条件,给定物体边界任意瞬时的温度值,即已知物体表面任意时刻的温度分布:

$$T_s = f(x, y, z, t) \tag{4-12}$$

②第二类边界条件,给定物体表面上每一点的法向热流密度的时间函数:

$$q_s = \lambda \frac{\partial T}{\partial n} \tag{4-13}$$

③第三类边界条件,根据热传递规律和牛顿定律,给定了边界上任意点在单位时间内物体表面传递到周围介质的热量密度:

$$q_s(t) = a[T_s(t) - T_a(t)] \tag{4-14}$$

式中:a 为导温系数,导温系数 a 是导热系数 λ 与材料的密度 ρ 和比热 c 之积的比值,即 $a = \lambda/(\rho c)$;T_a 和 T_s 分别为大气温度和物体表面温度。

④第四类边界条件,遵循热交换方程。

4.4.2.2　层间接触条件

假设路面各层接触条件良好,则层间接触上、下两层的温度 T_i、T_{i+1},以及热流 q_i、q_{i+1} 是连续的,即在层间边界上温度函数 T_i 满足热传学中的第四类边界条件:

$$\begin{cases} T_i \big|_{z=h_i} = T_{i+1} \big|_{z=h_i} \\ \lambda_i \dfrac{T_i}{\partial z} \Big|_{z=h_i} = \lambda_{i+1} \dfrac{T_{i+1}}{\partial z} \Big|_{z=h_i} \end{cases}, (i = 1, 2, \cdots, n-1) \tag{4-15}$$

当刚柔组合基层柔性基层与半刚性层之间存在脱空时,则层间界面上可能产生热阻,这时热流依然连续,而温度则因热阻存在而有一差值,这一差值与热阻和热流量大小有关,此时层间界面条件为:

$$\begin{cases} \lambda_i \dfrac{T_i}{\partial z} \Big|_{z=h_i} = \dfrac{1}{R_c}(T_{i+1} - T_i) \Big|_{z=h_i} \\ \lambda_i \dfrac{T_i}{\partial z} \Big|_{z=h_i} = \lambda_{i+1} \dfrac{T_{i+1}}{\partial z} \Big|_{z=h_i} \end{cases}, (i = 1, 2, \cdots, n-1) \tag{4-16}$$

式中:R_c 为热阻,当 $R_c = 0$ 时,式(4-16)与式(4-15)相同。

虽然路面结构层与层之间难免存在热阻,但热阻通常非常小,考虑到路面结构的实际情况按式(4-15)确定边界条件。

对于半无限空间而言,在足够深处,由于地热的作用,其温度场随时间的变化以及随深度的变化均不明显,可忽略不计,此类边界条件可表示为

$$|T(x, y, \infty, t)| = \text{const} \tag{4-17}$$

4.4.3　温度应力计算与分析

物体受热时因温度升高将向外膨胀，如果物体各部分都自由，虽会出现应变也不会有应力；如果物体受热均匀但受到某种约束或者受热不均匀，则每一部分都不能自由膨胀，各部分之间因相互制约将产生应力，这种应力称为温度应力或者热应力。分析物体中的温度应力，最基本的方法是热弹性力学，它是弹性力学的推广。

4.4.3.1　温度应力理论推导

采用二维热弹性层状理论体系研究沥青路面结构温度应力的计算问题可以简化为平面应变状态。

设弹性体内各点的变温为 $T(x,y)$，这里所说的变温指后一瞬时的温度与前一瞬时的温度差，以升温时为正，降温时为负。若不受约束，由于变温 $T(x,y)$ 弹性体内各点的微小长度将发生正应变 αT，α(1/℃)表示弹性体的热膨胀系数，在均匀各向同性的假设下，系数 α 不随方向改变，所以这种正应变在各个方向都相同，因而就不伴随任何剪切应变，于是，由变温 $T(x,y)$ 引起并作用于各个方向的温度应变为

$$\left.\begin{aligned}\varepsilon_x = \varepsilon_y = \varepsilon_z = \alpha T\\ \gamma_{xy} = \gamma_{zx} = \gamma_{yz} = 0\end{aligned}\right\} \tag{4-18}$$

但是，由于物体受到的各种约束，上述应变并不能自由发生，于是就产生了温度应力，而温度应力又将由于物体的弹性引起附加的应变，根据虎克定律，得到应变与应力和变温之间的关系式如下：

$$\left.\begin{aligned}\varepsilon_x &= \frac{1}{E}[\sigma_x - \mu(\sigma_y + \sigma_z)] + \alpha T\\ \varepsilon_y &= \frac{1}{E}[\sigma_y - \mu(\sigma_z + \sigma_x)] + \alpha T\\ \varepsilon_z &= \frac{1}{E}[\sigma_z - \mu(\sigma_x + \sigma_y)] + \alpha T\\ \gamma_{xy} &= \frac{2(1+\mu)}{E}\tau_{xy},\gamma_{zx} = \frac{2(1+\mu)}{E}\tau_{zx},\gamma_{yz} = \frac{2(1+\mu)}{E}\tau_{yz}\end{aligned}\right\} \tag{4-19}$$

式中：$\sigma_x,\sigma_y,\sigma_z,\tau_{xy},\tau_{yz},\tau_{zx}$ 为点(x,y)处各个方向的应力分量；$\varepsilon_x,\varepsilon_y,\varepsilon_z,\gamma_{xy},\gamma_{yz},\gamma_{zx}$ 为点(x,y)处各个方向的应变分量；E 为材料的弹性模量；μ 为材料的泊松比。

考察路面结构的几何形状及受力约束状态，与行车方向垂直向下取路面体的一个截面，以 x 轴指向与行车方向垂直的方向，y 轴指向路面体，则求解此平面内路面结构的温度应力问题属于平面应变问题，即

$$\varepsilon_z = \gamma_{yz} = \gamma_{zx} = 0 \tag{4-20}$$

代入式(4-20)则有：

$$\tau_{zx} = \tau_{zy} = 0 \tag{4-21}$$

假设板的四周被约束，升温（降温）时在 x 方向和 y 方向的热膨胀（收缩）均被限制住，因此板中将产生热应力 σ_x、σ_y，由于板被约束，每个微元体在 x 方向和 y 方向均不产生变形，即有：

$$\left.\begin{aligned}\varepsilon_x &= \varepsilon_x^e + \varepsilon_x^T = 0\\ \varepsilon_y &= \varepsilon_y^e + \varepsilon_y^T = 0\end{aligned}\right\}\text{同时}, \gamma_{xy} = 0$$

式中：ε_x^e 与 ε_y^e 为热应力引起的弹性应变；ε_x^T 与 ε_y^T 为温度引起的应变。

由热弹性的基本物理方程，并令 $\sigma_z = 0$，可得：

$$\left.\begin{aligned}\varepsilon_x &= \frac{1}{E}(\sigma_x - \mu\sigma_y) + \alpha T = 0\\ \varepsilon_y &= \frac{1}{E}(\sigma_y - \mu\sigma_x) + \alpha T = 0\\ \varepsilon_z &= \frac{-\mu}{E}(\sigma_x + \sigma_y) + \alpha T = 0\end{aligned}\right\} \tag{4-22}$$

由该式可求得：热应力 $\sigma_x = \sigma_y = -\dfrac{1}{1-\mu}E\alpha T$；热应力引起的弹性应变 $\varepsilon_x^e = \varepsilon_y^e = -\alpha T$。

将以上所有正应力代入主应力方程中

$$\left.\begin{aligned}\sigma_v^3 - I_1\sigma_v^2 + I_2\sigma_v - I_3 &= 0\\ I_1 &= \sigma_x + \sigma_y + \sigma_z\\ I_2 &= \sigma_x\sigma_y + \sigma_y\sigma_z + \sigma_z\sigma_x - \tau_{xy}^2 - \tau_{yz}^2 - \tau_{zx}^2\\ I_3 &= \sigma_x\sigma_y\sigma_z + 2\tau_{xy}\tau_{yz}\tau_{zx} - \sigma_x\tau_{yz}^2 - \sigma_y\tau_{zx}^2 - \sigma_z\tau_{xy}^2\end{aligned}\right\} \tag{4-23}$$

可求得主应力 $\sigma_1 = \sigma_2 = \sigma_x = \sigma_y, \sigma_3 = 0$。由此可求得沥青路面结构中各点的应力与应变。

4.4.3.2　温度应力计算与分析

路面结构温度应力主要来源于两个部分：一部分是由于气温降低后，路面结构收缩产生温度应力；另一部分是由于昼夜温差而使路面结构内部存在温度梯度导致各结构层产生翘曲变形引起温度应力。

缓慢降温条件下，由于温度应力在累积的过程中有所释放，因此相对较小；但在急剧降温条件下，半刚性层内来不及释放的温度应力有可能超过其断裂强度而引起低温开裂破坏。不考虑沥青混凝土的黏弹性，采用有限元软件对路面突然降温时的温度场进行数值模拟计算。

1. 计算假定

对路面结构进行热分析时，考虑材料二维情况已足够，取垂直于行车方向的一横断面建立有限元模型，对道路结构温度场、温度应力进行热分析时，作出如下假设：

（1）二维层状路面结构各层材料均为均质、弹性、各向同性的连续介质，它们的温度位移与应力的分布也是连续的。

（2）在温度应力分析中，层状路面结构各层材料的线膨胀系数不随温度改变。

（3）由于温度应力变化周期较长，变化速率缓慢，路面结构层内的温度可近似看作沿深度方向均匀分布，分别以平均温度来表示。

（4）忽略材料的起始温度和降温速率对胀缩应力的影响。

（5）表征材料特性的重要参数，如弹性模量、导热系数、泊松比和强度等，通常将它们看作不随温度而变化的常数。

2. 计算参数和有限元模型

对刚柔组合基层沥青路面结构的温度场、温度应力进行了计算。由于半刚性层开裂前后路面结构内部各点的受力情况不同,因此进行分析时又分别考虑了半刚性层开裂前和开裂后两种情况。

采用有限元程序进行温度应力计算时,刚柔组合基层沥青路面各结构层的相关参数如表4-12所示。建立相应模型时,认为土基以下1 m处的温度为0 ℃,基层长度为10 m,裂缝宽度为5 mm,三维有限元模型如图4-25所示,网格划分如图4-26、图4-27所示。

表4-12　温度应力计算参数表

结构层	厚度(cm)	弹性模量(MPa)	泊松比	导热系数(W/(m·℃))	线膨胀系数(με/℃)
沥青面层	10	1 200	0.25	1.2	21
刚柔组合基层柔性基层	10、13、16(固定时取13)	800、1 000、1 200、1 500(固定时取1 000)	0.25	1.2	21
刚柔组合基层半刚性层	25	1 300	0.25	1.1	7.7
路基(含垫层)	—	80	0.35	1.0	5

图4-25　刚柔组合基层沥青路面三维有限元模型图

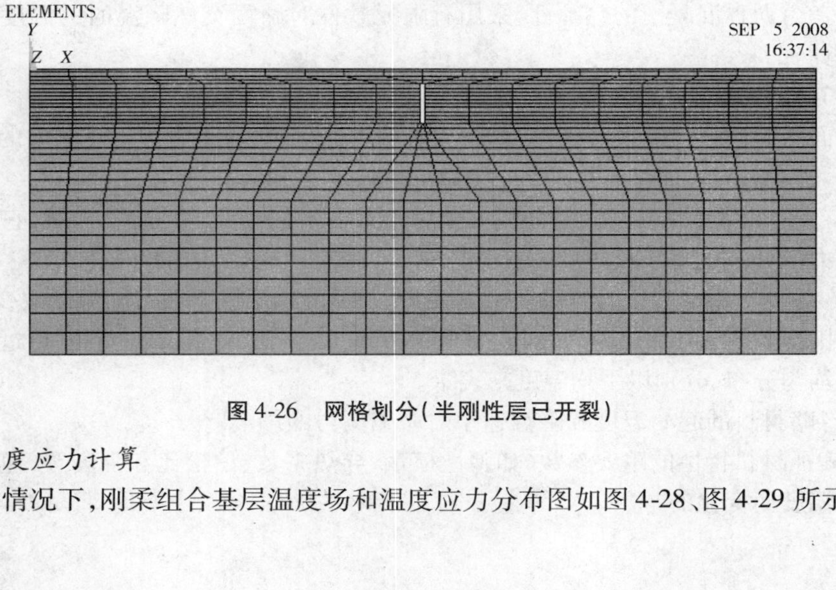

图4-26　网格划分(半刚性层已开裂)

3. 温度应力计算

两种情况下,刚柔组合基层温度场和温度应力分布图如图4-28、图4-29所示。

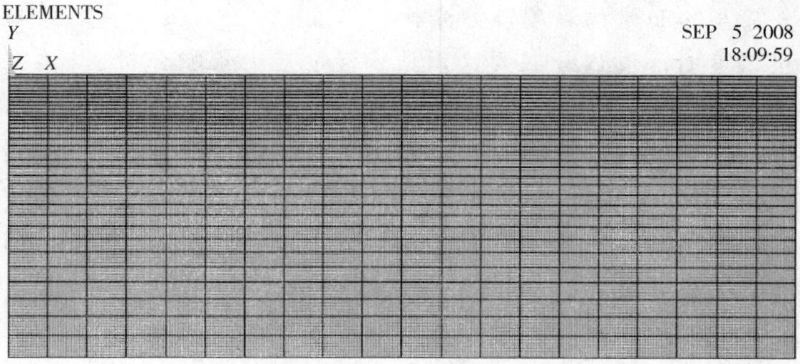

图 4-27　网格划分(半刚性层未开裂)

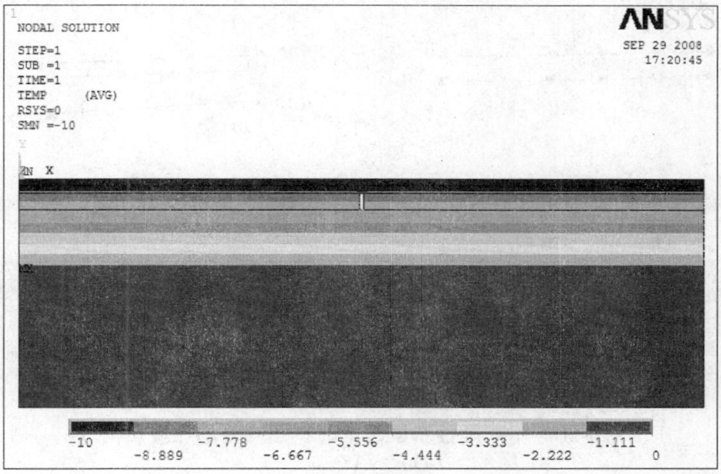

图 4-28　温度场图(半刚性层已开裂)

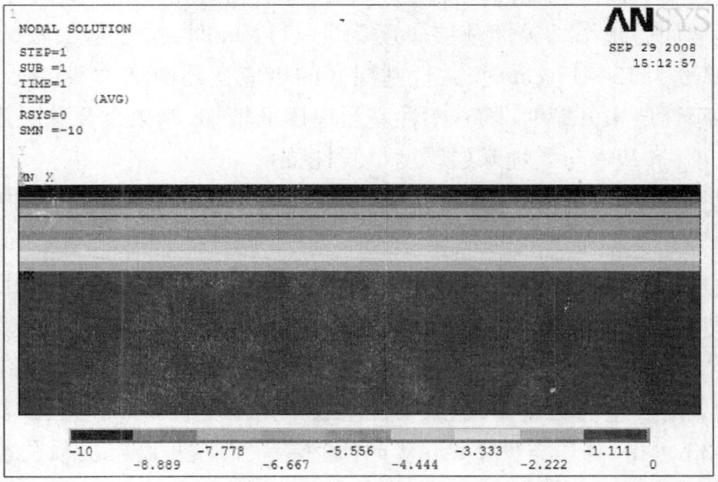

图 4-29　温度场图(半刚性层未开裂)

4. 刚柔组合基层路面结构温度应力分析

1) 柔性基层厚度对刚柔组合基层路面结构温度应力影响分析

分析图 4-30 可得：无论半刚性层是否开裂，在降温条件下，随着深度的增加，温度应力逐渐减小，且随着柔性基层厚度的增加，面层层底的温度应力亦逐渐减小。当半刚性层开裂时，柔性基层底出现了压应力，并且随着其厚度的增加先增大后减小。当柔性基层厚度为 7 ~ 11 cm 时，柔性基层底的温度应力逐渐减小，当柔性基层厚度为 13 ~ 17 cm 时，柔性基层底的温度应力显著增大，且增加的幅度大于减小的幅度。与之相反，半刚性层未开裂时，柔性基层底为拉应力，且随着柔性基层厚度的增加而逐渐减小；半刚性层底出现了压应力，且随着柔性基层厚度的增加逐渐增大。

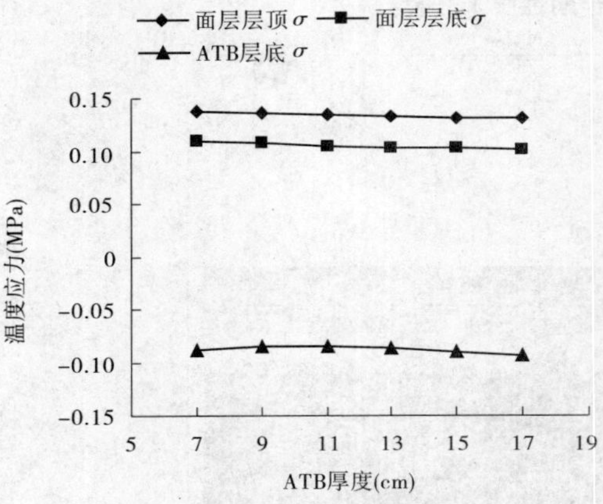

(a)半刚性层开裂

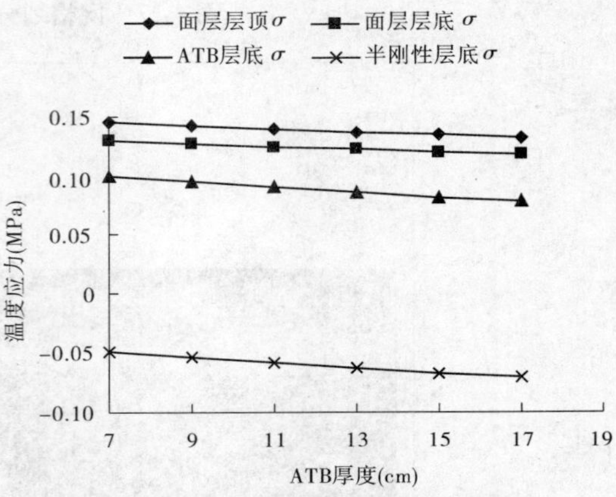

(b)半刚性层未开裂

图 4-30　不同柔性基层厚度时特征点处的温度应力 σ

分析图 4-31 可得：半刚性层开裂时，随着柔性基层厚度的增加，刚柔组合基层路面结构面层表面的应变和面层底面的应变基本不变，而柔性基层底出现了压应变，并且随着其厚度的增加先增加后减小。柔性基层厚度为 7 ~ 11 cm 时，柔性基层底的压应变逐渐减小，柔性基层厚度为 13 ~ 17 cm 时，柔性基层底的压应变逐渐增大，且增加的幅度大于减小的幅度。半刚性层未开裂时，随着柔性基层厚度的增加，刚柔组合基层路面结构特征点的应变逐渐减小，且基本与柔性基层厚度呈线性关系。

从图 4-32 可知，无论半刚性层是否开裂，随着柔性基层厚度的增加，刚柔组合基层结构面层层顶的 σ_{max} 及各层层底的 σ_{max} 均逐渐减小。同一柔性基层厚度下，半刚性层开裂后的面层层顶、层底和半刚性层底的 σ_{max} 均小于未开裂时相应的 σ_{max}。相反，对于柔性基层底 σ_{max}，开裂后 σ_{max} 明显大于未开裂时的 σ_{max}，且随着柔性基层厚度的增大，二者的差值也逐渐增大。由此说明，半刚性层的开裂对于柔性基层极为不利，大幅降温条件下，在半刚性层裂缝处易产生应力集中，造成柔性基层产生温度收缩形成反射裂缝。

分析图 4-33 可得：降温条件下，无论半刚性层是否开裂，面层层顶及各层层底的最大热应变 ε_{max} 均随着柔性基层厚度的增加而减小，且柔性基层厚度的增加对柔性基层底、半刚性层底的 ε_{max} 影响较为明显，柔性基层厚度从 7 cm 增至 17 cm 时，半刚性层开裂情况

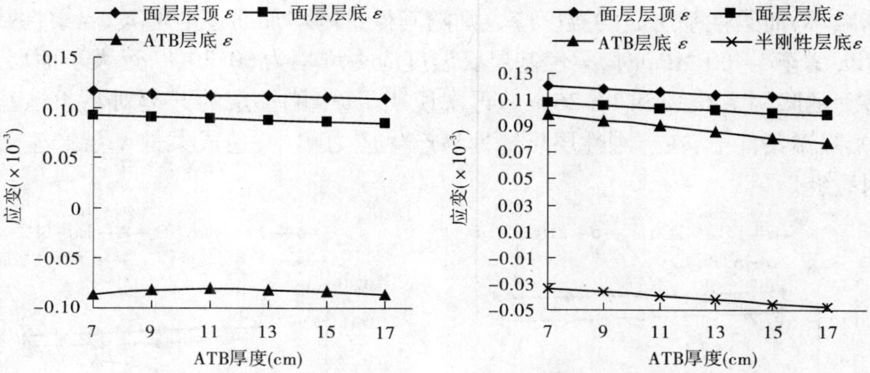

(a)半刚性层开裂　　(b)半刚性层未开裂

图 4-31　不同柔性基层厚度时特征点处的应变 ε

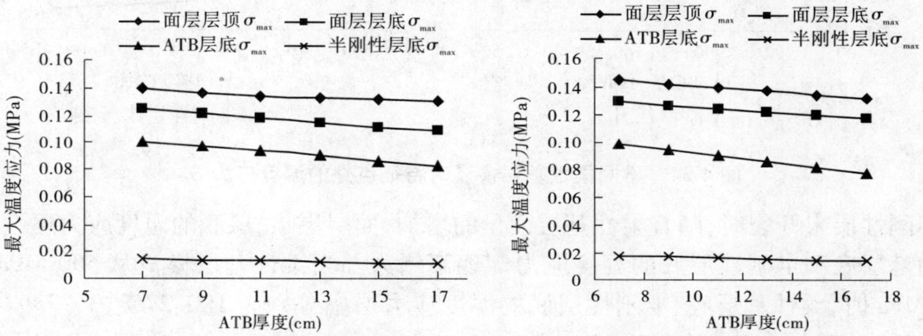

(a)半刚性层开裂　　(b)半刚性层未开裂

图 4-32　不同柔性基层厚度时面层层顶及各层层底最大温度应力 σ_{max}

下两者的降低幅度分别为 18. 73%、37. 73%，半刚性层未开裂时二者的降低幅度分别为 21. 80%、31. 91%。

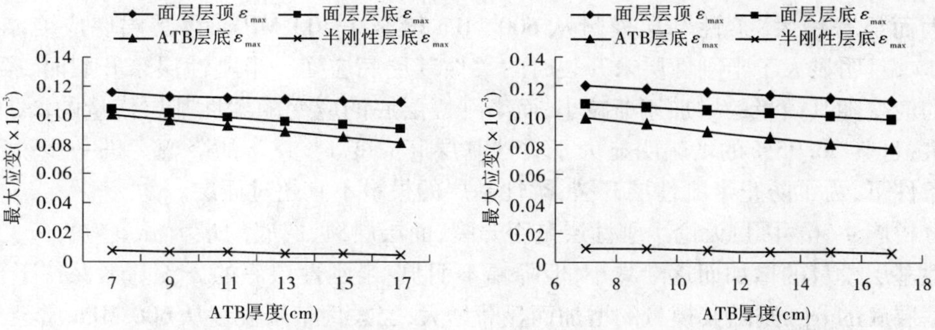

(a)半刚性层开裂　　(b)半刚性层未开裂

图 4-33　不同柔性基层厚度时面层层顶及各层层底最大应变 ε_{max}

2）柔性基层模量对刚柔组合基层路面结构温度应力影响分析

从图 4-34 可知：半刚性层开裂后，随着柔性基层模量的增加，面层层顶、层底的温度应力逐渐减小，而柔性基层底的温度应力则随其模量的增加而逐渐增大，当柔性基层模量从 600 MPa 增至 1 400 MPa 时，柔性基层底温度应力增幅为 60.39%，远大于面层层顶、层底温度应力的降幅 7.62% 和 12.26%。再次说明了，半刚性层的开裂对于柔性基层极为不利，大幅降温条件下，在半刚性层裂缝处易产生应力集中，造成柔性基层产生温度收缩形成反射裂缝。

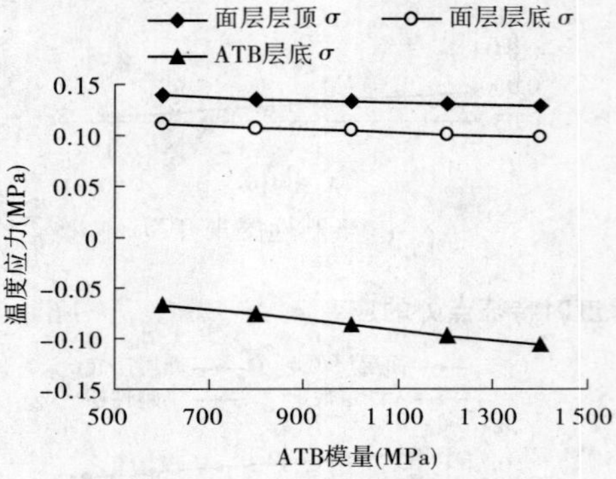

(a)半刚性层开裂

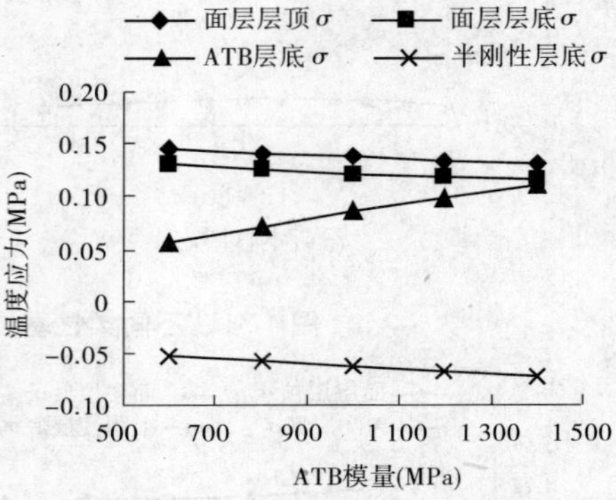

(b)半刚性层未开裂

图 4-34　不同柔性基层模量时特征点处的温度应力 σ

半刚性层未开裂时，随着柔性基层模量的增加，面层层顶、层底的温度应力逐渐减小，而柔性基层底和半刚性层底的温度应力却逐渐增大。当柔性基层模量从 600 MPa 增至 1 400 MPa 时，柔性基层底、半刚性层底的温度应力增幅分别为 100.27%、36.93%，远大于面层层顶、层底温度应力的降幅 10.70% 和 11.96%。

综上所述，无论半刚性层是否开裂，为了降低柔性基层底的温度应力，柔性基层的模量不宜超过面层。

分析图 4-35 可得：无论半刚性层是否开裂，特征点处面层层顶、层底的应变均随着柔性基层模量的增加而减小，但降幅不明显。半刚性层开裂后，柔性基层底的应变随其模量的增大而显著增大，柔性基层模量从 600 MPa 增至 1 400 MPa 时，其层底应变增幅为 31.46%，且明显大于半刚性层未开裂时的柔性基层底应变。半刚性层未开裂时，柔性基层底的应变随其模量的增加逐渐减小，而半刚性层底的应变随柔性基层模量的增加而逐渐增大，且其 36.95% 的增幅明显大于柔性基层底应变 14.18% 的降幅。进一步说明，在降温条件下，为了防止半刚性层开裂，柔性基层的模量不宜超过面层。

分析图 4-36 可得：无论半刚性层是否开裂，面层层顶、层底的最大温度应力 σ_{max} 均随着柔性基层模量的增加而逐渐减小，但降幅不明显；半刚性层底的 σ_{max} 基本保持不变，而柔性基层底的 σ_{max} 则随其模量的增加而显著增大，当柔性基层模量从 600 MPa 增至 1 400 MPa 时，其层底 σ_{max} 增幅分别为 103.79%（半刚性层开裂）和 100.27%（半刚性层未开裂），且半刚性层开裂时柔性基层底的 σ_{max} 明显大于半刚性层未开裂时柔性基层底的 σ_{max}。对柔性基层混合料而言，其模量随着温度的降低而增大，故气温越低，柔性基层底的 σ_{max} 就越大，特别是在半刚性层开裂时，刚柔组合基层内部的应力变化更加不利，会由于应力过大而产生裂缝。

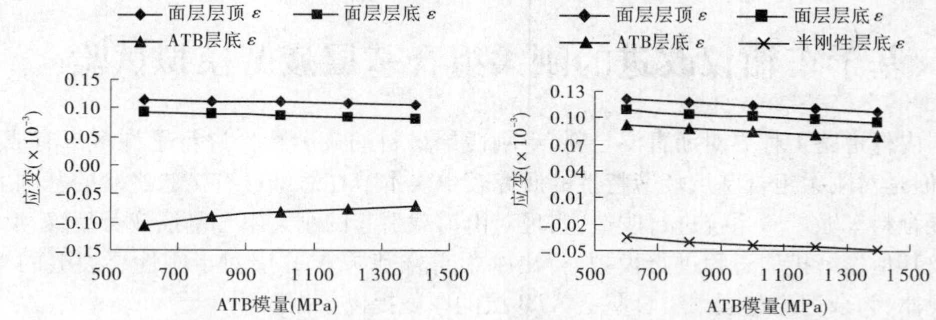

(a)半刚性层开裂　　(b)半刚性层未开裂

图 4-35　不同柔性基层模量时特征点处的应变 ε

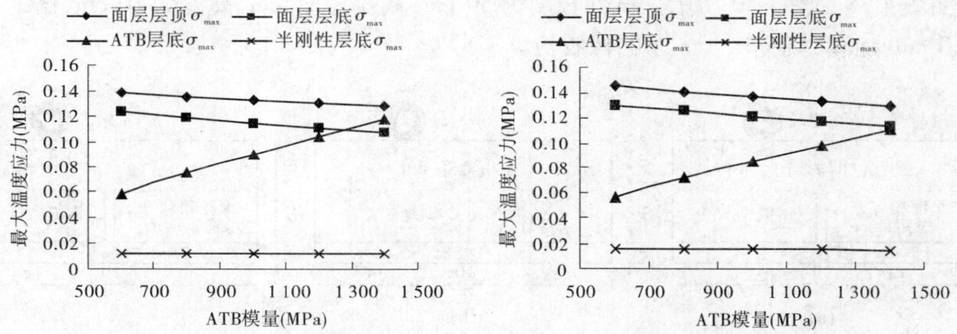

(a)半刚性层开裂　　(b)半刚性层未开裂

图 4-36　不同柔性基层模量时面层层顶及各层层底最大温度应力 σ_{max}

分析图 4-37 可得：无论半刚性层是否开裂，刚柔组合基层路面结构面层层顶、层底的最大应变 ε_{max} 随柔性基层模量的增加而逐渐减小。半刚性层开裂后柔性基层底的 ε_{max} 大于半刚性层未开裂时柔性基层底的 ε_{max}，且二者的差值随其模量的增加而逐渐增大。

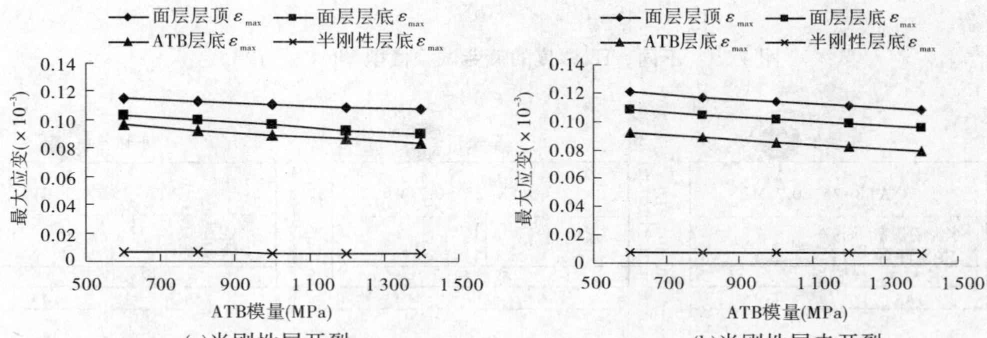

(a)半刚性层开裂　　(b)半刚性层未开裂

图 4-37　不同柔性基层模量时面层层顶及各层层底最大应变 ε_{max}

4.5　基于车辙仪改进的刚柔组合基层疲劳模拟试验

国内外道路工程界对沥青混合料、半刚性层材料的疲劳特性进行了许多卓有成效的研究，但是对刚柔组合基层疲劳特性的研究较少。本节在总结已有试验经验的基础上，对沥青混合料车辙试验系统进行改造，实现对由荷载引起的刚柔组合基层疲劳裂缝、反射裂缝以及其他裂缝扩展过程进行模拟，得出刚柔组合基层ATB层对半刚性层裂缝的缓解、消散规律，为合理确定刚柔组合基层ATB层的厚度提供依据。

4.5.1　试验模型的建立

为了模拟刚柔组合基层ATB层防止疲劳裂缝和反射裂缝的效果，拟进行三组试验模型。如图4-38～图4-40所示。试件长度为30 cm，宽度为15 cm，高度为10 cm，锯缝宽度为1.0 cm，加载时下垫2 cm厚的橡胶板。

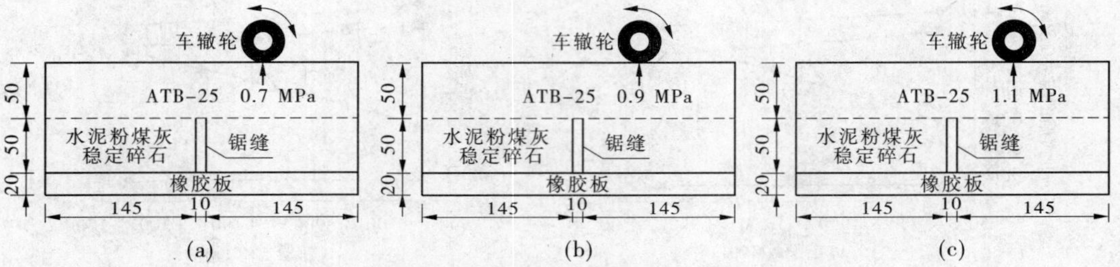

图4-38　不同载荷下疲劳试验模型　（单位：mm）

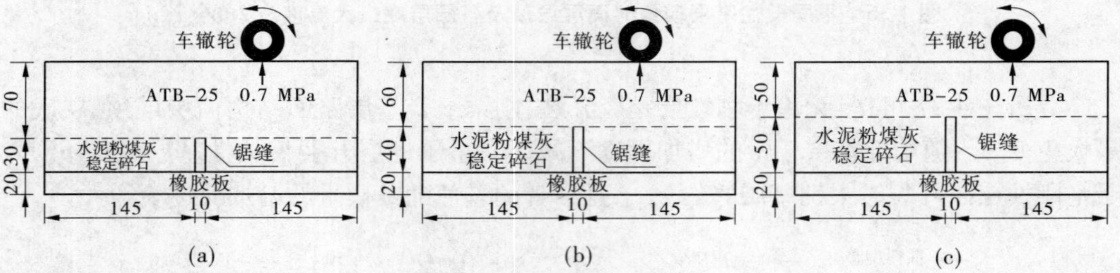

图4-39　不同ATB厚度的疲劳试验模型　（单位：mm）

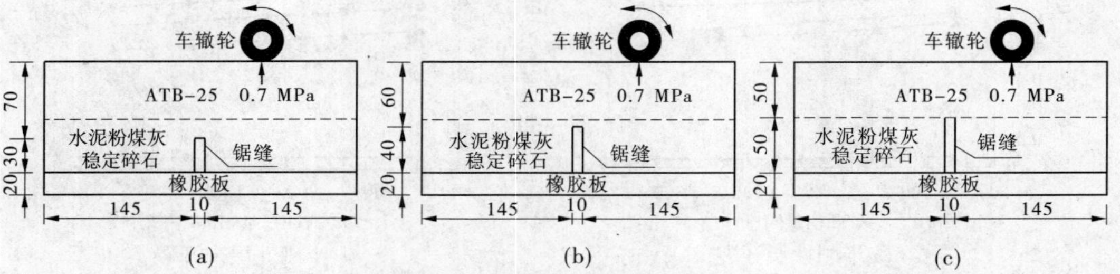

图4-40　半刚性层不同裂缝深度的疲劳试验模型　（单位：mm）

4.5.2　试件的制备

根据《公路沥青路面施工技术规范》(JTG F40—2004)对施工厚度的规定:压实厚度不宜小于骨料公称最大粒径的 2.5 ~ 3 倍,所以本试验轮碾成型采用 10 cm 和 5 cm 的车辙模具相结合。根据第 3 章和本章提供的半刚性材料、ATB 混合料级配,先成型下部厚度为 5 cm 的半刚性板(当所需层厚度不是 5 cm 时,在模具内垫上相应厚度的钢板使其总厚度为 5 cm),在标准养生条件下养生 90 d 后,将其放置到 10 cm 的模具中,打磨、洒布乳化沥青后再加铺 ATB - 25 混合料,碾压成型车辙板。将成型好的刚柔组合基层车辙板在室温(25 ± 2)℃下静置 48 h 后,切割制成 30 cm × 15 cm × 10 cm 的试件。在半刚性板底人工预制裂缝,切缝深度分别为 3 cm、4 cm 和 5 cm,宽度约 1 cm,裂缝端部切割呈楔形,便于荷载作用下集中力起裂。为便于观测,对试件侧面用石膏涂白。刚柔组合基层成型试件如图 4-41 所示。不同类型试验试件制作安排,如表 4-13 所示。

(a)　　　　(b)

图 4-41　刚柔组合基层成型试件

表 4-13　刚柔组合基层疲劳试验类型

试验类型	试件类型	组数
不同荷载作用	半刚性层厚 5 cm、ATB 层厚 5 cm、锯缝深度为 5 cm、荷载 0.7 MPa	3
	半刚性层厚 5 cm、ATB 层厚 5 cm、锯缝深度为 5 cm、荷载 0.9 MPa	3
	半刚性层厚 5 cm、ATB 层厚 5 cm、锯缝深度为 5 cm、荷载 1.1 MPa	3
不同 ATB 厚度	半刚性层厚 3 cm、ATB 层厚 7 cm、锯缝深度为 3 cm、荷载 0.7 MPa	3
	半刚性层厚 4 cm、ATB 层厚 6 cm、锯缝深度为 4 cm、荷载 0.7 MPa	3
	半刚性层厚 5 cm、ATB 层厚 5 cm、锯缝深度为 5 cm、荷载 0.7 MPa	3
不同半刚性层锯缝深度	半刚性层厚 5 cm、ATB 层厚 5 cm、锯缝深度为 5 cm、荷载 0.7 MPa	3
	半刚性层厚 5 cm、ATB 层厚 5 cm、锯缝深度为 4 cm、荷载 0.7 MPa	3
	半刚性层厚 5 cm、ATB 层厚 5 cm、锯缝深度为 3 cm、荷载 0.7 MPa	3

4.5.3 加载方式及试验观测

将刚柔组合基层试件放入全自动车辙试验仪中，试验温度为(25 ±2)℃。分三组进行试验：第一组采用不同荷载加载方式，轮压分别为0.7 MPa、0.9 MPa、1.1 MPa；第二组调整刚柔组合基层半刚性层和ATB层的厚度组合，全部采用标准载荷0.7 MPa；第三组调整刚柔组合基层半刚性层的开裂深度，预锯缝深度分别为3 cm、4 cm、5 cm，用以模拟ATB层在半刚性层不同开裂程度下，在行车荷载作用下的耐疲劳开裂性能，加载采用标准荷载。胶轮宽度为5 cm，加载周期为1.43 s，车辙轮行走速度为每分钟往返21次，如图4-42所示。

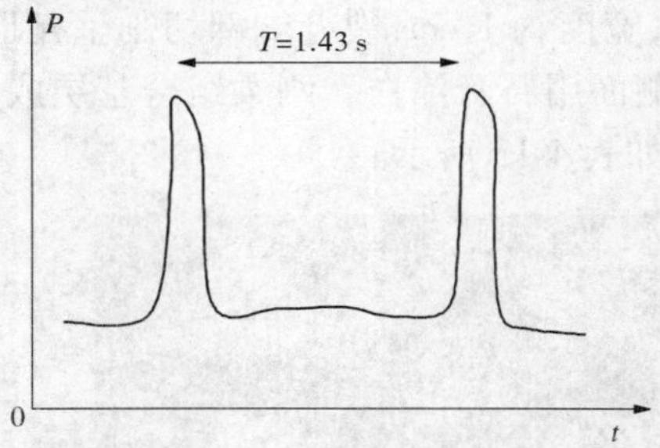

图4-42 试件加载方式

在重复荷载作用下，分别观测三种情况下刚柔组合基层结构裂缝的起裂和裂缝扩展等情况，记录不同疲劳荷载作用次数下试件中ATB层的裂缝发展情况，直至裂缝完全扩展、贯穿整个ATB层断面，试验终止。记录其作用次数，累计加载次数即疲劳寿命。记录每组类型平行试件的试验结果，计算平均值进行比较。

4.5.4 车辙疲劳模拟试验结果及分析

4.5.4.1 不同载荷作用下疲劳试验结果

不同荷载作用下试件开裂和破坏情况如图4-43、图4-44所示。车辙疲劳试验荷载作用次数对比见表4-14和图4-45。

图4-43 试件出现裂缝

图4-44 裂缝贯穿整个ATB层

表 4-14　不同载荷作用下疲劳试验结果

荷载（MPa）	试件序号	起裂次数（次）	起裂次数平均值（次）	贯穿次数（次）	贯穿次数平均值（次）	破坏次数（次）	破坏次数平均值（次）
0.7	1	2 693	2 756	28 240	31 413	41 260	45 612
	2	2 417		35 734		48 452	
	3	3 159		30 266		47 125	
0.9	1	2 128	2 337	24 415	25 187	39 045	39 231
	2	2 971		24 279		37 902	
	3	1 912		26 867		40 745	
1.1	1	1 332	1 411	17 920	15 001	28 907	28 579
	2	1 575		12 175		30 081	
	3	1 326		14 907		26 750	

注：表中的 1 次为车辙仪的胶轮行走 1 个来回。

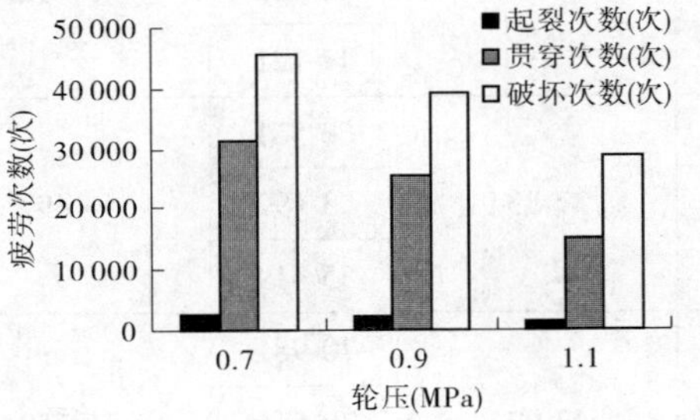

(a)

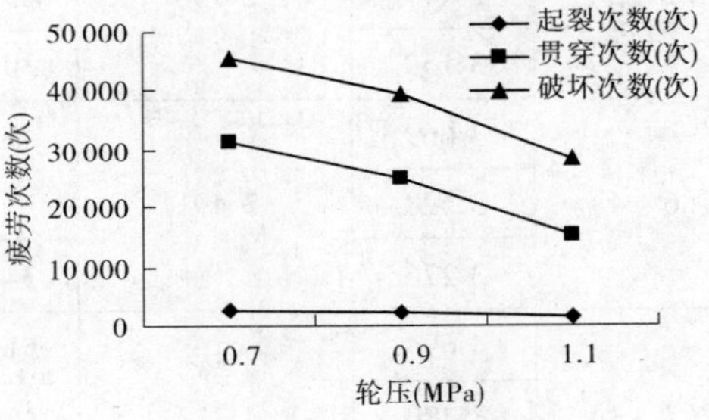

(b)

图 4-45　不同载荷下疲劳试验作用次数对比

在试验观测过程中发现：首先半刚性层预锯缝顶部开始出现细微裂缝；随着荷载作用次数的增加，裂缝逐渐变粗，并向上扩展，同时预锯缝附近一定范围内出现多条细微裂缝；当荷载作用次数超过一定值后，裂缝贯穿整个 ATB 层，并逐渐在 ATB 层表面扩展直至破坏。分析表 4-14、图 4-45，结合试验观测过程，可得出以下结论：

（1）不考虑温度、湿度的影响，在三种不同荷载作用下，半刚性层预锯缝的顶部首先出现裂缝，出现裂缝的荷载作用次数在 1 000～3 000 次之间。荷载越大，疲劳次数越小；随着作用次数的增加，裂缝逐渐向 ATB 层的表面发展，继而形成贯穿裂缝。

（2）三种破坏程度下（起裂、裂缝贯穿、破坏），疲劳次数并不是简单随着荷载的增加而呈线性减少的。当作用荷载分别为 0.7 MPa、0.9 MPa、1.1 MPa 时，对比三种荷载作用下形成贯穿裂缝时的疲劳次数可以发现，从 0.7 MPa 到 0.9 MPa，作用次数减少 6 226 次，减少约 24.7%，从 0.9 MPa 到 1.1 MPa，作用次数减少 10 186 次，减少达 40.4%。由此可见，重载会加剧路面结构的破坏，明显缩短路面结构的疲劳寿命。

（3）极少数试件在荷载作用下，裂缝并没有出现在预锯缝上方，而是出现在预锯缝附近一定的范围之内，这是因为所用的柔性基层材料为 ATB－25，级配设计时出于防止裂缝方面的考虑，粗料用量相对较多，当预锯缝上方有大粒径骨料时，裂缝则会从预留裂缝附近向上发展。

（4）试件在荷载作用下，预锯缝顶部最先出现裂缝，但并不是仅仅出现一条裂缝，而是在一定区域内形成多条微裂缝，从而延迟了主裂缝的贯穿时间，有些裂缝扩展到 ATB 层后，并没有垂直向上扩展，而是在 ATB 层中向水平方向发展，进一步延缓了裂缝的贯穿时间，证明了刚柔组合基层结构的抗裂能力和耐疲劳能力。

4.5.4.2　不同 ATB 厚度疲劳试验结果

调整半刚性层与 ATB 层的厚度，比较不同 ATB 厚度对抗裂性能的影响。不同刚柔组合基层组合类型的疲劳试验结果如表 4-15 和图 4-46 所示。

表 4-15　不同刚柔组合基层组合类型的疲劳试验结果

刚柔组合基层组合类型	起裂次数（次）	起裂次数平均值（次）	贯穿次数（次）	贯穿次数平均值（次）	破坏次数（次）	破坏次数平均值（次）
A(5+5)	2 693	2 756	28 240	31 413	41 260	45 612
	2 417		35 734		48 452	
	3 159		30 266		47 125	
B(6+4)	3 669	3 491	41 675	37 334	60 581	56 497
	3 528		35 690		53 492	
	3 276		34 638		55 419	
C(7+3)	4 694	4 330	51 480	47 976	70 981	71 750
	3 480		45 139		78 516	
	4 816		47 310		65 753	

注：括号中数字表示 ATB 厚度＋半刚性层厚度。

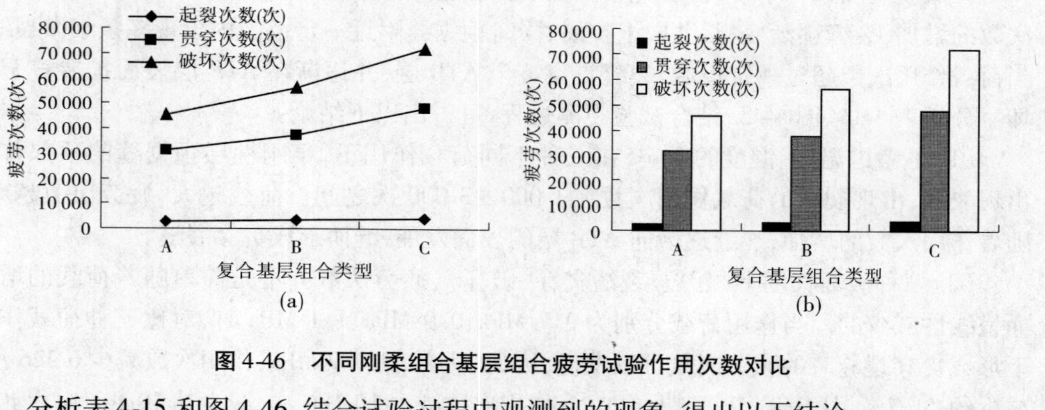

图 4-46　不同刚柔组合基层组合疲劳试验作用次数对比

分析表 4-15 和图 4-46，结合试验过程中观测到的现象，得出以下结论：

（1）同第一组试验一样，无论刚柔组合基层 ATB 厚度如何，裂缝大都从预锯缝顶部开始开裂，并逐渐向上发展。

(2)刚柔组合基层开始开裂、裂缝贯穿及试件破坏的疲劳次数随 ATB 厚度的增加而增大,从折线斜率变大可以看出,疲劳作用次数随 ATB 层厚度也不是呈线性增长,而是加速增长。比较形成贯穿裂缝的荷载作用次数可得,ATB 厚度从 5 cm 增至 6 cm 时,疲劳次数从 2 756 次增至 3 491 次,提高了 26.7%,而从 6 cm 增至 7 cm 时,疲劳次数从 3 491 次增至 4 330 次,提高了 24.0%。

4.5.4.3　不同预锯缝深度的疲劳试验结果

不同预留裂缝深度的疲劳试验结果如表 4-16 和图 4-47 所示。

表 4-16　不同预留裂缝深度疲劳试验结果

半刚性层预锯缝深度(cm)	起裂次数(次)	起裂次数平均值(次)	贯穿次数(次)	贯穿次数平均值(次)	破坏次数(次)	破坏次数平均值(次)
3	37 130	34 600	72 279	70 761	90 157	89 392
	30 178		69 419		86 195	
	36 492		70 586		91 823	
4	26 978	22 295	44 350	48 021	62 518	66 018
	23 894		50 171		69 925	
	16 012		49 543		65 611	
5	2 693	2 756	28 240	31 413	41 260	45 612
	2 417		35 734		48 452	
	3 159		30 266		47 125	

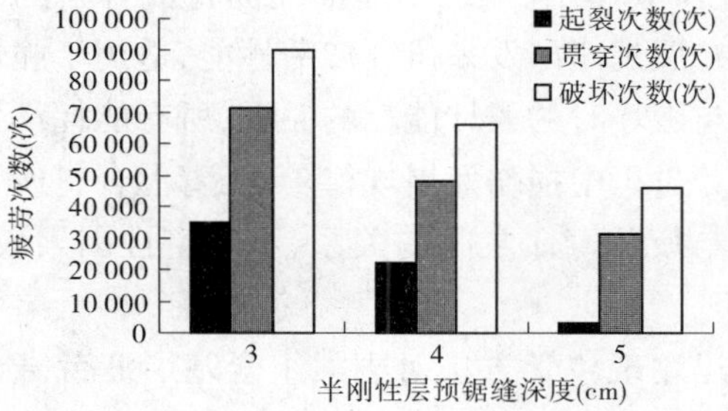

(a)

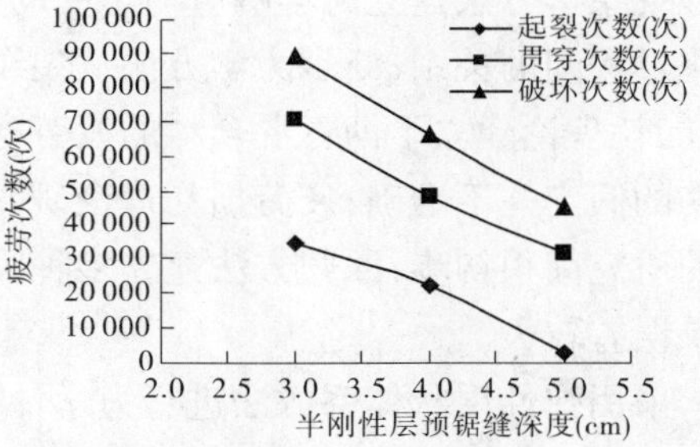

(b)

图 4-47　不同预锯缝深度的疲劳试验作用次数对比

分析表 4-16 和图 4-47,结合试验观测过程,得出以下结论:

(1)不考虑温度、湿度的影响,单纯荷载作用下半刚性层较难开裂。当锯缝深度为 3 cm时,试件起裂的疲劳次数为 34 600 次,而锯缝深度为 5 cm(即预锯缝贯穿半刚性层)时,试件起裂的疲劳次数仅为 2 756 次,后者比前者的疲劳次数降低了 92.035%。由此可见,半刚性层的开裂深度对试件寿命影响较大。所以,在铺筑刚柔组合基层 ATB 层前应对半刚性层的破损,特别是裂缝进行妥善处理。

(2)锯缝越深,试件越容易破坏。当锯缝深度从 3 cm 增至 5 cm 时,试件破坏时的疲劳次数从 89 392 次降至 45 612 次,降幅达 48.975% 。由此可见,在使用过程中,标准荷载对半刚性层的开裂影响不大,半刚性层裂缝主要以温度收缩裂缝、干燥收缩裂缝等非荷载型裂缝为主,因此在半刚性层施工过程中应采取措施减少干燥收缩裂缝、温度收缩裂缝的产生。

4.6　基于刚柔组合基层结构抗裂疲劳的柔性层最佳厚度确定

4.6.1　刚柔组合基层结构抗裂疲劳寿命计算方法

刚柔组合基层采用了较为合理的结构克服了层底弯拉应力引起的道路结构疲劳破坏,而其最不利位置往往发生在半刚性基层收缩裂缝处。由半刚性层开裂预估可见,半刚性基层早期开裂难以避免,半刚性层若在早期已出现收缩裂缝其柔性层应具有较好的抗裂性能。半刚性基层开裂后,在荷载及温度的作用下裂缝位置产生对沥青面层的尖端应力,该应力向上层的扩散速度取决于柔性基层材料的疲劳特性及尖端应力强度因子。刚柔组合基层开裂后道路结构整体受力发生较大变化,水损害问题加大对裂缝处的冲刷,沥青面层在下层贯穿裂缝的作用下加速破坏。因此,刚柔组合基层结构抗裂疲劳性能同整个路面寿命密切相关,对其抗裂疲劳寿命进行预估可有效地指导刚柔组合基层沥青路面结构设计。

疲劳寿命预估方法有现象学方法、断裂力学方法、能耗理论、疲劳损伤理论、回归方法等。现象学方法建立力学响应与承受的累计荷载作用次数,不能描述沥青混合料的疲劳演化过程间的关系;断裂力学方法从裂纹的扩展规律出发来研究疲劳性能,适用于脆性材料;能耗理论建立了沥青混合料的疲劳寿命与破坏时的累计能耗的关系,所有能耗都导致损伤的假定并不准确;疲劳损伤理论研究疲劳过程中损伤发展规律学,沥青混合料疲劳损伤的研究尚很初步;回归方法建立多种因素与疲劳寿命之间的关系,不确定性因素较多,结果误差较大。

采用弹性层状体系方法进行力学计算,运用现象学方法对刚柔组合基层疲劳寿命进行预估。刚柔组合基层沥青路面结构的疲劳破坏是由刚柔组合基层和沥青面层的疲劳破坏组成的,首先是刚柔组合基层出现疲劳开裂,并在开裂处导致面层底部出现应力集中,面层开始承受较大的拉应力作用,最终导致沥青面层的疲劳开裂。单纯以刚柔组合基层或沥青面层的疲劳破坏来确定刚柔组合基层路面结构的疲劳寿命是不可取的,分析时必须同时考虑二者的疲劳破坏。研究刚柔组合基层疲劳破坏发生后对沥青面层的受力影响及相应的沥青面层疲劳破坏的产生和发展,是符合路面实际工作状态的。如果破坏标准为允许刚柔组合基层发生的疲劳破坏扩展到沥青面层,并以面层出现疲劳开裂破坏作为控制指标,则路面疲劳寿命可以分为两个阶段。第一阶段为半刚性层的疲劳破坏,可以用面层层底拉应变指标估计其疲劳寿命,并估计面层相应的疲劳损耗;第二阶段按开裂后的

半刚性层，计算分析面层达到疲劳破坏时还能承受的疲劳寿命。刚柔组合基层路面结构的总疲劳寿命为

$$N_{\mathrm{f}} = N_{\mathrm{b}} + \left(1 - \frac{N_{\mathrm{b}}}{N_{\mathrm{AC}}}\right) N_{\mathrm{ACL}} \tag{4-24}$$

式中：N_{f} 为刚柔组合基层路面结构的总疲劳寿命；N_{b} 为按半刚性层底面拉应力计算得到的疲劳开裂时的寿命；N_{AC} 为按沥青面层底面拉应变计算得到的疲劳开裂时的寿命；N_{ACL} 为按半刚性层处于开裂状态计算得到的沥青层层底拉应变，并进而计算得到的沥青层在半刚性层开裂状态下的疲劳寿命。

由于沥青路面的疲劳主要是由交通荷载引起的，且大部分沥青路面设计方法是以交通轴重引起的疲劳破坏为设计准则的，因此本节在计算刚柔组合基层的疲劳寿命时，主要考虑交通荷载的作用。为对比分析刚柔组合基层路面结构总疲劳寿命，首先按半刚性层未开裂时，计算半刚性层底面拉应力、柔性基层和 AC 面层的底面拉应变；然后假设半刚性层已经开裂，计算柔性基层和 AC 面层的层底拉应变。

4.6.2　刚柔组合基层柔性基层最佳厚度确定计算

4.6.2.1　路面材料模量变化基本假设

路面在使用过程中，沥青的老化、开裂和细料的冲刷、析出均直接影响材料模量的变化。路面材料在使用过程中其模量值会发生变化，这一点已被研究证明，但这种模量的变化是否会影响到疲劳开裂计算的准确性，其裂化规律又是什么，则是一个需要加以深入研究的问题。为了简化计算，本节在进行刚柔组合基层疲劳寿命分析时，对半刚性层及柔性基层模量的变化进行如下假设：①在环境及交通荷载作用下，半刚性层强度基本处于稳定状态，设其模量不变；②柔性基层在其老化时回弹模量提高，而疲劳开裂使其回弹模量降低，综合考虑，设柔性基层的回弹模量不变；③沥青面层在刚柔组合基层完全开裂时，设其承受的荷载与环境作用不足以改变其回弹模量，处于稳定阶段。

4.6.2.2　刚柔组合基层结构受力分析

采用有限元计算方法，考虑半刚性层有无裂缝两种情况，柔性层与半刚性层间处于连续状态，计算半刚性层底面拉应力、柔性基层底面拉应变及沥青面层底面的拉应变。半刚性层开裂时，假设裂缝宽度为 5 mm。计算参数见表 4-17，计算结果见表 4-18、图 4-48。

表 4-17　刚柔组合基层结构受力计算参数

结构层	层厚(cm)	模量(MPa)	泊松比
AC 面层	10	1 200	0. 25
柔性基层	8、10、13、16、18	800	0. 25
半刚性层	25	1 500	0. 25
路基(含垫层)	—	80	0. 35

表 4-18　柔性基层厚度对各层层底拉应变及拉应力的影响

应力及应变	不同柔性基层厚度(cm)下的应变及拉应力				
	8	10	13	16	18
$\varepsilon_{AC}(\times10^{-3})$	0.090 2	0.095 3	0.099 8	0.103 7	0.105 9
$\varepsilon_{ACL}(\times10^{-3})$	0.112 8	0.101 9	0.102 5	0.105 6	0.107 1
$\varepsilon_{ATB}(\times10^{-3})$	0.089 4	0.085 1	0.077 6	0.072 0	0.068 0
$\varepsilon_{ATBL}(\times10^{-3})$	0.289 5	0.286 8	0.235 3	0.226 0	0.225 1
σ_{SE}(MPa)	0.215 7	0.200 5	0.178 9	0.161 7	0.151 0
σ_{SEL}(MPa)	0.376 0	0.356 7	0.328 9	0.303 1	0.287 0

注:1. ε_{AC}、ε_{ATB}分别表示半刚性层未裂时,沥青面层、柔性基层底最大拉应变;σ_{SE}表示半刚性层未裂时,半刚性层底最大拉应力。

2. ε_{ACL}、ε_{ATBL}分别表示半刚性层开裂时,沥青面层、柔性基层底最大拉应变;σ_{SEL}表示半刚性层开裂时,半刚性层底最大拉应力。

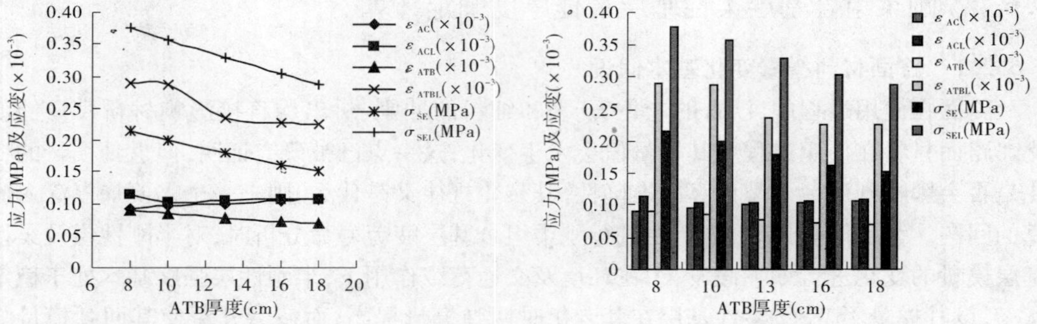

图 4-48　柔性基层厚度对各层应力应变影响

分析表 4-18 和图 4-48,可得出如下结论:

(1)刚柔组合基层半刚性层开裂后的应力应变 ε_{ACL}、ε_{ATBL}、σ_{SEL} 明显大于半刚性层未开裂时的应力应变 ε_{AC}、ε_{ATB}、σ_{SE},且开裂后的应力应变与开裂前的应力应变的差值随着柔性基层厚度的增加逐渐减小。

(2)半刚性层未开裂时,σ_{SE}、ε_{AC}和 ε_{ATB}基本与柔性基层厚度呈线性关系,随着柔性基层厚度的增加,σ_{SE}显著减小,ε_{ATB}降低幅度比较小。当柔性基层厚度从 8 cm 增至 18 cm 时,σ_{SE}从 0.215 7 MPa 降至 0.151 0 MPa,降幅高达30%,并且柔性基层厚度在 10 ~ 16 cm 范围内,σ_{SE}的降低幅度比较大。随着柔性基层厚度的增加,ε_{AC}却逐渐增加,说明在荷载作用下,当面层层底的最大弯拉应变超过材料的容许弯拉应变时,面层最先开裂,从而形成 TDC 裂缝。已有研究表明:对于刚柔组合基层沥青路面,由于刚柔组合基层材料以粒状结构为主,不承担弯拉应力,所以沥青面层承受较大的轮载弯矩,整个路面结构的极限状态可能首先出现在沥青面层底部,形成初始裂缝,然后在车轮反复作用下逐步扩展,直至沥青面层形成断裂裂缝。

(3)半刚性层开裂后,沥青面层层底的最大拉应变 ε_{ACL}先随着柔性基层厚度的增加而减小，当柔性基层厚度达到一定值之后，随着柔性基层厚度的继续增加，ε_{ACL}反而增加，说明柔性基层的厚度并非越大越好，而是存在着柔性基层的最佳厚度。

(4)半刚性层开裂后，柔性基层底的最大弯拉应变 ε_{ATBL} 和半刚性层底的最大弯拉应力 σ_{SEL} 随柔性基层厚度的增加而减小，并且当柔性基层厚度在 10 ~ 13 cm 范围内，ε_{ATBL} 降低效果比较明显。

4.6.2.3　刚柔组合基层总疲劳寿命预估及柔性基层最佳厚度确定

材料疲劳方程建立了重复加载次数与应力水平之间的关系，由于回归方法的不同而具有不同的形式，常用的形式是指数形式：$N = k(\frac{1}{\sigma})^n$，一般 n 的变化不大，对于沥青混合料，n 在 3 ~ 5 之间，对于半刚性材料，n 值在 9 左右，而 k 的变化较大。各国对半刚性层材料的疲劳寿命进行了大量研究，疲劳寿命预估公式及其适用对象见表 4-19。

本节采用弹性层状体系进行有限元力学计算，然后按照《公路沥青路面设计规范》(JTG D50—2006)疲劳方程对刚柔组合基层半刚性层材料的疲劳寿命进行预估：

$$N_f = \left(\frac{\sigma_s}{0.35\sigma_m}\right)^{\frac{1}{0.11}} \tag{4-25}$$

大部分沥青路面设计方法是以交通轴重引起的疲劳破坏为设计准则的。我国现行沥青路面设计规范对沥青面层的疲劳开裂损坏，选用底面拉应力作为验算指标，其最大拉应力不得超过该材料的容许拉应力。但采用沥青层底拉应力指标及所建立的疲劳损坏预估模型存在着一些问题。

沥青层的疲劳寿命主要受拉应变控制，而非拉应力控制。在荷载作用下，沥青混合料受到三相应力，进行分析时最好选择能反映沥青混合料三相应力的指标，所以与沥青混合料三相应力相关的最大拉应变比单一的拉应力更能反映沥青混合料的受力状况。另外，因疲劳破坏产生的裂缝不是规则的横向裂缝，而是产生在与沥青混合料最大拉应变垂直的面上，用水平方向的拉应力去分析沥青层疲劳破坏寿命不太合适。所以，用拉应变替代拉应力建立的疲劳预估模型可以更好地反映沥青层的疲劳特性。Finn 早在 1973 年就提出疲劳裂缝的预测模式：

$$N_f = k_1 \varepsilon_t^{-k_2} E^{-k_3} \tag{4-26}$$

式中：N_f 为最大重复载重作用次数；ε_t 为沥青层底部的最大拉应变；E 为沥青混凝土的回弹模量；k_1、k_2、k_3 为参数，决定参数的方式有两种，一种是进行沥青混凝土的疲劳试验，另一种是现场观测，表 4-20 列出了各国学者现场疲劳方程所建议的参数。

表 4-19　半刚性材料疲劳寿命预测模型

研究单位	疲劳公式	适用对象
美国陆军工程兵团 UFC	$\lg N_f = 9.110 - 0.0578\varepsilon_t$ 或 $N_f = \left(\frac{142}{\varepsilon_t}\right)^{20.3}$	水泥稳定类、石灰稳定类
荷兰 PAVERS	$\lg N_f = 11.782 - 12.120\left(\frac{\sigma_{bt}}{f_{bt}}\right)$ 或 $\lg N_f = 10 - 0.08\varepsilon_t$	水泥稳定类

续表 4-19

研究单位	疲劳公式	适用对象
南非 Otte 等	$N_f = 10^{\frac{1.0f_r - \sigma_m}{0.11f_r}}$	水泥稳定类、二灰稳定类
美国 Dempsey 等	$N_f = 10^{\frac{0.972f_r - \sigma_m}{0.0825f_r}}$	水泥稳定类、二灰稳定类
JTG D50—2006	$N_f = \left(\frac{\sigma_s}{0.35\sigma_m}\right)^{\frac{1}{0.11}}$	半刚性层材料
"七五"期间	$\lg N_f = 15.867 - 15.461\left(\frac{\sigma}{s}\right)$	水泥稳定土
"八五"期间	$\lg N_f = 18.315 - 15.813\left(\frac{\sigma}{R_b}\right)$	水泥稳定碎石
	$\lg N_f = 12.797 - 11.275\left(\frac{\sigma}{R_b}\right)$	水泥稳定土
武和平	$\lg N_f = 15.400 - 15.81\left(\frac{\sigma}{s}\right)$	水泥稳定碎石
	$\lg N_f = 10.99 - 11.28\left(\frac{\sigma}{s}\right)$	水泥稳定土
Shell	$\sigma = 1.332 - 0.108\lg N_f$	水泥稳定碎石、水泥稳定土
刘忠根	$\frac{\sigma}{s} = 1.0281 - 0.05851\lg N_f$ 或$\frac{\sigma}{s} = 0.9917 - 0.043211\lg N_f$	二灰稳定碎石

表 4-20 沥青路面疲劳寿命预测模型的参数

研究单位	k_1	k_2	k_3	学者(年份)
AI	0.079 6	3.291	0.854	AI(1981)
Shell	0.068 5	5.671	2.363	Shook(1982)
DAMA(AI)	0.004 325	3.291	0.854	Witczak(1983)
Belgian Road Research Center	4.92×10^{-14}	4.76	4.76	Verstraeten(1984)
UC-Berkeley	0.063 6	3.291	0.854	Craus(1984)
Transport and Road Research Laboratory	1.66×10^{-10}	4.32	0	Powell(1984)
Illinois Model	5×10^{-6}	3.0	0	Thompson(1987)
U. S. Army	478.63	5.0	2.66	Department of Defense(1988)
Indian Model	0.100 1	3.565	1.474 7	Das and Pandey(1999)
台湾国立中央大学	2.93×10^{-14}	4.15	0	廖溪坤(1999)
同济大学(低标准)	1.79×10^{-3}	2.695 4	0	孙立军等(2002)
同济大学(中标准)	7.13×10^{-4}	2.739 7	0	孙立军等(2002)
同济大学(高标准)	2×10^{-4}	2.801 1	0	孙立军等(2002)

有文献表明同济大学得出路面的疲劳特性与国外结果表现了很好的一致性，甚至基本重叠。本节采用弹性层状体系进行有限元力学计算，然后按照公式(4-27)对沥青层的疲劳寿命进行预估。计算结果见表4-21、表4-22。

同济大学低、中标准现场疲劳方程：

$$N_f = 1.79 \times 10^{-3} \varepsilon_t^{-2.6954}\text{(低标准)} \tag{4-27(a)}$$

$$N_f = 7.13 \times 10^{-4} \varepsilon_t^{-2.7397}\text{(中标准)} \tag{4-27(b)}$$

表4-21　不同柔性基层厚度下刚柔组合基层结构疲劳寿命(低标准)

疲劳寿命		不同柔性基层厚度(cm)下的疲劳寿命(万次)				
		8	10	13	16	18
N_b	σ_{SE}(MPa)	0.215 7	0.200 5	0.178 9	0.161 7	0.151
	按式(4-25)	382.919 3	744.070 8	2 097.253 7	5 257.082 5	9 795.925 0
N_{ATB}	$E_{ATB}(10^{-3})$	0.089 4	0.085 1	0.077 6	0.072	0.068
	按式(4-27(a))	14 642.589 4	16 723.258 2	21 444.688 8	26 242.126 2	30 613.184 4
N_{ATBL}	$E_{ATBL}(10^{-3})$	0.289 5	0.286 8	0.235 3	0.226	0.225 1
	按式(4-27(a))	616.773 2	632.549 0	1 078.408 5	1 202.234 4	1 215.234 6
N_f	按式(4-24)	983.56	1 348.48	3 070.20	6 218.47	10 622.30

表4-22　不同柔性基层厚度下刚柔组合基层结构疲劳寿命(中标准)

疲劳寿命		不同柔性基层厚度(cm)下的疲劳寿命(万次)				
		8	10	13	16	18
N_b	σ_{SE}(MPa)	0.215 7	0.200 5	0.178 9	0.161 7	0.151
	按式(4-25)	382.919 3	744.070 82	2 097.253 69	5 257.082 49	9 795.925 01
N_{ATB}	$E_{ATB}(10^{-3})$	0.089 4	0.085 1	0.077 6	0.072	0.068
	按式(4-27(b))	8 814.753	10 089.311	12 990.784 3	15 949.816 4	18 653.694 6
N_{ATBL}	$E_{ATBL}(10^{-3})$	0.289 5	0.286 8	0.235 3	0.226	0.225 1
	按式(4-27(b))	352.460 9	361.626 24	621.952 096	694.606 174	702.241 33
N_f	按式(4-24)	720.069	1 079.028	2 618.797	5 722.745	10 129.387

根据表4-22绘制出刚柔组合基层沥青路面疲劳寿命随柔性基层厚度变化的曲线图，见图4-49。

由表4-21、表4-22及图4-49可以看出，无论半刚性层是否开裂，刚柔组合基层沥青路面的疲劳寿命随柔性基层厚度的增加而增加，在柔性基层厚度为10～13 cm时，其疲劳寿命可满足我国沥青路面设计规范规定的重型交通累计当量轴次，当柔性基层厚度大于13 cm时其耐疲劳次数大于特重交通2.5×10^7的累计轴次。由曲线规律可见，柔性基层厚度在13 cm左右时曲线出现斜率拐点，随着柔性层厚度的增加刚柔组合基层疲劳寿命

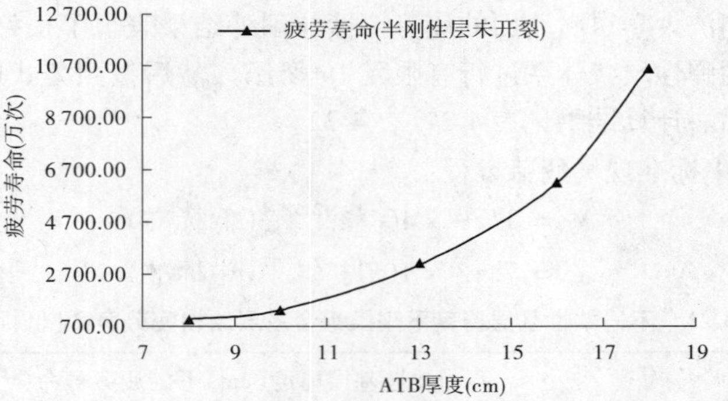

图 4-49　不同柔性基层厚度下刚柔组合基层结构疲劳寿命

增速加大。随柔性基层厚度的提高,刚柔组合基层疲劳寿命明显延长,其厚度选取应兼顾道路结构疲劳寿命综合进行。根据以上分析,在面层为 10 cm 情况下柔性基层厚度不宜小于 13 cm。

4.6.3　基于结构参数的延长刚柔组合基层路面疲劳寿命方法

在进行刚柔组合基层路面结构设计时,往往需要通过改变某结构层的设计参数,以缓解其受力状况,从而延长刚柔组合基层路面结构的疲劳寿命,因此有必要分析结构参数对刚柔组合基层路面疲劳寿命的影响。

假设各层层间处于完全连续状态,在刚柔组合基层半刚性层未开裂的情况下,分析不同因素对其疲劳寿命的影响。半刚性层开裂时,假设其开裂宽度为 5 mm。

4.6.3.1　面层弹性模量对疲劳寿命的敏感性分析

面层弹性模量对疲劳寿命的敏感性分析计算参数见表 4-23。

表 4-23　计算参数

结构层	厚度(cm)	弹性模量(MPa)	结构层	厚度(cm)	弹性模量(MPa)
沥青面层	10	800 ~ 2 000	半刚性层	25	1 000
柔性基层	8、10、13、16	1 000	路基(含垫层)	—	80

分析图 4-50 可得:任意柔性基层厚度下,刚柔组合基层路面结构的疲劳寿命随着面层模量的增加先增加后减小。当面层的弹性模量为 1 000 MPa 左右且柔性基层厚度超过 10 cm 时,路面结构的疲劳寿命达到最大;面层弹性模量相同时,路面结构的疲劳寿命随着柔性基层厚度的增加而显著增加,但增加幅度随面层弹性模量的增加而减少。大风、降温条件下,面层弹性模量逐渐增大从而显著降低路面结构的疲劳寿

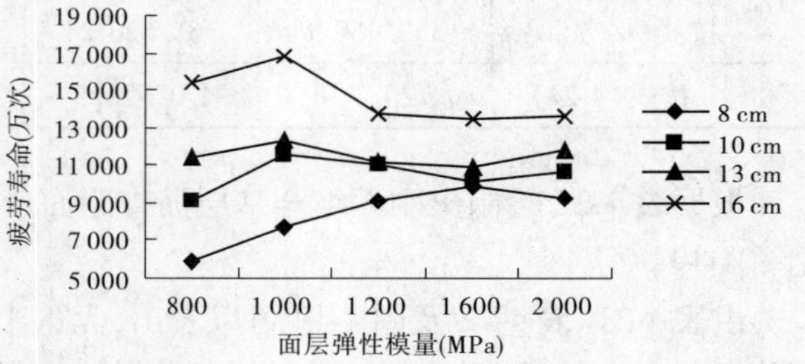

图 4-50　面层弹性模量对疲劳寿命的影响

命。因此,在进行刚柔组合基层路面结构设计时,应综合考虑经济性能,当柔性基层厚度超过 10 cm 时,面层的弹性模量在 800 ~ 1 000 MPa 范围内比较合适。

4.6.3.2　柔性基层弹性模量对疲劳寿命的影响

柔性基层弹性模量对疲劳寿命的影响分析计算参数见表 4-24。

表 4-24　柔性基层弹性模量对疲劳寿命的影响分析计算参数

结构层	厚度(cm)	弹性模量(MPa)	结构层	厚度(cm)	弹性模量(MPa)
沥青面层	10	1 000	半刚性层	25	1 000
柔性基层	8、10、13、16	600 ~ 1 400	路基(含垫层)	—	80

分析图 4-51 可得:任意柔性基层厚度下,刚柔组合基层路面结构的疲劳寿命随柔性基层弹性模量的增加先增大后减小;当柔性基层弹性模量从 600 MPa 增至 1 000 MPa 时,疲劳寿命显著最大,增至 1 200 MPa 时,疲劳寿命达到峰值,超过 1 200 MPa,疲劳寿命又开始逐渐降低,但降低幅度较小。因此,在进行刚柔组合基层路面结构设计时,应综合考虑经济性能,柔性基层的弹性模量取 1 000 ~ 1 200 MPa,以延长路面结构的疲劳寿命。

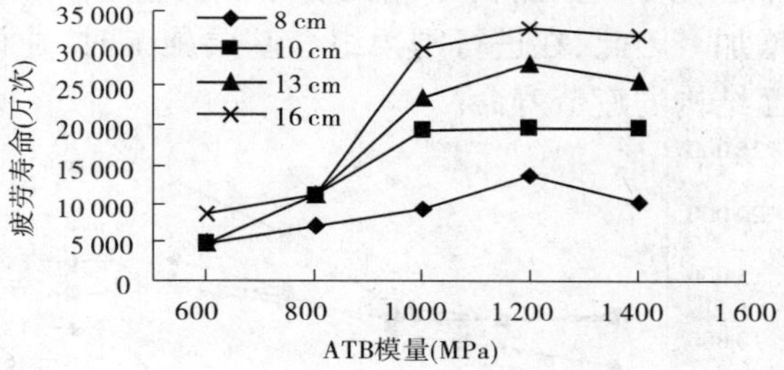

图 4-51　柔性基层模量对疲劳寿命的影响

4.6.3.3　半刚性层弹性模量对疲劳寿命的影响

半刚性层弹性模量对疲劳寿命的影响分析计算参数见表 4-25。

表 4-25　半刚性层弹性模量对疲劳寿命的影响分析计算参数

结构层	厚度(cm)	弹性模量(MPa)	结构层	厚度(cm)	弹性模量(MPa)
沥青面层	10	1 200	半刚性层	25	1 000 ~ 2 000
柔性基层	8、10、13、16	800	路基(含垫层)	—	80

分析图 4-52 可得:任意柔性基层厚度下,刚柔组合基层路面结构的疲劳寿命随着半刚性层弹性模量的增加而降低,这是由于随着半刚性层弹性模量的增大,半刚性层底的弯拉应力也逐渐增大甚至超过材料的极限劈裂强度而发生开裂,从而使结构的疲劳寿命显著降低。因此,在进行刚柔组合基层路面结构设计时,半刚性层弹性模量取 1 000 ~ 1 200 MPa比较合适。

4.6.3.4　路基(含垫层)弹性模量对疲劳寿命的影响

路基(含垫层)弹性模量对疲劳寿命的影响分析计算参数见表 4-26。

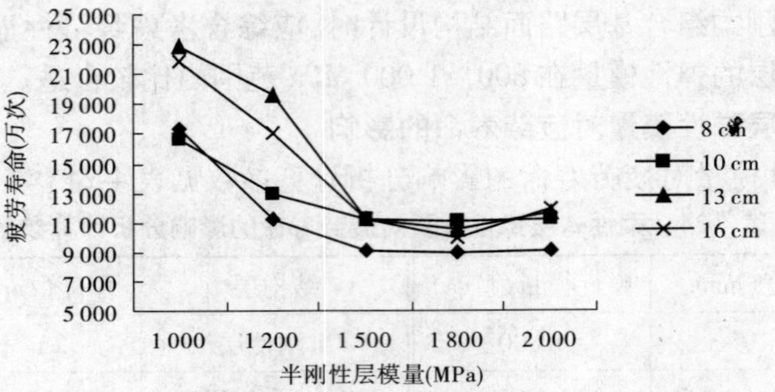

图 4-52 半刚性层模量对疲劳寿命影响

表 4-26 路基(含垫层)弹性模量对疲劳寿命的影响分析计算参数

结构层	厚度(cm)	弹性模量(MPa)	结构层	厚度(cm)	弹性模量(MPa)
沥青面层	10	1 200	半刚性层	25	1 000
柔性基层	8、10、13、16	800	路基(含垫层)	—	40 ~ 160

分析图 4-53 可得:任意柔性基层厚度下,随着路基模量的增加,刚柔组合基层路面结构的疲劳寿命大幅度增加。因此,在进行刚柔组合基层施工时,建议对路基进行加固,以延长刚柔组合基层路面结构的疲劳寿命。

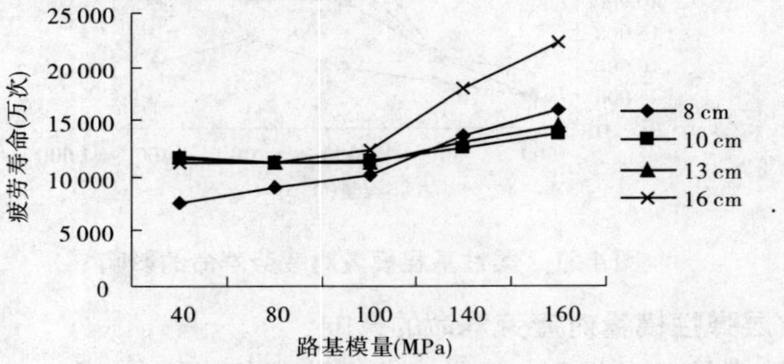

图 4-53 路基模量对疲劳寿命的影响

4.6.4 基于抗裂疲劳寿命及可靠度的刚柔组合基层柔性层最佳厚度确定

4.6.4.1 刚柔组合基层抗裂疲劳寿命预估

根据对不同柔性基层厚度下刚柔组合基层疲劳寿命预估,以我国沥青路面设计规范推荐的特重交通量进行刚柔组合基层使用年限计算如表 4-27、图 4-54 所示。其中,标准荷载累计轴次为 2.5×10^7,超载交通参照青红高速设计资料取为 6.117×10^7。

表 4-27 特重交通状况下不同柔性基层厚度的刚柔组合基层结构使用年限

疲劳计算标准	荷载状况	不同柔性基层厚度(cm)下的使用年限(年)				
		8	10	13	16	18
低标准	重型荷载	5.22	7.16	16.30	33.02	56.40
	超载交通	2.41	3.31	7.53	15.25	26.05
中标准	重型荷载	3.82	5.73	13.91	30.39	53.78

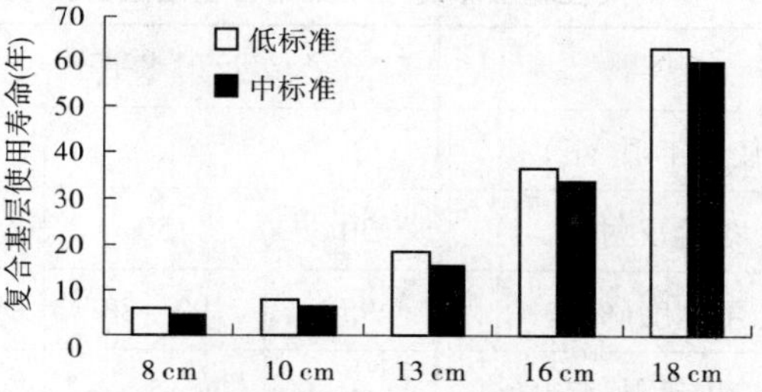

图 4-54　不同柔性基层厚度下刚柔组合基层结构疲劳寿命

由表 4-27 可见，当采用寿命预估的中标准时，在半刚性 25 cm 刚柔组合基层柔性结构疲劳寿命随其厚度增加呈较快增长趋势。当柔性基层厚度为 8 cm 时，其柔性基层疲劳寿命为 3.82 年，当厚度增加到 13 cm 时柔性抗裂基层疲劳寿命则满足该状况下 2.5×10^7 的累计轴载，使用寿命为 13.91 年，基本达到了设计年限。而相同道路结构及材料性能状况下，超载交通状况刚柔组合基层疲劳寿命较标准特重交通使用寿命降低了 60%。超载交通下8 cm柔性基层疲劳寿命仅为 2.41 年，由此不难解释传统的“4 +5 +6”半刚性基层沥青路面在超载交通情况下 2 ~3 年即出现大量反射裂缝。

当柔性基层厚度为 18 cm 时，其刚柔组合基层抗裂寿命为 26 ~63 年，可见我国在沥青路面刚柔组合基层长寿命路面结构中较为常用的“10 cm +8 cm”的沥青稳定碎石和粗粒式沥青混凝土层能够有效抵抗下层反射裂缝的发生，在 40 年的设计年限内能有效减小下层裂缝对自身的疲劳破坏，面层反射裂缝的发生可推迟在 26 年后或更长。

4.6.4.2　基于抗裂疲劳寿命及可靠度的刚柔组合基层柔性层最佳厚度确定

结合半刚性基层开裂状况分级及刚柔组合基层柔性层抗裂疲劳寿命计算，引入可靠度的理念对刚柔组合基层柔性层进行最佳厚度确定。

可靠度是指路面结构在规定的时间内，在规定的条件下，完成预定功能的能力，它包括结构的安全性、适用性和耐久性。我国规范中对可靠度设计标准有如表 4-28 规定。

表 4-28　可靠度设计标准

公路技术等级	高速公路	一级公路	二级公路	三、四级公路
安全等级	一级	二级	三级	四级
目标可靠度(%)	95	90	85	80
目标可靠指标	1.64	1.28	1.04	0.84
变异水平等级	低	低 ~ 中	中	中 ~ 高

由于半刚性基层收缩裂缝 50% ~80% 为早期开裂，刚柔组合基层柔性层使用过程中对下层开裂位置处的抗开裂疲劳能力成为其设置的关键，基层的抗裂疲劳将最终导致下层裂缝的上层反射，因此以裂缝反射率为控制指标保证柔性基层使用过程的结构功能。

根据刚柔组合基层柔性层抗裂疲劳寿命预估计算，不同厚度下柔性基层疲劳开裂可靠度如表 4-29 所示。不同柔性基层厚度裂缝反射率见表 4-30。不同开裂状况半刚性基层上铺柔性层厚度见表 4-31。

表 4-29　不同柔性基层厚度下刚柔组合基层疲劳开裂可靠度

柔性层厚度(cm)	裂缝反射水平				
8	使用年限(年)	3	5	7	9
	裂缝反射率	30	50	70	90
	可靠度(%)	95	90～80	80～60	60～50
10	使用年限(年)	3	5	7	9
	裂缝反射率	15	30	50	90
	可靠度(%)	95	90～80	80～60	60～50
13	使用年限(年)	5	9	12	15
	裂缝反射率	5	15	30	50
	可靠度(%)	95	90～80	80～60	60～50
16	使用年限(年)	5	15	25	35
	裂缝反射率	0	10	25	50
	可靠度(%)	95	90～80	80～60	60～50
18	使用年限(年)	5	15	30	45
	裂缝反射率	0	5	20	50
	可靠度(%)	95	90～80	80～60	60～50

表 4-30　不同柔性基层厚度裂缝反射率

柔性层厚度(cm)	使用年限(年)					
	3	5	10	15	20	30
8	31.6	55.6～62.5	87.5～100	100.0	—	—
10	15.8	33.3～37.5	62.5～85.3	100.0	—	—
13	0	5.3	16.7～18.8	45～66.5	—	—
16	0	0～5	0～10	11.1～12.5	31.3～41.7	37.5～50
18	0	0	0～5	5.6～6.3	10～20	25～33.3

为保证刚柔组合基层沥青路面面层结构完整及功能发挥，以 15 年为设计年限时，一般在 8 年即进行养护性中修。因此，刚柔组合基层柔性层厚度设计中控制 8 年使用寿命下刚柔组合基层柔性层每千米反射裂缝量不大于 20 条。柔性裂缝数量的降低能够显著降低沥青面层反射开裂状况及因基层开裂造成的基层水损害。

表 4-31　不同开裂状况半刚性基层上铺柔性层厚度

半刚性层开裂等级描述		每公里半刚性层裂缝数(条)	柔性基层厚度(cm)
1	严重	>200	16～18
2	较为严重	100～200	15～16
3	中等	40～100	13～15
4	较为良好	20～40	10～13
5	良好	<20	10

注:表中所推荐柔性基层厚度为在上面层为 10 cm 沥青混凝土的情况下的柔性基层厚度,实际设计过程可控制柔性基层＋沥青面层沥青层总厚度。

4.7　本章小结

本章系统研究了刚柔组合基层结构组合理论,对刚柔组合基层结构荷载内力敏感性、刚柔组合基层抗裂性能、刚柔组合基层温度应力等进行了计算分析,结合半刚性材料层抗裂分级及现象学法刚柔组合基层沥青路面疲劳寿命预估模型,提出了基于抗裂疲劳寿命及可靠度的刚柔组合基层柔性层最佳厚度确定方法。

(1)系统研究了沥青混合料抗裂性能评价指标,分析了裂缝尖端强度因子随沥青混合料骨料粒径、回弹模量及温度收缩系数等的变化规律及不同混合料耐疲劳性能,首次综合各影响因素采用相对抗裂指数法定量评价了不同沥青混合料的抗裂性能。

①粗骨料粒径 30 mm 时裂缝尖端强度因子较粗骨料粒径为 25 mm 时降低 12.3%。大粒径的骨料及提高骨料比例,能够有效降低裂缝处的尖端强度因子。

②柔性层开裂初期,大粒径沥青稳定碎石层底裂缝尖端强度因子较小,随着裂缝的发展,大粒径沥青碎石裂缝发展速度则较快,而模量相对较低的级配碎石及开级配沥青稳定碎石则对反射裂缝的延缓性能较好。

③密级配沥青稳定碎石温度收缩系数小于普通沥青混凝土,且随着其骨料粒径的增大、骨架骨料比例的增加沥青稳定碎石温度收缩系数相应降低。

④密级配沥青混凝土 AC－30 的荷载疲劳次数平均达到 40 985 次,ATPB－30 的荷载疲劳次数最小,平均只有 5 684 次,相差近 7 倍。混合料疲劳寿命随着公称粒径的增大而呈降低趋势,AC－30、ATB－30 均分别比 AC－25、ATB－25 疲劳寿命降低 29.1%、18.8%。

⑤提出了不同影响因素下柔性材料抗裂性能的相对抗裂指数评价方法,综合各影响因素,结合德尔菲法加权系数确定了柔性材料抗裂性能综合指数公式:

$$I^{*}_{柔性材料} = \sum I_i A_i a$$

⑥ATB、LSM、ATPB、级配碎石四种材料综合抗裂指数分别较密级配沥青混凝土提高 5.1%、8.7%、10.7% 及 10.1%,三种类型的改性沥青混合料分别较密级配沥青混凝土提高 26.1%、30.4% 及 32.8%。刚柔组合基层结构选用抗裂性能较好的材料及采用改性沥

青混合料能较大程度提高柔性层的抗裂性能。

(2)全面分析了刚柔组合基层结构内力敏感性，对不同轴载、不同柔性基层、半刚性基层、路基模量及厚度下刚柔组合基层结构内力规律进行了分析，提出了考虑结构内力敏感性的刚柔组合基层厚度、模量设计范围。

①通过对不同轴载下刚柔组合基层结构内力变化规律分析，重载对刚柔组合基层结构受力不利，当轴载从 100 kN 增至 300 kN 时，l_d、ε_{AC}、ε_{ATB}、σ_b 的增幅均在 200% 左右，荷载对刚柔组合基层内应力影响明显。

②柔性基层模量大于 800 MPa 能显著降低 ε_{AC}，考虑到模量增加超过 1 200 MPa 后，面层应变的减小对面层意义较小，推荐柔性基层模量在 800 ~ 1 200 MPa 之间。随着柔性基层厚度的增加，轮隙中心处的 l_d、ε_{ATB} 及 σ_b 逐渐减小，而 ε_{AC} 却逐渐增大，且 ε_{AC} 和 σ_b 变化幅度较大，建议可在允许范围内增加柔性基层厚度。

③当半刚性层厚度从 20 cm 增至 29 cm 时，ε_{ATB}、σ_b 降低幅度比较大，降低效果分别为 2.067%/cm、2.988%/cm，超过 29 cm 后，降低效果则显著减小，综合考虑经济及施工因素建议半刚性层厚度在 32 ~ 36 cm 范围内。综合考虑半刚性层模量对 ε_{AC} 和 σ_b 的影响，推荐半刚性层的模量不超过 1 300 MPa。

④综合考虑路基模量对刚柔组合基层结构内力的影响和经济性，推荐刚柔组合基层沥青路面路基模量范围为 80 ~ 120 MPa。

(3)深入研究了柔性基层的抗裂力学特性，分析了不同厚度及模量下柔性基层荷载应力的变化规律，提出了考虑抗裂力学的柔性基层结构参数要求。

①通过对不同柔性层模量下刚柔组合基层抗裂力学分析，采用提高柔性基层模量以减小沥青面层的应力是不经济合理的。当柔性基层模量从 600 MPa 增加至 1 000 MPa，σ_e 减小 1.16%，当柔性基层模量从 1 000 MPa 增加至 1 400 MPa，σ_e 仅减小 0.46%。

②通过对不同柔性层厚度下刚柔组合基层抗裂力学分析，当柔性基层达到一定厚度后，应配合其他防裂措施以取得良好的效果。当柔性基层厚度从 8 cm 增至 13 cm，σ_e 减少了 14.4%，当柔性基层厚度从 13 cm 增至 18 cm，σ_e 仅减少了 6.2%。

(4)采用二维热弹性层状理论体系温度场计算方法，进行了刚柔组合基层沥青路面结构的温度场、温度应力分析，结合温度应力变化规律，提出了考虑温度应力的柔性基层设计参数及标准。

(5)首次提出了基于车辙仪改进的刚柔组合基层疲劳模拟试验方法，进行了不同荷载、不同刚柔组合基层厚度及不同锯缝深度下的疲劳模拟试验，得到了刚柔组合基层柔性层不同荷载及半刚性层开裂状况下柔性层厚度范围。

基于车辙仪的刚柔组合基层车辙疲劳模拟试验表明，荷载、柔性基层厚度及半刚性基层开裂情况是影响刚柔组合基层抗裂疲劳的关键因素。当荷载从 0.7 MPa 到 0.9 MPa，作用次数减少 6 226 次，减少约 24.7%，从 0.9 MPa 到 1.1 MPa，作用次数减少 10 186 次，减少达 40.4%。当 ATB 厚度从 5 cm 增至 6 cm 时，疲劳次数从 2 756 次增至 3 491 次，提高了 26.7%，而从 6 cm 增至 7 cm 时，疲劳次数从 3 491 次增至 4 330 次，提高了 24.0%。当锯缝深度从 3 cm 增至 5 cm 时，试件破坏时的疲劳次数从 89 392 次降至 45 612 次，降幅达 48.975%。

(6)建立了采用现象学的刚柔组合基层总体疲劳寿命预估模型,对刚柔组合基层沥青路面结构进行了疲劳寿命预估,分析了基于总体疲劳寿命的刚柔组合基层结构参数变化规律,首次提出了基于疲劳寿命的刚柔组合基层结构参数确定范围。

当采用寿命预估的中标准时,在半刚性 25 cm 刚柔组合基层柔性结构疲劳寿命随其厚度增加呈较快增长趋势。当柔性基层厚度为 8 cm 时,其柔性基层疲劳寿命为 4.28 年,当厚度增加到 13 cm 时柔性抗裂基层疲劳寿命则满足该状况下 2.5×10^7 的累计轴载,使用寿命为 15 年,达到了设计年限。

(7)结合刚柔组合基层抗裂疲劳寿命预估年限,采用可靠度的设计理念,确定了不同厚度下柔性层反射裂缝率,首次提出了基于抗裂疲劳及可靠度的刚柔组合基层柔性层最佳厚度确定方法,推荐了基于抗裂疲劳及可靠度的刚柔组合基层路面柔性基层的厚度。

第 5 章　刚柔组合基层层间结合状态及材料研究

5.1　刚柔组合基层层间结合状况研究

沥青路面刚柔组合基层作为半刚性基层同柔性基层相结合的路面基层结构，其内部“柔性基层—半刚性基层”层间结合状况较大程度上影响到路面结构工作状况。本章采用计算模型对刚柔组合基层路面结构进行分析，旨在确定其层间理论工作状态。

5.1.1　沥青层层间结合状况分析模型

5.1.1.1　计算模型

刚柔组合基层沥青路面在行使的车轮荷载重复作用下，路面结构各点处于不同的应力状态，见图 5-1。路面表面 *A* 点，当车轮驶近时受拉，车辆直接作用时受压，车轮驶过后又受拉；半刚性基层底部 *C* 点，车轮驶近时受压，车辆直接作用时受拉，车轮驶过后又受拉；而沥青层底部 *B* 点，应力应变状态会随着路面使用状况而发生变化，开始时与 *A* 点相似，但超过某一点界点时，状态与 *C* 点相似。*A*、*B* 和 *C* 点的应力变化如图 5-2 所示。

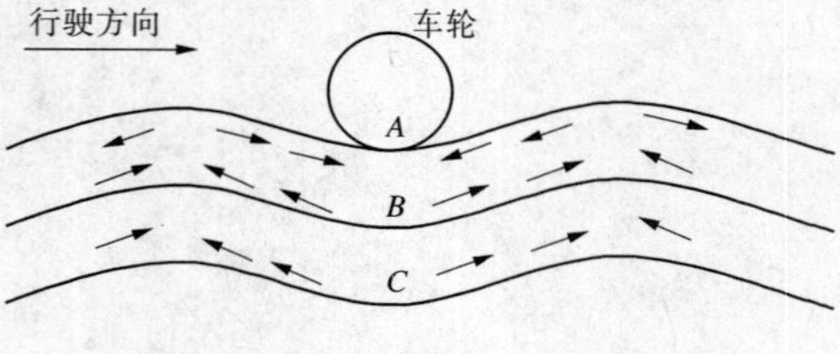

图 5-1　路面车轮下的受力状态

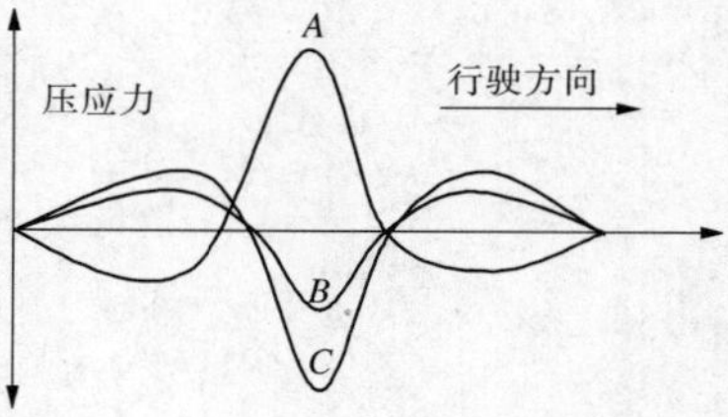

图 5-2　*A*、*B* 和 *C* 点随时间的变化

每次小应力作用时，混合料都会在拉应力的作用下产生裂缝，内部出现应力松弛，长期处于应力应变交替变化状态，结构强度将逐渐下降。当荷载重复作用超过一定次数以后，在荷载作用下产生的应力就会超过强度下降后的结构抗力，产生疲劳断裂破坏。

在荷载作用下，沥青混合料受到三相应力，所以进行分析时最好选择能反映沥青混合料三相应力的指标，所以与沥青混合料三相应力相关的最大拉应变比单一的拉应力更能反映沥青混合料的受力状况。另外，因疲劳破坏产生的裂缝不是规则的横向裂缝，而是产生在与沥青混合料最大拉应变垂直的面上，所以用水平方向的拉应力去分析也不太合适。

因此，把沥青混合料的最大拉应变作为分析沥青层疲劳破坏的指标，即拉应变较大的区域就是沥青层主要抗疲劳破坏区域。

5.1.1.2　路面结构及计算参数

本章依据河北省邯郸市青红高速公路展开研究，该高速公路 15 年内累计当量轴次为

2.74×10^7 次/车道,拟采用的刚柔组合基层沥青路面结构组合及设计参数见表 5-1。

表 5-1　路面结构及设计参数

结构层	厚度(cm)	弹性模量 E(MPa)		劈裂强度(MPa)	泊松比
		弯沉计算	非弯沉计算		
AC-16	5	1 400	1 800	1.6	0.25
AC-25	8	1 200	1 600	1.0	0.25
ATB-25	12	1 200	1 400	0.8	0.25
水泥粉煤灰稳定碎石(3 MPa)	18	1 400	1 600	0.5	0.25
水泥粉煤灰稳定碎石(2.5 MPa)	30	1 000	1 200	0.4	0.25
土基	—	100			0.35

5.1.1.3　BISAR3.0 力学计算点

BISAR3.0 力学计算点见图 5-3。

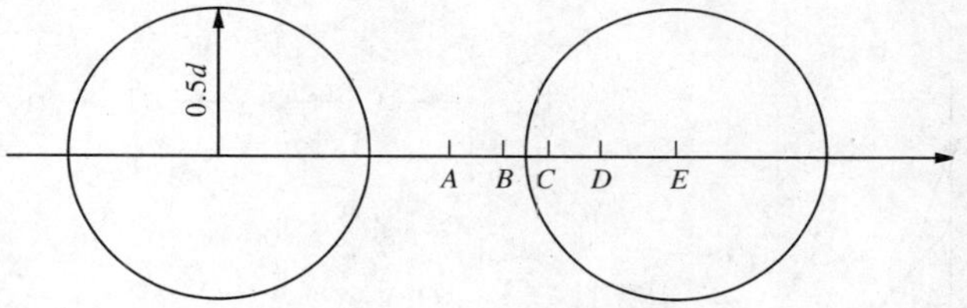

注:A 点坐标为($x=0,y=0$);B 点坐标为($x=3.55$ cm,$y=0$);C 点坐标为($x=7.1$ cm,$y=0$);D 点坐标为($x=10.65$ cm,$y=0$);E 点坐标为($x=15.98$ cm,$y=0$)

图 5-3　BISAR3.0 力学计算点

5.1.1.4　层间接触状况

因路面各结构层材料不同、施工先后不同,在道路实际使用过程中,层间界面黏结比较薄弱,尤其是沥青混凝土层与半刚性基层之间更为薄弱,即层间的联结状况不是完全连续的。因此,对路面结构进行受力分析时,应该考虑各结构层之间的接触情况。

所以,假设刚柔组合基层内部沥青层和半刚性层之间取连续、部分连续和完全光滑三种情况,其余各层之间完全连续。BISAR3.0 程序中的界面联结系数当两个界面完全连续时取值为 0,部分连续时取 0.5,光滑时取值为 1.0。

5.1.2　不同层间结合状况应变分析

5.1.2.1　柔性层与半刚性基层连续

假设刚柔组合基层沥青路面各层之间完全连续,各计算点最大拉应变随深度变化规律见表 5-2 和图 5-4。

表 5-2 各层完全连续时 A、B、C、D、E 点拉应变随深度变化规律

深度（cm）	各点的拉应变（$\mu\varepsilon$）				
	A	B	C	D	E
0	98.1	276.7	195.7	103.7	50.0
2	71.9	40.2	100.3	58.2	8.6
4	69.5	-4.4	25.0	29.6	0.1
8	22.8	11.3	21.2	32.7	45.4
10	27.5	27.6	36.1	47.0	59.7
13	35.1	35.9	41.5	49.3	58.5
16	36.5	37.5	41.3	46.3	52.2
19	34.5	35.6	38.1	41.3	44.7
23	28.9	29.9	31.4	33.0	34.4

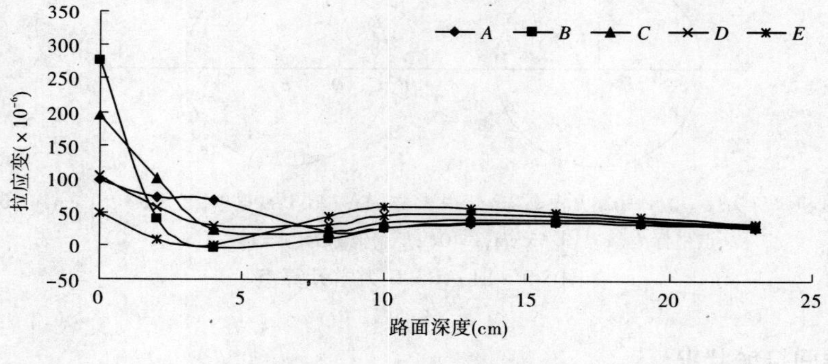

图 5-4 各层完全连续时 A、B、C、D、E 点拉应变变化规律

由表 5-2 和图 5-4 可知，A、B、C、D 点的最大拉应变分别为 98.1 $\mu\varepsilon$、276.7 $\mu\varepsilon$、195.7 $\mu\varepsilon$、103.7 $\mu\varepsilon$，最大值位置均在路表面；在 E 点最大拉应变值为 $\varepsilon_E = 59.7$ $\mu\varepsilon$，最大值位置在 $Z = 10$ cm，即在面层底部。综合以上分析可知，当沥青路面各层完全连续时，沥青层最大拉应变较大区域主要在上面层，而且最大值比上基层大很多，所以可以推出此时沥青层抗疲劳破坏的主要区域是上面层。

5.1.2.2 **柔性层与半刚性基层部分连续**

假设沥青层与半刚性基层之间部分连续，其余各层均连续，各点的拉应变随路面深度变化规律见表 5-3 与图 5-5。

表 5-3　上基层与下基层部分连续时 *A*、*B*、*C*、*D*、*E* 点拉应变随深度变化规律

深度（cm）	各点的拉应变（με）				
	A	*B*	*C*	*D*	*E*
0	96.0	274.3	194.2	102.6	49.5
2	73.1	40.1	99.0	56.4	7.2
4	69.6	-4.0	26.0	29.1	-0.9
8	22.0	16.9	27.1	38.8	51.7
10	36.5	37.1	45.8	56.8	69.5
13	50.6	51.8	57.6	65.5	74.5
16	60.9	62.4	66.4	71.5	77.0
19	71.9	73.6	76.5	79.8	82.8
23	94.5	96.3	99.0	102.0	103.8

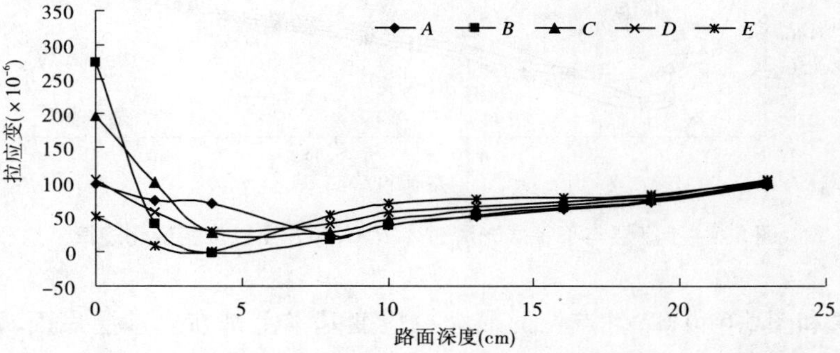

图 5-5　上基层与下基层部分连续时 *A*、*B*、*C*、*D*、*E* 点拉应变变化规律

由表 5-3 和图 5-5 可知，*A* 点、*B* 点、*C* 点最大拉应变分别为 96.0 με、274.3 με、194.2 με，最大值位置在路表，不过在上基层底面也分别达到 94.5 με、96.3 με、99.0 με。*D* 点最大拉应变位于路表与上基层底面，为 102.6 με；*E* 点的最大拉应变位于上基层底面，为 103.8 με。综合以上分析可知，当沥青层与半刚性基层之间部分连续，其他各层均完全连续时，沥青路面拉应变较大区域在路表与上基层，即此时沥青层抗疲劳破坏的主要区域是路表和上基层。

5.1.2.3　柔性基层与半刚性基层完全光滑

假设沥青层与半刚性基层完全光滑，其他各层完全连续，各点的拉应变随路面深度变化规律见表 5-4 和图 5-6。

表 5-4 上基层与下基层光滑时 A、B、C、D、E 点拉应变随深度变化规律

深度（cm）	各点的拉应变（με）				
	A	B	C	D	E
0	100.5	277.8	196.3	103.6	49.4
2	71.4	42.9	105.5	60.3	8.7
4	65.6	-11.1	36.5	37.4	4.1
8	37.2	37.9	48.5	60.6	74.4
10	61.8	63.3	72.3	83.8	97.1
13	84.8	86.6	92.8	101.0	110.5
16	105.0	107.7	111.9	117.4	123.0
19	129.2	132.1	135.4	139.0	141.9
23	176.4	179.6	182.9	186.3	187.7

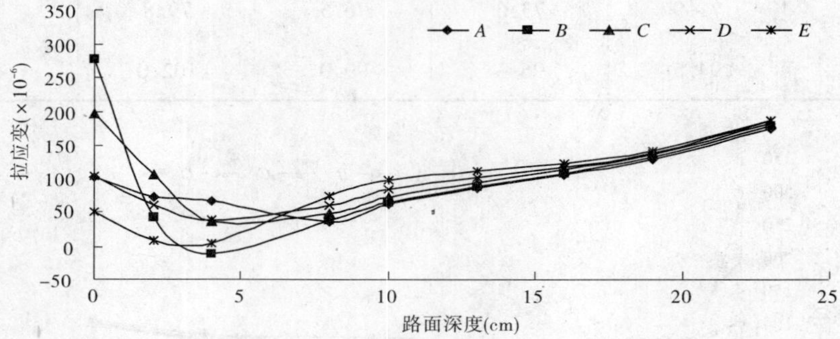

图 5-6 上基层与下基层光滑时 A、B、C、D、E 点拉应变变化规律

由表 5-4 和图 5-6 可知，各点位的最大拉应变基本上都在上基层底面，而且都比较大，分别为 176.4 με、179.6 με、182.9 με、186.3 με、187.7 με。当上基层与下基层完全光滑，其他各层均完全连续时，沥青路面拉应变较大区域在上基层，即此时的沥青面层抗疲劳破坏最大区域是上基层。

以上对刚柔组合基层层间的三种接触状态下的抗疲劳破坏区域进行了分析，可得到以下结论：①当沥青路面各层完全连续时，沥青层抗疲劳破坏主要区域是沥青上面层；②当刚柔组合基层间部分连续，其他各层均完全连续时，沥青层抗疲劳破坏主要区域是上面层与上基层；③当刚柔组合基层层间光滑，其他各层完全连续时，沥青层抗疲劳破坏主要区域是上基层。

5.1.3 层间接触对刚柔组合基层的影响

从图 5-7 和图 5-8 可以看出，刚柔组合基层层间接触对沥青层拉应变的影响随深度增加而增大，刚柔组合基层内部“柔性层—半刚性层”层间结合状况对沥青面层影响较

大。在轮隙中心处，完全连续时的上基层层底的最大拉应变为 28.9 με，完全光滑时上基层层底的最大拉应变为 176.4 με，增大了 5 倍多。在单圆荷载中心处，完全连续时的上基层层底的最大拉应变为 34.4 με，完全光滑时上基层层底的最大拉应变为 187.7 με，增大了 4 倍多。可见，刚柔组合基层内部良好的层间结合条件是保证该种型式沥青路面结构使用性能的先决条件。根据内插法计算，当层间摩擦系数 $f=0.2$ 时层间接触状态能满足层底最大拉应变小于 60 με 的要求，此时对应的层间剪应力为 0.14 MPa。因此，刚柔组合基层“半刚性层—柔性层”层间剪应力应不小于 0.14 MPa。

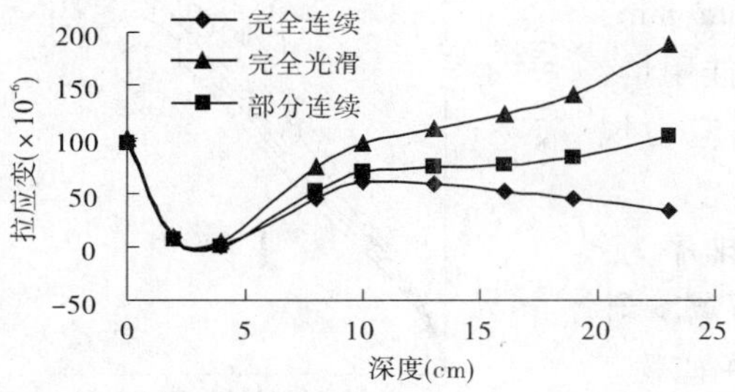

图 5-7　轮隙中心点处拉应变随深度变化

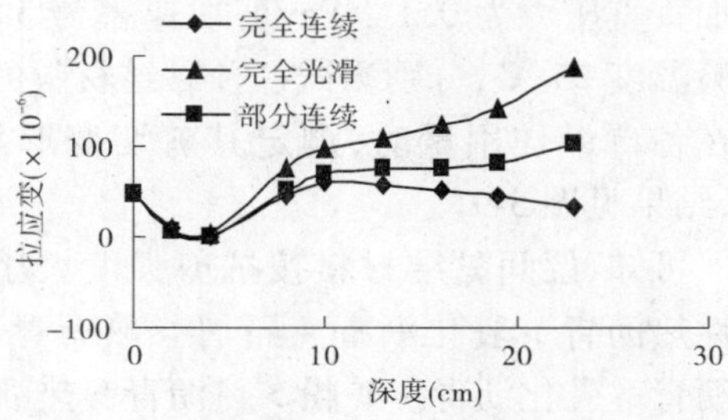

图 5-8　单圆荷载中心点处拉应变随深度变化

刚柔组合基层沥青路面在使用初期，沥青层与半刚性基层之间完全连续，即此时沥青面层为抗疲劳破坏区域。随着道路使用年限的增加，半刚性基层的开裂破坏和沥青混合料性能的退化，沥青层与半刚性基层之间的连接会逐渐变弱，直至光滑。道路使用的中后期，沥青层与半刚性基层之间的连接逐渐变为部分连续、光滑，抗疲劳破坏区域下移至上基层。因此，刚柔组合基层施工过程中，必须采取有效的措施保证其层间良好结合，以减小沥青面层层底拉应变，防止层间黏结状况衰减造成柔性基层疲劳破坏。

5.2　刚柔组合基层层间处治材料研究

刚柔组合基层沥青路面层间处治技术包括“半刚性层—柔性基层”层间处治及半刚性层层间处治，本节重点针对前者开展处治方式及材料研究。刚柔组合基层层间处治分为层间封层及半刚性基层透层两种。

5.2.1　“半刚性层—柔性基层”多功能夹层研究

刚柔组合基层“半刚性层—柔性基层”层间的黏结材料受力比较复杂，同时受到剪应力、拉应力和压应力的作用，剪应力和拉应力会对黏结材料产生不利影响；而且由于路面结构处于自然环境中，不可避免地要受到水、温度、阳光等因素的作用。因此，层间夹层材料应能够提供足够的抗剪能力、抗拔能力，具有一定的黏结性能，保证与基层表面的良好黏结，防止脱皮，且有一定的成模性，以起到防水及黏结的效果。设置良好的封层材料还具有一定的应力吸收作用，能使消散基层上传应力，从而延缓下基层裂缝对上层沥青层的反射作用。鉴于此，本节在对封层、黏层及防水层进行对比分析的基础上，进行了具有防水、黏结、应力吸收的刚柔组合基层多功能超薄夹层研究。

5.2.1.1　**夹层材料性能对比**

为研究刚柔组合基层路面“半刚性基层—柔性基层”的层间抗剪强度规律，长安大学研制了层间测试系统，该系统可自动采集处理加载、卸载及垂直、水平位移等数据，试件平面尺寸为 32 cm×32 cm。

试验中，层间黏结材料选用如下材料：①乳化沥青；②乳化沥青+矿粉；③热沥青；④热沥青+矿粉；⑤乳化沥青+石屑；⑥热沥青+石屑；⑦橡胶沥青。施加垂直压力为 0.1 MPa，剪切速率为 3.5 mm/min，试验温度 25 ℃，分别测试各种黏结材料的最佳用量，并在各自最佳用量时，测定其剪切变形与剪应力规律，结果见图 5-9。

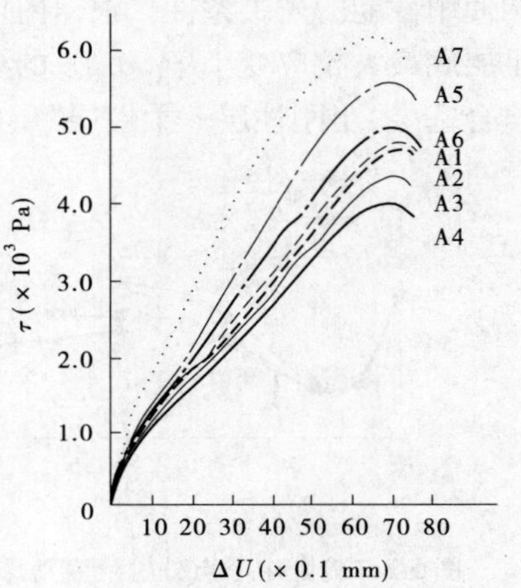

图 5-9　不同黏结类型的 $\Delta U \sim \tau$ 关系图

可知，层间黏结材料按抗剪强度大小的排序为：改性热沥青＞乳化沥青+石屑＞热沥青+石屑＞乳化沥青＞乳化沥青+矿粉＞热沥青＞热沥青+矿粉。

通过试验及计算分析，综合考虑温度、垂直荷载、剪切速率等影响因素，获得对应于路面实际行车荷载作用下层间抗剪强度公式为

$$\tau_{max} = k_v C + \sigma_z \tan\varphi \tag{5-1}$$

式中：k_v 为剪切速率修正系数，与实际设计车速有关，见表 5-5；σ_z 为垂直荷载，可近似取 0.7 MPa；C、φ 分别为 60 ℃时黏结材料的黏聚力与内摩擦角。

表 5-5　k_v 的取值

车速(km/h)		120	100	80	70	60
k_v	层间有结合料	5.51	5.25	4.96	4.65	4.29
	层间无结合料	5.01	4.79	4.54	4.27	3.96

由上述试验规律分析可见，当层间黏结材料中存在碎石的黏结层其层间抗剪强度要明显优于未撒布碎石的层间处治材料。对不同沥青材料而言，层间处治材料中以改性热沥青为最佳，乳化改性沥青其次，热普通沥青最差。可见，层间黏结沥青的黏度对层间处理较为重要。因此，建议刚柔组合基层“半刚性层—柔性基层”间夹层以热改性高黏沥青+碎石的方式进行设置。

5.2.1.2　**“两油一料”层间处治技术**

由于所述的层间结合材料不仅作为黏结层，而且还可作为层间应力吸收层及防水下封层，所以其用量及撒布方式比较关键。通过收集一些研究资料，提出了刚柔组合基层结构内设置“两油一料”的撒布模式。第一层采用高黏沥青，第二层撒布石料，第三层再撒布沥青，将第二层的石料裹覆，从而形成应力吸收层。

1. 夹层材料撒布方式研究

为了研究“一油一料”与“两油一料”的区别以及“两油一料”中上下两层油用量比例，进行了许多层间剪切和拉拔试验相关的试验。

为避免半刚性基层材料表层易松散及透层材料设置水平等因素对层间材料单因素研究的影响，试验中下层采用水泥混凝土板进行模拟。试验试件的制作是成型水泥板 + 层间材料 + 沥青混凝土复合式车辙板，并钻取直径 100 mm 复合式芯样。之后对层间结合部位进行水平剪切及竖向拉拔试验。试验采用壳牌 SBS 改性沥青，测试的结果见表 5-6、图 5-10。

表 5-6　不同撒布方式

撒布方式	抗剪切强度(MPa)	抗拉拔强度(MPa)
两油一料:100:60	0. 199 143	0. 117 638
两油一料:80:80	0. 214 058	0. 182 105
一油一料:160	0. 089 805	0. 133 739

由表 5-6 及图 5-10 中的数据和曲线看出:“两油一料”的撒布方式成型的试件的层间强度要优于普通的撒布方式;而且适量减少第一层的撒布油量，增大第三层的沥青撒布量，有利于增加层间黏结力。但是此次试验中两层撒布的是同一种沥青，如果第一层撒布的是高黏结沥青，层间的黏结强度将会更大。

2. 沥青撒布量研究

根据图 5-11 的剪切拉拔测试结果，第一层的油量减少，第三层的油量稍微增加，可以提高层间的抗剪切、拉拔强度。

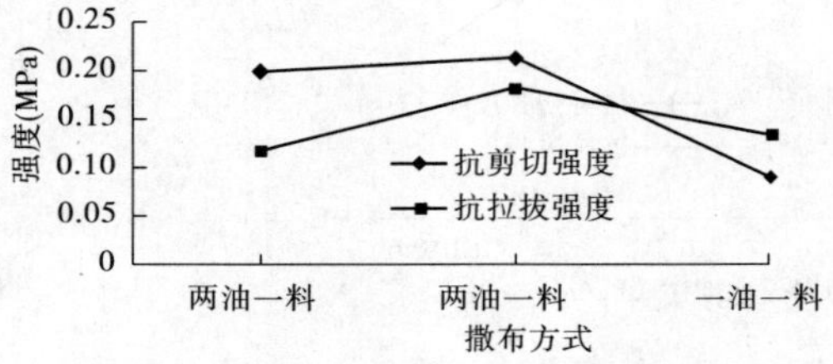

图 5-10　沥青撒布方式研究

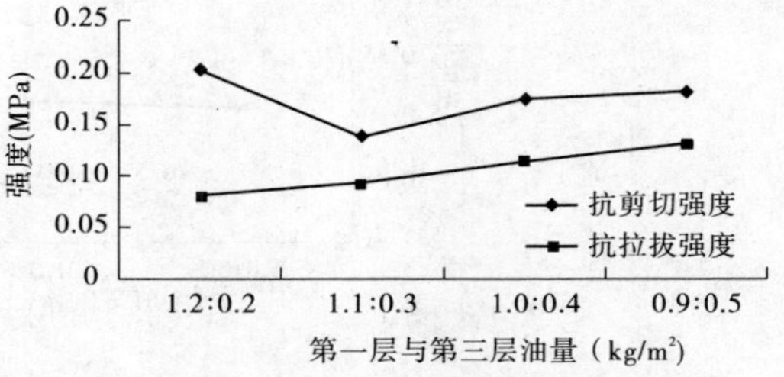

图 5-11　不同双层油量试验

图 5-12 和图 5-13，测试结果看出第三层油量为 0. 5 kg/m^2 时层间黏结强度比较大，而且第一层的最佳沥青用量在 1. 0 kg/m^2 处。

综合图 5-11 ~ 图 5-13 可以看出，层间的沥青对层间黏结强度贡献非常大，图 5-11 中测试出的数据表明了在沥青总用量不变的情况下，变化第一层和第三层的沥青撒布用量会对层间的黏结强度产生比较大的影响，而且通过曲线可以看出，最大的黏结强度出现在第一层沥青撒布量为 1. 0 kg/m^2 处，所以在图 5-13 中的试验中固定了第一层沥青撒布量，均为 1. 0 kg/m^2，改变第三层的沥青撒布量，从 0. 3 kg/m^2 变化到 0. 6 kg/m^2。层间黏结强度最小值出现在撒布量为 0. 4 kg/m^2 时，层间抗剪切强度为 0. 174 MPa，抗拉拔强度为 0. 113 MPa；层间黏结强度最大值出现在第三层撒布量为 0. 5 kg/m^2 处，此时层间的抗剪切强度值为 0. 242 5 MPa，抗拉拔强度值为 0. 240 0 MPa。

为了证实层间强度的最小值是否在第三层撒布量为 0. 4 kg/m^2 时，制订了第三次试验，将第三次撒布量定量为 0. 4 kg/m^2，同时为了确定第一层的最佳撒布量，所以在试验中把第一层沥青的撒布量从 0. 9 kg/m^2 变化到 1. 2 kg/m^2。层间强度最大值在第一层撒布量为 1. 0 kg/m^2 时出现，层间抗剪切强度为 0. 174 MPa，抗拉拔强度为 0. 113 MPa；最小值出现在第一层沥青撒布量为 1. 2 kg/m^2 时，此时层间的抗剪切强度为 0. 083 MPa，抗拉拔强度为 0. 07 MPa；并且可以看出无论第一层沥青撒布量如何变化，层间的黏结强度都小于第三层撒布油量为 0. 5 kg/m^2 时的层间黏结强度。

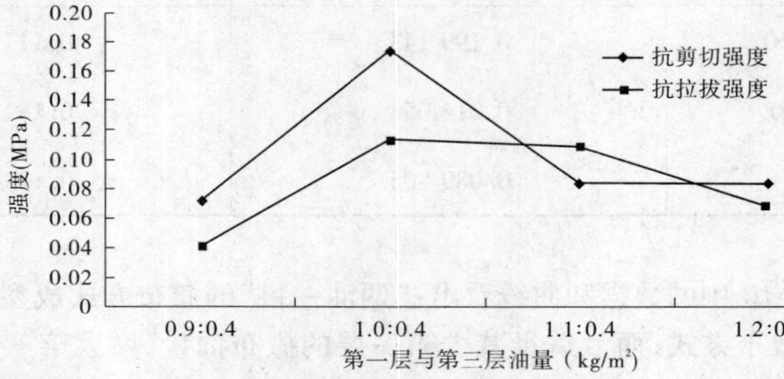

图 5-12　变第一层油量试验

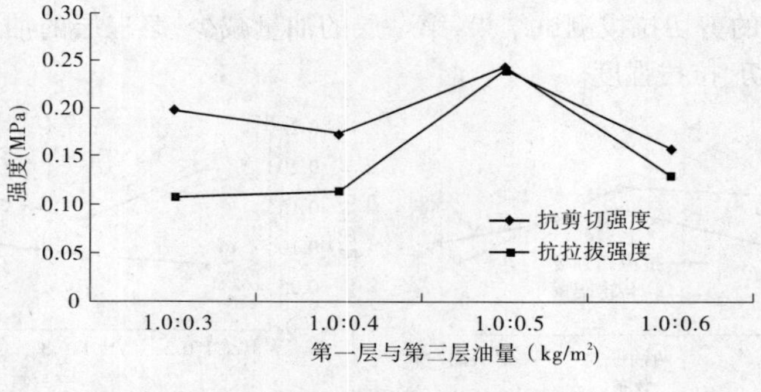

图 5-13　变第三层油量试验

通过以上试验，提出在“两油一料”撒布时，最佳沥青撒布油量为：第一层 1. 0 kg/m^2，第三层 0. 5 kg/m^2。

3. 碎石规格及撒布量确定

本试验中采用的骨料分石灰岩石料和玄武岩石料，用刚柔组合基层多功能夹层时，对所有的石料都进行了水洗。对单一粒径和级配碎石都进行了相关的试验。刚柔组合基层多功能夹层厚度一般与骨料公称最大粒径相当。现有三种级配的骨料。

以往研究的结果中推荐的骨料的级配范围见表5-7。

表5-7 骨料级配1

粒径(mm)	通过率(%)	建议范围
9.5	100	100
4.75	94.5	90~100
2.36	1.2	0~15
0.6	0	0

在一些外文资料中也看到如表5-8所示的推荐级配。

表5-8 骨料级配2

粒径(mm)	12	9	4.75	2.36	0.075
建议范围	100	70~100	0~10	0~5	0~1

某硕士论文推荐如表5-9所示的级配。

表5-9 骨料级配3

粒径(mm)	13.2	9.5	4.75	2.36	1.18	0.6
建议范围	100	86	8	1	0.6	0

多功能夹层的厚度一般要与骨料中的最大粒径相匹配,厚度与骨料最大粒径相匹配也是指多功能夹层中撒布的骨料为一层,因为多功能夹层是加铺结构中的最下层,即是与半刚性基层直接接触的一层,而且其撒布的骨料一般最大粒径为9.5 mm,大多数是4.75 mm,所以骨料之间的嵌挤力比较小。为了防止水泥混凝土板和上面的沥青混凝土加铺层之间不会由于骨料相互推挤而发生层间力不足而导致错层,所以骨料的撒布量应控制妥当。骨料撒布过多会导致层间力不足,而骨料撒布过少将起不了吸收应力的作用。撒布式应力吸收层撒布的骨料量如果合适,原旧水泥混凝土板上的裂缝向上反射到一点的时候,会沿着数个方向向外扩散,这样就可以减少应力集中现象,裂缝向上反射的概率就会减小。

试验中为了研究单一粒径和级配碎石作为应力吸收层骨料时与半刚性层之间的黏结性能,对此做了相关的试验,试验结果见表5-10。

表5-10 不同级配骨料的黏结强度

石料类型	抗剪切强度(MPa)	抗拉拔强度(MPa)
单一粒径	0.214	0.134
级配碎石	0.154	0.090

表5-10中的试验结果可以看出,采用单一粒径碎石的多功能夹层与半刚性基层之间的抗剪切强度及抗拉拔强度都比采用级配碎石的夹层大,其中的沥青用量相同,骨料的质量相当;而且在制作剪切拉拔试件钻芯的时候发现单一粒径时的排水性能明显强于级配

碎石,建议单一粒径采用 16 ~ 19 mm 规格粒径的石灰岩,技术标准参见《公路沥青路面施工技术规范》(JTG F40—2004)。

在沥青撒布量为 1.2 kg/m² 状态下采用不同碎石撒布量进行抗剪强度试验,结果如表 5-11、图 5-14 所示。

表 5-11 不同级配骨料的黏结强度

碎石撒布量(kg/m²)	抗剪切强度(MPa)	抗拉拔强度(MPa)
7	0.557 5	0.418 6
8	0.638 6	0.397 2
9	0.570 1	0.327 1
10	0.468 7	0.303 4

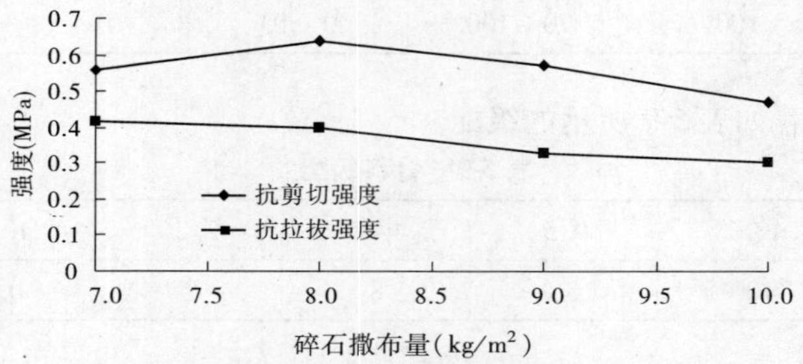

图 5-14 不同碎石撒布量层间试验

由不同碎石撒布量试验结果可见,碎石撒布量在 8 kg/m² 时,其层间具有最佳抗剪及抗拉拔性能,因此刚柔组合基层多功能夹层碎石撒布量宜为 8 kg/m²,且同时应保证覆盖率达 60% ~70%。

4. "两油一料"多功能夹层技术标准

根据上述研究可见,采用"两油一料"多功能层间夹层,不仅具有较好的层间黏结、防水密性作用,更由于其碎石同沥青合理的组合方式和薄层低模量使得该材料在刚柔组合基层内部"半刚性基层—柔性基层"层间发挥其应力吸收的作用,改善刚柔组合基层内部层间接触状态,延缓半刚性基层对上层的反射裂缝,且该层为薄层结构,施工方便且不增加造价。刚柔组合基层多功能夹层材料设置技术见表 5-12。

表 5-12 刚柔组合基层多功能夹层材料设置技术

类别	技术标准	说明
沥青种类	改性热 SBS	高黏沥青均可,技术标准同沥青混合料
沥青撒布量	下层沥青 1.0 kg/m² 上层沥青 0.5 kg/m²	应撒布均匀
碎石规格	16 ~ 19 mm 石灰岩	应对含泥量等进行控制
碎石撒布量	8 kg/m²	覆盖率为 60% ~70%

5."两油一料"夹层防粘轮技术

半刚性材料防水、下封层遇到的最大问题是施工过程中施工车辆对该层的破坏,由于下封层同车辆黏结力大于同下基层的黏结,较易出现脱皮等现象。刚柔组合基层多功能夹层,虽有助于施工后双层结合,其施工过程出现的粘轮现象尤其应该避免。

一方面,半刚性层在喷洒透层及夹层前应将表面尘土及松动碎石清扫干净,防止其影响复合夹层黏结;另一方面,采用良好渗透能力的透层,并在透层养生期结束后进行"两油一料"层施工,施工过程应严格控制上层热沥青撒布量及均匀性,并在撒布 24 h 后方可进行,若仍出现粘轮现象可将上层沥青撒布量降低 0.5 kg/m^2 或在施工车辆行驶轮迹带提前撒布 16 ~ 19 mm 碎石,撒布量不宜大于 3 kg/m^2。

5.2.2　下基层透层材料研究

半刚性基层强度形成后,其内部呈致密结构,热沥青、乳化沥青等难以与其良好结合,且由于半刚性层材料整体性不强,黏结层沥青易出现"脱皮"现象,进而降低层间结合状态。因此,需在设置层间结合材料前对半刚性层顶面进行清理,并进行透层油撒布。

透层油撒布在半刚性基层上之后,将产生一定深度的渗透,并可以降低基层材料的模量,很好地发挥从有机结合料到无机结合料结构层之间良好的过渡耦合作用。在渗透深度内,有机物质(沥青)填充了半刚性基层的表面空隙,形成了特殊的结构层,称之为耦合层。耦合层由于有机物质(沥青)的介入,使之与柔性路面(沥青混凝土面层)的黏结效果更好,而耦合层本身亦是半刚性基层的一部分,这样就可彻底解决柔性路面与半刚性路面基层的黏结问题。

刚柔组合基层结构内部设置透层,能提高道路结构的连续性,增强道路结构承受荷载的能力。连续性良好的路面结构能将面层荷载较好地传递到道路路基及基层,提高了路面结构的抗形变能力。由于透层的密封作用,透层油深入基层后,可以封闭基层混合料的开口孔隙,从而形成一个渗透深度上的防水层,阻止了路表水渗入对路基的浸泡和地下毛细水的上升,较大程度提高了基层抵御水破坏的能力。特别是结合下封层油膜的封闭作用,既可解决下封层的黏结,又可形成一道避免水患对道路造成灾害性破坏的"屏障"。

5.2.2.1　透层沥青选择

透层材料有乳化沥青、煤油稀释沥青(液体沥青)、煤沥青及高渗透阳离子或阴离子沥青等多种。由于煤沥青本身具有毒性,在透层材料研究中不予考虑。

根据对京张高速公路、京珠高速广东北段及上海浦东外环乳化沥青渗透试验结果相关研究,普通乳化沥青用于二灰稳定碎石基层上做透层,几乎无渗透能力。普通乳化沥青用于水泥稳定碎石基层上做透层,其渗透效果与基层的表面致密程度有很大关系。但是,煤油稀释沥青对水稳碎石和二灰碎石都能渗透。采用阴离子乳化沥青透层对施工环境要求较高,因此不建议采用。就其渗透效果而言,以煤油稀释沥青及高渗透沥青为最佳,乳化沥青其次。因此,适合作为透层的材料有煤油稀释乳化沥青同高渗透阳离子乳化沥青。

高渗透阳离子乳化沥青是在液体沥青的基础上经乳化及超细研磨而形成的微沥青颗粒、煤油及水的融合体。乳化沥青存在合理沥青含量的问题,沥青含量过高则不容易渗透,过低则起不到渗透效果,而且现场施工过程中发现,该材料蒸发残留物各项沥青性能指标较低,甚至达不到普通沥青的标准,而相同条件下采用煤油沥青蒸发残留物性能指标则较改性沥青相差不大。因此,推荐刚柔组合基层半刚性层上透层材料采用煤油稀释沥青,即液体沥青。

5.2.2.2　煤油稀释沥青要点

煤油稀释沥青做透层,比例要适中。比例的确定要通过试验段来确定,原则上是在能够渗透一定深度的基础上,煤油尽可能比例小。因其细度为分子量级,稀释沥青中的轻油分子挥发需要较长时间,残留的沥青软化点低,将会在结合层间产生不良影响。因此,煤油稀释沥青的基质沥青强度等级应与封层沥青强度等级一致。根据相关研究,稀释沥青透层中1 ~3 d内仅挥发 30% ~50% ,这些残留的煤油将由于它及蒸气与上层防水层带来有害影响。因此,煤油稀释沥青施工应延长在 3 d 以上。

根据以上研究,采用煤油和沥青质量比为3∶7、4∶6及5∶5进行试验,分别对水泥稳定碎石、二灰碎石、水泥粉煤灰稳定碎石进行渗透试验(见表5-13),结果表明:对二灰及水泥粉煤灰稳定碎石而言,煤油掺配比例为30%时,渗入深度不明显,对水泥稳定碎石渗入深度随着基层养生期的延长而增大。养生期为5 ~7 d时能达到5 ~6 mm,具有较好的渗透效果。煤油和沥青的质量比为4∶6和5∶5时,对三种基层材料均达到一定程度的渗透效果,由于水泥稳定碎石较为粗糙的表面结构,其渗入效果最为理想。其中,煤油与沥青质量比为5∶5时,对三种基层材料的渗入深度最大。

表 5-13　煤油稀释沥青渗透深度试验表

基层类型		不同煤油稀释沥青(煤油∶沥青的质量比)下的渗透深度(mm)		
		3∶7	4∶6	5∶5
水泥稳定碎石基层	养生 1 d	不明显	不明显	3
	养生 3 d	3 ~5	4 ~6	6 ~7
	养生 5 d	5 ~6	7 ~8	9 ~13
	养生 7 d	5 ~6	6 ~8	10 ~15
二灰稳定碎石基层	养生 1 d	不渗透	1 ~3	4 ~6
	养生 3 d	不明显	2 ~3	7 ~8
	养生 5 d	不明显	3 ~5	6 ~8
	养生 7 d	不明显	3 ~5	4 ~6
水泥粉煤灰稳定碎石基层	养生 1 d	不明显	1 ~3	1 ~3
	养生 3 d	不明显	3 ~4	2 ~4
	养生 5 d	不明显	3 ~5	5 ~7
	养生 7 d	不明显	3 ~5	4 ~5

从养生龄期的角度考虑,密实性较好的二灰、水泥粉煤灰碎石基层均较难渗入,养生龄期对透层油的渗透效果影响不明显。对水泥稳定碎石基层,随着基层养生龄期的增加,煤油稀释沥青的渗入深度增大。

5.2.2.3　透层材料应用推荐

考虑到刚柔组合基层结构中倒装结构的设置，其中无结合料同柔性沥青基层界面结合不可避免，因此级配碎石基层同样应设置透层。由于级配碎石为无结合料稳定粒料，其内部孔隙较大，若采用渗透性较强的液体沥青可能造成液体沥青流入基层中过多。失去上层透层效果，因此级配碎石基层上层透层沥青可采用乳化沥青或快凝型液体沥青，考虑到造价因素，级配碎石基层可采用乳化沥青。

根据上述分析，对不同基层建议透层材料如表 5-14 所示。

表 5-14　刚柔组合基层下层透层推荐方案

基层种类	透层油材料	养生时间	说明
二灰碎石基层	煤油稀释沥青	>3 d	煤油: 沥青(4:6～5:5)
水泥稳定碎石基层	煤油稀释沥青	>3 d	煤油: 沥青(3:7)
水泥粉煤灰碎石基层	煤油稀释沥青	>3 d	煤油: 沥青(4:6～5:5)
级配碎石基层	乳化沥青	1 d	施工过程防止车轮黏结

注：煤油稀释沥青掺配比例宜通过现场试验而定，其推荐比例如备注所示。透层油的检测指标及标准参见《公路沥青路面施工技术规范》(JTG F40—2004)的相关规定。

5.3　本章小结

本章综合分析了刚柔组合基层柔性—半刚性层层间结合理论，首次提出了刚柔组合基层多功能层间夹层材料，针对基层材料自身特性提出了半刚性层层顶透层的技术要求。

(1)系统分析了刚柔组合基层“半刚性层—柔性层”层间结合状态，研究了刚柔组合基层沥青路面层间接触条件及其对刚柔组合基层结构受力的影响规律，提出了刚柔组合基层“半刚性层—柔性层”层间黏结标准。

研究表明在单圆荷载中心处，完全连续时的上基层层底的最大拉应变为 34.4 $\mu\varepsilon$，完全光滑时上基层层底的最大拉应变为 187.7 $\mu\varepsilon$，增大了 4 倍多，对沥青层底疲劳开裂较为不利。刚柔组合基层内部良好的层间结合条件是保证该种型式沥青路面结构使用性能的先决条件。刚柔组合基层“半刚性层—柔性层”层间剪应力应不小于 0.14 MPa。

(2)结合刚柔组合基层层间状况，首次提出并开发了刚柔组合基层“半刚性层—柔性基层”层间多功能夹层，确定了热改性沥青 + 碎石组成的“两油一料”式多功能夹层技术标准。

该夹层不仅具有防水增黏作用，还能够起到缓冲层间结合，对半刚性层裂缝处尖端应力具有较好的应力吸收作用。

(3)针对半刚性层材料特性，根据试验研究及实施效果，提出了适用于不同基层类型的透层材料类型，并确立了透层材料的掺配比例及施工养生时间等技术标准。

第6章 沥青稳定碎石排水基层研究

沥青路面结构功能排水能力是减少沥青路面水损害,提高其使用功能,延长路面使用寿命的有效措施。美国、欧洲及日本等对重要公路沥青路面进行排水设施设置作了专门的规定,我国公路排水系统设计也对道路路面结构排水进行路面专门规定,但由于造价因素我国沥青路面内部排水设置较少。

沥青路面刚柔组合基层结构应具有有效排除上层沥青面层渗水,消除道路结构水损害,保证道路结构及刚柔组合基层自身使用状况良好的功能。由于沥青碎石排水基层自身具有较大的空隙率,其对刚柔组合基层自身开裂及对面层反射裂缝具有较好的抑制作用。因此,在中重型交通情况下,为提高道路使用寿命可进行"自排水"式刚柔组合基层设置,在合理的刚柔组合基层结构中采用排水基层。

6.1 排水基层功能研究

沥青路面反射裂缝及随之而来的水损害成为我国半刚性基层沥青路面的主要病害之一。大量调查表明,进入路面结构内的水是造成路面早期损害的首要因素。在降水量大,特别是降水时间长的情况下,水可以通过渗透及面层裂缝沥青路面结构,滞留在面层与基层的交界面上。当车辆高速通过时,轮胎压力将在结构层中产生动水压力;当轮胎离开接触面时,又将产生抽吸力。其结果导致面层沥青膜逐渐被剥离,及半刚性基层冲刷破坏,造成混合料的强度降低,从而导致路面发生破坏。减少沥青路面水损害的措施有:①防水,包括在路面结构层间设黏结防水层,或通过提高沥青混合料的密实性能提高自防水能力;②排水,如排水路面就是表面层沥青混合料采用开级配,排水基层也是排除路面结构内部积水的重要措施。设置半刚性基层的沥青路面常因基层收缩开裂产生路面反射裂缝,沥青路面在温度应力作用下,也常产生温度裂缝,因此水可沿裂缝进入路面结构内部到达基层,对基层形成冲刷和溶蚀作用。由于沥青路面施工工艺的影响,沥青混合料的物理离析、温度离析和碾压离析不可避免,沥青混凝土路面现场空隙率往往具有较大的离散性,局部空隙率超过临界渗透空隙率,水可通过空隙率进入路面结构内部和到达路面基层。美国加利福尼亚州运输局的一些对比分析研究和试验路段观察结果表明,设置排水基层的路面,其使用寿命要比未设置的提高33%(沥青混凝土路面)和50%(水泥混凝土路面)左右。因此,沥青路面设置排水基层,对提高其使用寿命有重要意义。

刚柔组合基层路面结构中使用沥青碎石排水基层有以下优点:

(1)有效延缓复合下基层反射裂缝的发生。在刚柔组合基层结构中半刚性基层顶面设置沥青碎石尤其是大粒径沥青碎石排水层能起到应力吸收的作用。由于该结构层内部大粒径颗粒骨料多、沥青用量少及空隙率大,能有效地阻断裂缝尖端的扩展路径,削弱拉应力及拉应变的传递能力,并且能消散和吸收由交通荷载及环境温度变化所产生的荷载应力及温度应力。此外,大粒径沥青碎石混合料收缩系数较小,其大粒径和多孔结构具有较大的塑性变形能力,可充分吸收裂缝释放的应变能,减少裂缝上方沥青面层处的应力集中现象,从而延缓反射裂缝向上扩展的速度。

(2)能改善沥青面层及刚柔组合基层排水,改善路面及刚柔组合基层的工作环境。在刚柔组合基层结构中设置大粒径沥青碎石排水层,由于其具有较大的空隙率,即使雨水通过表面层及中面层渗入也可以迅速地排出,从而可以显著改善沥青面层及半刚性基层的工作环境,防止沥青路面及基层在动水压力的作用下所产生的松散、坑槽及唧浆等水损害现象的发生。

(3)改善沥青面层与基层界面的联结,层间联结更加接近设计理念。在半刚性基层顶面设置大粒径沥青碎石排水层,由于其良好的排水能力避免了基层在动水压力作用下产生软化与唧浆,改善了沥青层与半刚性基层界面的工作条件使半刚性基层与沥青层之间始终处于连续的状态,从而提高沥青路面的抗裂能力与疲劳性能。

6.2 排水基层技术指标要求

大孔隙沥青稳定碎石排水基层,由开级配碎石材料和较少沥青用量组成一种具有相互连通空隙的开级配的混合料,为渗入的水提供了通道。水垂直通过 ATPB 到达不渗水的沥青下封层表面,然后从侧向排到路面的边缘。作为排水层,沥青稳定碎石必须具有足够的透水能力,用空隙率、渗透系数指标来衡量;作为基层,沥青稳定碎石应具有一定的承载能力及抗变形能力,用抗压回弹模量指标来衡量。实际上,沥青稳定碎石混合料的抗变形能力随混合料空隙率的增大而降低,要协调这两个方面的矛盾,在沥青稳定碎石排水性材料配合比设计时要在这两者之间寻找适当的平衡点。

此外,沥青稳定碎石材料是通过降低细骨料的含量来提高其空隙率,而细料含量少必然导致沥青用量不能过多,否则便会出现沥青流淌。但排水基层受到水的浸蚀,偏少的沥青用量易使混合料在行车荷载的反复作用下出现沥青剥落,从而影响其耐久性。所以,要在细料含量与沥青用量之间寻求适当的平衡点。

6.2.1 排水能力确定

对排水基层排水能力我国《公路排水设计规范》(JTG/T D33—2012)中规定渗入水在路面结构内部的最大渗流时间,冰冻地区不应超过 1 h,其他地区不应超过 2 h(重交通时)~4 h(轻交通时)。渗入水在路面结构内的渗流路径长度不宜超过 45~60 m。美国 AASHTO 结构设计指南(1993)采用以排水时间和结构饱水时间百分比为变量的排水系数作为影响结构设计中结构数的因素,如表 6-1 所示。设计指南将排水质量划分为优、良、中、差和很差五个等级,对于优等排水,排走 50% 的水应在 2 h 内完成。Ridgeway 通过比较若干个不同的准则后,提出对排水层采用 1 h 以内排走 95% 的要求是比较合适的。

综合国内外有关规定本书提出对 ATPB 排水性能的要求有两点:一是降雨停止后 2 h 或 1 d 之内排走 50% 进入路面内部的水(AASHTO 排水要求),二是 ATPB 的排水能力应大于上面渗入排水基层的水的渗入率。对于第一点要求,满流时横坡度大,排水时间较短;非满流时排水时间可能较长。沥青路面排水基层设置的目的,在于减缓道路半刚性基层反射裂缝,改善道路水温状况,提高道路结构受力均匀性,延长道路使用寿命。当刚柔组合基层柔性结构采用热拌沥青稳定碎石时,其内部孔隙可在降雨后一定时间段内排除内部积蓄水,但由于其排水缓慢,容易造成道路结构水损害及在动水压力的影响下造成基层冲刷。因而排水基层设置的目的在于解决密级配沥青稳定碎石或密级配沥青混凝土层上层渗透水长期积聚的问题。若其排水能力能保证路表通过孔隙及裂缝渗透水同步流出,则超出其排水功能,可能造成内部孔隙过大而产生的疲劳及水冲刷。因此,在排水基层排水能力设计时,建议降雨停止后 2 h 或 1 d 之内排走 50% 进入路面内部的水(AASHTO 排水要求)为准。

表 6-1　建议用于柔性基层路面未处理基层和底基层的排水系数(AASHTO)

排水质量		路面结构含水量接近饱和状态的时间百分数			
等级	排除 50% 可排水用时	小于 1%	1% ~5%	5% ~25%	大于 25%
优	2 h	1.40 ~ 1.35	1.35 ~ 1.30	1.30 ~ 1.20	1.20
良	1 d	1.35 ~ 1.25	1.25 ~ 1.15	1.15 ~ 1.00	1.00
中	1 周	1.25 ~ 1.15	1.15 ~ 1.05	1.00 ~ 0.80	0.80
差	1 月	1.15 ~ 1.05	1.05 ~ 0.80	0.80 ~ 0.60	0.60
很差	永不排干	1.05 ~ 0.95	0.95 ~ 0.75	0.75 ~ 0.40	0.40

沥青稳定碎石透水混合料在路面基层中使用的主要目的是迅速排除路面结构中的自由水,提高路面的耐久性。排水基层按照《公路排水设计规范》(JTG/T D33—2012)的规定,每平方米沥青路面的表面水设计渗透率 I_a 可取 0.15 $m^3/(d \cdot m)$,排水基层设计渗透率可取其 1/2,即设计渗透率 I_a 为 0.1 $m^3/(d \cdot m)$,青红高速邯涉段的路基宽 28 m,单幅路面宽度按照 12 m 计算,沥青排水层的横坡为 2%,其有效排水厚度取 11 cm(实际厚度为 15 cm),根据计算及上述分析可取该道路目标渗透系数为 0.65 cm/s。

$$k = \frac{Q}{ih} = \frac{0.1 \times 12}{0.02 \times 0.11} = 545.5(\mathrm{m/d}) = 0.631(\mathrm{cm/s}) \tag{6-1}$$

混合料设计过程应以目标渗透系数为准则,结合试验参数进行级配的调整,直到渗透系数符合要求。

混合料渗透系数初算可参考爱尔赛伊特(Elasyed)依据室内对无结合粒料进行渗透试验的结构,回归得出渗透系数预估的经验公式:

$$k = -0.251 + 0.92\varepsilon_b + \frac{2.68}{P_{0.6}} - 0.005P_{0.075} \quad (\mathrm{cm/s}) \tag{6-2}$$

式中:ε_b 为透水材料的空隙比;$P_{0.6}$ 为透水材料通过 0.6 mm 筛子的百分率;$P_{0.075}$ 为透水材料通过 0.075 mm 筛子的百分率。

6.2.2　抗压回弹模量

刚柔组合基层路面结构应力分析表明,排水基层仅受压应力或较小的拉应力(层间光滑），采用抗压回弹模量作为其结构性能指标。考虑到设置排水基层后以控制沥青面层底面不出现过大拉应力（拉应变）为前提，必须控制排水基层的回弹模量的最低要求值。

考虑到实际施工材料的变异，以及设计时控制使面层保持未设排水层时的受压状态，结合刚柔组合基层内部应力响应计算分析，取沥青碎石排水基层的抗压回弹模量不小于 800 MPa（20 ℃）。

沥青稳定碎石排水混合料要兼顾混合料的透水能力和强度特性要求。排水性能与结构性能两者矛盾的平衡取决于合理的矿料级配组成，反映了渗透系数和抗压回弹模量两个主要指标。根据渗透系数与空隙率、空隙率与回弹模量有以下回归经验公式：

$$E_r = 2\,457 - 58.741V_a \tag{6-3}$$

式中：E_r 为试件 15 ℃时抗压回弹模量，MPa；V_a 为试件的空隙率。

回归公式主要适用于空隙率较大（16% 以上）的多空隙沥青稳定碎石排水层材料。根据以上公式，由抗压回弹模量 E_r = 800 MPa 可以推出最大空隙率为 28.2%。

因此，同时满足渗透系数和回弹模量设计目标值的设计混合料的空隙率范围为 17% ~23%，取其中值 20% 为目标空隙率。

6.2.3　空隙率确定

日本《沥青路面纲要》中对 OGFC 的设计指标进行了规定，OGFC 的目标空隙率为 15% ~25%，马歇尔稳定度不低于 3.5 kN，流值为 20 ~40（×0.1 mm）。沥青稳定碎石排水性材料的类型部分性质同 OGFC，但对其渗水排水功能要求应同 OGFC 有所区别。

沥青稳定碎石排水基层的渗透性能要求同道路所处地区的降水情况、路面的横断面参数以及结构层的厚度和对排水状况的要求是分不开的。研究表明，空隙率在 8% ~12% 的沥青路面内部既容易被水侵入，又不容易被排出，是混合料设计中尽量避免的空隙率。这正是我国 AM 早期水损害比较严重的症结所在。根据山东省公路局的研究成果，沥青混合料排水基层空隙率在 13% 以上容易排水。考虑到施工变异性，建议ATPB施工现场空隙率控制在 14% 以上。根据爱尔赛伊特（Elasyed）渗透系数公式，当空隙率取值为 20% 时，其渗透系数能满足道路设定的排水能力。根据相关研究，当沥青碎石空隙率大于 22% 时，其内部较大的空隙对混合料强度及疲劳性能将产生较大影响。

ATPB 空隙率要求与渗透性能要求相联系，而由于试模的约束效应，一般同等级配在大试模情况下全空隙率比小试模试件的全空隙率小。根据上述分析及试件成型特点，ATPB 马歇尔成型试件大型马歇尔（试件直径 150 mm）全空隙率范围要求确定在 17% ~20%，小马歇尔试件（试件直径 101.6 mm 或者 100 mm）全空隙率范围要求确定为 18% ~22%。

6.2.4　骨架密实结构保证

按强度构成原则的不同，沥青混合料结构可分为按嵌挤原理构成的结构和按密实级配原理构成的结构两大类。按照沥青混合料网络结构中“嵌挤成分”和“密实成分”所占比例的不同，沥青混合料的组成结构形态有 ATPB 沥青稳定碎石属于骨架空隙结构。该结构较粗石料彼此紧密相接，较细粒料的数量较少，不足以填充空隙（混合料的空隙较大,石料能充分形成嵌挤型骨架)。

由于 ATPB 混合料级配结构类型为骨架空隙结构,为了要求其形成良好的骨架结构,还应该验证其成型后是否符合形成粗骨料骨架结构的条件。目前,人们判断骨架形成的依据为压实状态下沥青混合料中粗骨料骨架间隙率 VCA_{min} 不大于粗骨料在干捣实状态下的松装间隙率 VCA_{DRC} 的标准,即 $VCA_{min} > VCA_{DRC}$。粗骨料骨架间隙率 VCA_{min} 是指试件的粗骨料骨架部分之外的体积占试件总体积的百分率,英文全称为 Voids in Coarse Aggregate of Asphalt Mix,计算公式为:

$$VCA_{min} = \left(1 - \frac{\rho_f}{\rho_{ca}} \times \frac{P_{CA}}{100}\right) \times 100$$

式中:P_{CA} 为沥青混合料中粗骨料的比例,即大于粗细骨料分界筛孔的颗粒含量(%);ρ_f 为沥青混合料试件的毛体积密度,g/cm^3,对多孔沥青混合料为使用体积法测得密度;ρ_{ca} 为粗骨料骨架部分的平均毛体积密度,g/cm^3。

捣实状态下的粗骨料松装间隙率 VCA_{DRC} 英文全称 Voids in Coarse Aggregate,计算公式为

$$VCA_{DRC} = \left(1 - \frac{\rho}{\rho_b}\right) \times 100$$

式中:ρ 为按捣实法测定的粗骨料的自然堆积密度 ,t/cm^3;ρ_b 为按 T0304 确定的粗骨料的毛体积密度,t/cm^3。

6.2.5 沥青稳定碎石排水基层沥青用量

沥青稳定碎石混合料中的细骨料含量少,如果沥青用量过多,会在施工过程中产生沥青流淌(析漏)、滴落堵塞空隙的问题。但是,如果沥青用量过少,又会引起耐久性、稳定性差(骨料松散剥落、水损害、沥青剥落和抗变形能力差)的问题。因此,应根据两方面要求来平衡沥青的用量。HARVEY 等根据对美国加利福尼亚州沥青碎石排水基层进行的使用调查和室内试验结果,提出了将沥青用量提高到 2.5% 以上,可以提高混合料的水稳定性的建议。根据已有的一些试验研究经验表明,当矿料表面的沥青膜平均厚度在 12 ~ 16 μm 时,可以保持不出现沥青流淌。沥青的用量可以按照骨料的表面积和沥青油膜的平均厚度的乘积确定。

根据以上分析和已有的一些经验,为了提高沥青碎石排水基层的耐久性,要求沥青碎石排水基层的沥青用量不小于 2.5%。为了进一步加强沥青同碎石之间的黏结,提高混合料的抗水损坏能力,我们建议采用高黏度改性沥青作为沥青碎石排水基层的结合料。同时,增加沥青油膜厚度作为控制指标之一,油膜厚度应不小于 14 μm。

对于选定的沥青稳定碎石排水层混合料试配方案其沥青用量需要通过肯塔堡飞散试验来确定一个最小沥青用量,用析漏试验来确定一个最大沥青用量。根据国内外有关文献,综合江西地区的实际情况,确定对于沥青碎石排水基层的飞散损失要求为不大于 25%,析漏损失要求为不大于 0.2%。

6.2.6 试件成型方法确定

材料的性能研究受成型方法的影响很大,本研究对规范中几种沥青混合料试件制作

方法进行对比分析，选择一种适合大空隙沥青稳定排水基层材料的室内成型方法。

(1)马歇尔击实成型，按试验规程马氏标准击实法，两面各击实 50 次(大马歇尔试件两面各击实 75 次)，成型的试件石料有一定的破碎现象，但空隙率还能达到要求。

(2)静压成型试件的石料破碎情况比较严重，主要原因是沥青稳定碎石排水基层材料的空隙率比较大，试件内的粗骨料含量大，石料和石料之间的接触点少，且静压成型为全面积压实，加之成型时为高度控制，导致成型压力过大，应力集中现象严重，石料的破碎导致了静压成型的试件空隙率较马氏试件小。另外，静压法制作不符合路面成型的实际条件。

(3)搓揉成型的石料破碎比例较小，空隙率指标和马氏击实试件非常接近，满足目标空隙率的要求，同时搓揉由于可产生更大、更随机的剪力，粒料能重新分布，可产生更稳定的骨料结构，但试验设备昂贵，目前没有被广泛推广。

(4)轮碾成型能够很好地模拟工地的现场压实，仅表面有少量石料压碎。但室内分层碾压比较困难，压实不足，空隙率偏大；轮碾成型的前后运动使大颗粒呈线性排列，而不能有效形成嵌挤结构，同时由于钻芯扰动较大，成型试件的完整性受到影响。另外，整个成型过程中工作量较大，不宜作为室内成型试件的方法。

综合判断，最后选定在实验室内简单易行，又能达到空隙率要求的马歇尔击实成型法。马歇尔方法在沥青碎石排水基层设置中的实施是建立在以上级配验证、排水系数确定、空隙率确定及沥青用量计算验证的基础上的，马歇尔方法可在以上计算分析的基础上对混合料性能进行确切描述，但并不能完全反映开级配沥青稳定碎石排水基层材料优劣及作为油石比确定的唯一依据。

6.2.7　排水基层技术性能指标

基于以上分析，建议排水基层开级配沥青稳定碎石混合料性能指标如表 6-2 所示。

表 6-2　沥青碎石排水基层性能指标要求

试验项目	单位	指标要求	备注
马歇尔试件尺寸	mm × mm	152.3 × 95.3	适用于所有 ATPB
马歇尔击实次数	次	112	结合施工碾压
马歇尔稳定度	kN	7.5	60 ℃
空隙率	%	17 ~ 22	体积法测试
飞散损失	%	不大于 25	
析漏损失	%	不大于 0.2	
回弹模量	MPa	不小于 800	
粗骨料骨架间隙率	%	$> VCA_{DRC}$	
渗透系数	cm/s	不小于 0.5	
沥青薄膜厚度	μm	> 14	

6.3 ATPB 材料组成设计

ATPB（Asphalt Treated Permeable Base）开级配沥青稳定碎石以其空隙结构较大、排水性能良好、骨料嵌挤作用较佳、抗车辙性能较普通沥青混合料提高较大等诸多优点，被刚柔组合基层结构所采用。该种型式路面结构能有效避免道路下层结构水损害、提高道路抗反射裂缝能力。但该材料存在抗疲劳性能较 ATB 低的问题，且我国规范中对 ATPB 推荐级配范围不符合其实际情况，所设计混合料空隙过大，且难以成型，因此无法作为设计参考。

6.3.1 原材料技术指标检验

6.3.1.1 沥青试验

ATPB 配合比设计采用北京金凯越改性沥青公司现场改性 SBS（Ⅰ－D）高性能改性沥青，所用基质沥青为山东淄博产“东海”牌 70 号普通沥青（其技术指标见 ATB）。

SBS 高性能改性沥青主要技术性质见表 6-3。

表 6-3 SBS（Ⅰ－D）高性能改性沥青技术指标检测

检测项目	单位	标准要求	试验结果	试验方法
针入度（25 ℃，100 g，5 s）	0.1 mm	40～60	58	GB/T 4509
延度（5 ℃，5 cm/min）	cm	≥20	30	GB/T 4508
软化点（环球法）	0.5 ℃	≥60	86.1	GB/T 4507
运动黏度（135 ℃）	Pa·s	≥3	2.9	GB/T 0739
闪点	℃	≥230	＞300	GB/T 267
溶解度	%	≥99	99.74	GB/T 11148
弹性恢复（25 ℃）	%	≥75	93	SH/T 0737
储存稳定性离析，48 h 软化点差	℃	≥2.5	0.4	SH/T 0740
薄膜烘箱试验		（163 ℃，5 h）		
质量变化	%	≥±1.0	－0.02	GB/T 5304
残留针入度比	%	≥65	79.5	GB/T 4509
延度（5 ℃，5 cm/min）	cm	≥15	18	GB/T 4508

试验结果表明，SBS 高性能改性沥青各项指标均符合《公路沥青路面施工技术规范》（JTG F40—2004）及管理处下发的《沥青路面施工作业指导书》对于 SBS（Ⅰ－D）高性能改性沥青的相关技术要求，满足刚柔组合基层科研试验段路面中柔性基层对沥青性能的要求。

6.3.1.2 骨料及填料

开级配沥青稳定碎石混合料为开级配骨架型结构，骨料接触点较多，压实过程中骨料较易因应力集中而被压碎,导致混合料空隙率下降。因而,粗骨料选用洁净、坚硬、未风化的碎石,压碎值要不大于 26%,针片状含量不大于 10%,含泥量(水洗法)不大于 1%。细料与填料的性质要求,与沥青面层混合料的要求相同。为保证混合料的水稳定性,沥青和骨料要有良好的黏附性,其黏附指数(水煮法)应不低于 4 级,因此应采用碱性骨料和矿粉,本书采用的矿料为河北邯郸白沙料场产石灰岩,ATPB 所用骨料及填料性能试验检验见 ATB 配合比设计。

6.3.2　目标配合比设计

6.3.2.1　骨料筛分试验

采用水洗法对 ATPB 配合比设计所采用矿料进行筛分试验,试验结果如表 6-4 所示。

表 6-4　ATPB 配合比设计骨料筛分　(%)

筛孔尺寸(mm)	10 ~ 30 mm	10 ~ 20 mm	5 ~ 10 mm	0 ~ 3 mm	矿粉
31.5	100.0	100.0	100.0	100.0	100.0
26.5	68.3	100.0	100.0	100.0	100.0
19	6.0	75.4	100.0	100.0	100.0
16	2.8	46.0	100.0	100.0	100.0
13.2	1.6	24.9	100.0	100.0	100.0
9.5	1.3	5.2	92.8	100.0	100.0
4.75	1.3	0.3	27.0	100.0	100.0
2.36	1.3	0.3	0.5	91.9	100.0
1.18	1.3	0.3	0.4	60.3	100.0
0.6	1.3	0.3	0.4	22.6	100.0
0.3	1.3	0.3	0.4	13.6	100.0
0.15	1.3	0.3	0.4	8.1	99.5
0.075	0.9	0.2	0.4	6.9	94.9

筛分试验表明,所采用矿料规格均符合《公路沥青路面施工技术规范》(JTG F40—2004)中关于高速公路沥青面层骨料规格的要求。

6.3.2.2　ATPB 级配设计

我国《公路沥青路面设计规范》(JTG D50—2004)中已对 ATPB 级配范围有所规定(见表 6-5),但由于规范推荐的级配范围 4.75 mm 筛孔以下骨料通过率均小于 3%,所设计混合料细料含量较少,而造成排水基层空隙率过大,且参考该范围所设计混合料内部骨料通过嵌挤作用形成混合料,骨料间孔隙较大且又未有增强骨料间胶结作用措施,因而容易导致混合料强度较低。相关研究表明,该级配类型混合料抗车辙性能也有明显降低。

表 6-5　沥青路面设计规范推荐的级配范围

筛孔(mm)	31.5	26.5	19	16	13.2	9.5	4.75	2.36	1.18	0.6	0.3	0.15	0.075
上限(%)	100	100	100	90	82	70	3	3	3	3	3	3	3
下限(%)	100	80	60	45	30	16	0	0	0	0	0	0	0
中值(%)	100	90	80	67.5	56	43	1.5	1.5	1.5	1.5	1.5	1.5	1.5

由澳大利亚推荐排水基层级配范围(见表 6-6)可见,其级配范围 4.75 mm 筛孔通过率均介于 8% ~14%,较我国规范推荐的 0 ~3% 通过率高,保证了排水基层混合料内部细微空间的填充,其较具合理性。

表 6-6　澳大利亚排水基层沥青混合料推荐范围

筛孔(mm)	26.5	19	13.2	9.5	4.75	2.36	1.18	0.6	0.3	0.15	0.075
上限(%)	100	100	80	50	14	14	12	—	—	—	4
下限(%)	100	90	50	25	8	4	2	—	—	—	1

交通部公路研究院刘振清等采用正交设计方法,对筛孔同空隙率及稳定度关系进行研究,最终采用回归分析及内插法得出 ATPB - 25 级配范围,并发现影响 ATPB 混合料空隙率的第一关键因素是 4.75 mm 筛孔的通过率,这与罗伯特 · 贝雷(Robert Bailey)提出的级配设计方法中以最接近 0.22 倍公称最大粒径作为第一控制筛孔是相一致的。

对我国排水基层 ATPB - 25 级配使用情况调查如表 6-7 所示。

表 6-7　我国开级配沥青稳定碎石推荐级配　(%)

筛孔(mm)	31.5	26.5	19	16	13.2	9.5	4.75	2.36	1.18	0.6	0.3	0.15	0.075
浙江龙丽	100	93	70	60	50	35	23	15	10	6.0	3.5	2.2	1.8
山东	100	98.2	75.5	62.5	46.4	32.1	13.6	9.7	6.3	4.8	3.2	2.5	2.1
宁波高速	100	91.6	78.8	67.5	47.5	19.8	13.2	10.5	7.9	6	4.8	3.2	1.6
长安大学	100	93	75	—	55	35	16	8	—	5	3	—	2
江苏沿通高速	100	98.5	86	76.5	65.4	47.3	21.7	14.7	10.1	7.3	5.5	3.9	2.8
广西南友公路	100	98.4	73.3	58.9	46.9	35.5	15.9	10.5	8	5.5	3.7	3.1	2.8
刘振清推荐级配范围	100	90	72	58	48	29	12	6	3	2	1	0	0
	100	100	92	85	75	60	33	22	15	12	10	9	6

由表 6-7 可见,我国开级配沥青稳定碎石排水基层 4.75 mm 筛孔多在 13% ~16%,2.36 mm 筛孔通过率在 8% ~15%。其使用情况表明,该级配设计,不仅能满足开级配沥青碎石排水能力,更能够兼顾沥青混合料自身性能指标符合道路结构要求。

根据以上分析及关键筛孔通过率同渗透系数之间的关系,ATPB 级配设计可取 4.75 mm 筛孔通过率为 10% ~16%,2.36% 通过率为 7.8% ~15%,0.075 mm 筛孔通过率为 3% ~4%。

结合级配设计分析,课题组拟合了三条级配设计曲线确定了 A、B、C 三种级配,以期对其性能进行全面对比,以确定最佳设计级配,级配及设计曲线见表 6-8、图 6-1。

表 6-8　ATPB 目标配合比设计级配

筛孔尺寸(mm)	31.5	26.5	19	16	13.2	9.5	4.75	2.36	1.18	0.6	0.3	0.15	0.075
上限(%)	100.0	98.0	85.0	70.0	62.0	50.0	29.0	18.0	15.0	10.0	7.0	6.0	4.0
下限(%)	100.0	70.0	50.0	40.0	28.0	15.0	6.0	6.0	2.0	1.0	0	0	0
中值(%)	100.0	84.0	67.5	55.0	45.0	32.5	17.5	12.0	8.5	5.5	3.5	3.0	2.0
A 级配(%)	100.0	94.0	72.8	61.0	52.8	42.6	17.1	7.0	5.1	2.9	2.3	2.0	1.8
B 级配(%)	100.0	93.0	69.7	57.6	49.1	38.6	11.6	1.6	1.6	1.5	1.5	1.5	1.5
C 级配(%)	100.0	93.0	69.7	57.4	50.5	44.3	22.5	8.4	6.0	3.3	2.6	2.2	2.1

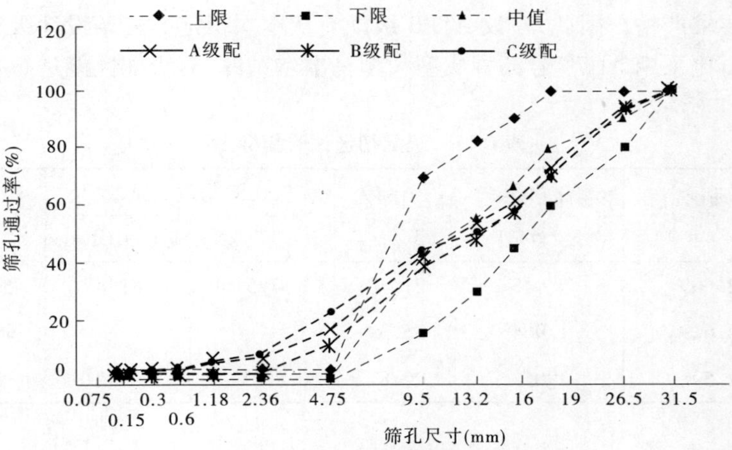

图 6-1　ATPB 级配设计曲线

图 6-1 中所用级配范围为我国《公路沥青路面施工技术规范》(JTG F40—2004)中推荐的 ATPB 级配范围。三条设计曲线,其 4.75 mm 筛孔通过率分别为 17.1%、11%、22%。小于 0.075 mm 筛孔骨料通过率级配曲线呈平缓下降趋势,而未采取规范中推荐的保持在 0 ~3% 的水平。三条级配分别代表了国内外典型开级配沥青碎石基层的级配取值代表范围。

ATPB 三种级配掺配比例及级配如表 6-9 所示。

表 6-9　ATPB 目标配合比掺配比例

骨料规格(mm)	10 ~ 30	10 ~ 20	5 ~ 10	3 ~ 5	0 ~ 3	矿粉
A 级配(%)	19	38	36	—	6	1
B 级配(%)	22	39	38	—	0	1
C 级配(%)	22	32	32	6	7	1

由掺配比例可见,三种级配通过率相差不大,但掺配比例相差较大,可见配合比设计过程应在确定级配曲线的过程中,对掺配比例进行分析,较小的级配通过率的变动就能引

起掺配比例的较大调整。

根据设计级配对三种级配进行比表面积计算，取沥青薄膜厚度为 14 μm 进行三种级配油石比预估，如表 6-10 所示。

表 6-10　ATPB 油石比预估

设计级配	比表面积	沥青用量(%)	油石比(%)
A 级配	1.697	2.4	2.5
B 级配	1.306	1.9	1.9
C 级配	1.869	2.7	2.8

由预估油石比可见，由于 B 级配 4.75 mm 筛孔通过率为 11%，该沥青薄膜厚度下其油石比仅为 1.9%。显然，若采用我国沥青路面设计规范中推荐的级配范围，其沥青用量会更低，这同沥青排水基层沥青用量不小于 2.5% 是矛盾的。因此，我国规范推荐的 ATPB级配范围内部孔隙过大，该级配范围所设计混合料油石比小于 2%，且施工过程中对材料及工艺要求严格。因此，建议 ATPB 级配宜从本次拟定的三条设计级配中选用。

以计算油石比采用 AH70 号沥青成型大型马歇尔试件，对级配性能进行初步验证，试验结果如表 6-11 所示。

表 6-11　级配初选试验指标

设计级配	计算理论密度 (g/cm^3)	毛体积密度 (g/cm^3)	空隙率 (%)	60 ℃马歇尔试验		备注
				稳定度(kN)	流值 0.01 mm	
A 级配	2.605	2.045	21.48	7.5	81.8	部分试件散落
B 级配	2.629	1.964	25.39	—	—	全部试件散落
C 级配	2.598	2.055	20.87	8.03	63.2	部分试件散落

由表 6-11 可见，A、C 两种级配空隙率均在 13% ~22%，而 B 级配成型马歇尔试件空隙率明显偏大。室内 60 ℃马歇尔试件结果表明，三种级配均存在 60 ℃水浸 1 h 试件散落现象，而 B 级配成型马歇尔试件全部散落。A、C 两种级配未散落试件马歇尔稳定度高值可达 7.5 kN 或 8 kN，达到了大型马歇尔试件的设计标准要求。试件散落原因，除试件制作外，沥青黏结性能及级配是重要因素，可见该混合料采用 SBS 改性沥青是有必要的。

通过三种级配对比，考虑排水基层性能要求，以 A 级配为设计级配，同时参考 C 级配设计对 A 级配进行优化，优化后的级配即为设计级配，见表 6-12、图 6-2。

表 6-12　ATPB 目标配合比设计级配

筛孔尺寸(mm)	31.5	26.5	19	16	13.2	9.5	4.75	2.36	1.18	0.6	0.3	0.15	0.075
上限(%)	100.0	98.0	85.0	70.0	62.0	50.0	29.0	18.0	15.0	10.0	7.0	6.0	4.0
下限(%)	100.0	70.0	50.0	40.0	28.0	15.0	6.0	6.0	2.0	1.0	0	0	0
中值(%)	100.0	84.0	67.5	55.0	45.0	32.5	17.5	12.0	8.5	5.5	3.5	3.0	2.0
设计级配(%)	100.0	92.7	68.8	56.6	48.1	38.3	18.0	9.8	6.9	3.6	2.7	2.2	2.1

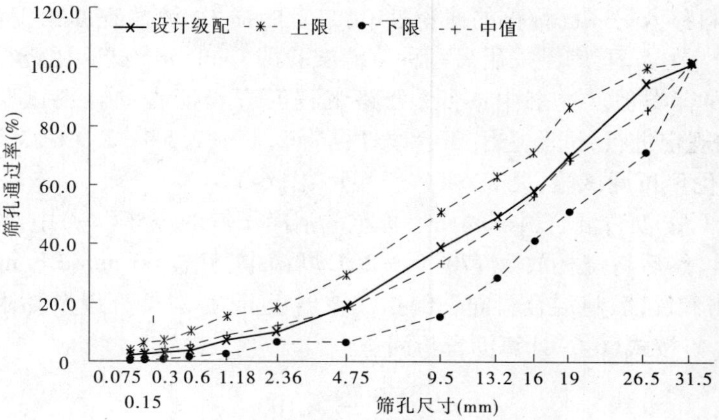

图 6-2　ATPB 设计级配设计曲线

6.3.2.3　ATPB 目标配比沥青用量设计

由于开级配沥青稳定碎石混合料中的细骨料含量少,沥青用量不能太多,否则易产生析漏。但沥青用量过少,又会出现沥青剥落和抗变形能力不足等耐久性和稳定性的问题。因而,合适的沥青用量应在保持不出现流淌的前提下尽可能选用高一些。所以在判断最佳沥青用量时,析漏流淌试验的结果起主导作用。本书先通过计算法进行沥青用量预估,在析漏试验的基础上,综合考虑其他性质(稳定度,空隙率),从中判断适宜的沥青用量。

1. 沥青用量计算

ATPB 开级配沥青稳定碎石沥青用量预估先根据合成级配计算骨料比表面积,见表 6-13,并选取薄膜厚度为 14 μm 进行计算。

表 6-13　ATPB 骨料比表面积计算参数表

筛孔(mm)	31.5	9.5	4.75	2.36	1.18	0.6	0.3	0.15	0.075
设计级配(%)	100.00	39.10	17.49	8.90	6.35	3.33	2.61	2.16	2.0
计算参数	0	0	0.02	0.04	0.08	0.14	0.3	0.6	1.6
对应系数 a	0	0	0.35	0.36	0.51	0.47	0.78	1.298	3.20

根据表 6-13 计算参数,则 ATPB 沥青用量预估公式为:

$$A = (2 + \sum a_i)/48.74 \tag{6-4}$$

$$P_b = h \times A \tag{6-5}$$

式中:A 为骨料总表面积;a_i 为筛孔对应计算系数;P_b 为预估沥青用量。

由以上公式可得,ATPB 目标配合比设计级配预估沥青用量为 2.55%。

2. 沥青用量确定

在母体沥青混合料的最佳沥青用量设计中,使用沥青析漏试验来确定混合料的最大沥青用量。对于不同的国家来说,有不同的试验方法。日本道路公团的试验通常采用 42 cm×27 cm 的搪瓷盘,均匀摊铺 2 kg 混合料,将搪瓷盘连同混合料放入 165 ℃的烘箱中

1 h，然后将混合料移入另一已称重的搪瓷盘中，二者的损失（流淌在原搪瓷盘中的部分）作为流出损失量。在美国，广泛采用另一种流淌试验即 Cantabria 试验用烧杯代替搪瓷盘进行试验，其余内容类似。本书中参照《公路工程沥青与沥青混合料试验规程》（JTG E20—2011）中的规定进行，试验选用 SBS 改性沥青 2.1%，2.5%，2.9%，3.3% 四种沥青用量分别进行谢伦堡析漏试验，见表 6-14、表 6-15、图 6-3。

将拌和好的 1 kg 沥青混合料倒入已经称重的洁净干燥的烧杯（m_0）中，称取烧杯和混合料的总质量 m_1，然后将烧杯放入 170 ℃ ±2 ℃烘箱中，静置 60 min ±1 min 后，取出烧杯，不加任何冲击和震荡，将混合料向下倒扣在玻璃板上，称取烧杯以及黏附在烧杯上的残留物总质量 m_2。按式（6-6）计算沥青析漏量：

$$\Delta_m = \frac{m_2 - m_0}{m_1 - m_0} \times 100 \tag{6-6}$$

表 6-14　ATPB 谢伦堡析漏试验数据汇总

油石比（%）	烧杯重（kg）	试验后重（kg）	析漏量（kg）	混合料重（kg）	析漏损失（%）
2.1	228.96	229.44	0.48	1 021	0.047
2.1	213.28	215.36	2.08	1 021	0.20
2.1	236.64	238.08	1.44	1 000	0.14
2.5	197.92	198.56	0.64	1 025	0.06
2.5	252.96	255.36	2.4	1 025	0.23
2.5	197.92	200	2.08	1 025	0.20
2.9	228.96	231.2	2.24	1 029	0.22
2.9	236.64	241.92	5.28	1 029	0.51
2.9	213.28	220.16	6.88	1 029	0.67
3.3	253.12	257.92	4.8	1 033	0.46
3.3	213.12	220.16	7.04	1 033	0.68
3.3	252.96	262.08	9.12	1 033	0.88

表 6-15　ATPB 谢伦堡析漏试验计算表

沥青用量（%）	2.1	2.5	2.9	3.3
析漏损失（%）	0.13	0.15	0.47	0.68

通过以上析漏试验可见，沥青析漏随着沥青用量的增大而逐渐增大，当超过某临界变

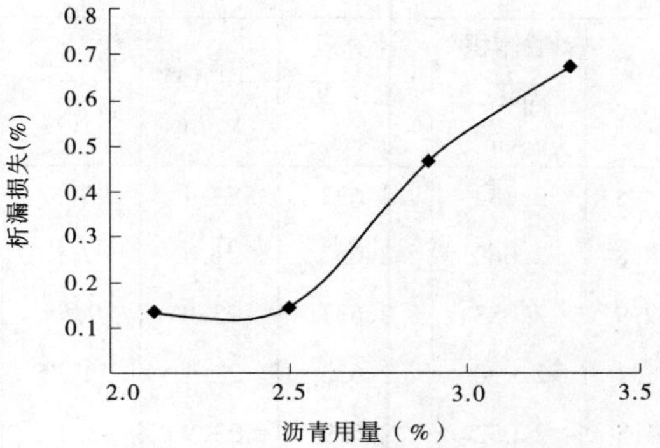

图6-3　ATPB谢伦堡析漏试验曲线

曲点时沥青流淌损失率突然增大，析漏拐点位置沥青用量为2.48%，因此ATPB目标配比沥青用量初定为2.5%。

3. 马歇尔法沥青用量验证

ATPB沥青稳定碎石沥青用量确定无法采用马歇尔设计方法进行沥青用量确定，室内通过马歇尔试验对所设计级配及沥青用量进行验证，验证内容包括空隙率及马歇尔稳定度。

材料排水能力可以用渗透系数和空隙率表征。空隙率是表征多孔材料性能的重要指标之一，所以有必要对于空隙率的概念、大小、影响因素以及测定方法进行细致深入的分析。目前，材料密度的测定方法有水中重法、表干法、蜡封法以及体积法等。对于沥青碎石排水基层材料，其空隙率多在20%左右。表干法和水中重法只适用于密实、不吸水试件的体积测定。蜡很容易进入试件内部，蜡封法也不适于多孔材料。因此，ATPB空隙率测试一般使用体积法。

考虑到排水性沥青碎石的渗透性能的重点是排水基层水通过的空隙即联通空隙率，对排水性能有贡献的联通空隙率，我们称为有效空隙率n_e。试件有效空隙率的大小无法直接测量，只能使用水重法间接测量。水重法测试的关键是让水分充分进入并填充整个试件的有效空隙，尽可能降低试验系统误差，常用的方法有浸泡法、震荡法和抽真空法。由于试件的有效空隙率同空隙率有很好的相关性，本书只进行空隙率的测试。

测定空隙率采用的方法是体积法，计算公式如下：

$$V_a = (1 - \frac{m_0}{V\gamma_t}) \times 100$$

式中：V_a为试件的空隙率(%)；m_0为试件在空气中的质量，g；V为测量所得试件的体积平均值，cm^3；γ_t为混合料的最大理论相对密度，按规范规定的最大理论相对密度的计算公式进行计算(使用改性沥青情况)。

选用2.4%、2.6%、2.8%三种油石比，分别进行马歇尔密度、稳定度及理论密度试验，如表6-16、表6-17所示。其中，马歇尔毛体积密度试验采用体积法。

表 6-16　ATPB 马歇尔试验数据表

油石比(%)	平均高度(mm)	空中重(g)	毛体积密度(g/cm^3)	计算理论密度(g/cm^3)	空隙率(%)	稳定度(kN)	流值(×0.1 mm)	沥青薄膜厚度(μm)
2.4	93.4	3 573.5	2.084	2.633	23.4	9.6	30.1	11.61
2.4	90.2	3 378.8	2.060	2.633	21.4	7.5	24.6	11.61
2.4	96	3 599.9	2.083	2.633	23.0	9.54	29.5	11.61
2.4	95.8	3 678.1	2.090	2.633	22.1	11.75	27.8	11.61
2.6	97.4	3 544.3	2.052	2.629	23.9	8.44	29.1	13.37
2.6	95	3 587.5	2.107	2.629	19.9	9.55	27.3	13.37
2.6	94.5	3 581	2.081	2.629	20.9	11.98	23.9	13.37
2.6	97.1	3 552.7	2.088	2.629	20.6	9.89	39.1	13.37
2.8	95	3 581.4	2.089	2.626	22.2	7.85	32.1	14.25
2.8	95.6	3 690.6	2.081	2.626	20.0	9.6	64.8	14.25
2.8	93.9	3 496.8	2.035	2.626	22.7	8.91	34.6	14.25
2.8	94.5	3 563.5	2.086	2.626	20.6	10.45	25.4	14.25

表 6-17　ATPB 马歇尔试验数据汇总

油石比(%)	毛体积密度(g/cm^3)	理论密度(g/cm^3)	空隙率(%)	稳定度(kN)	沥青薄膜厚度(μm)
2.4	2.079	2.633	20.79	9.60	11.61
2.6	2.082	2.629	20.82	9.97	13.37
2.8	2.073	2.626	21.08	9.33	14.25
技术指标	—	—	18 ~ 23	>7.5	14 ±1

由以上马歇尔试验结果可见，三种油石比体积法测 ATPB 毛体积密度均较为接近 2.08 g/cm^3，空隙率均在 20% ~ 21%，稳定度均大于 9 kN。其试验结果均满足提出的 ATPB排水基层混合料技术指标，可见在此油石比下，ATPB 混合料具有较好的排水能力，同时能够满足道路结构强度要求。另外，采用 SBS 改性沥青后沥青混合料试验过程未出现散落现象，可见对开级配沥青稳定碎石而言选用高黏的改性沥青混合料是较为关键的。考虑到排水基层对其沥青薄膜厚度的要求，采用油石比为 2.6% 是合适的。

6.3.3　生产配合比设计

6.3.3.1　热料筛分试验

根据目标配合比设计级配拌和站热料调整，对各热料仓热料进行了筛分及热料密度试验，其试验结果见表 6-18、表 6-19。

表 6-18　ATPB－25 热料筛分结果

筛孔尺寸(mm)	22～35 mm	11～22 mm	6～11 mm	3～6 mm	0～3 mm
31.5	100.0	100.0	100.0	100.0	100.0
26.5	66.7	100.0	100.0	100.0	100.0
19	3.6	80.7	100.0	100.0	100.0
16	2.1	57.9	100.0	100.0	100.0
13.2	1.1	28.3	100.0	100.0	100.0
9.5	0.4	3.0	83.7	100.0	100.0
4.75	0.2	0.4	3.9	94.4	100.0
2.36	0.2	0.3	0.5	32.7	93.0
1.18	0.2	0.3	0.5	5.8	65.6
0.6	0.2	0.3	0.5	1.1	26.0
0.3	0.2	0.3	0.5	0.8	13.5
0.15	0.2	0.3	0.5	0.7	4.7
0.075	0.2	0.3	0.5	0.7	8.0

表 6-19　ATPB－25 热料密度试验

热料	22～35 mm	11～22 mm	6～11 mm	3～6 mm	0～3 mm	矿粉
毛体积相对密度	2.701	2.694	2.697	2.691	2.674	2.651
表观密度(g/cm^3)	2.718	2.717	2.722	2.730	2.674	—
表观干密度(g/cm^3)	2.706	2.702	2.706	2.706	2.736	—
吸水率(%)	0.24	0.31	0.32	0.51	2.70	—

6.3.3.2　生产配合比级配设计

根据目标配合比设计级配，对热料仓热料进行级配设计，其设计级配比例及级配如表 6-20、表 6-21 所示。

表 6-20　ATPB－25 生产配合比掺配比例

骨料规格(mm)	22～35	11～22	6～11	3～6	0～3	矿粉
掺配比例	23	38	24	5	9	1

表 6-21　ATPB－25 生产配合比级配设计

筛孔尺寸(mm)	31.5	26.5	19	16	13.2	9.5	4.75	2.36	1.18	0.6	0.3	0.15	0.075
上限(%)	100.0	100.0	100.0	90.0	82.0	70.0	3.0	3.0	3.0	3.0	3.0	3.0	3.0
下限(%)	100.0	80.0	60.0	45.0	30.0	16.0	0.0	0.0	0.0	0.0	0.0	0.0	0.0
目标配合比(%)	100.0	92.7	68.8	56.6	48.1	38.3	18.0	9.8	6.9	3.6	2.7	2.2	2.1
合成级配(%)	100.0	92.3	70.5	61.5	50.0	36.3	15.8	11.3	7.5	3.7	2.5	1.7	2.0

6.3.3.3　生产配比油石比验证

根据设计曲线,室内采用2.4%、2.6%、2.8%三组油石比成型大型马歇尔试件进行生产配比级配验证,其密度试验及马歇尔试验如表 6-22、表 6-23 所示。

表 6-22　ATPB 马歇尔试验数据表

油石比(%)	平均高度(mm)	空中重(g)	毛体积密度(g/cm^3)	计算理论密度(g/cm^3)	空隙率(%)	稳定度(kN)	流值(×0.1 mm)	沥青薄膜厚度(μm)
2.4	100.575	3 487	1.901	2.633	27.8	9.6	30.1	100.575
2.4	98.25	3 455	1.928	2.633	26.8	8.5	24.6	98.25
2.4	100.375	3 559	1.944	2.633	26.2	9.54	29.5	100.375
2.4	98.4	3 457	1.926	2.633	26.9	11.75	27.8	98.4
2.6	96.5	3 507	2.052	2.629	20.1	8.3	59	96.5
2.6	95.825	3 481	2.051	2.629	20.1	11.86	28.6	95.825
2.6	94.125	3 421	2.052	2.629	20.1	9.98	36.6	94.125
2.6	94.325	3 419.1	2.047	2.629	20.1	10.12	41.4	94.325
2.8	94.5	3 581.4	2.078	2.626	20.9	10.85	32.1	94.5
2.8	96.7	3 690.6	2.092	2.626	20.3	9.6	44.8	96.7
2.8	94.7	3 496.8	2.024	2.626	20.5	8.91	34.6	94.7
2.8	94.125	3 563.5	2.075	2.626	21.0	8.95	25.4	94.125

表 6-23　ATPB－25 生产配比油石比验证技术指标汇总

油石比(%)	毛体积密度(g/cm^3)	理论密度(g/cm^3)	空隙率(%)	稳定度(kN)	沥青薄膜厚度(μm)
2.4	1.925	2.633	26.95	9.85	12.56
2.6	2.051	2.629	22.02	10.07	14.27
2.8	2.067	2.626	21.28	9.58	14.84
技术指标	—	—	18～23	>7.5	14±1

通过以上马歇尔试验可见,ATPB－25 生产配合比三组油石比马歇尔试验指标均符合 ATPB－25 技术指标要求。其中,由于采用体积法进行毛体积密度试验较实际情况偏

小，所以建议实际生产控制毛体积密度为 2.2 g/cm^3。因此，ATPB－25 设计油石比采用 2.6%。

6.4　ATPB 路用性能验证

结合第 3 章中沥青稳定碎石路用性能规律研究，对 ATPB－25 进行了车辙、浸水马歇尔及冻融劈裂等试验，以期对大粒径沥青碎石路用性能进行掌握。

6.4.1　车辙试验

ATPB 开级配沥青稳定碎石混合料属于骨架空隙型混合料，其内部强度主要取决于骨架骨料相互嵌挤作用，为对其高温性能进行研究。成型 300 mm×300 mm×50 mm 车辙试件，进行其高温抗车辙性能研究，其高温抗车辙性能宜大于 4 000 次/mm，见表 6-24、图 6-4、图 6-5。

表 6-24　ATPB－25 目标配比车辙试验

编号	SBS 改性混合料动稳定度（次/mm）	普通沥青混合料动稳定度（次/mm）
1	5 943.4	468
2	7 875	590
3	5 040	632
平均	6 286.1	563

由车辙试验可见，SBS 改性 ATPB－25 开级配沥青稳定碎石动稳定度试验均大于 5 000，而 70 号普通沥青成型 ATPB 车辙板车辙则较低，甚至表面出现压翻现象。采用 SBS 改性沥青后，胶结沥青在 60 ℃条件下黏性较大，混合料黏聚力较大，加之粗骨料间的嵌挤作用，碾压 45 min 后试件变形较小，因而总体动稳定度较大。采用普通沥青成型车辙试件，60 ℃条件下由于细料较少，沥青黏性对粗骨料黏结作用基本失效，进而出现车辙板压翻现象。可见，采用 SBS 改性沥青及良好的骨架嵌挤作用是其高动稳定度形成的原因。

图 6-4　普通沥青 ATPB 车辙试验后表面

图6-5　SBS 改性沥青 ATPB 车辙试验后表面

6.4.2 水稳性能试验

由于 ATPB 的主要功能为排除路面结构内部的自由水,往往在排水后一段时间内有滞水现象。ATPB 材料在水的浸泡及车辆荷载的作用下可能会发生沥青膜剥离、掉粒、松散等现象,从而影响 ATPB 材料的渗透性能和抗变形性能。因此,要充分重视 ATPB 材料的水稳定性,提高沥青混合料的抗水害能力。

评价沥青混合料水稳定性的方法很多,其中静荷载试验常用的有浸水马歇尔试验、浸水抗压强度试验、劈裂抗拉强度试验、改进的 Lottman 法,即冻融劈裂试验、动荷载试验方法最典型的当属浸水车辙和浸水环道试验,它们是力求模拟现场实际条件的工程性试验方法。

本书采用试验规程中的浸水马歇尔试验和冻融劈裂试验来检验沥青稳定碎石排水基层材料的水稳定性。两种方法均采用击实法成型圆柱体试件,正反两面各击实 50 次(大马歇尔试件两面各击实 75 次)。

6.4.2.1 浸水马歇尔试验

每种级配成型 6 个试件,分成两组,其中一组直接进行马歇尔试验,在 60 ℃水浴中恒温 45 ~60 min,测定其稳定度 MS,另一组在 60 ℃水浴中恒温 48 h,测定其稳定度 MS_1,计算其残留稳定度:

$$MS_0 = \frac{MS_1}{MS} \times 100$$

式中:MS_0 为试件的浸水残留稳定度(%);MS 为试件浸水 45 ~60 min 的稳定度,kN;MS_1 为试件浸水 48 h 的稳定度,kN。

试验结果如表 6-25 所示。

表 6-25 ATPB－25 浸水马歇尔试验

编号	浸水		未浸水
	SBS 改性混合料	普通沥青混合料	
1	10.43	散落	8.3
2	9.09	散落	11.86
3	11.56	散落	9.98
4	10.7	3.54	10.12
均 值	10.445	—	10.065
残留稳定度	90.01%(SBS 改性混合料)		

通过以上浸水马歇尔试验可见,采用普通沥青的 ATPB 混合料在浸水 48 h 后均出现散落现象,而采用 SBS 改性沥青混合料的试件则水温性能良好,平均残留稳定度达到了 90% 左右。一方面,采用改性沥青混合料能在一定程度上提高沥青的水稳性能,另一方面,在 60 ℃水温下 SBS 自身黏性依然较好,沥青胶结料自身黏结性能较高,可见混合料黏结材料对其性能影响是较大的。

6.4.2.2　冻融劈裂试验

《公路工程沥青及沥青混合料试验规程》(JTG E20—2011)中 T0729 的冻融劈裂试验成型试件尺寸规定为小型马歇尔试件,但由于沥青稳定碎石在小型马歇尔试件成型过程中无法完全反映其粒径组成,因此本次试验中成型ϕ 150 mm × 95.3 mm,击实次数为 112 次,控制空隙率 5% ~7%。试件分两组,每组 4 个平行试件。一组在水浴中浸泡 2 h 后测试劈裂强度 R_1;另一组先在 25 ℃水中浸泡 2 h,然后在 0.09 MPa 浸水抽真空 15 min,再放到 -18 ℃冰箱中放置 16 h,而后放到 60 ℃水中浸恒温 24 h,再放到 25 ℃水中浸泡 2 h 后测试其劈裂强度 R_2;计算其残留强度比 $R_0 = (R_2/R_1) \times 100\%$。试验数据见表 6-26,冻融劈裂强度随沥青用量的变化情况见图 6-6。

表 6-26　冻融劈裂试验数据

沥青用量(%)	空隙率(%)	R_1	R_2	R_0	标准
OAC -0.2	22.3	0.406	0.520	78.1	>70%
OAC	20.5	0.401	0.507	79.1	
OAC +0.2	20.6	0.392	0.491	79.8	

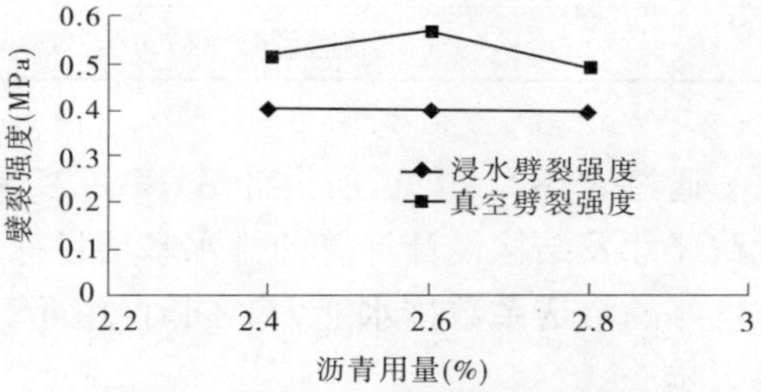

图 6-6　ATPB 冻融劈裂试验数据

由冻融劈裂试验结果来看,随着沥青用量的增加,试件的劈裂强度虽有所降低,但与冻融前相比,沥青用量高的试件下降幅度小,表现为 TSR 随着沥青用量的增加而明显提高。分析劈裂强度降低的原因:根据沥青与矿质骨料交互作用原理可知,在沥青与骨料界面上,沥青组分重新排列,并将形成一定厚度的"结构沥青",在此厚度之外的沥青为"自由沥青"。当骨料颗粒之间以结构沥青接触时,沥青混合料可以获得较大的黏聚力。而随着沥青用量的增加,沥青膜厚度增加,自由沥青比例增加,沥青混合料的黏聚力将有一定程度的下降。所以,随着沥青用量的增加和沥青膜的增厚,试件的劈裂强度下降。TSR 随着沥青用量的增加而提高的原因在于随着沥青用量的增加,压实试件的空隙率降低,在饱水处理时,进入试件空隙中的水分随之减少,将减轻冻融过程中水分对沥青混合料的作用。采用 SBS 改性后的 ATPB 沥青混合料冻融劈裂试验达到了大于 70 号的要求,而试验过程采用 70 号重交沥青进行的冻融劈裂试验全部散落,加入水泥后试件冻融劈裂值也较低,未能满足要求。因此,为提高 ATPB 水稳定性能,需采用 SBS 改性沥青等高黏结沥青胶结料。

空隙率的影响:三种级配的空隙率都达到 20% 以上,在如此大的空隙状态下,当试件从水中取出时,经饱水处理进入空隙中的水分大部分流出,试件空隙未被水充满,所以减少了水对沥青混合料的侵蚀作用,提高了沥青混合料的抗水稳定性。根据有关研究,当沥青混合料的空隙率介于 8% ~12%,水分易进而不易出。在冻融作用过程中,经真空饱水处理进入空隙的水将对试件产生强烈的作用,劈裂强度显著降低。由劈裂试验可见,对

ATPB 沥青混合料,空隙率在 20% 左右能够满足水稳定性要求。但必须在使用高黏结性能沥青的前提下。同时,由于采用体积法所测空隙率较试件实际空隙率偏低,根据经验其实际空隙率在 18% 左右。因此,开级配沥青碎石合理空隙率在 20% 以下是合理的,若采用体积法测试可放宽到 22%。

6.4.3 渗透系数

6.4.3.1 基于级配及空隙率的渗透系数计算

根据爱尔赛伊特(Elasyed)渗透系数计算公式(参见 6.2 节):

$$K = -0.251 + 0.92\varepsilon_b + \frac{2.68}{P_{0.6}} - 0.005P_{0.075} \quad (\text{cm/s})$$

根据 ATPB 设计级配及成型大型马歇尔试件测试试件孔隙比进行计算,试验计算参数及渗透系数如表 6-27 所示。

表 6-27 ATPB - 25 渗透系数试验结果

孔隙比	0.2
0.6 mm 通过率(%)	3.6
0.075 mm 通过率(%)	2.1
渗透系数 K(cm/s)	0.668

通过表 6-27 可见,所设计 ATPB - 25 渗透系数为 0.668 cm/s,达到了根据青红高速道路尺寸及结构设计计算的排水基层目标渗透系数 0.631 cm/s 的要求。可见,该材料具有良好的渗透系数排水能力。同时,由于其空隙率在 20% 左右,未对其材料路用性能产生影响。

6.4.3.2 简易渗透系数测试方法

排水沥青混合料的主要性能是排水,因此透水性能是最为关键的指标。但迄今为止,对沥青混合料尚没有如土壤试验那样的标准试验方法。日本借用了土壤渗透的试验方法:将直径为 1.5 cm、长为 40 cm 的玻璃管置于沥青混合料马歇尔试件上,管的周围用胶封闭,把玻璃管中的水注满,当水面落到高度为 35 cm 时开始读表,当水面落到 5 cm 时,读表结束。美国的方法是将排水沥青混合料试件置于密实的沥青混合料上,设置一定的水头,以单位时间内水头降低至某一高度所渗透的水量(mL)计。比利时则采用一种流量计(类似我国公路部门使用的渗水仪),以渗透一定数量的水所需的时间表示。同济大学的室内渗透试验采用常水头稳定流水平渗透仪测试,渗流长度 15 cm,试件直径 10 cm 或 15 cm,水力梯度可在 1% ~ 3% 变化。试验采用标准边界条件为:水力梯度 4.5%,水温 20 ℃;当水温存在差异时,按实测温度与 20 ℃条件下水力黏滞系数之比进行修正。

上述方法有一个共同点,即在一定水头压力下的渗透性,实际上雨天路面水的渗透是没有水头压力的。为了更切合路面透水情况,采用简化试验方法,排水沥青混合料的标准击实试件制成后不脱模,去掉试件两面的滤纸,待试件冷却后,连同试模浸入水中 1 h 以上,使试件吸水饱和。试验时将试模支放在容器中,在试模内部边缘涂上黄油,防止水从试件边缘渗出。试模底部脱空，量取100 mL水，倒入试模内，同时启动秒表计时，水从试件的孔隙中渗出，当试件表面不再形成柱状水面时，停止计时。

记录时间，计算试件透水系数 K，渗透系数计算可参见以下考虑压力修正及考虑试件高度修正的经验公式：

$$K = 1.56Qh/At$$

式中：Q 为注放的水量，100 mL；A 为试件面积，81.07 cm^2；t 为渗透时间，s；h 为试件高，cm。

为保证渗透试验的统一性，试验采用标准成型马歇尔试件，简化的渗透系数试验结果如表6-28所示。

表6-28　ATPB－25渗透系数试验结果

油石比(%)	空隙率(%)	渗水时间(s)	试件高(mm)	渗透系数 K(cm/s)	
2.6	20.21	5.5	63.4	0.623	0.639
	20.65	4.9	63.5	0.611	
	21.69	5.2	63.6	0.684	

由渗透系数计算结果可见，采用简化的渗透系数测试方法进行混合料渗透系数测试，操作简便，所测试结果混合料同采用爱尔赛伊特渗透系数计算值基本一致，两者渗透系数值相差0.029 cm/s。

相关研究表明直接影响沥青稳定碎石混合料渗透系数的因素是混合料的空隙率，空隙率越大，渗透系数越大，它们之间呈线性正比例关系。分析原因，沥青混合料由于空隙率越大，则其内流通空间越大，在同样的降雨量的情况下，单位时间内的流量越大，流速越快，所以渗透系数越大。所测试试件并未呈完全一致的线性关系，其原因在于成型试件过程中，混合料粒径分布同设计级配有所区别，因而影响了排水性能的发挥。因此，建议ATPB沥青稳定碎石混合料成型过程应防止混合料离析而影响其渗透系数等性能的测试。

6.5　路面排水层排水系统设计

沥青路面结构设计开级配沥青碎石排水基层后，面层水通过面层孔隙或开裂裂缝沿竖向进入排水基层结构，之后通过排水基层沿道路横坡通横向渗流将结构积水排出。为将排水基层内部横向渗流水排出道路结构，需对设置排水基层沥青路面进行相关排水系统设计。

6.5.1　防水层设置

通过路面面层进入排水基层的水并不能被立即排出路面结构，参考美国路面排水指南中对排水试件的规定：在2 h内排走50%的水路面的路面为优等排水结构，路面结构内水积蓄时间长达2 h甚至1～2 d。水在路面结构内部积蓄时间较长，此段时间内极容易因动水压力造成路面结构的冲刷和对半刚性基层结构的渗透。

半刚性基层顶面透层及热改性沥青防水层的设置均有利于防水密水。

半刚性基层顶面喷洒的透层油深入基层后,可以封闭基层混合料的开口孔隙,形成一个渗透深度上的防水层,阻止了路表水渗入对路基的浸泡和地下毛细水的上升,较大程度提高了基层抵御水破坏的能力。特别是结合下封层油膜的封闭作用,既可解决下封层的黏结,又可形成一道避免水患对道路造成灾害性破坏的“屏障”。

刚柔组合基层内部半刚性层及排水基层中间设置改性热沥青防水层。设置防水层,不仅能避免长期积蓄的水对半刚性基层的冲刷和渗透,防止积水对道路基层、垫层及路基的损害,并防止半刚性基层粉尘对排水基层的污染,保证排水基层功能的发挥,同时能够减小水在路面结构中的渗流阻力,有利于路面积水的迅速排出。

防水层采用 SBS 热改性沥青,洒布量为 1.2 kg/m^2。喷洒后,撒布 5 ~ 10 mm 规格碎石,碎石用量为 6 ~ 8 m^3/1 000 m^2,覆盖率为 55% ~60%。

6.5.2　路面边缘及路肩排水系统设计

6.5.2.1　排水基层设计

为将排水层内部水排出路面结构,需在道路边缘设置路面排水系统。路面边缘排水系统的设置多采用埋设在路面边缘或路肩下的集水沟管(见图 6-7(a))、盲沟(见图 6-7(b))或者铺成全宽式基层(见图 6-7(c))直接将水排出路面结构。

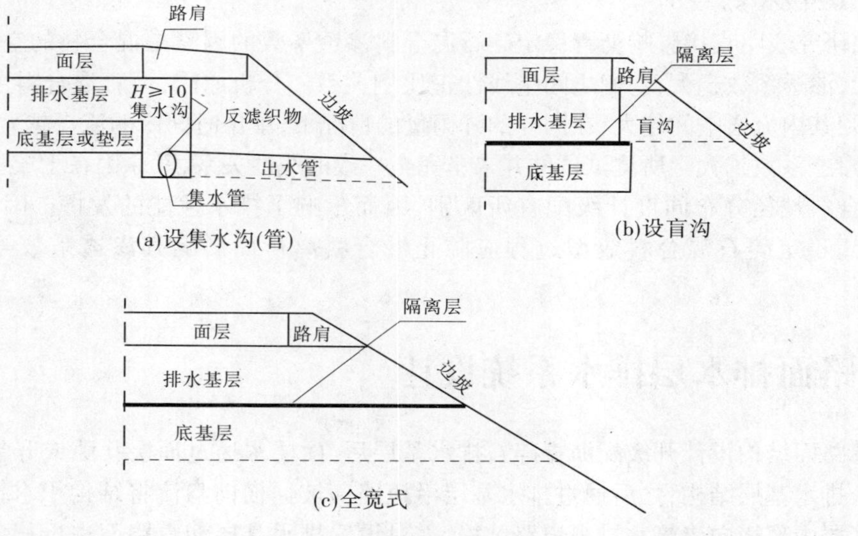

图 6-7　排水基层路面排水系统设置方式

由于设置集水沟施工过程较为复杂且增加造价,无法保证沥青面层边缘水的有效排除。盲沟及全宽式排水系统排水施工简便,但全宽式沥青增加了排水基层的宽度,造价有所增加。三种排水方式均未考虑到沥青面层结构的边缘排水问题,不利于路面面层积水的迅速排出。

为能在不增加排水基层宽度的情况下将路面结构内及面层边缘水及时排出,特采用全厚式无砂混凝土排水路肩。

全厚式无砂混凝土排水路肩底部同排水基层相接，厚度略大于沥青路面面层及排水层面厚度的和。无砂混凝土排水基层横坡设置为3%，较排水基层增加1%，由于无砂混凝土空隙率大于ATPB排水基层，内部有效排水孔隙较大，可保证沥青面层及排水基层内部的水通过该排水路肩迅速排出路面至道路边坡，之后自由水沿道路边坡排至排水沟。由于排水路肩排水方式为渗透排水，可避免路面结构排水对路基边坡的冲刷破坏。该路肩同时能改善自身排水能力，避免降雨对路肩的浸透，保证道路整体稳定性。路面结构及边缘排水系统断面见图6-8。

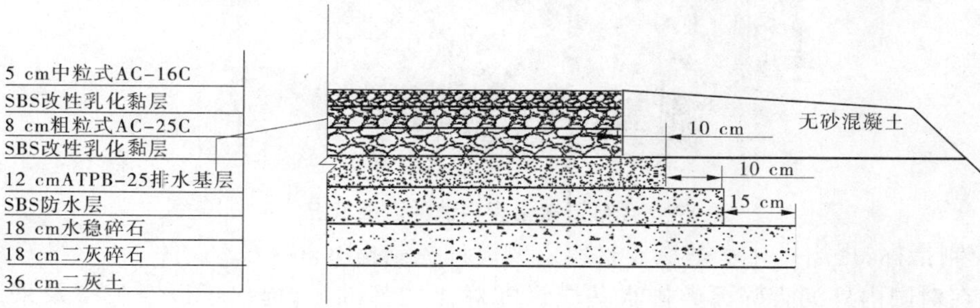

图6-8　路面结构及边缘排水系统断面

6.5.2.2　无砂混凝土设计

无砂混凝土是一种新型的集支撑、透水、反滤三种用途为一体的新型工程材料，它是由粗骨料、水泥和水拌制而成的一种多孔混凝土，它不含细骨料，由粗骨料表面包覆薄层水泥浆相互黏结而形成孔穴均匀分布的蜂窝状结构，具有一定的强度和渗透性。在公路工程中可用无砂混凝土作为透水的渗沟、渗井、挡墙、路面结构、桥涵等需要排水或反滤的结构，以代替施工复杂的反滤层和渗水结构，并可承受适当的荷载，具有较好的透水性和过滤性、施工简便、省料。排水基层边缘排水系统过程中采用无砂混凝土材料进行透水路肩设置，无疑能较大程度降低道路结构的水损害，提高路面结构的排水能力。

室内采用C10无砂混凝土作为路肩材料。其配合比设计过程以5~10 mm单粒径石灰岩骨料进行不同水泥剂量强度试验。无砂混凝土室内试件表面状况见图6-9。

考虑到路肩强度的要求，最终确定无砂混凝土水泥剂量为3%，其7 d无侧限抗压强度达10 MPa，内部有效空隙率可达25%~30%。无砂混凝土材料试验表明，该材料透水能力达到路肩透水要求。由于其7 d强度可达10 MPa，能满足路肩的承载能力，其对路面结构也有一定的约束作用。

6.6　本章小结

本章深入研究了开级配沥青碎石排水基层设置机制及技术要求，提出了开级配沥青碎石技术指标要求及组成设计方法，推荐了合理的ATPB-25配合比，进行了路用性能试验研究。根据排水基层排水要求，对设置排水基层的路面排水系统进行了设计、实施。

（1）系统研究了排水基层排水能力、力学要求，确立了其空隙率、回弹模量、渗透系数

图 6-9　无砂混凝土室内试件表面状况

等关键控制指标，提出了排水基层及材料组成设计控制指标。

(2) 在对国内外沥青碎石类排水基层级配对比的基础上，提出了以空隙率及采用爱尔赛伊特公式对 0.6 mm、0.075 mm 筛孔通过率反算渗水系数的方法对设计级配进行控制的 ATPB 级配设计方法，提出了区别于我国规范的沥青碎石混合料合理级配。

(3) 提出了基于混合料性能及排水能力的开级配沥青稳定碎石混合料组成设计方法，推荐了合理的 ATPB - 25 材料组成。

普通 70 号及 SBS 高性能改性 ATPB 混合料性能对比研究表明，ATPB 混合料采用普通沥青时其马歇尔稳定度、水稳定性、车辙性能均较差，难以达到设计要求，采用 SBS 改性沥青时，混合料各项性能指标均较佳，开级配沥青碎石宜采用 SBS 改性沥青。

确立了以爱尔赛伊特渗透系数公式及成型试件空隙率实测的方法进行混合料渗透系数验算的方法，以沥青薄膜预估、析漏试验及马歇尔验证的控制沥青用量的方法，以此保证开级配沥青稳定碎石材料的渗透系数及强度性能。试验所确定 ATPB - 25 最佳油石比为 2.6%，材料各项指标符合技术指标的要求。

(4) 系统研究了开级配沥青碎石材料性能，对其路用性能及渗透等性能进行了研究评价。

结果表明，相同试验条件下 ATPB - 25 车辙性能较普通沥青 ATB - 25 提高 1 000 次/mm，水稳定性能满足其技术要求。采用简化的渗透系数测试方法对 ATPB - 25 进行了渗透系数测试，测试结果同采用爱尔赛伊特渗透系数计算值基本一致，两者渗透系数值相差 0.029 cm/s，具有较好的相符性。

(5) 在对排水基层排水进行系统研究的基础上，提出了采用无砂混凝土透水路肩及防水层的综合排水系统设置方案，确定了热改性沥青防水层及无砂混凝土路肩设置技术标准。

第7章　大粒径密级配沥青稳定碎石基层研究

刚柔组合基层结构中上层柔性基层的性能是该路面结构类型能否成功实施的关键。考虑到国内外大粒径沥青碎石技术在长寿命路面研究中的有益探索，课题组将大粒径沥青稳定碎石引入刚柔组合基层结构中，对其应用技术进行研究，以期充分发挥其抗车辙、减缓反射裂缝、提高道路整体受力状况、降低刚柔组合基层路面造价等优点，提高刚柔组合基层路面整体结构性能及综合效益。

7.1　大粒径沥青稳定碎石基层功能机制研究

7.1.1　大粒径沥青稳定碎石基层功能研究

为解决路面反射裂缝、抗车辙能力不足和路面的耐久性较差问题，我国目前正在开展大粒径碎石沥青混合料（Large Stone Asphalt Mixes，简称 LSAM）的研究。我国目前较多采用的细粒式及中粒式沥青混合料空间结构多为悬浮－密实型，强度形成主要依赖于沥青与矿料之间的黏结力。在大交通量、重轴载作用下，易产生车辙和耐久性破坏。因此，在进行沥青混合料设计时，应考虑它在路面结构中所处层位的功能特性，一方面通过增大矿料粒径来提高沥青混合料的承载力；另一方面通过增大骨料之间的相互嵌挤力来提高沥青混合料的整体强度，以抵抗重载作用下产生的剪切和竖向变形，从而提高沥青路面的强度，满足路面结构性能对沥青混合料的不同要求。大粒径沥青混合料的研究就是基于这种思想提出的。

大粒径沥青混合料定义为最大骨料尺寸在 25～63 mm（1～2.5 in）的热拌沥青混合料，其主要形式有适用于下面层和上基层的嵌挤骨架－密实型结构（空隙率 3%～6%），另一种形式是适用于基层的嵌挤骨架－空隙型结构（空隙率 15%以上）。

大粒径沥青碎石有如下优点：①大粒径沥青混合料通过增大粒径，可降低油量，在不增加造价的情况下，可以增强沥青路面的抗车辙能力及减缓反射裂缝的发生，起到较好的经济效益；②大粒径沥青碎石能够通过不增加造价提高柔性基层的模量，高模量的柔性基层不仅有利于减小面层层底拉应变，更有助于路面结构抗裂；③大粒径沥青混合料基层作为一类柔性结构层，具有很强的柔性和变形能力，作为应力消散层，可明显提高路面抗反射裂缝的能力；④大粒径沥青碎石基层可以与沥青混凝土面层黏结牢固，提高道路层间结合状况；⑤施工过程一次摊铺厚度大，沥青层内部储温能力高，热量不易散失，利于寒冷季节施工，延长施工期。高模量抗车辙的大粒径沥青混合料也是永久性路面结构（全厚式沥青路面）的中间层或联结层的首选。

基于上述特性,深入系统地开展各类 LSAM 的抗裂性能比较研究,对减轻沥青路面反射裂缝的发生等病害,提高路面使用性能,延长沥青路面的使用寿命,节约工程费用,具有重要的现实意义和经济意义。

7.1.2 大粒径沥青稳定碎石强度形成机制

大粒径沥青稳定碎石组成较普通沥青混合料,其强度及性能同普通沥青混合料有所区别,为能良好地对该材料组成设计有所把握,课题组对其强度形成机制进行了研究。

7.1.2.1 大粒径沥青混合料具有较大的摩擦力和嵌挤力

沥青混合料强度构成主要来源于两个方面:一是由于沥青的存在而产生的黏结力,二是由于骨料的存在而产生的内摩阻力。目前,沥青混合料的强度和稳定性理论,主要是要求沥青混合料在高温时必须具有一定的抗剪强度和抵抗变形的能力。大粒径沥青混合料设计,无论是骨架嵌挤类型还是开级配类型,都要求粗骨料通过良好的石–石接触形成空间嵌挤骨架以承受荷载作用。

7.1.2.2 大粒径沥青混合料具有良好的骨架稳定性

大粒径沥青混合料的骨架稳定性是其高温稳定性的关键。骨架稳定性高的混合料,其粗骨料的相互接触点多,骨架很密实。大粒径沥青混合料良好的骨架作用使得骨料承受荷载后具有较小的变形和较高的承载能力。若大粒径沥青混合料没有形成骨架作用,有可能产生失稳破坏。一旦粗骨料骨架失稳,将大大削弱骨架的支撑作用,大粒径沥青混合料的受力和传力作用将不再主要由粗骨料自身担当,而是由粗骨料间的摩擦力来完成,最容易的破碎面是沿骨料间空隙较大的接触面。美国修筑的大粒径沥青路面,有许多因粗骨料没有形成良好的骨架结构而导致车辙特别严重。因此,保证和提高大粒径沥青混合料的骨架作用是提高混合料高温稳定性,避免失稳的前提。大粒径沥青混合料承载能力高的另一个重要原因为:在同等的路面厚度或轮载作用范围内,由于大粒径沥青混合料比普通的沥青混合料粗骨料粒径大,首先容易产生错动、滑动的细骨料接触面数量减少,更重要的是粗骨料比细小骨料的承载能力大,这不仅增大了整体骨架的承载力,而且粗骨料传力方向明确和容易传力至基层,根据竖向力的平衡方程相当于减小了路面受力区域内垂直方向的压力,从而减小了斜截面上的剪切应力,提高了抗剪强度。这也是大粒径沥青混合料与普通沥青混合料承载机制的主要区别之一。

7.1.2.3 强度衰减慢

因为骨架密实型大粒径沥青混合料的强度主要是由内摩擦力和黏聚力形成的,内摩擦力的大小取决于摩擦角的大小,由于强度对温度敏感性较小,因而内摩擦力的变化也很小;黏聚力取决于沥青的数量、胶浆的数量和质量,并随时间的延长而衰减。大粒径沥青混合料总的沥青用量较少,黏聚力强度的衰减不明显。因而大粒径沥青混合料与目前常用的沥青混合料相比,在自然或恶劣气候条件下混合料强度衰减慢,这对延长路面使用寿命是十分有利的。

7.2　大粒径沥青碎石柔性层材料组成设计研究

7.2.1　沥青稳定基层矿料级配组成设计研究

大粒径密级配沥青碎石(LSAM)属于沥青碎石类(ATB),但是LSAM与ATB的主要区别在于骨料级配以及混合料技术指标有所不同,因而有必要对密级配LSAM级配进行专门研究。

各国在大量实践的基础上,提出了有关大粒径沥青稳定碎石基层的设计规范。总的看来,对沥青稳定碎石基层材料组成设计要求不如面层沥青混凝土严格,颗粒最大粒径也大于面层所用的粒料最大粒径,相应的混合料空隙率也较面层的稍大,而沥青用量却相对较少(一般为3%～4%)。表7-1列举了有关国家沥青稳定碎石基层的级配组成,另外还列出了我国规范中的AM－30、AC－30Ⅰ和AC－30Ⅱ以及我国《公路沥青路面设计规范》(JTG D50—2006)条文说明中对LSAM－25、LSAM－30和LSAM－40的规定。

从表7-1可以看出,沥青稳定碎石基层的级配范围相对较宽,这说明进行沥青稳定碎石基层设计时,更多的骨料可被使用。从图7-1中可以看出,我国AM－30级配中细骨料含量过低,空隙率过大,不适宜作基层;而ATB－30介于AM－30和AC－30I两者之间,具有粗骨料含量大、细骨料含量也多的特点;也就是说既有足够数量的粗骨料形成骨架结

表7-1　国内外有关级配组成范围　(%)

粒径(mm)	53	37.5	31.5	26.5	19.0	9.5	4.75	2.36	0.6	0.3	0.075
日本Ⅰ型	100	95～100	70～100	60～100	55～90	30～70	17～55	10～42	5～28	3～22	1～10
日本Ⅱ型	100	95～100	70～100	60～100	55～100	30～100	17～100	10～100	5～40	3～25	1～10
俄亥俄州	100	85～100	80～96	68～88	56～80	37～60	22～45	14～35	6～18	4～13	2～6
英国40	100	100	80～96	68～92	62～84	50～68	38～54	28～42	14～28	8～21	2～8
英国20	100	100	100	88～96	70～94	52～72	38～54	28～42	14～28	8～21	2～8
AM－30	100	100	90～100	50～80	38～65	17～42	8～30	2～20	0～10	0～8	0～4
AC－30Ⅰ	100	100	90～100	79～92	66～82	43～63	32～52	25～42	13～25	8～18	3～7
AC－30Ⅱ	100	100	90～100	65～85	52～70	30～50	18～38	12～28	4～14	3～11	1～5
ATB－25	100	100	100	90～100	60～80	32～52	20～40	15～32	8～18	5～14	2～6
ATB－30	100	100	90～100	70～90	53～72	31～51	20～40	15～32	8～18	5～14	2～6
ATB－40	100	90～100	75～92	65～85	49～71	30～50	20～40	15～32	8～18	5～14	2～6
LSAM－25	100	100	100	90～100	70～90	35～55	25～45	17～35	8～20	5～15	3～7
LSAM－30	100	100	90～100	75～90	60～85	35～55	25～45	17～35	8～20	5～15	3～7
LSAM－40	100	90～100	75～90	65～85	55～75	30～50	23～45	17～35	8～20	5～15	3～7

构,又有充足的细料填充空隙。由图7-1的分析比较,也可以得出这样的初步结论,在沥青稳定基层的材料组成设计中,确定材料级配时,必须采用连续级配,保证足够的细料数量,并且考虑施工的方便,颗粒不宜过大(最大粒径一般不超过53 mm)。

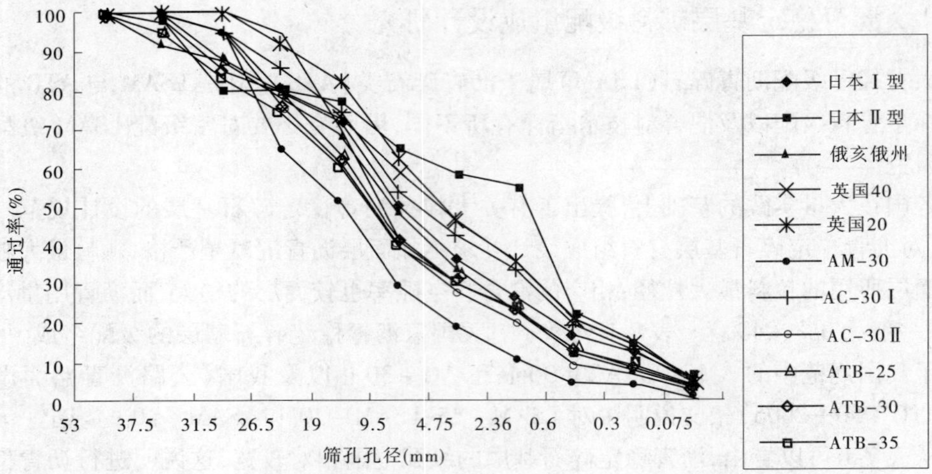

图7-1 各国ATB混合料级配范围中值

NCAT的试验表明:4.75 mm通过率与混合料的*VMA*密切相关,并决定了粗骨料嵌挤作用的形成情况:随着4.75 mm通过率的增加,即细骨料的增加,矿料间隙率*VMA*将逐步趋于常数,只有当4.75 mm通过率小于30%时,*VMA*才开始增加,粗骨料的嵌挤作用才有可能发挥。于是美国提出了4.75 mm以上的粗骨料骨架间隙率*VCA*作为粗骨料嵌挤作用的衡量指标,*VCA*可通过试验计算得到。一般要求压实混合料的粗骨料间隙率VCA_{mix}<粗骨料的干插捣骨架间隙率VCA_{DRC}。因此,在确定沥青稳定碎石基层的矿物料级配结构时,为形成嵌挤骨架-密实结构类型,基本上也可以设定通过4.75 mm孔径的含量为30%。

另有研究表明,当采用*n*法设计连续级配矿质混合料,取*n*值分别为0.4、0.45、0.5、0.6和0.7时,对应的粗骨料骨架间隙率试验结果为:①当*n*为0.45时,VCA_{DRC}值最小,换句话说,如果按逐级填充原则,对于连续级配,其沥青混合料的密实度最大,这与美国的研究成果一致。但此时4.75 mm以上的粗骨料仅占总矿料的56.5%,没有达到70%,因此没有形成良好的骨架结构,即内摩擦力并没有达到最大。②当*n*为0.6时,VCA_{DRC}接近最小,但粗骨料占总矿料的71.8%,基本上形成良好的骨架结构,理论上它的抗永久变形能力要比*n*=0.45时大。③当*n*为0.5或0.7时,VCA_{DRC}并不能达到最小。由此可见,要想得到良好的骨架结构类型,矿料级配的*n*值在0.6时较为合适。

以LSAM-30矿料级配设计为例,沥青稳定碎石基层级配的设计过程如下:

(1)采用*n*法计算*n*在不同取值时的最大密实曲线级配,矿质混合料的最大粒径*D*取37.5 mm,计算结果见表7-2。

由表7-2可以看出,*n*取值越大,级配越粗,级配曲线越陡,而当*n*=0.6时,能够形成良好的骨架结构类型。

(2)表 7-3 列举出 AC－30I、AM－30 的级配中值，用来分析 LSAM－30 的级配形成过程。

(3)从表 7-2、表 7-3 中可以看出，AC－30I 和 AM－30 的均值与级配 $n=0.6$ 时的连续级配较为接近。通过前面的级配理论分析可以知道：通过 n 法计算的连续级配也易产生干涉现象，因此不能完全套用 $n=0.6$ 时的连续级配作为 LSAM 级配值。从 AC－30I 和 AM－30 的均值级配来看，细骨料的通过率只有 30.5%，即已具有形成良好的骨架结构条件，而只需要由一定的具有连续级配的细骨料来填充。

(4)通过对 AC－30I 和 AM－30 均值级配 4.75 mm 以下通过率进行数值拟合分析，得出：

$$P = 45.92e^{-0.3514}d \tag{7-1}$$

这从理论上充分说明了 AC－30I 和 AM－30 级配中值的平均值可得到一条良好的级配曲线，由此可以得出初步的 LSAM－30 级配曲线。然后经过试验和实际使用经验，可以进一步调整出合适的 LSAM－30 级配范围。

表 7-2　不同 n 值对应的级配

n 值	37.5	31.5	26.5	19	16	9.5	4.75	2.36	1.18	0.6	0.3	0.15	0.075
d/D	1	0.84	0.707	0.507	0.427	0.253	0.127	0.063	0.031	0.016	0.008	0.004	0.002
$n=0.4$	100	93.3	87.0	76.2	71.1	57.7	43.8	33.1	24.9	19.1	14.5	11.0	8.3
$n=0.45$	100	92.5	85.6	73.6	68.2	53.9	39.5	28.9	20.9	15.6	11.4	8.3	6.1
$n=0.5$	100	91.7	84.1	71.2	65.3	50.3	35.6	25.1	17.6	12.6	8.9	6.3	4.5
$n=0.55$	100	90.9	82.6	68.8	62.6	47	32.1	21.9	14.8	10.3	7.0	4.8	3.3
$n=0.6$	100	90.0	81.2	66.5	60.0	43.8	29	19	12.4	8.4	5.5	3.6	2.4

表 7-3　AC－30I、AM－30 级配中值的平均值及 LSAM－30 级配中值　(%)

粒径(mm)	53	37.5	31.5	26.5	19	16	13.2	9.5	4.75	2.36	1.18	0.6	0.3	0.15	0.075
AC－30Ⅰ	100	100	95	85.5	74	68	62	53	42	33.5	25	19	13	9	5
AM－30	100	100	95	65	51.5	44.5	37.5	29.5	19	11	7.5	5	4	2.5	2
均值	100	100	95	75.3	62.8	56.3	49.8	41.3	30.5	22.3	16.3	12	8.5	5.8	3.5
LSAM－30	100	100	95	80	62.5	55	49.5	41	30	23.5	17.5	13	9.5	6.5	4

7.2.2　LSAM 试件成型方法研究

LSAM 大粒径沥青稳定碎石目前尚无明确规范规定，各国对沥青稳定碎石基层混合料的试件成型方法及技术指标试验方法都有自己的规定，具体见表 7-4～表 7-6。

表 7-4　各规范沥青基层混合料成型方法及设计参数

国家	成型方法	设计参数
日本	标准马歇尔双面 75 次	体积参数及马歇尔指标
加拿大	标准马歇尔双面 75 次	体积参数及马歇尔指标
越南	标准马歇尔双面 75 次	体积参数及马歇尔指标
英国	振动锤成型	体积指标、力学性能试验(包括回弹模量和永久变形)
南非	击实锤击实	三个标准:体积参数(空隙率和 *VMA*)、IDT 试验(如抗拉强度/破坏应变)以及动态蠕变模量
法国	旋转压实仪	混合料性能指标,包括室内空隙率、车辙、疲劳、直接拉伸、混合料模量等
德国	标准马歇尔双面 75 次	体积参数及马歇尔指标
台湾省	大马歇尔双面 122 次 标准马歇尔双面 75 次	体积参数及马歇尔指标
印度	标准马歇尔双面 75 次	体积参数及马歇尔指标
澳大利亚	旋转压实仪	Superpave 混合料性能指标

注:1. Vibrating Hamber,试件直径 152 mm,试件成型后,被修剪成高 70 mm。

2. Rotating-base Marshall,试件直径 152 mm,击实锤击实,同时具有一定的搓揉作用。

3. 大粒径沥青混合料采用大马歇尔试验,传统的沥青处理基层采用标准马歇尔。

表 7-5　美国各州、部门沥青基层混合料成型方法及设计参数

项目	FHWA			AI		
	Marshall	Hveem	Superpave	1969 年	1992 年	1995 年
成型方法	标准马歇尔 HAC 基层:1. 性能 A:双面 75 次;性能 B:双面 50 次; 沥青稳定基层 2. 双面 50 次		施转压实	标准马歇尔双面 50 次	标准马歇尔重交通:双面 75 次;中交通:双面 50 次;轻交通:双面 35 次	一般标准同 1992 标准,同时要求对于大粒径的沥青混合料采用大马歇尔
设计参数	体积参数及马歇尔指标	Hveem 指标	Superpave 指标	体积参数及马歇尔指标		

注:1. Marshall 稳定度或单轴压缩试验抗压强度以及单轴压缩试验中残余强度比或抗拉强度试验中抗拉强度比要求。

2. Marshall 稳定度要求,同时须满足单轴抗压试验或拉伸强度试验技术要求。

通过对不同国家各规范沥青基层混合料成型方法及设计参数及美国各州、部门沥青基层混合料成型方法及设计参数的调查分析可见:

(1)马歇尔法仍是各国普遍采用的成型方法,采用马歇尔成型试件时,设计次数基本都采用体积参数及马歇尔指标。

(2)美国普遍采用旋转压实法成型试件,设计参数采用 Superpave 混合料性能指标。

目前,国内外沥青混合料设计方法可归纳为以下三种:

表 7-6　美国各州、部门沥青基层混合料成型方法及设计参数

项目	路易斯安那州		德克萨斯州		阿肯色、俄亥俄、新墨西哥、肯塔基、密歇根、田纳西、宾夕法尼亚等州	加利福尼亚州
	Marshall	Superpave	沥青稳定基层	沥青混凝土基层	大粒径密级配沥青混合料	大粒径密级配沥青混合料
成型方法	标准马歇尔双面 75 次	旋转压实	旋转压实	旋转压实	大马歇尔双面 112 次或标准马歇尔双面 75 次	Hveem

第一种设计思想是认为沥青混合料设计与无机稳定土类设计方法类似,认为一定级配的原材料组成的沥青混合料,若沥青含量过高,混合料则表现出过多的塑性,将产生车辙、泛油等破坏现象;反之如果沥青含量偏低,混合料将松散、过脆,路面的耐久性也会降低。沥青混合料的设计是确定一个适宜的沥青含量,使路面经过碾压成型及行车压密后,混合料还保持在一定的稳定条件下。这就是 GTM 设计方法的基本思想,其设计指标是旋转剪切系数(GSI)接近于 1.0,超过 1.1 则认为混合料不够稳定,但这种设计方法忽略了混合料级配对性能的影响。

第二种设计思想是沥青混合料的体积设计,如马歇尔和 Superpave 设计法,该类方法是将一定级配的矿质混合料在一定的压实条件下,得到最佳体积状态的沥青含量作为最佳沥青含量,其前提是将混合料的体积性质与路用性能建立良好的对应关系。这种设计方法以一定压实条件下的空隙率和矿料间隙率为主要控制指标,矿料的级配组成主要根据经验来确定。

第三种设计思想是在体积法设计之前对沥青混合料进行骨架嵌挤状态设计,使得混合料中粗细骨料形成一定的嵌挤与填充状态。这种设计思想的设计方法有 SMA、CAVF 以及贝雷法。

马歇尔法仍是当前世界上使用最普遍的方法之一。马歇尔法是基于经验的一种设计方法。它是通过室内试验,根据稳定度、流值、密度及空隙率等指标提出适合的配合比,并且在使用过程中各个国家都根据自己的具体情况对其指标进行多次修改和完善。目前,我国普遍采用马歇尔试验法,并纳入了有关的规范。但马歇尔设计指标与路面性能之间的相关关系并不明显,其关键的原因在于马歇尔的成型方法与道路施工中碾压成型方法相差甚远,并不能够真实地反映实际情况。于是就产生了更多的沥青混合料设计方法:GTM 设计法、Superpave 设计法和贝雷设计法等;并产生了众多的试件成型方法:静压成型、击实成型、振动成型、搓揉压实成型、旋转压实成型和轮碾压实成型等。各种成型方法有着不同的性能特点,并适用于不同的情形。

沙特矿物与石油大学工程研究试验中心对马歇尔击实、搓揉、旋转压实以及现场压实

成型四种方法的试件空隙率以及回弹模量进行了测定，结果如图 7-2 和图 7-3 所示。

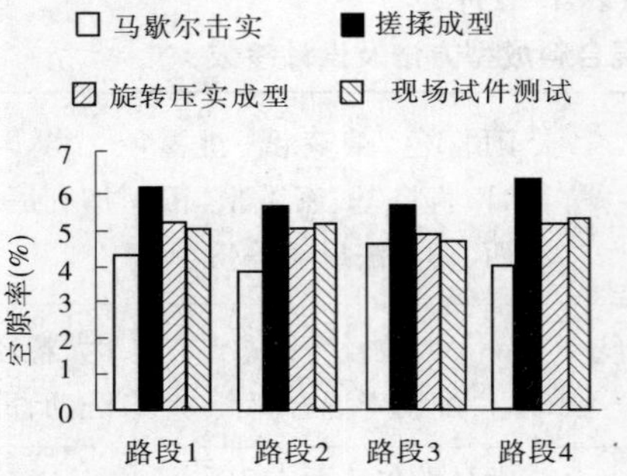

图 7-2　不同成型方法时空隙率的比较

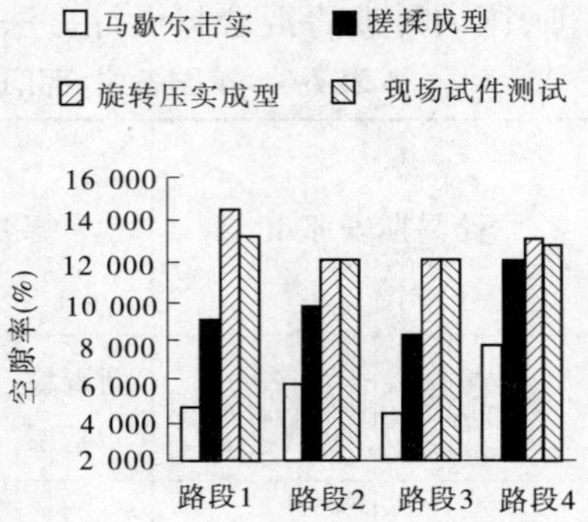

图 7-3　不同成型方法时回弹模量的比较

从图 7-2、图 7-3 中可以看出，采用马歇尔成型方法以及搓揉成型方法所得到的沥青混合料空隙率以及回弹模量与现场试件测试的结果相差较远，而采用旋转压实成型时的结果与现场试件的结果较为接近。这说明，利用旋转压实方法成型的试件能够对路面材料的性能进行很好的预测。

美国 NCAT 曾组织了 41 个实验室对不同成型方法(人工击实、机械击实、机械击实用倾斜压头和旋转压实、Texas 旋转压实、美国工程兵团 GTM 搓揉、维姆法)制成的成型试件测定最佳沥青用量，发现各种方法的差异较大，由机械击实的最佳沥青用量偏高，用搓揉成型的偏低，用倾斜压头及旋转压实的较高。

相关研究表明，采用现场光轮压路机碾压试验时存在骨料过多，压实度下降，各项性能指标都受损，劈裂强度比抗压强度降低得明显；一旦改用振碾工艺时的结论恰恰相反，劈裂强度比抗压强度增长显著，提高了延长使用寿命所需的韧性。因此，为较为真实地模拟现代沥青混合料路面的压实工艺，在室内建议更多地采用振动碾压成型方法。

通过试验研究击实成型、轮碾压实、振动压实和旋转压实对密度、体积特性及骨料破碎的影响。试验过程如下：旋转压实采用 140 ℃温度下旋转 75 次；轮碾压实采用标准规范压实，即先预压 4 次，再横向碾压 28 次；振动压实采用单侧振动压实 50 s。与马歇尔击实法比较，振动压实效果接近马歇尔击实 75 次的密实程度；轮碾压实进一步密实，相当于马歇尔击实 80 次左右的效果；旋转压实最密实。一般认为，振动压实可获得良好的压实效果，但实际情况并不理想，相反压实原理较为单一的轮碾压实获得了满意的压实效果，旋转压实的密实度最大并不意外。总之，从密实度角度来看，旋转压实最好，轮碾压实次之，马歇尔击实 75 次和振动压实 5 s 再次之，最后是马歇尔击实 50 次。三种压实方式的骨料破碎情况都好于马歇尔击实，振动压实对粗骨料的破碎影响较小，2.35 挡料的影响相对较大，旋转压实和轮碾压实则对粗骨料的影响大，此外，轮碾压实的破碎情况较其他两种情况严重。

为了提高沥青混合料的稳定性，大粒径沥青混合料的使用逐渐增多。大粒径沥青混合料减少了矿料的总表面积，因而可以在保证有较厚沥青膜的前提下，减少沥青混合料的沥青用量和降低工程造价，并能够很好地应用在沥青路面的基层或下面层。大粒径沥青混合料是由美国沃伦兄弟公司发明的，并在 1901 ~ 1903 年间申请了专利，因此大大限制了其较广范围的使用。同时,标准马歇尔试模直径是 101.6 mm,由于边界效应问题,道路设计工程师只能设计适合的试模尺寸不能大于 25 mm,不能设计满足交通荷载要求的混合料。虽然大粒径沥青混合料专利于 1920 年终止,但细粒混合料在不断扩大应用并运行良好。直到 1988 年,面对沥青路面日益严重的早期车辙破坏,大粒径沥青混合料在路面结构设计中的应用逐渐增加,大型马歇尔试验组成设计方法才得以发展。

综上所述,利用旋转压实方法成型的试件能够对路面材料的性能进行很好的预测;另外,沥青稳定基层的颗粒尺寸比较大,公称最大粒径超过 25.5 mm,不适宜采用普通马歇尔成型,虽然可以采用大马歇尔成型试件,但从试件模拟路面材料的效果看,采用旋转压实更好;由马氏设计法与旋转压实方法所确定的最佳用油量有所差别。根据经验,通常由马氏设计法确定的最佳用油量要比由旋转压实方法所确定的最佳用油量多 0.2% ~ 0.5%,其主要原因是旋转压实仪在压实过程中有揉搓碾压作用,而不是马氏击实仪那样单纯依靠击实作用压实,因此达到相同的空隙率旋转压实所需的沥青含量比马歇尔击实的要少。

由于当代高速公路上交通量不断增大,车辆轮胎荷载进一步提高,使得马歇尔击实仪不再能提供模拟现实路面使用状态下的各种性能,马歇尔击实仪的击实功作用不够。单纯增加击实次数并不能提高压实效果,而且有时还会使石料产生击碎现象。从力学分析的角度,施工和使用状态下的路面受到车轮的碾压作用而很少受到撞击作用,而旋转压实仪的压实过程较接近路面的实际压实状态,压实的程度可以达到最大理论密度的 98% 以上,并且成型时可以通过压实次数或者试件高度等模式进行控制,并能采集每压实一次时的试件高度,以便对沥青混合料的体积特性进行评价。正是由于旋转压实仪具有较好的模拟性和数据采集的便利性,使得它成为混合料制件中较理想的压实工具。但与此同时这些设备的价格昂贵,如旋转压实仪通常要 4 万美元左右,这除少数研究单位有实力购置外,想要在广大的设计和施工单位加以推广显然在短期内难以实现。马歇尔击实仪由于价格便宜和携带方便,加上在长期的使用过程中积累了很多经验,在设计和施工单位中得到了广泛的推广。可供选择的措施之一就是根据马氏成型与旋转压实之间的共同点与差别,在其间建立起一种沟通方法。因此,大粒径沥青碎石 LSAM 混合料配合比设计可采用大型马歇尔法进行设计,但需对部分设计参数进行修正。

7.2.3　沥青稳定碎石混合料设计方法研究

7.2.3.1　原材料的选择

1. 沥青

我国《公路沥青路面施工技术规范》(JTG F40—2004)规定:道路石油沥青适用于各类沥青面层,高速公路、一级公路铺筑沥青路面时,应采用符合重交通石油沥青技术要求的道路石油沥青;对于其他等级公路可采用符合轻交通道路石油沥青技术要求的道路石油沥青;沥青面层所用的沥青标号,宜根据地区气候条件、施工季节气温、路面类型、施工方法等因素来选择。

在美国施工技术规范中规定:沥青稳定类基层的使用范围较广,既可用于新建公路项目,又可用于公路改造的回收沥青使用项目,因此沥青稳定类基层的沥青类型范围也较广,包括针入度为 60 ~ 150 的道路石油沥青,以及液态石油沥青,沥青用量范围一般在 3% ~6%。

由于大粒径沥青稳定碎石基层在我国目前尚处于研究阶段的初期,没有对沥青的选择作详细的规定。因此,本书建议采用与沥青下面层相同的沥青类型,一般地区胶结沥青宜采用重交 70 号基质沥青,高寒地区可以考虑采用 90 号基质沥青。特定的情况下可适当放宽某些指标要求,建议沥青用量范围为 3% ~4%。

2. 矿质骨料

按照沥青面层对矿质骨料的要求,则首先必须保证粗细骨料洁净、干燥、无风化、无杂质。填料宜采用石灰岩中的强基性岩石等憎水性石料磨细的矿粉;另外粗骨料的压碎值、洛杉矶磨耗值,与沥青的黏附性、磨光值、冲击值等指标应符合我国规范的相关规定,对细骨料的含水量、粒度范围应尽量满足要求。

在美国施工技术规范中规定:用于沥青稳定类基层的粗骨料应保持干净、表面粗糙、耐久,洛杉矶磨耗值不应超过 45%,细骨料塑性指数不应超过 6%。

为便于 ATB 结构的广泛应用,建议用于沥青稳定碎石基层的矿质骨料要在控制好含泥量的情况下,其他指标满足半刚性基层水泥稳定碎石的基本要求。

3. 级配选择

在夏季温度较高、高温持续时间长,但冬季不太寒冷的地区,或者重载路段,应重点考虑抗车辙能力的需要,减小 4.75 mm 及 2.36 mm 的通过率,采用较粗的级配,适当提高 *VMA*,选用较高的设计空隙率。当采用密级配时,应选用粗型密级配混合料。

在冬季温度较低,且低温持续时间长的北方地区,或者非重载路段,应在保证抗车辙能力的前提下,充分考虑提高低温抗裂性能,适当增大 4.75 mm 及 2.36 mm 的通过率,采用较细的级配,适当减少 *VMA*,选用较小设计空隙率,选接近最大相对密度线的级配。

当采用密级配时,应选用细型密级配混合料(注:粗细密级配混合料的类型按其特征筛孔的通过率来划分)。

在我国许多的夏季炎热、高温持续时间长,冬季又十分寒冷,年温差特别大的地区,且属于重载路段的工程,应以提高抗高温车辙能力为主,兼顾提高低温抗裂性能的需要,在减少 4.75 mm 及 2.36 mm 通过率的同时,适当增加 0.075 mm 通过率,使级配呈 S 形,并取中等或偏高水平的设计空隙率。

在潮湿、湿润等雨天,冰雪融化对路面有严重威胁的地区,考虑抗车辙能力的同时还应考虑密水性的需要,防止水损害,宜适当减小设计空隙率。

对等级较高的公路,沥青层厚度较大时,应采用较粗的级配范围;反之,对等级较低的公路,沥青层较薄时,应采用较细的级配范围。

7.2.3.2 确定最佳油石比

世界各国马歇尔设计方法确定最佳沥青用量通常有以下几种类型:①我国现行规范的方法,采用稳定度及密度最大值、空隙率范围中值时的沥青用量的平均值 OAC_1,与符合各项指标范围要求时沥青用量的范围中值 OAC_2 的平均值,作为 OAC;②日本的方法(我国以前规范的方法),采用各项马歇尔试验指标都符合规范要求的沥青用量范围的中值(相当于 OAC_2)作为 OAC;③美国 MS - 2 原来的方法,求取密度及稳定度最大值及空隙率范围中值,相对应的 3 个沥青用量的平均值(相当于我国规范的 OAC_1 作为 OAC);④MS－2 1995 年版的方法,按空隙率4%确定沥青用量,以此沥青用量检验各项指标是否符合要求,如不符合要求,则采用备项马歇尔试验指标都符合规范要求的沥青用量范围的中值(相当于 OAC_2)作为 OAC。

按照上述四种方法确定的 OAC,一般情况是按照空隙率控制时的值最小,比我国现行方法确定的值要小 0.1%～0.4%,油石比变化较大,这势必会影响沥青混合料性能的变化,另外,在确定马歇尔最佳油石比时,是通过坐标曲线,依照设计原则人为读数,也存在较大的误差,因此在确定 OAC 时应尽量将各因素都考虑进去,不应简单地考虑某个因素。

在以前的规范中,我国采用日本的方法,即以全部满足规范要求的沥青用量范围中值为最佳沥青用量。按此方法能共同满足要求的沥青用量范围往往很窄,基本上只有空隙率一个指标。它与现在美国由空隙率决定最佳沥青用量一样,不过只要在设计范围内就行,不一定是4%。美国 MS－2 马歇尔方法确定最佳沥青用量也是一个综合平衡的方法。1994 年第 6 版后改变为以设计空隙率范围的中值(4%)作为初始沥青用量,检验其他各项指标是否都符合设计要求。如果符合,即作为最佳沥青用量;如果不能全部符合设计要求时,则找出全部符合设计范围内的中值,以此作为最佳沥青用量 OAC。对两种方法进行了折中。2000 年的美国热拌沥青混合料施工手册对机场道路提出了 4 项指标:密度峰值、4%的空隙率、75%的 VFA,以及马歇尔稳定度的峰值所对应的沥青用量的平均值作为设计的最佳沥青用量。在澳大利亚以前的规范中也使用了 VFA 的中值。我国 2004 年出版的规范,综合考虑了各个方面,对确定最佳沥青用量规定一个宽松的方法,强调必须特别重视当地成功的经验,在实用上有非常重要的意义。尤其对于一个较小范围的地区,材料和级配基本上变化不大,成功的实践经验更有价值。在空隙率标准上,不固定一个值(如4%),而是在不同的气候和交通条件下选用不同的值。在确定 OAC_1 时,增加了 VFA 中值相对应的沥青用量参加平均,是考虑到 VFA 反映沥青结合料填充矿料间隙的程度,对混合料的耐久性有意义。

(1)方法 1——马歇尔法确定最佳油石比。马歇尔法确定最佳油石比的步骤为:①按 5 组油石比分别成型试件(击实成型或旋转压实成型,其中旋转压实成型采用竖直压力 600 MPa、压实 75 次的压实参数,试件尺寸为 150 mm×95.3 mm;大马歇尔击实成型采用双面各击实 112 次,试件尺寸为 152.4 mm×95.3 mm),每组油石比各 3～6 个试件,油石比之间的间隔可根据级配类型决定。②分别采用蜡封法测定试件毛体积密度、稳定度、流值等体积指标,并绘制各项指标与油石比之间的关系曲线。③分别求取稳定度最大值、密度最大值、空隙率范围中值时的油石比 a_1、a_2、a_3,以三者的均值作为 OAC_1(若前两者不出现峰值,则选取空隙率范围中值或目标空隙率的油石比作为 OAC_1);求取符合各项沥青混合料技术标准的油石比范围上下限的中值作为 OAC_2;取 $OAC_2=(OAC_1+OAC_2)/2$。④确定最佳油石比 OAC。

(2)方法 2——力学指标法确定最佳油石比。力学指标法确定最佳油石比的步骤为:①按 5 组油石比分别成型试件(旋转压实成型或大马歇尔击实成型与静压成型的组合,其中旋转压实成型采用竖直压力 600 kPa、压实 75 次的压实参数,分别用于测定劈裂强度 r(试件尺寸为 150 mm×95.3 mm)和抗压强度 R(试件尺寸为 150 mm×150 mm);大马歇尔击实成型采用双面各击实 75 次，用于测定劈裂强度 r，试件尺寸为 152.4 mm×95.3 mm；静压成型用于测定抗压强度 R，试件尺寸为 150 mm×150 mm），每组油石比各 6～12 个试件，油石比之间的间隔可根据级配类型决定。②分别测定试件劈裂强度和无侧限抗压强度两项力学指标，并绘制 r、R、$r\times R$ 与油石比之间的关系曲线。③通过拟合 $r\times R$ 值与油石比之间的关系曲线，确定 $r\times R$ 取最大值时的油石比，以此作为 *OAC*。④确定最佳油石比 *OAC*。

7.2.3.3　大粒径沥青碎石材料组成设计技术标准

我国在《公路沥青路面施工技术规范》（JTG F40—2004）中把沥青稳定碎石基层混合料归结在热拌沥青混合料中，规范中提出了沥青稳定碎石混合料马歇尔试验配合比设计技术标准，具体见表 7-7；参考国外部分规范沥青稳定碎石基层混合料设计标准，具体见表 7-8，对沥青稳定碎石基层混合料设计标准进行比较。

表 7-7　我国规范沥青稳定碎石混合料马歇尔试验配合比设计标准

试验指标	单位	密级配基层（沥青稳定碎石）		
公称最大粒径	mm	26.5	等于或大于 31.5	
马歇尔试件尺寸	mm×mm	101.6×63.5	152.4×95.3	
击实次数（双面）	次	75	112	
空隙率 *VV*	%	3～6		
稳定度，不小于	kN	7.5	15	
流值	mm	1.5～4	实测	
沥青饱和度 *VFA*	%	55～70		
沥青稳定碎石基层的矿料间隙率 *VMA*，不小于（%）	设计空隙率（%）	ATB－40	ATB－30	ATB－25
	4	11	11.5	12
	5	12	12.5	13
	6	13	13.5	14

表 7-8　部分规范沥青稳定碎石基层混合料设计标准

项目	击实次数（双面）	空隙率	*VFA*	*VMA*	稳定度	流值
单位	次	%	%	%	kN	mm
台湾吴学礼推荐	大 112	3.5～5.5		>11.5	>13.4	<7.1
台湾省《行政院公共工程委员》规范	大 112	3～5			>20	2.5～5
	小 75	3～12			>8	2～4
AI95 版（重交通）	小 75	3～5	65～75	按公称粒径和设计空隙率确定	>8	2～3.5
	大 112				>18	3～5.5

续表 7-8

项目	击实次数(双面)	空隙率	*VFA*	*VMA*	稳定度	流值
FHWA	大 112	3 ~ 8	50 ~ 80	>11		
路易斯安那州	小 75	3 ~ 5	实测	>12	>6.3	<3.8
俄亥俄州	大 112	4.5		>11.5	>13.3	<7.1
日本	小 75	3 ~ 12			>3.43	1 ~ 4
越南	小 75	5 ~ 8	60 ~ 75		>8	2 ~ 4
加拿大(重交通)	小 75	4 ~ 6		>13	>8	2 ~ 3.5

通过对比国内外沥青稳定碎石混合料马歇尔试验配合比设计技术标准,可以看出:

(1)大粒径沥青碎石宜采用大马歇尔击实成型,采用双面各击实 112 次。

(2)其空隙率一般为 3% ~6% ,也有 3% ~8% 的,日本的范围最大为 3% ~12% 。

(3)沥青饱和度 *VFA* 基本上在 50% ~ 80% ,我国规范规定的也在这个范围内,为 55% ~70% 。

(4)小马歇尔击实成型试件稳定度一般大于 8 kN,大马歇尔成型试件稳定度则大于 13.5。

根据对大粒径沥青碎石各项试验指标对比分析,推荐大粒径沥青碎石 LSAM 配合比设计标准如表 7-9 所示。

表 7-9　推荐大粒径沥青稳定碎石 LSAM 马歇尔配合比设计技术指标

试验指标	单位	大马歇尔
公称最大粒径	mm	等于或大于 26.5
马歇尔试件尺寸	mm	ϕ 152.4 × 95.3
击实次数(双面)	次	112
空隙率 *VV*	%	3.5 ~ 6.5
沥青饱和度 *VFA*	%	55 ~ 75
VMA,不小于	%	11
稳定度,不小于	kN	15
流值,不大于	mm	6
浸水马歇尔残留稳定度比,大于	%	75
冻融劈裂强度比,大于(采用大型马歇尔试件)	%	75
劈裂强度	MPa	实测

7.3　LSAM 配合比设计

LSAM(Large Stone Asphalt Mixture)密级配大粒径沥青稳定碎石以其骨料组成粒径较大,沥青含量较低,抗车辙及反射裂缝性能较好等诸多优点近年开始被关注。但由于其级配设计存在理念不一,没有成型的配合比设计方法,且所设计混合料离析问题难以解决等问题。根据上述推荐技术指标,进行了大粒径沥青稳定碎石配合比设计。通过大量室内试验并铺筑611 m的试验段对该材料设计方法进行了确定及验证。

7.3.1　原材料技术指标检验

配合比设计试验前课题组对柔性基层原材料进行了试验检验,其材料技术指标检验结果如下。

7.3.1.1　沥青试验

LSAM配合比设计采用山东淄博齐鲁石化产“东海”牌70号普通沥青。该沥青主要技术性质见表7-10。

表7-10　“东海”牌70号沥青技术指标检测

检测项目	单位	标准要求	试验结果	试验方法
针入度(25 ℃,100 g,5 s)	0.1 mm	60～80	71	T0604—2000
延度(15 ℃,5 cm/min)	cm	不小于100	>100	T0605—1993
软化点(环球法)	0.5 ℃	不小于46	48.0	T0606—2000

试验结果表明,所用70号沥青各项指标均符合《公路沥青路面施工技术规范》(JTG F40—2004)及管理处下发的《沥青路面施工作业指导书》对于柔性基层沥青的相关技术要求,满足刚柔组合基层科研试验段路面中柔性基层对沥青性能的要求。

7.3.1.2　粗骨料

LSAM－30配合比设计采用三种粗骨料,均为武安白沙产石灰岩,粒径规格分别为15～30 mm、10～20 mm、5～10 mm。粗骨料各项技术指标检测结果如表7-11所示。

表7-11　粗骨料技术性质

试验项目		JTG F40—2004 要求	实测指标		
			15～30 mm	10～20 mm	5～10 mm
压碎值(%),不大于		28	—	24.9	—
洛杉矶磨耗损失(%),不大于		30	—	20.9	—
表观相对密度,不小于		2.50	2.732	2.723	2.726
吸水率(%),不大于		3.0	0.18	0.24	0.46
坚固性(%),不大于		12	0.3	2	0.4
黏附性,不小于		4级	—	4级	—
针片状含量,不大于(%)	混合料	15	5.8	10.2	11.5
	粒径大于9.5 mm	12	5.8	10.2	0
	粒径小于9.5 mm	18	—	12.3	11.6
<0.075 mm颗粒含量(%),不大于		1.0	0.1	0.2	0.4
软石含量(%),不大于		5	0	0.9	1.2
粗骨料磨光值*PSV*,不小于		40	—	—	—

试验结果表明，以上三种粗骨料均符合《公路沥青路面施工技术规范》（JTG F40—2004）中关于高速公路沥青中、下面层粗骨料性质的技术要求。

7.3.1.3　细骨料

LSAM－30配合比设计所用细骨料采用武安白沙料场生产的石灰岩机制砂。细骨料的试验项目及试验检测结果见表7-12。

表7-12　细骨料技术指标检测

试验项目	JTG F40—2004要求	细骨料实测指标
		机制砂
表观相对密度，不小于	2.50	2.718
含泥量（小于0.075 mm含量）	不大于3%	—
坚固性（%），不大于	12	2
砂当量（%），不小于	60	85
亚甲蓝值，不大于	25 g/kg	0.8
棱角性（流动时间），不小于	30 s	58.3

结果表明，该石灰岩机制砂的各项技术指标符合《公路沥青路面施工技术规范》（JTG F40—2004）中关于高速公路沥青面层细骨料的技术要求。

7.3.1.4　矿粉

LSAM－30配合比设计所采用矿粉为磁县民生建材有限公司生产的石灰岩矿粉。该石灰岩试验结果见表7-13。

表7-13　石灰岩矿粉技术性质

项目试验		试验法	技术要求	试验方法
表观相对密度（t/m^3），不小于		2.699	2.5	T0352
含水量（%），不大于		0.2	1	T0352烘干法
粒度范围	<0.6 mm	100	100	T0351
	<0.15 mm	98.7	90～100	
	<0.075 mm	95.7	75～100	
亲水系数		0.75	<1	T0353
塑性系数		3.9	<4	T0118
外观		无团粒结块	无团粒结块	—
加热稳定性		实测记录	颜色	T0355

试验结果表明，该矿粉的各项技术指标均符合《公路沥青路面施工技术规范》（JTG F40—2004）中关于高速公路沥青面层矿粉的技术要求。

7.3.2　目标配合比设计

7.3.2.1　骨料筛分试验

采用水洗法对 LSAM 配合比设计所采用矿料进行筛分试验，试验结果如表 7-14 所示。

表 7-14　LSAM 配合比设计骨料筛分　（%）

筛孔尺寸(mm)	15～30 mm	10～20 mm	5～10 mm	0～3 mm	矿粉
37.5	100.0	100.0	100.0	100.0	100.0
31.5	51.0	100.0	100.0	100.0	100.0
26.5	4.3	100.0	100.0	100.0	100.0
19	0.7	67.7	100.0	100.0	100.0
16	0.7	37.4	100.0	100.0	100.0
13.2	0.7	15.5	100.0	100.0	100.0
9.5	0.7	1.4	99.1	100.0	100.0
4.75	0.7	0.5	34.6	91.9	100.0
2.36	0.7	0.5	2.4	6.6	89.2
1.18	0.7	0.5	2.1	1.9	55.7
0.6	0.5	0.5	1.8	1.7	24.6
0.3	0.5	0.5	1.8	1.7	16.6
0.15	0.5	0.5	1.8	1.7	10.5
0.075	0.5	0.4	1.8	1.7	9.1

筛分试验表明，所采用矿料规格均符合《公路沥青路面施工技术规范》(JTG F40—2004)中关于高速公路沥青面层骨料规格的要求。

7.3.2.2　LSAM 目标级配设计

课题组采用三种设计级配进行了级配对比试验，三种级配分别是参照现行沥青路面施工技术规范 ATB－30 级配范围设计的 A 型级配、根据理论及调查研究得出的 M 型级配及参照长安大学已有 LSAM 研究级配而设计的 F 型级配，根据试验对比分析，结合 A 型级配的设计优点对 M 型级配进行优化，以使所设计级配具有较好抗车辙、施工和易性及耐疲劳等综合性能，最终设计级配如下。

LSAM 目标配合比掺配比例及级配如表 7-15、表 7-16、图 7-4 所示。

表 7-15　LSAM 目标配合比掺配比例

骨料规格(mm)	15～30	10～20	5～10	0～3	矿粉
掺配比例(%)	20	37	17	24	2

表 7-16　LSAM 目标配合比设计级配

筛孔尺寸(mm)	37.5	31.5	26.5	19	16	13.2	9.5	4.75	2.36	1.18	0.6	0.3	0.15	0.075
上限(%)	100	100	90	85	70	60	55	45	35	25	20	15	12	7
下限(%)	100	90	75	60	45	40	35	23	17	10	8	5	3	3
n 法推荐(%)	100	95	80	62.5	55	49.5	41	30	23.5	17.5	13	9.5	6.5	4
合成级配(%)	100.0	90.2	80.9	68.2	57.0	48.9	43.5	32.2	24.2	16.1	8.5	6.6	5.1	4.7

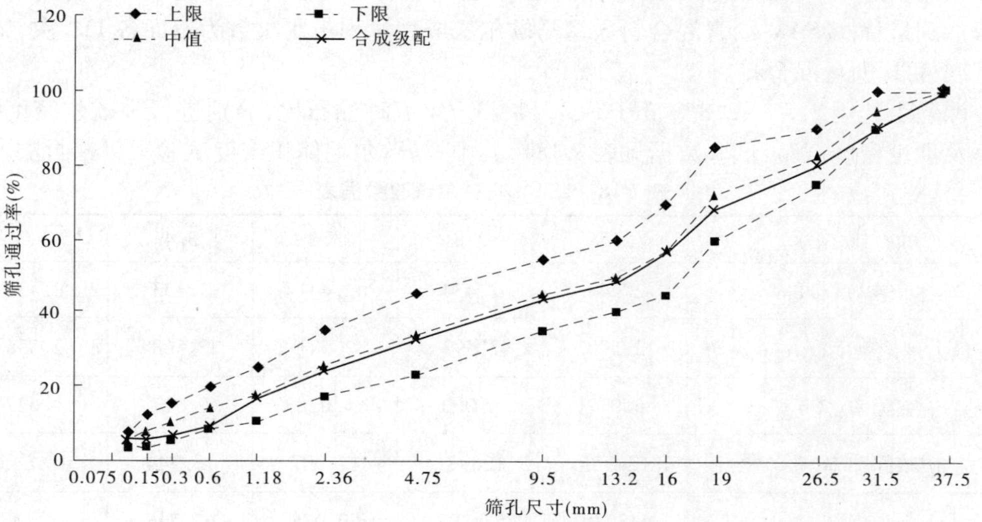

图 7-4　LSAM 级配设计曲线

由上可见,通过对 A 型级配改进后的设计级配,较为接近采用 *n* 法设计推荐的级配曲线。所选级配成型混合料具有良好的各项性能,说明 *n* 法推荐的级配曲线同大粒径沥青碎石性能具有较好的相符性。

7.3.2.3　LSAM 目标配比沥青用量设计

LSAM 大粒径沥青稳定碎石沥青用量确定先通过计算法对沥青用量进行预估,之后采用大型马歇尔试验进行沥青用量验证。

1. 沥青用量计算

LSAM 密级配沥青稳定碎石沥青用量预估先根据合成级配计算骨料比表面积,并选取薄膜厚度为 9 μm 进行计算(见表 7-17),粉胶比验证。

表 7-17　LSAM 骨料比表面积计算参数表

筛孔(mm)	37.5	31.5	9.5	4.75	2.36	1.18	0.6	0.3	0.15	0.075
设计级配(%)	100.0	90.2	43.5	32.2	24.2	16.1	8.5	6.6	5.1	4.7
计算参数(%)	0	0	0	0.004	0.008	0.016	0.029	0.061	0.123	0.328
对应系数 *a*	0.041	0	0	0.132	0.198	0.263	0.245	0.404	0.630	1.527

根据表 7-17 计算参数,则 LSAM 沥青用量预估公式为

$$A = \sum a_i \tag{7-2}$$

$$P_b = h \times A \tag{7-3}$$

式中:A 为骨料总表面积;a_i 为筛孔对应计算系数;P_b 为预估沥青用量。

由以上公式可得,LSAM 目标配合比设计级配预估沥青用量为 3.06%,粉胶比为 1.51。选用油石比为 3.1%,为 LSAM-30 目标配比计算油石比。

2. 大型马歇尔法沥青用量验证

根据初定 3.1% 油石比,采用大型马歇尔法对该油石比进行验证,以检验该沥青用量是否达到最优。LSAM 沥青混合料大型马歇尔法成型过程击实次数为双面各 112 次,试验温度同 ATB 沥青混合料。

课题组选用 2.5%、2.8%、3.1%、3.4%、3.7% 五种油石比,分别进行马歇尔密度、稳定度及理论密度试验,试验数据见表 7-18。其中,马歇尔毛体积密度试验采用蜡封法。

表 7-18　LSAM 马歇尔试验数据表

油石比(%)	2.5	2.8	3.1	3.4	3.7
毛体积密度(g/cm³)	2.443	2.434	2.441	2.433	2.435
最大理论密度(g/cm³)	2.598	2.592	2.571	2.563	2.556
空隙率(%)	5.977	6.060	5.038	5.017	4.627
矿料间隙率(%)	12.353	12.921	12.907	13.444	13.645
饱和度(%)	51.714	53.133	60.978	62.745	66.147
稳定度(kN)	18.253	18.575	19.718	18.688	17.588
流值(mm)	42.050	50.550	50.600	42.700	39.600
粉胶比	2.108	1.867	1.676	1.522	1.394

由以上马歇尔试验结果可见,五种油石比蜡封法测 LSAM 毛体积密度均较为接近 2.44 g/cm³,稳定度均大于 18 kN,试验最高值达 21 kN。其试验结果均满足提出的 LSAM 排水基层混合料技术指标。可见在 3.1% 油石比下,LSAM 混合料具有较好的排水能力,同时能够满足道路结构强度要求。虽粉胶比略高,但考虑粉胶比计算方法的缺陷及大粒径沥青碎石自身性质,采用油石比为 3.1% 是合适的。

7.3.3　生产配合比设计

7.3.3.1　热料筛分试验

根据目标配合比设计级配拌和站热料调整,对各热料仓热料进行了筛分及热料密度试验,其试验结果见表 7-19、表 7-20。

表 7-19　LSAM－30 热料筛分结果　（%）

筛孔尺寸(mm)	22～40 mm	11～22 mm	6～11 mm	3～6 mm	0～3 mm
37.5	100.0	100.0	100.0	100.0	100.0
31.5	59.0	100.0	100.0	100.0	100.0
26.5	16.3	100.0	100.0	100.0	100.0
19	2.4	82.8	100.0	100.0	100.0
16	1.6	49.7	100.0	100.0	100.0
13.2	0.4	24.4	100.0	100.0	100.0
9.5	0.4	1.7	79.7	100.0	100.0
4.75	0.4	0.7	3.0	87.4	99.0
2.36	0.4	0.4	0.6	40.4	86.2
1.18	0.4	0.3	0.5	13.4	61.1
0.6	0.3	0.3	0.4	5.5	29.9
0.3	0.3	0.3	0.4	3.7	18.0
0.15	0.3	0.3	0.4	2.6	7.1
0.075	0.3	0.3	0.4	2.2	4.8

表 7-20　LSAM－30 热料密度试验

热料(mm)	22～40	11～22	6～11	3～6	0～3	矿粉
毛体积相对密度	2.700	2.694	2.697	2.691	2.674	2.651
表观密度(g/cm^3)	2.718	2.717	2.722	2.730	2.674	—
表观干密度(g/cm^3)	2.706	2.702	2.706	2.706	2.736	—
吸水率(%)	0.24	0.31	0.32	0.51	2.70	—

7.3.3.2　生产配合比级配设计

根据目标配合比设计级配，对热料仓热料进行级配设计，其设计级配比例及级配如表 7-21、表 7-22、图 7-5 所示。

表 7-21　LSAM－30 生产配合比掺配比例

骨料规格(mm)	22～40	11～22	6～11	3～6	0～3	矿粉
掺配比例(%)	22	36	10	12	17	3

表 7-22　LSAM－30 生产配合比级配设计　（%）

筛孔尺寸(mm)	37.5	31.5	26.5	19	16	13.2	9.5	4.75	2.36	1.18	0.6	0.3	0.15	0.075
上限	100	100	90	85	70	60	55	45	35	25	20	15	12	7
下限	100	90	75	60	45	40	35	23	17	10	8	5	3	3
中值	100	95	82.5	72.5	57.5	50	45	34	26	17.5	14	10	7.5	5
目标配合比	100.0	90.2	80.9	68.2	57.0	48.9	43.5	32.2	24.2	16.1	8.5	6.6	5.1	4.7
合成级配	100.0	91.0	81.6	72.3	60.2	50.9	40.7	31.0	22.8	15.3	9.0	6.7	4.7	4.1

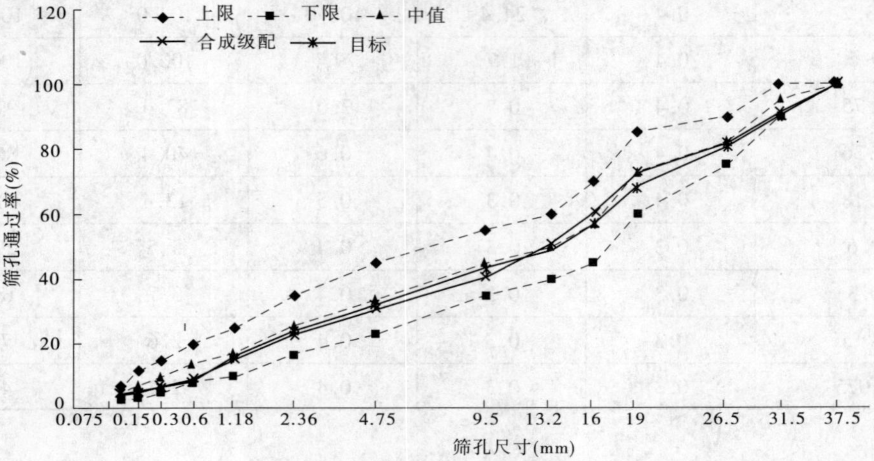

图 7-5　LSAM－30 生产配合比级配设计曲线

7.3.3.3　生产配合比油石比验证

根据设计曲线，室内采用 2.9%、3.1%、3.3% 三组油石比成型大型马歇尔试件进行生产配合比级配验证，其密度试验及马歇尔试验如表 7-23～表 7-25 所示。

表 7-23　LSAM－30 生产配合比油石比验证密度试验

编号	油石比(%)	平均高度(mm)	毛体积密度(g/cm^3)	最大理论密度(g/cm^3)	合成体积(cm^3)	空隙率 *VV*(%)	矿料间隙率 *VMA*(%)	*VFA* 饱和度
1	2.9	95.05	2.431	2.589	2.691	6.19	13.129	52.824
	2.9	96.60	2.424	2.589	2.691	6.45	13.363	51.760
	2.9	95.15	2.437	2.589	2.691	5.96	12.914	53.835
	2.9	97.23	2.439	2.589	2.691	5.87	12.826	54.259
2	3.1	96.60	2.444	2.576	2.691	4.94	12.815	61.469
	3.1	95.55	2.441	2.576	2.691	5.08	12.941	60.783
	3.1	96.60	2.437	2.576	2.691	5.22	13.075	60.065
	3.1	95.50	2.449	2.576	2.691	4.73	12.625	62.530
3	3.3	96.78	2.453	2.568	2.691	4.24	12.650	66.498
	3.3	98.23	2.427	2.568	2.691	5.25	13.574	61.314
	3.3	96.35	2.431	2.568	2.691	5.13	13.465	61.888
	3.3	97.98	2.424	2.568	2.691	5.39	13.698	60.671

表 7-24　LSAM－30 生产配合比油石比验证马歇尔试验

编号	油石比(%)	稳定度(kN)	流值
1	2.9	19.92	26.6
	2.9	20.28	30.4
	2.9	17.02	24.1
	2.9	16.81	43.3
2	3.1	18.56	28.9
	3.1	20.86	19.6
	3.1	17.67	42.6
	3.1	19.4	38.6
3	3.3	18.13	25.7
	3.3	16.73	42.4
	3.3	20.98	34.3
	3.3	17.12	22.1

表 7-25　LSAM－30 生产配合比油石比验证技术指标汇总

油石比(%)	2.9	3.1	3.3
毛体积密度(g/cm^3)	2.433	2.443	2.434
空隙率(%)	6.0	5.2	5.2
矿料间隙率(%)	13.06	12.9	13.3
理论密度(g/cm^3)	2.589	2.576	2.568
饱和度(%)	53.725	59.778	60.928
稳定度(kN)	18.508	19.123	18.240
流值(mm)	31.100	32.425	31.125
粉胶比	1.815	1.691	1.584

通过以上马歇尔试验可见，LSAM－30 生产配合比三组油石比马歇尔试验指标均符合课题组提出的 LSAM－30 技术指标要求。其中，油石比为 3.1% 时粉胶比为 1.691，虽较普通沥青混合料略高，但由于其大粒径碎石较多，沥青用量相应降低。因此，LSAM－30 设计油石比采用 3.1%。

7.4　LSAM 路用性能验证

结合第 3 章中沥青稳定碎石路用性能规律研究，对 LSAM－30 进行了车辙、浸水马歇尔及冻融劈裂等试验，以期对大粒径沥青碎石路用性能进行掌握，并同 ATB－25 路用性能进行对比，以对其路用性能进行评价。

7.4.1　车辙试验

车辙是采用沥青稳定基层后面临的主要问题。因此，必须对 LSAM 层的高温变形特性进行研究，同普通沥青稳定碎石高温性能进行对比分析，对 LSAM 抗车辙性能进行评价。

可用于沥青混合料高温性能试验的方法很多，包括实验室圆柱试件的单轴静载、动载、重复试验，三轴静载、动载、重复试验，径向静载、动载、重复试验，简单剪切的静载、重复加载和动力试验。此外，还有中空圆柱试件的动力、剪切试验，棱柱梁试件的弯曲蠕变试验，小型模拟试验设备的车辙试验，大型环道、直道试验设备的足尺路面高温性能试验和现场试验路面的加速车辙试验等。

目前，我国评定沥青路面高温稳定性的室内试验方法有马歇尔试验、车辙试验以及环道试验等，尚无专门针对大粒径沥青碎石的高温稳定性室内评价试验。其中，马歇尔试验虽然应用广泛，但由于该试验过程中试件内部的应力分布状态极为复杂，试验结果很难对路面实际状况作出相关评价，近年来许多国家对此提出异议；环道试验虽能较好地反映实际路面的车辙形成过程和性状但试验成本较高、周期较长；车辙试验操作简单、数据直观，而且与实际路面的车辙相关性甚好，许多国家已把车辙试验作为沥青混合料组成设计的一项评价指标。本节分别采用车辙试验来评价 LSAM 混合料的高温稳定性。大粒径沥青碎石进行车辙试验时，宜增加车辙板厚为 8 cm 或 10 cm。

在最佳油石比 3.1% 时成型车辙试件（30 cm × 30 cm × 80 cm），对 ATB 混合料的抗车辙能力进行检验。车辙试件按马歇尔击实试验得到的密度 2.444 g/cm^3 成型，试验温度分别为 60 ℃、70 ℃、80 ℃，轮胎接触压强为 0.7 MPa，进行车辙试验，试验设备采用双轮全自动车辙试验仪。

车辙试验动稳定度（DS）的计算如下：

$$DS = \frac{42(t_2 - t_1)}{d_2 - d_1} \times C \tag{7-4}$$

式中：DS 为沥青混合料的动稳定度，次/mm；t_1，t_2 为试验时间，分别为 45 min 和 60 min；d_1、d_2 分别为对应于时间 t_1，t_2 的变形量，mm；C 为试件系数，实验室制备的宽 300 mm 的试件为 1.0，从路面切割的宽 150 mm 的试件为 0.8。

由车辙试验得到的时间—变形曲线上可以得到三类指标，车辙深度、动稳定度及变形速率。车辙深度尽管非常直观，但不同试验之间的波动较大。在整个变形过程中，开始阶段的几次碾压产生很大的变形，与试件接触的好坏是数据波动的主要原因。另外，总车辙深度能区分试验结果的差别，但不便估计变形的发展变形情况。因此，采用动稳定度或变形速率作为沥青混合料的高温性能评价指标，以避免试验开始阶段，尤其是开始与试件接触的影响。变形速率实际上是动稳定度的倒数。不同试验条件下的车辙试验结果如表 7-26 所示。

课题组对成型 300 mm × 300 mm × 80 mm 车辙试件，进行其高温抗车辙性能研究，其高温抗车辙性能宜大于 5 000 次/mm。

表 7-26　LSAM－30 车辙试验数据

试验温度(℃)	试件编号	动稳定度(次/mm)	平均动稳定度(次/mm)
60	1	7 562.5	8 128.0
	2	8 835	
	3	7 986.6	
70	1	6 563.3	7 235.7
	2	7 157.1	
	3	7 986.6	
80	1	4 562.5	4 469.1
	2	3 868.3	
	3	4 976.5	

LSAM 高温车辙试验数据同 ATB－25 对比,如图 7-6 所示。

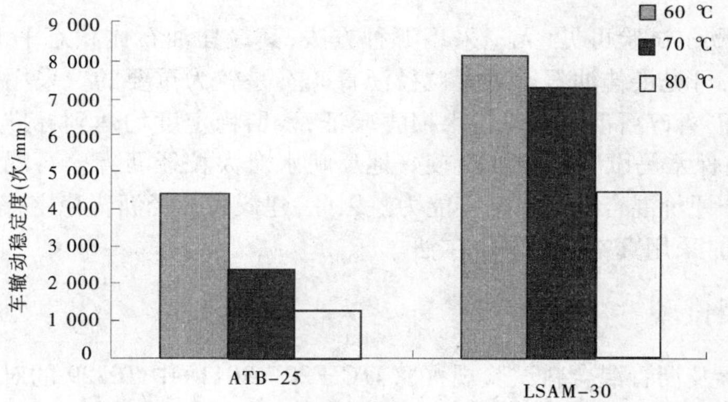

图 7-6　LSAM－30 同 ATB－25 车辙试验数据对比

由车辙试验可见,LSAM－30 大粒径沥青碎石 60 ℃车辙均大于 7 500 次/mm,相同试验环境下是 ATB－25 抗车辙性能的 1.8 倍,由此可见 LSAM－30 具有较好的抗永久变形能力。随着温度的增加,LSAM－30 抗车辙性能的衰减较 ATB－25 低,在温度提高 10 ℃的情况下,ATB－25 动稳定度衰减 45% 左右,而 LSAM－30 动稳定度仅衰减 11%,其原因在于 LSAM 中大粒径骨料起到了较好的嵌挤作用,对抵抗混合料永久变形有很好的抑制作用。由此可见,采用大粒径沥青碎石能显著提高沥青路面的抗永久变形能力。

7.4.2　浸水马歇尔试验

沥青路面的耐久性主要依靠沥青与骨料之间的黏附程度,虽然施工方法、交通条件、环境因素以及混合料的性质也对沥青路面性质有影响,但水和矿料的作用是影响沥青路面耐久性的主要因素之一。大粒径沥青碎石层处在半刚性基层及沥青面层之间,所以评价大粒径沥青碎石的水稳定性显得十分重要。

按《公路工程沥青及沥青混合料试验规程》(JTG E20—2011)中 T0709 的要求进行两种浸水马歇尔试验。一种为 48 h 浸水马歇尔试验,将试件分两组(一组在 60 ℃水浴中保养 30 ~ 40 min 后测其马歇尔稳定度 MS,另一组在 60 ℃水浴中恒温保养 48 h 后测其马歇尔稳定度 MS_1,计算浸水残留稳定度 $MS_0 = MS_1/MS \times 100\%$),每组 3 个平行试件。另一种为真空饱水马歇尔试验,将试件分两组(一组在 60 ℃水浴中保养 30 ~ 40 min 后测其马歇尔稳定度 MS;另一组在 98.3 kPa 气压下抽真空 15 min,然后打开进水胶管,靠负压进入冷水流使试件全部浸入水中,浸水 15 min,取出试件放在 60 ℃的恒温水槽中保温 48 h 后测定马歇尔稳定度 MS_2,计算浸水残留稳定度 $MS'_0 = MS_2/MS \times 100\%$),每组 3 个平行试件。试验数据见表 7-27。

表 7-27 浸水马歇尔试验数据

沥青用量(%)	MS(kN)	MS_1(kN)	MS_2(kN)	MS_0(%)	MS'_0(%)
OAC - 0.3	18.51	13.95	13.05	75.4	70.5
OAC	19.1	14.79	14.34	77.4	75.1
OAC + 0.3	18.24	14.33	13.76	78.6	75.4

由以上浸水马歇尔试验可见,无论采用哪种方法,其最佳油石比状态下 LSM - 30 马歇尔稳定度均较大,可见最佳油石比对大粒径沥青碎石是较为重要的。采用直接浸水马歇尔试验对大粒径沥青碎石混合料进行水损害验证,残留稳定度均达到标准要求。而采用 SHELL 法的真空保水马歇尔试验则能较好地反映水对大粒径沥青碎石混合料的破坏作用,能较好地区分评价混合料抗水损害能力。因此,建议大粒径沥青稳定碎石混合料进行浸水马歇尔试验时采用真空饱水马歇尔法。

7.4.3 冻融劈裂试验

《公路工程沥青及沥青混合料试验规程》(JTG E20—2011)中 T0729 的对冻融劈裂试验成型试件尺寸规定为小型马歇尔试件,但由于沥青稳定碎石在小型马歇尔试件成型过程中无法完全反映其粒径组成,因此本次试验中成型ϕ 150 mm × 95.3 mm,击实次数为 112 次,控制空隙率 5% ~7%。试件分两组(一组在水浴中浸泡 2 h 后测试劈裂强度 R_1,另一组先在 25 ℃水中浸泡 2 h,然后在 0.09 MPa 浸水抽真空 15 min,再放到 -18 ℃冰箱中放置 16 h,而后放到 60 ℃水中浸恒温 24 h,再放到 25 ℃水中浸泡 2 h 后测试其劈裂强度 R_2,计算其残留强度比 $R_0 = (R_2/R_1) \times 100\%$),每组 4 个平行试件。试验数据见表 7-28,冻融劈裂强度随沥青用量的变化情况见图 7-7。

表 7-28 冻融劈裂试验数据

沥青用量(%)	R_1	R_2	R_0
OAC - 0.3	0.75	0.57	76.0
OAC	0.78	0.65	83.3
OAC + 0.3	0.81	0.69	85.2

表7-28中试验结果表明：与浸水马歇尔试验和真空饱水马歇尔试验的残留稳定度比相比，冻融劈裂试验的残留强度比更小，表明冻融劈裂试验更能反映抗水侵蚀的稳定性。在ASTM及日本等大多数国家的标准均是规定将成型好的试件在60 ℃水中浸泡48 h后试验，但实践证明，除非是酸性石料，否则浸水马歇尔试验测定的残留稳定度很少有达不到标准规定的75%要求。

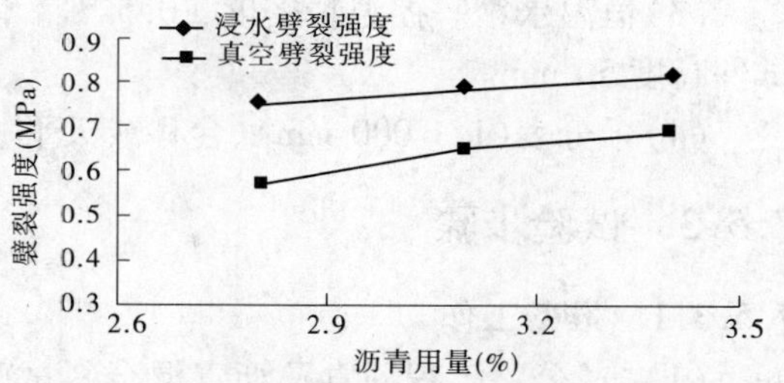

图7-7　冻融劈裂强度随沥青用量的变化

研究表明，冻融循环可以使室内试验与野外现场结果之间具有很好的相关性。经过模拟野外冻融条件，能使骨料表面的沥青膜在反复温度胀缩的作用下逐渐乳化，有利于反映水分对沥青膜侵害的最不利情况，较好地模拟野外现场温度变化对沥青混合料强度的影响。因此，推荐采用冻融劈裂试验评价ATB沥青碎石的水稳定性。

7.5　大粒径沥青稳定碎石力学性能试验

7.5.1　试验方法

抗压回弹模量采用《公路工程沥青及沥青混合料试验规程》(JTG E20—2011)中T0713沥青混合料单轴压缩试验(圆柱体法)进行测定。用于计算弯沉的抗压回弹模量的标准试验温度为20 ℃，用于验算弯拉应力的抗压回弹模量的标准试验温度为15 ℃。加载速率为2 mm/min。本试验采用适用于直径(150 ± 2.0)mm，高(150 ± 2.0)mm的大粒径沥青碎石混合料圆柱体试件。

7.5.2　仪器与材料

万能材料试验机，其他可施加荷载并测试变形的路面材料试验设备也可使用，但均必须满足下列条件：

(1)万能材料试验机。最大荷载应满足不超过其量程的80%，且不小于量程的20%的要求，宜采用100 kN，分度值100 N。具有球形支座，压头可以活动与试件紧密接触。具有环境保温箱，控温准确度0.5 ℃。当缺乏环境保温箱时，实验室应设置空调，控制准确度1.0 ℃。能符合加载速率保持2 mm/min的要求。实验机宜有伺服系统，在加载过程中速度基本不变。当采用马歇尔试验仪手动控制时，应事先校正手摇速率，以达到2 mm/min加载速率的要求。

(2)变形量测装置。抗压试验加载用上下压板，下压板下有带球面的底座。压板直径为120 mm，在直径102 mm处有一浅的放置试件的圆周刻印。下压板直径线两侧有立柱顶杆，上压板直径线两侧装有千分表架，表架中心与顶杆中心放置一致。当试验机具有自动测定试件垂直变形或自动测记试件的压力与变形曲线功能时，可以直接使用，不必另外配置变形量测装置。

(3)恒温水箱。控温精密度 ±0.5 ℃。恒温水箱内液体应不断循环回流,深度应大于试件高度 50 mm。

(4)千分表(1/1 000 mm)、台秤或天平、温度计、秒表、卡尺等。

7.5.3 试验步骤

7.5.3.1 准备工作

(1)按《公路工程沥青及沥青混合料试验规程》(JTG E20—2011)T0704 用静压法成型沥青混合料试件,也可从轮碾机成型的板块试件上用钻芯机钻取试件。试件尺寸应符合直径 100 mm ±2.0 mm,高 100 mm ±2.0 mm 的要求。如有条件,可采用振动压实或搓揉法成型试件(试件尺寸及成型方法应在报告中注明)。试件的密度应符合马歇尔标准击实密度 100% ±1.0% 的要求。

(2)试件成型后不等完全冷却即可脱模,用卡尺量取试件高度,若最高部位与最低部位的高度差超过 2 mm 时试件应作废。用于抗压强度试验的试件数不得少于 3 个,用于抗压回弹模量的一组试件数宜为 3 ~6 个。

(3)将试件放置在室温条件下 24 h,用卡尺在各个试件上下两个断面的垂直方向上正确量取试件直径,取四个数的平均值作为试件的计算直径(d),准确至 0.1 mm。

(4)用卡尺在各个试件的 4 个对称位置上正确量取试件高度,取四个数的平均值作为试件的计算高度(h),准确至 0.1 mm。

(5)按《公路工程沥青及沥青混合料试验规程》(JTG E20—2011)规定的方法测定试件的密度、空隙率等各项物理指标。

(6)将试件置于规定的试验温度(15 ℃或 20 ℃)的恒温水槽中保温 2.5 h 以上,保温时试件之间的距离应不小于 10 mm。此时压板、底座也应同时保温。在有空调的实验室内测试时,将室温调至要求的温度,试件放置 12 h 以上。

(7)使试验机环境保温箱或空调实验室达到要求的试验温度。

7.5.3.2 抗压强度试验步骤

(1)将下压板、底座置于试验机升降台座上对中,迅速取出试件放在下压板中央刻线位置,加上上压板。

(2)将试件从恒温水槽中取出,立即置于压力机台座上,以 2 mm/min 的加载速率均匀加载直至破坏,读取荷载峰值(P),准确至 100 N。

7.5.3.3 抗压回弹模量试验步骤

(1)确定加载级别:按 7.5.3.2 的方法测试抗压强度平均值 P,大体均匀地分成 10 级荷载,分别取 $0.1P$,$0.2P$,$0.3P$,… ,$0.7P$ 七级(可取成接近的整数)作为试验荷载。

(2)将下压板、底座置于试验机升降台座上对中,迅速取出试件放在下压板中央刻线位置,加上上压板,在两侧千分表架上安置千分表,与下压板相应位置的千分表顶杆接触。如果利用试验机的压力与试件变形自动测试功能时,做好相应的测试准备。

(3)调整试验机台座的高度,使加载顶板与压头中心轻轻接触。

(4)以 2 mm/min 速度加载至 $0.2P$ 进行预压保持 1 min,观察两侧千分表增值是否接近,若两个千分表读数反向或增值差异大于 3 倍,则表明试件是偏心受压,应敲动球座适当调整，至读数大致接近，然后卸载，并重复预压一次。卸载至零后记录两个千分表的原始读数。

（5）以 2 mm/min 速度加载至第 1 级荷载（0.1P），立即记取千分表读数及实际荷载数，并以同样的速率卸载回零，开始启动秒表，待试件回弹变形 30 s 后，再次记取千分表读数，加载与卸载两次读数之差即为此级荷载下试件的回弹变形（Δl_1）。然后依次进行第 2,3,…,7 级荷载的加载卸载过程，方法与第 1 级荷载相同，分别加载至 0.2P，0.3P，…，0.7P 卸载，并分别记取千分表读数及实际荷载，得出各级荷载的回弹变形 Δl_1。

7.5.4　试验数据计算

（1）沥青混凝土试件的抗压强度按式（7-5）计算：

$$R_c = \frac{4P}{\pi d^2} \tag{7-5}$$

式中：R_c 为试件的抗压强度，MPa；P 为试件破坏时的最大荷载，N；d 为试件直径，mm。

（2）按式（7-5）计算各级荷载下试件实际承受的压强 q_i。在方格纸上绘制各级荷载的压强 q_i 与回弹变形 Δl_i，将 $q_i \sim \Delta l_i$ 关系绘成一平顺的连续曲线，使之与坐标轴相交得出修正原点，根据此修正原点坐标轴从第 5 级荷载（0.5P）读取压强 q_5 及相应的 Δl_5。沥青混合料试件的抗压回弹模量按式（7-6）计算：

$$q_i = \frac{4P_i}{\pi d^2} \tag{7-6}$$

$$E' = \frac{q_5 h}{\Delta l_5} \tag{7-7}$$

式中：q_i 为相应于各级试验荷载 P 作用下的压强，MPa；P_i 为施加于试件的各级荷载值，N；E'为抗压回弹模量，MPa；q_5 为相应于第 5 级荷载（0.5P）时的荷载压强，MPa；h 为试件轴心高度，mm；Δl_5 为相应于第 5 级荷载（0.5P）时经原点修正后的回弹变形，mm。

大粒径沥青碎石抗压回弹模量计算结果如表 7-29、表 7-30 所示。

表 7-29　20 ℃抗压回弹模量结果

破坏荷载（N）	抗压强度（MPa）	抗压回弹模量（MPa）			整理推荐抗压回弹模量值（MPa）
		①	②	③	
134 126.4	7.59	1 706.3	1 802.3	1 659.2	1 722.6

表 7-30　15 ℃抗压回弹模量结果

破坏荷载（N）	抗压强度（MPa）	抗压回弹模量（MPa）			整理推荐抗压回弹模量值（MPa）
		①	②	③	
140 664.8	7.96	2 065.3	2 153.5	2 096.1	2 104.967

由以上试验数据可见，大粒径沥青碎石 LSAM 抗压回弹模量要高于普通沥青混合料及 ATB－25，其 20 ℃回弹模量较 ATB 增加 690 MPa。可见，采用 LSAM 较好地解决了不

增加造价提高柔性基层模量的问题。其高模量高抗变形能力是该种沥青混合料主要特点。因此，刚柔组合基层结构中采用大粒径沥青碎石，可大大改善路面受力状态，减小道路结构面层弯拉应力应变，减小面层开裂，提高道路结构抗反射裂缝能力。同时，当采用大粒径沥青碎石混合料作为刚柔组合基层柔性层时，由于刚柔组合基层整体模量较高，面层宜采用改性沥青混合料等高模量混合料。

7.6 本章小结

本章系统研究了大粒径沥青碎石基层技术指标及混合料性能，提出了大粒径沥青碎石柔性基层技术指标要求及组成设计方法，推荐了LSAM－30的合理材料组成，深入研究了该混合料各项性能指标。

（1）系统分析了大粒径沥青碎石抗裂、抗车辙等性能，提出了大粒径沥青碎石混合料组成设计技术指标要求，确立了 LSAM－30 的合理级配，推荐了大粒径沥青碎石合理材料组成。

①推荐了采用 n 法变换系数确定的 LSAM－30 级配设计范围，矿料级配的 n 值在0.6时可得到良好的骨架结构类型。

②通过采用计算法初拟油石比，并采用大型马歇尔法进行油石比确定，推荐了LSAM－30合理的材料组成，所确定混合料最佳油石比为3.1%。

③根据大粒径沥青碎石路用性能试验研究，LSAM－30 抗车辙性能达 8 128 次/mm，是相同环境下 ATB－25 沥青混合料的1.8 倍。该混合料水稳定性能满足要求。所设计大粒径沥青混合料级配良好，组成较为合理。

（2）深入研究了大粒径沥青碎石混合料力学性能，同普通沥青碎石混合料性能进行了对比研究。

研究表明，该混合料抗压回弹模量要高于普通沥青混合料及 ATB－25，其 20 ℃回弹模量较 ATB 增加了 690 MPa。采用 LSAM 较好地解决了在不增加造价下提高柔性基层模量的问题。其高模量高抗变形能力是该种沥青混合料的主要特点。

第 8 章　刚柔组合基层沥青路面车辙预估及结构设计方法

路面结构在重复荷载作用下产生过量永久(塑性)变形,会使路表面出现影响行车安全和舒适性的不平整(车辙),或导致面层出现开裂。因而,限制路面结构的永久变形量是路面结构设计须考虑的基本要求,也是各国力学——经验法设法都选取的一种损坏模式。

路面结构的永久变形是由路面各组成部分(面层、基层、底基层、垫层和路基)的永久变形总和而成的。已有的研究结果表明:在影响沥青路面车辙深度的因素中,沥青混合料的劲度、沥青面层厚度和当量轴载作用次数是 3 个最主要的因素。对于刚柔组合基层沥青路面结构,沥青层厚度通常为 20 ~ 30 cm。我国《公路设计手册》指出,刚柔组合基层沥青路面结构的主要损坏类型为永久变形(车辙)和沥青层的疲劳开裂。沥青层厚度较大时,容易产生较多的永久变形。然而,国外许多研究认为,厚沥青层并没有想象中会出现严重的车辙,反而认为当沥青混凝土层厚度大于 18 cm 时,出现车辙的速率会迅速降低。根据 AASTHO 试验路的测定,车辙量随沥青层厚度的增加而增加,到 25 cm 就达到了极限,沥青面层再加厚车辙深度也不再增加。

英国通过对本国 51 条道路的车辙情况进行调查发现,对于施工良好的沥青路面,当沥青层厚度大于 18 cm 时,车辙的产生速率会迅速降低,这说明沥青层厚度对车辙的影响不大。通过对 45 条密级配沥青碎石基层道路的调查,认为当沥青面层与沥青碎石基层的总厚度在 18 ~36 cm 时,车辙率与沥青层厚度无明显关系,车辙的大部分主要发生在沥青层的表面。车辙率与沥青层厚度的关系如图 8-1 所示。

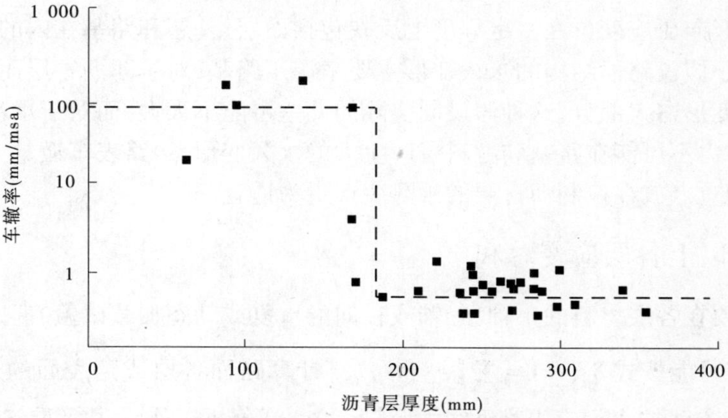

图 8-1　车辙率与沥青层厚度的关系

由此可见,厚沥青层并不会导致严重车辙,本章针对刚柔组合基层沥青路面的永久性变形展开研究,并对其车辙量和寿命进行预估,提出合理的刚柔组合基层沥青路面结构设计方法。

8.1 车辙的控制指标与标准

沥青路面的设计,经历了从单纯的强度指标到综合的耐用性、功能性多指标组合设计的过程,车辙指标也是其中之一。通常沥青路面的车辙控制指标包括路基顶面容许竖向压应变 ε_z、沥青层容许永久变形 ε_p(或厚度减薄量 Δh)和路面容许车辙深度 RD 等。

目前,控制车辙的指标有四种:①路基顶面竖向压应变;②路基以上各层的永久应变;③总车辙量;④动稳定度。国内外车辙设计方法控制指标及容许车辙量见表 8-1。

表 8-1 国内外车辙设计方法控制指标及容许车辙量

设计方法	车辙控制指标	容许车辙量
地沥青协会(AI)	临界状态 $\varepsilon_z = 482N^{-0.223}$	13 mm
壳牌(Shell)	临界状态(1)$\varepsilon_z = 885N^{-0.25}$ (2)基层、面层永久变形	10 mm(高速道路) 30 mm(高速道路)
诺丁汉(Notting ham)	临界状态 $\varepsilon_z = 451N^{-0.28}$ 临界状态 $\varepsilon_z = 250N^{-0.27}$	10 mm 20 mm
日本	动稳定度(根据交通量和地区而不同)	
SHRP	车辙率和车辙深度	
我国沥青路面养护规范	—	15 mm

注:ε_z—路基顶面容许竖向压应变($\times 10^{-6}$),N—标准轴次($\times 10^6$)。

8.1.1 路基顶面竖向压应变

路基顶面竖向压应变可在一定程度上反映包括面层、基层和路基在内的总永久变形。但该标准类似于假设路面结构的永久变形主要来源于路基,对于薄沥青层而言,路基和粒料基层的永久变形占大部分,这种假设同实际的偏差可能不太大;而对于承受重交通的厚沥青层,轴载应力不可能在路基和粒料层产生大的永久变形量,路表车辙量大部分产生于沥青层,所以把重点放在控制沥青层的永久变形更为适宜。

8.1.2 路基以上各层应变总和

该指标需要在各层材料的单轴、三轴或径向的重复或动态加载试验、理论和计算分析的基础上,才有可能按式 $\delta_p(N) = \sum_{i=1}^{n}[\varepsilon_{pi}(N)h_i]$ 计算路面各层或路表面的永久变形(车辙)。因而这一方法的实际应用难度很大,试验和计算分析工作量很繁重,适宜于作为研究工具,以了解和比较各结构层材料和路面的形状和性能,而很难应用于路面结构的日常设计。

8.1.3 动稳定度

动稳定度仅能用来对沥青混合料的设计进行控制，却无法对沥青路面产生的车辙深度进行预测或控制。可以说这个指标只是一个沥青混合料设计的检验指标，并不能限制沥青路面不发生过量的车辙。这主要是由于动稳定度这一指标，只是反映了在一个特定时段内沥青混合料产生单位变形量时的荷载作用次数，无法与沥青混合料的黏弹性的应力应变特性建立起理论上的联系。

8.1.4 沥青层永久变形

刚柔组合基层沥青路面由于采用了半刚性下基层与底基层，可以较好地扩散和削减交通荷载向下传递的应力，而且沥青层厚度大多在 20 cm 以上，所以路基和半刚性层的变形量占车辙总量的比例很小。

因此，本书采用沥青层永久变形量作为车辙的控制指标进行刚柔组合基层沥青路面车辙的预估，以动稳定度为辅助控制指标来控制沥青混合料的高温稳定性。

8.2 刚柔组合基层沥青路面车辙预估研究

8.2.1 国外沥青路面车辙预估方法

总的来说，国外车辙预测方法大致可以分为三类：一是理论分析法；二是统计分析法（经验法）；三是力学－经验法（理论分析加经验法）。

8.2.1.1 理论分析法

理论分析法通过试验测得沥青材料的性质参数，利用弹性或者黏弹性层状体系理论计算路面内应力应变、分布，然后根据路面材料的永久变形同应力之间的关系，建立沥青混凝土层的永久变形预估模型。理论分析法主要包括层应变法、黏弹性方法和黏弹塑性方法。

1. 层应变法

层应变法又称弹性层状体系法，一般把路面分为若干个亚层，最后统计出各层的累计变形。其原理是把路面的每层划分成更小的亚层，以弹性层状体系理论为基础计算各亚层的变形，然后通过与室内试验相联系，估计由于路面各层的永久变形所造成的车辙。其计算公式如下：

$$\Delta_p = \sum_{i=1}^{n} (\varepsilon_i^p \Delta z_i) \tag{8-1}$$

式中：Δ_p 为每一层的永久变形；ε_i^p 为每一亚层的塑性应变；Δz_i 为每一亚层的厚度。

这种方法的优点是：理论简化，基本能满足工程精度的要求。它的缺点是：①只考虑了轮胎中心下区域的应力、应变，没考虑轮迹边缘的剪切变形；②永久变形仅依赖于路面的弹性应力；③使用线性或非线性的弹性理论和引起车辙的一些实际行为不相符合（例如轮迹边缘的剪切流动）。

利用弹性层状体系理论计算沥青混凝土面层的车辙,在国际上最有影响、应用最广的当推壳牌(Shell)法。该方法做了如下假定:沥青混合料的变形是由于相邻矿料间的滑移所形成的,并且从蠕变试验中得到的沥青混合料劲度与沥青劲度的关系,相当于反映沥青混合料永久变形的黏滞劲度与反映沥青永久变形的沥青黏滞劲度的关系。考虑到动态与静态之间的差异,提出了车辙计算的动态修正系数公式如下:

$$\Delta h = C_{\mathrm{m}} \cdot \sum_{i=1}^{n} \frac{(\sigma_{\mathrm{av}})_i}{(S_{\mathrm{mix},\eta})_i} \cdot h_i \tag{8-2}$$

式中:Δh 为沥青面层车辙;h_i 为第 i 分层的厚度;$(\sigma_{\mathrm{av}})_i$ 为第 i 层的平均竖向应力;$(S_{\mathrm{mix},\eta})_i$ 为第 i 层沥青混合料在该层特定温度和加载时间条件下的蠕变模量;C_{m} 为考虑静载蠕变试验与车辙动载特性差异的修正系数,可通过比较静载蠕变试验和环道车辙试验结果后得到,C_{m} 的数值与沥青混合料的类型有关,不同沥青混合料的 C_{m} 取值范围如表 8-2 所示。

表 8-2　动荷作用修正系数 C_{m}

沥青混合料种类		C_{m}
开式 密实式	贫油开式沥青混合料	1.6 ~ 2.0
	沥青碎石	1.5 ~ 1.8
	沥青混凝土	1.2 ~ 1.6
	沥青砂	1.0 ~ 1.3

2. 黏弹性方法

美国联邦公路局和麻省理工学院提出的路面结构设计黏弹性系统 VESYS 中,建立了以黏弹性理论为基础的车辙预估模型。在该模型中认为路面材料的永久变形是应力、加载时间、温度、含水量的函数。假定:①在荷载反复作用次数 m 与 $m+1$ 之间,路面材料的黏弹性变形有足够的恢复时间;②每次荷载作用下各层的弯沉不变。在此基础上通过试验确定如下关系:

$$\begin{cases} R(N) = W \cdot f(N) \\ R = \sum_{i=1}^{n} R(N) \\ f(N) = \mu \cdot (N)^{-a} \end{cases} \tag{8-3}$$

式中:$R(N)$ 为第 N 次荷载作用下的永久变形;W 为一次荷载作用下路面的弯沉;μ、a 为面层材料的车辙特征系数,通过重复荷载试验测得;R 为车辙总量。

该方法的优点是考虑了行车荷载作用下沥青混凝土路面的时间硬化现象,可以反映沥青混凝土的侧向流动变形。但是非线性的黏弹性模型比较复杂,限制了其应用,在以后的研究中研究人员对此车辙预估方法进行了大量的对比试验,结果证明其预测值偏小,因为该模型中没有沥青混合料的压密变形。

3. 黏弹塑性方法

1994 年 Sousa 等建立了一个非线性的黏弹塑性模型。该模型的黏弹性元件由 8 个

Maxwell 并联而成,模型的黏弹性元件代表了荷载速率和温度依赖的黏结料;模型的弹塑性元件代表沥青混合料中的骨料。采用了 VonMises 塑性力学模型及其相关的流动规则,以及线性的各向同性和运动硬化定律,通过一系列的试验,最后得到车辙深度和最大永久剪应变之间的关系为

$$D_{\mathrm{R}} = k\gamma_{\max} \tag{8-4}$$

式中:D_{R} 为车辙深度;$\gamma_{\max}$ 为最大永久剪应变;k 为系数。

这个模型的优点是:①可以预估剪应力;②预估的残余变形是合理的;③考虑了材料的非线性,提高了预测的能力。它的缺点是:①广义的 Maxwell 黏弹性模型不能很好地描述沥青混凝土材料,因为在周期荷载的作用下,卸载后大多数应变回复,因此其预估结果与现场或者试验数据不相符合;②塑性元件需要改进。

8.2.1.2　统计分析法(经验法)

统计分析法是从试验路或者室内试验测定数据,采用统计方法建立沥青混凝土层永久变形与沥青材料参数、荷载作用次数的经验关系。2002 年,Archilla 基于美国各州公路工作者协会(AASHTO)路面试验数据,提出了下面的统计车辙预估模型:

$$DR_{it} = \delta_i + a_i(1 - \mathrm{e}^{b_i N_{it}}) \tag{8-5}$$

式中:DR_{it}为在时间 t 时、断面 i 的车辙深度;δ_i 为路面断面 i 竣工时源于下卧层的车辙深度,为一与全部初始车辙深度相关的非观察值;a_i,b_i 为路面特性函数;N_{it}为在时间 t 时、路面断面 i 累计荷载重复作用次数。

由于统计分析法建立的经验模型没有考虑路面结构的整体效应,模型中结构很少,甚至没有考虑到沥青材料的力学参数,不能对混合料的力学性能有较深入的概括,且预估车辙的公式外延性差,适用面窄,所以统计分析法只能用于非常具体的环境,应用局限性较大,难以推广,用于评价沥青混凝土路面的永久变形受到了一定的限制。

8.2.1.3　力学 - 经验法(理论分析加经验法)

力学 - 经验法采用弹性层状体系理论或黏弹性层状体系理论计算路面的应力、应变,并结合室内外试验,统计得出沥青混凝土路面的车辙同材料特性、路面结构及荷载作用次数之间的经验关系式。

2000 年 Monismith 提出了一种层应变的替换方法用来描述沥青混凝土路面的车辙行为,在这种方法中把路面模拟成多层弹性体系,沥青混凝土模量由恒定的重复荷载简单剪切试验得到。假设车辙由剪应变控制,并假设在轮迹边缘下 50 mm 深度处的永久(非弹性)剪应变的累计计算公式为:

$$\lambda^i = a\mathrm{e}^{b\tau}\gamma N^c \tag{8-6}$$

式中:λ^i 为在 50 mm 深度处的永久(非弹性)剪应变;τ 为在同样深度处剪应力;γ 为弹性剪应变;N 为荷载重复次数;a,b,c 为回归常数。

非弹性剪切变形的累计以 1 h 作为基础计算,对非弹性的剪切变形相应车辙深度的计算公式为:

$$D_{\mathrm{R}} = K\gamma_j^i \tag{8-7}$$

式中:γ_j^i 为在第 j h 的非弹性剪切应变;K 为常数。

这种方法的优点是考虑了轮胎边缘下的剪切变形;缺点是其为基于非线性的弹性理

论，且无标准。

2004 年美国各州公路工作者协会（AASHTO）提出了如下的车辙预估模型：

$$\frac{\in_p}{\in_r} = 10^{-3.155\,2} k\beta_{r1} N^{0.399\,37\beta_{r2}} T^{1.734\beta_{r3}} \tag{8-8}$$

式中：β_{r1}，β_{r2}，β_{r3}为车辙预估模型的修正系数；k 为沥青混凝土层厚度和计算点深度的函数，$k = (C_1 + C_2 \times d) \times 0.328\,196^d$，$C_1$、$C_2$ 为系数，d 为计算层的深度。

计算车辙时首先计算出对应层位的塑性变形：$\Delta R_{di} = \in_{pi} \cdot \Delta h_i$，进而统计出车辙深度为：$R_d = \sum_{i=1}^{n} \Delta R_{di}$。

该模型也存在一些缺陷：①该模型在计算回弹变形时只考虑了各结构层在轮载作用下处于弹性状态的应力，实际上各结构层的应力状态对塑性变形的影响很大；②只考虑轮载的影响而没有考虑间歇时间和行车速度（作用时间）的影响；③修正因子 k 考虑了围压和深度的影响，但为纯粹的经验关系式，并没有充分理论基础；④样本数量少，精确性有待进一步提高。

2004 年 Fwa 等基于沥青混凝土的剪切流动变形原理，采用 $C-\varphi$ 模型进行沥青混凝土路面的车辙预估，模型如下：

$$R = C\sum_{i=1}^{n}\left[(N_i)^a \cdot (L_i)^b \cdot (T_i)^c \cdot (t_i)^d\right] \tag{8-9}$$

式中：R 为车辙深度；C 为轮迹分布影响系数；N_i 为轮载作用次数；L_i 为实际受力与路面能承受的最大抗力的比值；T_i 为路面温度；t_i 为轮载作用时间。

该模型基于沥青混凝土路面车辙的发生机制，综合考虑了影响车辙的各种因素，是力学－经验法的典型代表。但是，该预估中 L_i 的意义并不明确（剪应力或拉应力），且模型的建立仅限于室内试验，还需要现场数据的进一步修正。

8.2.1.4　有限元法

车辙是由于铺筑材料的非线性特性而发生，例如沥青混合料的黏弹性和黏塑性、骨料和土的塑性，所以车辙是路面结构塑性应变的结果。有限元法能很好地模拟具有非线性特性的路面车辙。目前，很多研究者采用了商用的有限元程序包来建立车辙的预估模型，例如美国普渡大学的 Huang，H. M 等采用蠕变模型进行车辙的有限元分析。因计算机计算容量和计算时间都在大大提高，使用这种方法比较经济，且使用有限元法可模拟整个车辙区域，是一种较为合理的预估方法，但是计算参数的确定是限制该方法的一个瓶颈。

8.2.2　国内沥青路面车辙预估方法

我国对车辙预估模型的研究开展得相对较晚，自 20 世纪 80 年代中期开始，同济大学、东南大学、长安大学陆续开始了研究，并已经提出了一些预估模型，一般是结合沥青混合料高温性能试验研究结果，通过理论分析得出的。代表性的预估方法有同济大学徐世法采用线黏弹性层状理论体系结合沥青混合料黏弹特性建立的预估模型，属理论分析法。同济大学许志鸿、林绣贤结合“七五”国家重点攻关项目“半刚性基层沥青混凝土路面研究”，采用基本符合高温时沥青混合料特性的黏弹性体系理论，描述材料变形随温度、加载时间而变化的特性，建立了力学计算的车辙预估模型。东南大学李一鸣结合“七五”国家重点攻关项目“单家寺稠油沥青混合料抗车辙能力及变形规律”，根据理论分析和室内轮辙试验建立的指数型车辙预估模型，属力学－经验法。长安大学张登良采用弹性层状理论体系结合沥青材料的流变模型建立的预估模型，属理论分析法。

8.2.2.1　**“四单元五参数”模型**

1988 年徐世法等在分析沥青混凝土路面永久变形时，根据黏弹性层状理论体系计算路面内的应力、应变，沥青混凝土参数采用“四单元五参数”模型进行确定，最后提出如下的车辙预估方法：

$$RD = \sum_{i=1}^{n}(W_{t1,i} - W_{t2,i}) \tag{8-10}$$

式中：RD 为车辙深度；$W_{t1,i}$ 为第 i 级荷载加载时的总变形；$W_{t2,i}$ 为第 i 级荷载卸载后的回弹变形。

但是，“四单元五参数”模型虽然能近似地表示沥青混合料的黏弹特性，但是元件越多，设计时所需要的参数就越多，而材料参数的确定却是一件相当复杂的工作，就工程应用而言，得到准确的参数实现起来比较困难，并且室内试验得到的参数与道路结构中的受力状态还有很大不同。

8.2.2.2　**同济大学车辙预估方法**

同济大学在进行“半刚性基层沥青路面的车辙问题”研究过程中，以黏弹性层状体系理论为基础，采用拉普拉斯变换中的极大值和极小值解法，结合室内试验和现场测试结果，提出了预估沥青路面车辙量的简单方法。具体如下：沥青混凝土路面的车辙实质上是汽车荷载在路面上反复加载、卸载所造成的塑性变形累积的结果，即加载时的总变形减去卸载时的回弹变形反复累积的产物；对于卸载时的变形可用 Laplace 变换的初值定理来解决，而长期荷载下的变形，可根据 Laplace 变换的终值定理来确定，最终车辙为

$$R_L = W(\infty) - W(0) \tag{8-11}$$

式中：$W(0)$ 为卸载时的回弹变形；$W(\infty)$ 为加载时的总变形；R_L 为车辙。

该方法采用弹性层状体系的基本理论，通过代入黏弹性算子，求得路面在加载和卸载状态的位移差，即为车辙。该方法存在以下缺陷：①与实际道路的受力模式相距甚远；②车辙主要来自于侧向流动变形，而不是垂直变形；③未能反映两侧的隆起；④动态修正因子和劲度模量的确定带有很大经验性。

8.2.2.3　**东南大学的车辙预估模型**

1992 年李一鸣（1992 年）认为沥青混合料在高温下由于车轮反复碾压，沥青混凝土层将产生横向剪切流动，这种流动已不再是经典黏弹性理论中的微观层次上的流动，而是混合料结构不断调整在细观层次上的流动。材料本身的应力变形力学特性是产生这种细观流动的内在因素，具有一定横向分布的车轮反复碾压则是产生细观流动的外界条件。基于此建立了如下的预估公式：

$$\Delta H = \frac{5.924N^{0.222}K^{0.592}\sigma^{(0.0282-1520N^{-1})}}{DS^{0.464}} \tag{8-12}$$

式中：K 为流动动力参数，$K = [1/(2\pi R)] \times \int(\tau_i/\sigma_m)\,dz$，$\tau_i$ 为沥青混合料剪应力强度，

σ_m 为沥青混合料平均法向应力；N 为轴载作用次数；DS 为沥青混合料车辙试验动稳定度；σ 为行车横向分布标准差。

该模型的优点是考虑了车辙的横向流动变形，更接近实际。但是忽略了对车辙产生重要影响的温度，而且动稳定度与车辙并无必然关系，动稳定度相同，抗车辙能力却可能相差很大，且 K 积分的确定比较困难。

8.2.2.4 长安大学车辙预估方法

1995 年张登良等以弹性层状体系理论和流变学模型分析为基础，结合沥青混合料的变形特性，考虑路面结构为多层轮载动态效应和侧向隆起，得到如下高等级沥青混凝土路面车辙预估模型：

$$R_D = \left[\sum_{i=1}^{n} C_{di} \left(\frac{2P\delta}{S_{mix,p}} \times \Delta W_i \right) \right] (1 + K_L) \tag{8-13}$$

式中：R_D 为车辙深度；C_{di} 为第 i 亚层沥青混合料的动态修正系数；P 为标准双轮荷载的接地应力，对于 BZ－100，$P = 0.7$ MPa；δ 为标准双圆荷载当量圆半径，对于 BZ－100，$\delta = 10.65$ cm；$S_{mix,p}$ 为第 i 亚层沥青混合料的黏性劲度模量；ΔW_i 为弯沉差异系数；K_L 为侧向隆起系数，$K_L = 0.5$；n 为沥青层的亚层总数。

该模型与 Shell 的模型类似，也采用弹性层状理论体系进行路面内的应力计算，采用蠕变试验确定沥青材料的劲度模量；虽然考虑了动载和材料的侧向隆起流动，但是具有很大的经验性，可靠性并不高；并且在实践中材料参数的确定也比较困难。

8.2.3 基于层位温度的刚柔组合基层沥青路面车辙预估研究

近年来，国际上采用蠕变试验研究沥青混合料的高温特性较为活跃，在各种蠕变试验的方法中，又当属三轴重复荷载蠕变试验受力模式清晰，与现场的模拟程度较高。另外，上述对国内外沥青路面车辙预估方法的分析表明，在国际上最有影响也是应用最广的当推壳牌（Shell）法——分层总和法。基于此，本书在 Shell 法的基础上，结合三轴重复荷载蠕变试验结果，对刚柔组合基层沥青路面（结构 1）和半刚性基层沥青路面（结构 2）进行车辙预估对比分析。

荷载和温度是影响沥青混合料变形的两个重要因素。重复荷载试验采用规范标准轮压荷载，即 0.7 MPa 进行加载。为尽量模拟路面实际，本书的试验温度 T 采用沥青混合料所处层位的层顶、层底最高温度的平均值。路表最高温度和路面特定深度处的最高温度可以利用 SHPR 回归模型确定，计算公式分别如下：

$$T_{d(max)} = (T_s + 17.78)(1 - 2.48 \times 10^{-3} d + 1.085 \times 10^{-5} d^2 - 2.441 \times 10^{-8} d^3) - 17.78 \tag{8-14}$$

$$T_s = T_a - 0.00618 Lat^2 + 0.2289 Lat + 24.4 \tag{8-15}$$

式中：$T_{d(max)}$ 为路面特定深度处的最高温度，℃；T_s 为路表最高温度，℃；d 为距路表的深度，mm；T_a 为最高气温，℃；Lat 为纬度，(°)。

根据分层总和法，沥青层的永久变形为

$$\Delta h = \sum_{i=1}^{n} \frac{(\sigma_{av})_i}{(S_{mix,p})_i} \times h_i \tag{8-16}$$

考虑到三轴重复荷载试验加载条件与现场沥青路面实际受力情况的差异,需引入一个修正系数 K_P;另外,沥青混合料层车辙的形成不仅是混合料压密的过程,而且也伴随着侧向的推挤流动,这种轮迹处混合料向两侧的扩张,必然使轮迹两侧出现隆起,它在车辙总量中的比例是不可忽视的。已有的试验观测及理论分析认为,隆起部分 W_L 为减薄量 W_b 的一半,即 $W_L = 0.5W_b$。因此,可得车辙的预估模型为

$$R_D = K_P \times (1 + K_L) \times \sum_{i=1}^{n} \left[\frac{(\sigma_{av})_i}{(S_{mix,p})_i} \times h_i \right] \tag{8-17}$$

式中:R_D 为车辙深度;K_P 为荷载修正系数,当 $P = 0.7$ MPa 时,$K_P = 1$;K_L 为隆起系数,一般取 0.5。

青红高速最高气温达 40 ℃,对刚柔组合基层 1 和目前应用较好的传统沥青路面结构 2 进行车辙预估时各层位沥青混合料三轴重复荷载蠕变试验的试验温度如表 8-3 所示。

表 8-3　不同层位沥青混合料三轴重复荷载蠕变试验的试验温度

路面结构		最高气温(℃)	距路表深度(mm)	路表温度(℃)	特定深度处的最高温度(℃)	蠕变试验温度(℃)
结构 1	AC－16Ⅰ	40	50	64.84	57.95	61
	AC－20Ⅰ	40	130	64.84	50.46	54
	ATB－25	40	250	64.84	45.24	48
结构 2	SMA－13	40	40	64.84	56.58	61
	AC－20Ⅰ	40	100	64.84	51.30	55
	AC－25Ⅰ	40	170	64.84	40.60	46

采用式(8-17)对两种路面结构的车辙深度进行了预估,结果如表 8-4 所示。

表 8-4　青红高速公路沥青路面车辙预估结果

路面结构		层厚(mm)	平均压应力 $(\sigma_{av})_i$(MPa)	劲度模量 $(S_{mix,p})_i$(MPa)	永久变形值(mm)	
结构 1	AC－16Ⅰ	50	−0.7	13.7	3.83	7.92
	AC－20Ⅰ	80	−0.562 75	32.2	2.10	
	ATB－25	120	−0.445 65	40.3	1.99	
结构 2	SMA－13	40	−0.682 55	15.8	2.59	5.66
	AC－20Ⅰ	60	−0.603 6	31.1	1.75	
	AC－25Ⅰ	70	−0.577 47	46.1	1.32	

注:表中路面各层的平均压应力系根据 Bisar3.0 计算所得。

由表 8-4 可以看出,结构 1 的永久变形稍大于结构 2 的永久变形,究其原因是由于 ATB－25柔性层的厚度(12 cm)远大于 AC－25I 下面层的厚度(7 cm);上面层 AC－16I 混合料的永久变形稍大于结构 2 的 SMA－13 的永久变形,表明了 SMA 混合料优良的高

温稳定性能。总的来说，结构 1 虽增加了沥青层的厚度，但其永久变形量并没有比结构 2 显著增大，说明刚柔组合基层路面结构（即结构 1）具有较好的抗永久变形能力。

8.3　刚柔组合基层沥青路面设计控制指标与标准

路面结构设计的控制指标，必须能够反映路面破坏的本质，同时在理论上应易于计算，并易于测试。

设计控制指标体系主要考虑沥青路面两种损坏类型：开裂和永久变形。沥青路面开裂可以分为疲劳开裂、低温缩裂和反射裂缝三类。沥青路面永久变形由路基、粒料层（基层、底基层或垫层）和沥青层（面层或基层）三部分永久变形组成，反映到路表就形成车辙。

刚柔组合基层沥青路面的主要损坏类型为沥青层疲劳开裂、半刚性层疲劳开裂、沥青层永久变形、冰冻地区沥青面层的低温缩裂。

刚柔组合基层沥青路面面层的厚薄可影响到面层内的应力与应变状况，从而影响到疲劳开裂或永久变形损坏的轻重程度。因而，可按照沥青面层的厚薄分为 3 种情况，即厚沥青面层（≥120 mm）、中厚沥青面层（50 ~ 120 mm）和薄沥青面层（≤50 mm）。

对于厚沥青面层（≥120 mm）刚柔组合基层沥青路面，由于面层产生的拉应变比较小，开裂疲劳损耗的程度较轻。因而，以永久变形与半刚性底基层疲劳损坏作为设计主要控制指标，以沥青面层疲劳开裂控制作为辅助设计指标。

对于中厚沥青面层（50 ~ 120 mm）刚柔组合基层沥青路面，面层产生的拉应变和相应的疲劳损耗较大。因而，以控制沥青面层与半刚性底基层的疲劳开裂损坏为主，以永久变形类损坏控制为辅。

对于薄沥青面层（≤50 mm）刚柔组合基层沥青路面，面层产生的拉应变很小。因而，主要控制半刚性底基层的疲劳开裂与反射裂缝类损坏。

此外，对于冰冻地区均需控制沥青面层的低温收缩开裂损坏。

目前，国外沥青路面采用沥青层底面拉应变 ε_r 控制沥青层疲劳开裂、路基顶面压应变 ε_z 控制永久变形、半刚性底基层层底拉应力 σ_m 控制半刚性底基层疲劳开裂作为设计控制指标，我国《公路沥青路面设计规范》（JTG D50—2006）采用路表弯沉值 l_s 控制路面结构整体刚度、层底拉应力 σ_m 控制沥青层与半刚性材料结构疲劳开裂。

鉴于我国经济发展水平，推荐沥青面层厚度为 9 ~ 12 cm，故主要控制沥青层与半刚性层疲劳开裂，以路表弯沉与永久变形控制为辅。

8.3.1　主要设计控制指标与标准

8.3.1.1　**沥青层层底拉应变 ε_r**

对于常用的沥青路面结构来说，由结构层底面拉应力引起的疲劳破坏将首先从底基层底面开始，并逐渐向上延伸，接着是基层产生疲劳破坏，最后是沥青面层产生疲劳裂缝以及整个路面产生结构性破坏。因此，疲劳破坏是沥青路面结构设计中一项重要的设计指标。

路面结构设计时，必须使材料的疲劳寿命大于累计标准轴载，即 $N_f > N_e$，按式(8-18)根据室内疲劳试验结果计算材料的现场疲劳寿命：

$$N_f = \frac{SF \times N_1}{T_C} \tag{8-18}$$

式中：N_f 为实际路面结构中的疲劳寿命；N_1 为沥青混合料室内试验的疲劳寿命；SF 为由加载频率、裂缝发展、混合料自愈合、交通间歇期、施工变异性引起的修正系数；T_C 为温度修正系数。

由于沥青混合料受不同地区原材料、气候条件等的影响，沥青混合料的极限应变值一直没有统一，美国的永久性路面设计中规定，一般非改性沥青混合料的极限应变值为60～70 με，改性沥青混合料可以提高到 100 με。通过对比分析，本书选取沥青层底部拉应变 $\varepsilon_r \leqslant 65$ με 作为主要控制标准。

8.3.1.2　半刚性层层底拉应力 σ_m

半刚性层材料一般表现出两种破坏模式，正常意义上的疲劳破坏和压碎破坏。对于压碎破坏，由于在常规试验中对材料性能加以验证，在路面结构中一般很少发生；相对来说，半刚性材料的脆性较大，对于疲劳破坏，大多属于荷载作用下的短时间疲劳破坏，一般以结构层底面或层中最大拉应力作为控制疲劳寿命的临界指标。

因此，本书仍然继续使用现行设计规范的半刚性层底的拉应力指标来控制半刚性层底面的开裂破坏。路面结构设计时，应满足半刚性层底拉应力小于材料的容许拉应力 σ_R，σ_R 按式 $\sigma_R = \frac{\sigma_{sp}}{K_s}$ 计算，其中抗拉强度结构系数 $K_s = \frac{0.35N_e^{0.11}}{A_C}$（无机结合料稳定骨料类）或 $K_s = \frac{0.45N_e^{0.11}}{A_C}$（无机结合料稳定细粒土类）。现行规范中半刚性材料的容许拉应力 σ_R 多在 0.4～0.6 MPa。

8.3.2　辅助设计控制指标与标准

8.3.2.1　路表弯沉值 l_s

我国《沥青路面设计规范》(JTG D50—2006)采用路表弯沉值作为设计指标，不仅能够反映路面各结构层及土基的整体强度和刚度，而且与路面的使用状态存在着一定联系，控制弯沉的大小是为了防止路面发生沉陷、弹簧、网裂等因综合强度不足所导致的损坏。不采用国外一般使用的土基压应变指标的原因，首先在于压应变难以测定，而且认为路表弯沉值实际上包含了土基和各层路面材料的竖向变形在内，相对土基压应变而言更为全面；其次沥青稳定碎石基层结构厚度较大，在荷载作用下，其变形不可忽视，采用弯沉设计指标能够将路面与路基的变形考虑在内；最后国内对弯沉的测试和研究已经比较完备和成熟，采用弯沉设计指标可以为我国的刚柔组合基层沥青路面结构设计提供有效的补充，也便于应用。对于高速公路可以按以下考虑：

路表弯沉值　$$l_s \leqslant (45H_F - 210)N_e^{-0.2}A_cA_s \tag{8-19}$$

式中：l_s 为路表弯沉值，0.01 mm；N_e 为设计年限内一个车道累计当量轴次；A_c 为按公路等级确定的保证率系数，高速公路为 1.0；A_s 为按面层类型确定的保证率系数，沥青混凝土面层为 1.0；H_F 为半刚性层上的柔性结构层总厚度，cm。

8.3.2.2 **路基顶面竖向压应变 ε_z**

国外的设计方法常采用路基顶面竖向压应变作为设计指标，其主要目的是控制路面结构的总变形量在交通荷载作用下不发生塑性剪切破坏，即保护路基土使之不经受车辆的直接作用，通过路面传播至土基的应力被扩散而不致造成土基过大的沉降。反映在设计思想及设计方法上主要是控制路基顶面应力及垂直位移量。由于路基土的永久变形直接控制着路面结构性车辙的车辙深度，因此本书选取路基顶面的压应变作为控制路面结构总变形量的设计指标。

美国的永久性路面建议路基土顶面的垂直压应变应小于 200 $\mu\varepsilon$，由于采用刚柔组合基层结构，路基土的永久变形量占车辙总量相对较少，本书推荐选用路基顶面压应变 $\varepsilon_z \leqslant 180\ \mu\varepsilon$ 作为控制标准。

综合上述分析，适合我国刚柔组合基层沥青路面设计控制指标为：

主要设计控制指标：①沥青层层底拉应变 $\varepsilon_r \leqslant 65\ \mu\varepsilon$；②半刚性层层底拉应力 $\sigma_m \leqslant \sigma_R$。

辅助设计控制指标：①路表弯沉值 $l_s \leqslant (45H_F - 210)N_e^{-0.2}$；②路基顶面压应变 $\varepsilon_z \leqslant 180\ \mu\varepsilon$。

8.4 基于疲劳、车辙及弯沉的刚柔组合基层路面设计方法

各国的沥青路面设计方法，归纳起来可分为经验法和力学－经验法两大类。所谓“经验法”是指在试验路数据基础上开发的路面设计方法，经验法主要通过对试验路或使用道路的试验观测，建立路面结构（结构层组合、厚度和材料性质）、荷载（轴载大小和作用次数）和路面性能三者间的经验关系；所谓“力学－经验法”，是将工程力学的原理应用于路面工程设计，力学－经验法首先分析路面结构在荷载和环境作用下的力学反应量（应力、应变、位移），利用在力学反应量与路面性能（各种损坏模式）之间建立的性能模量，按设计要求设计路面结构。

然而，由于材料的复杂性、变异性，现有的力学法无法全面解释路面的各种行为，特别是环境行为和变异行为。因此，设计人员不得不对力学方法的结果进行经验的修正，并且随着分析、试验和计算水平的提高，力学经验方法中的经验成分会越来越少，力学成分越来越多。

通过前面的分析，对于刚柔组合基层沥青路面，本书选用疲劳开裂、车辙和弯沉作为路面设计的综合指标体系，并确定路面设计流程如下：

（1）通过调查和预测，确定道路等级和使用年限、近期交通量、交通组成和交通量年增长率。

（2）选定标准轴载，根据轴载换算公式，计算出使用末期的累计当量轴载作用次数。

车辙等效：
$$N_R = \sum_{j=1}^{m}\sum_{i=1}^{n} C_1 C_2 \alpha \left(\frac{p_i}{p_0}\right)^{4.3} N_i \tag{8-20}$$

半刚性层疲劳等效：
$$N'_e = \sum_{i=1}^{k} C'_1 C'_2 n_1 \left(\frac{p_i}{p}\right)^8 \quad (8\text{-}21)$$

弯沉等效及沥青面层疲劳等效：
$$N_e = \sum_{i=1}^{k} C_1 C_2 n_1 \left(\frac{p_i}{p}\right)^{4.35} \quad (8\text{-}22)$$

(3)根据路面结构组合设计原则和常用的沥青路面基本结构形式,结合当地的路面材料,初拟合理的路面结构,特别应注意沥青面层材料的车辙变形与高温稳定性。

(4)通过室内外试验测出土基、基层和面层材料的回弹模量值,半刚性材料和沥青混凝土的劈裂强度等,并考虑一定的保证率进行取值。测定基层、面层材料的断裂韧度,进行沥青混合料的车辙试验,得到不同荷载作用次数下的混合料变形量。

(5)按照《沥青路面设计规范》(JTG D50—2006)要求,以设计弯沉为路面整体刚度指标,计算路面结构厚度。

(6)根据车辙等效的轴载换算公式计算得到的累计当量轴载作用次数,由沥青混合料车辙试验得到的参数,按照车辙预估模型进行车辙深度预估,检查沥青混合料是否满足抗车辙要求。

(7)进行疲劳寿命预估,看在设计年限内结构是否会发生疲劳破坏。

(8)结合其他路用性能指标,分析在路面使用寿命周期内可能的路面大修方案,进行相应的费用分析。

(9)选用不同路面结构组合方案,进行路面全寿命周期的技术经济比较分析,确定最终路面结构方案。

根据各方案的技术性能、经济性能,经过综合分析比较后确定路面结构方案,设计流程如图 8-2 所示。

8.5　本章小结

本章全面地研究了刚柔组合基层沥青路面车辙控制指标及标准,建立了基于层位温度的车辙预估模型,确立了刚柔组合基层沥青路面设计控制指标与标准,并据此提出了基于疲劳、车辙及弯沉的刚柔组合基层沥青路面设计方法。

(1)在全面分析国内外沥青路面永久性变形预估方法的基础上,考虑沥青混合料所处层位的不同,提出三轴重复荷载蠕变试验的试验温度 T,采用沥青混合料所处层位的层顶、层底最高温度的平均值,进而在 Shell 法的基础上,提出了刚柔组合基层沥青路面的车辙预估模型。

(2)系统研究了刚柔组合基层沥青路面设计控制指标与标准,确立了沥青层层底拉应变、半刚性基层层底拉应力两个主控指标,及路边顶面竖向压应变和路表弯沉两个辅助设计指标。

(3)结合刚柔组合基层沥青路面特点,提出了基于疲劳开裂、车辙和弯沉的刚柔组合基层综合指标设计体系,设计了刚柔组合基层沥青路面设计流程。

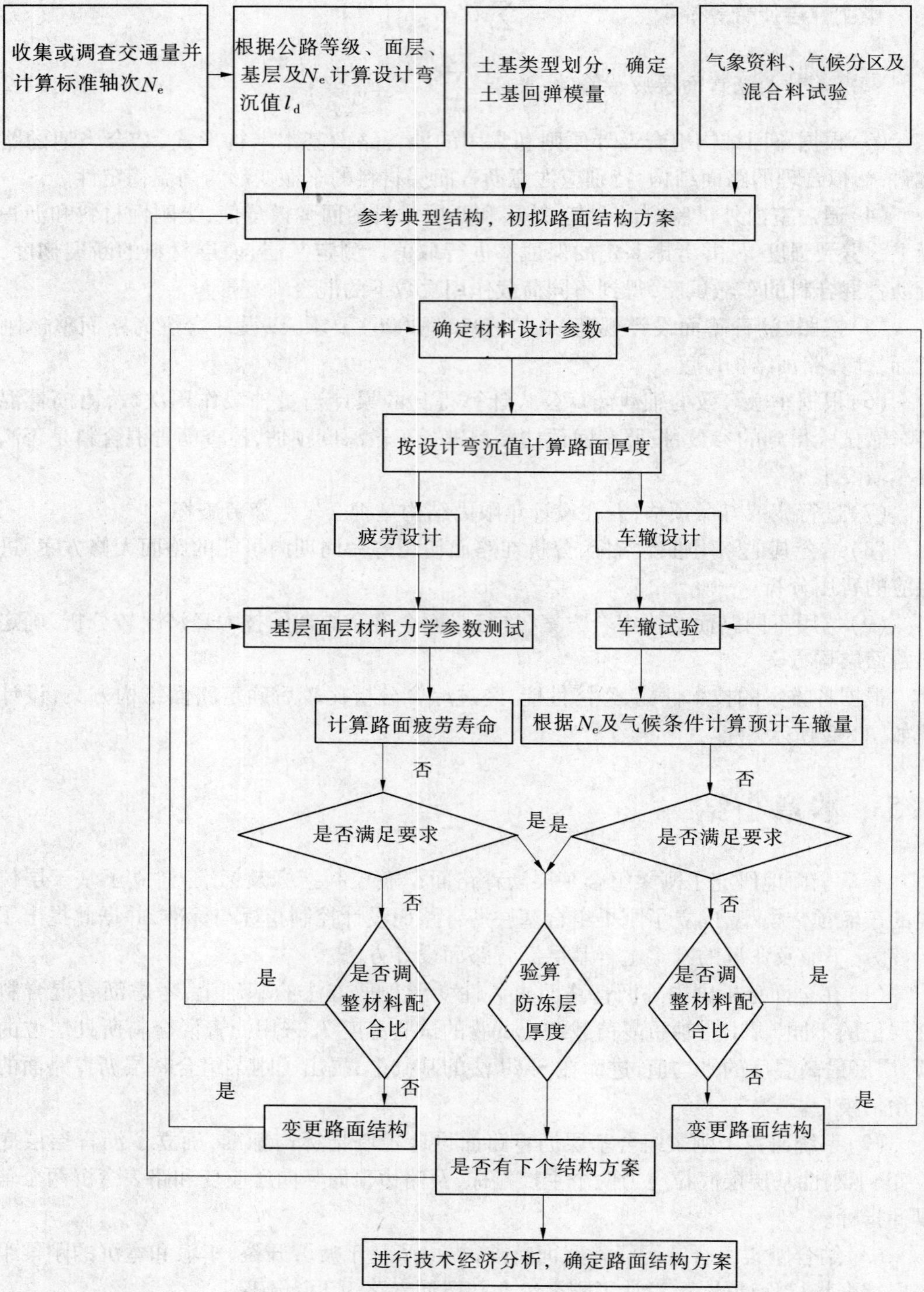

图 8-2　多指标路面设计总体流程

第 9 章　柔性沥青碎石基层压实特性及机械合理配置

柔性沥青碎石基层材料特性及结构厚度均同普通沥青混凝土路面材料压实特性有较大区别,良好的施工状况是发挥柔性基层结构功能的必要前提和保证。

9.1　施工机械合理配置

9.1.1　国内外压实机械参数对比

我国压实机械产品经历了从机械传动到液压传动,从静碾到振动,由单一型号到全系列产品发展的不同阶段。目前,生产厂家已达 30 多家,已拥有工作质量 4 ~ 21 t 的光轮静碾压路机、16 ~ 30 t 的轮胎压路机、0.5 ~ 20 t 的振动压路机等 200 余种规格型号。表 9-1 ~ 表 9-3 是国内外高速公路建设常用压路机主要产品性能参数对比。

表 9-1　单轮振动压路机

主要参数		单轮振动压路机			
		洛阳 YZ18GD	BOMAG BW219DH－3	洛阳 YZ14GD－2	BOMAG BW214DH－3
工作质量(kg)		18 300	19 220	14 000	13 780
行驶速度(km/h)		0 ~ 5.5;0 ~ 6.7 0 ~ 8;0 ~ 10.8	0 ~ 3.6 0 ~ 14	0 ~ 5 0 ~ 14	0 ~ 3.8 0 ~ 14
激振力(kN)		320/260	320/250	275/180	275/198
振动频率(Hz)		29/35	28/35	30/36	30/36
发动机功率(kW)		141	132	110	92
单轮负荷(kg)	前	—	—	—	—
	后	—	—	—	—

由表 9-1 ~ 表 9-3 可见,目前我国压路机吨位、振频、振幅的性能较以前有了很大提高。就双钢轮振动压路机而言,国内应用较多的英格索兰及悍马牌工作质量可达 11 ~ 13.8 t,振动频率大于 40 Hz。较为常用的洛阳及徐工国产胶轮压路机工作质量达到了 14 t以上,最大可达 30 t。就其碾压效果而言,现有碾压设备的工作质量、振频及使用性能均较以往碾压设备有了较大提升,其压实效果能够保证大于 12 cm 的柔性基层沥青碎石压实度的提高。

表 9-2 双钢轮振动压路机

主要参数		双钢轮振动压路机						
		洛阳 YZC12	BOMAG BW202AD	洛阳 YZC8	BOMAG BW151AD－2	英格索兰 DD110	英格索兰 DD130	HAMM HD130
工作质量(kg)		12 000	10 700	8 000	7 250	11 370	12 718	13 820
行驶速度(km/h)		0～6.9 0～13.8	0～6.5 0～13	0～6.5 0～13	0～12.5	0～13	0～12.5	0～6.2 0～12.3
激振力(kN)		103/76	58/62	53/42	55/44	65～133		194/139
振动频率(Hz)		35/50	30/45	35/55	40/50		41.7	42/50
发动机功率(kW)		82.4	70	51	51	93.2	110.4	98/133.3
单轮负荷(kg)	前	—	—	—	—	5 975	6 659	—
	后	—	—	—	—	5 395	6 059	—

表 9-3 轮胎压路机

主要参数		轮胎压路机				
		洛阳 YL25	BOMAG BW20R	BOMAG BW20R	徐工 XP301	徐工 XP302
工作质量(kg)		16 000～25 000	12 500～24 040	12 500～24 040	14 500～30 000	12 900～30 000
行驶速度(km/h)		3.5、7.8 13.2、23	0～5.8 0～22 0～12.8	0～5.8 0～22 0～12.8	0～8 0～16	0～8 0～16
发动机功率(kW)		100	68	68	132	132
单轮负荷(kg)	前	2 270	2 959	—	—	—
	后	2 270	3 052	—	—	—

9.1.2 压路机型号及数量确定

在按沥青路面工程的实际情况选择压路机的型号和数量时，还应考虑摊铺机的生产率、混合料特性以及施工现场的具体条件等因素。摊铺机的生产率决定所选用压路机的压实能力，即决定了压路机的型号和数量，而混合料的特性则为选择压路机的吨位、最佳振动频率和振幅等提供了依据。

可按式(9-1)来计算单台压路机的生产率：

$$Q = \frac{b \times v \times H \times D}{p} \times k \times \frac{1\,000}{100} \tag{9-1}$$

式中：Q 为单台压路机生产率，t/h；b 为碾压轮宽度，m；v 为碾压行走速度，km/h；H 为成型压实层厚度，cm；D 为沥青混合料马氏密度，t/m^3；p 为达到规定密度时的碾压遍数；k 为考虑到改变行驶方向、起步、停止、重叠等因素的效率系数，取 0.85。

沥青稳定碎石基层混合料结构由于层厚较厚、公称最大粒径较大，因此需要高水平的压实效果，其压实过程或方式与沥青上、中、下面层沥青混合料的压实有明显的区别，压实机械的选择也有所不同。压路机在柔性基层碾压过程的配备可根据生产率计算来大致确定。

9.1.3　三种类型压路机压实效果分析

在碾压时，不同压路机的压实效果如下：

（1）静力光轮压路机压实混合料在静荷载的作用下只是发生颗粒的靠近，只有少量的小颗粒进入大颗粒的孔隙之间，大颗粒的重新排列受到了它们之间摩擦阻力的作用移动困难，虽然有热沥青的润滑作用，但这种重新排列由于只有静压力作用而受到限制，使最终的压实密度不高。

（2）轮胎压路机压实混合料在上述揉压作用下颗粒之间的摩擦力大大减小，重新排列、互相靠近，小颗粒进入大颗粒之间的空隙容易，可使压实密度达到设计要求，由于轮胎工作部分较长，因此利用充气轮胎碾压的特点是荷载作用时间比光轮压路机要长，轮胎与被压实材料的接触面积大，保证了较大的压实深度，采用充气轮胎作为碾压工具，可以调整充气压力来压实各种材料，使其达到最好的应力状态，因此通用性较广。充气轮胎所具有的弹性能使碾压结束时的道路表面应力分布均匀，对压实材料具有良好的揉搓作用。

（3）振动压路机压实混合料在振动力的作用下重新排列和互相靠近，小颗粒进入大颗粒之间空隙要比静作用好得多，但振动力只是上下作用，况且混合料的大颗粒是破碎石，形状很不规则，虽然有振动力作用，也会存在镶嵌卡制现象，从而使密实度不能达到最好，但采用振动压路机能减少了碾压遍数与压实时间，增加有效压实时间，减少压路机的需要量，可压实变形阻力大及颗粒大的材料，还可将较冷的沥青混合料压实到要求的密实度，有较大的使用范围和较好的适应能力，此外在碾压沥青铺装层时，在纵向和横向接合处可得到很好的压实封闭效果。

9.1.4　沥青碎石柔性基层碾压机械配置

传统沥青混合料的压实过程是：初压采用振动压路机，复压采用胶轮压路机，终压采用静态钢轮压路机。但由于双钢轮振动压路机进行初压时，温度下降较快，不利于后面的压实，另外在初压时采用振动冲击压实混合料，容易使混合料过于密实，则会影响平整度，使骨料颗粒破碎，孔隙加大，渗透率更高，从而缩短使用寿命，因此适宜采用胶轮压路机进行初压。

沥青稳定碎石基层混合料的密实、稳定、成型，主要是在复压阶段完成的，一般使用振动压路机，振动压路机的冲击波可使混合料中的颗粒迅速就位而处于最稳定、最密实的状态，轮胎压路机通过其特有的搓揉作用，可使颗粒前后、左右位移，而使混合料更加密实而稳定，还能有效地消除开裂及表层温度裂缝，从而增进表面封闭性而降低路面的透水性。由于沥青稳定碎石基层混合料最大粒径以及层厚的特殊性，在一般振压之后仍难以达到要求的压实度，因此应继续采用振动压路机振动碾压。

终压阶段，碾压对混合料的密实度已不起什么作用，主要是为了消除表面留下的轮迹而使路面平整。因此，终压阶段宜使用静力钢轮压路机或关闭振动的振动压路机。

9.2　柔性基层碾压特性研究

压实是沥青混合料施工过程中的关键工序，沥青混合料压实度和空隙率是代表压实效果的重要指标，沥青路面材料压实度的大小对沥青混合料结构层的使用性能和使用寿命有着至关重要的影响。沥青混合料压实度同混合料空隙率直接相关。沥青结构层的空隙率过大，降水容易透入结构层中，使沥青结构层产生各种各样的水破坏；沥青混合料结构层的空隙率大于8%时，空气容易进入结构层中，使沥青氧化变脆，从而导致沥青结构层松散，降低路面的使用寿命；空隙率增大同时会使沥青混合料结构层的疲劳寿命和弯拉劲度下降。因此，对影响柔性基层沥青碎石压实的因素进行分析有利于刚柔组合基层柔性结构功能的保证。

9.2.1　碾压温度及碾压时机

9.2.1.1　碾压温度

碾压温度的高低直接影响沥青混合料的压实质量，当混合料温度较高时，可用较少的碾压遍数，获得较高的密实度和较好的压实效果；而温度较低时，碾压工作变得较为困难，且不易消除轮迹，造成路面的不平整。

研究表明，沥青混合料施工过程碾压初期，由于混合料处于疏松状态，再加上初压时压路机洒水的作用，碾压温度在摊铺温度的基础上降低幅度较大，每碾压1次，温度降低5～6 ℃。随着碾压次数增加，结构层密度增加，温度衰减速率下降至2～3 ℃/次。因此，应在保证压实效果的前提下，合理安排压实时机及压实遍数组合，以减少碾压过程中的温度损失，提高压实机的工作效率。

相关试验对不同技术温度下，沥青碎石马歇尔稳定度及空隙率变化关系进行了研究，如图9-1、图9-2所示。

可见，随着击实温度的提高其成型马歇尔试件空隙率减小，稳定度提高。由室内试验可见，当温度低于90 ℃时混合料成型空隙率达6%，且稳定度降低较多，因此应对沥青混合料设置碾压最低温度。我国《公路沥青路面施工技术规范》（JTG F40—2004）规定，AH70石油沥青碾压终了温度不低于70 ℃，现场实践表明，当温度降至90 ℃下时，碾压效果已不明显，继续碾压对压实度提高不大，因此宜采用90 ℃作为碾压终了的控制温度。从满足空隙率和稳定度的要求来考虑，在120 ℃前完成初压、复压是比较理想的，如能实现这一目标，路面的空隙率可以得到根本性的控制。所以，复压完成温度取120 ℃。

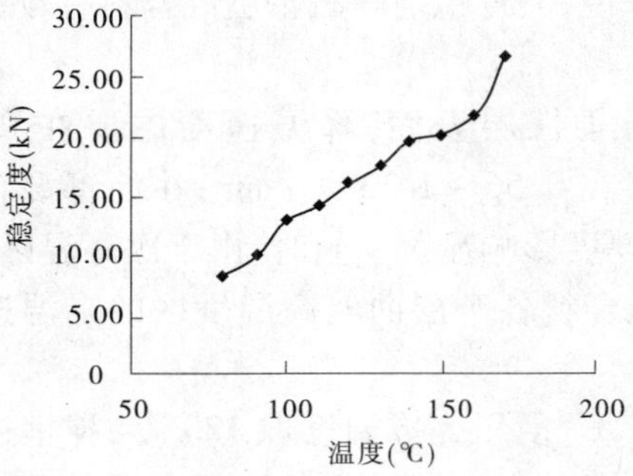

图 9-1　不同击实温度对稳定度的影响

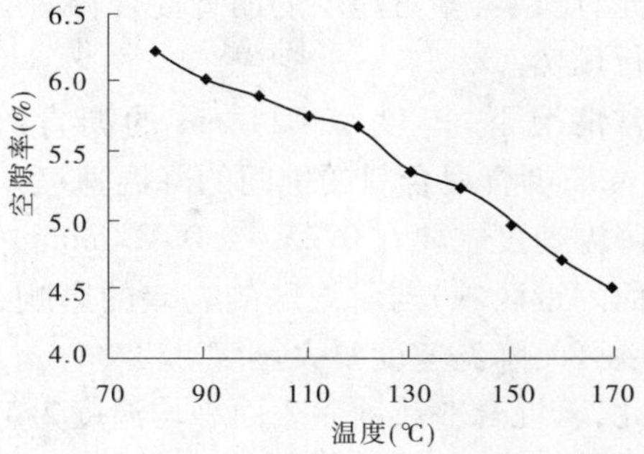

图 9-2　不同击实温度对空隙率的影响

一般认为最佳压实温度为 120 ~ 150 ℃。碾压温度可分为高温期(120 ~ 150 ℃)、脆弱期(93 ~ 120 ℃)和低温期(70 ~ 93 ℃)。在高温期,沥青混合料容易被压实,因此在这一阶段,可完成初压和复压中的振动碾压工作;在脆弱期则不易被压实,因此处于脆弱期时要么不压实,要么尽量使用轮胎式压路机进行碾压;低温时期,可用双振动压路机以静态模式碾压,或使用静力双轮压路机皆可达到最终的密实度。综上所述,结合一般沥青混合料的施工经验,沥青稳定基层混合料的碾压应在混合料降到 120 ℃之前完成初压,降到 90 ℃之前完成终压。

9.2.1.2　**碾压时机**

沥青路面的碾压分为初压、复压、终压(收迹)三个阶段,复压的目的是使混合料密实、稳定成型,是碾压三个阶段中最关键的一个阶段,因此从降低路面残留空隙率的目标来说,复压将起到极其重要的作用。但要在控制温度内完成初压、复压,就要有一定的时间限制,就必须对沥青路面的"有效压实时间"进行预测。

沥青路面的"有效压实时间"一般指混合料从摊铺后的温度降至最低允许碾压温度所需的时间。但在最低允许碾压温度前完成碾压,并不能完全保障复压的温度和压实效果,而复压在碾压工艺中极其重要,所以本书将摊铺后的温度降至复压完成温度所经历的时间定义为沥青稳定碎石的"有效压实时间"。有效压实时间的长短取决于混合料摊铺后的冷却速度、初始温度,而决定冷却速度的因素有气温、混合料的厚度、下卧层表面温度、风力、碾压的及时性等。

压实要在有效的压实时间内完成,有效压实时间取决于混合料摊铺后的冷却速度,而冷却速度的影响因素为厚度、气温、下卧层的表面温度、风力及碾压的及时性。有关研究得出有效压实时间 T 的估算公式:

$$T = [\mathrm{e}^{(T_0-80)(1.84-1.70t)} + 0.04h^{2.84}0.66T_e]0.947^W \tag{9-2}$$

式中:T_0 为初压温度,℃,终压温度为 80 ℃;t 为大气温度,℃;T_e 为下卧层温度,℃;W 为风速(风级)。

从式(9-2)中可以得出:混合料层厚越厚,冷却速度就越慢,在稳定下降到停止碾压以前用于压实的有效时间也就越长;下卧层温度越高,有效压实时间也越长:风速和初始压实温度对有效压实时间的影响也较大。因此,在进行沥青稳定碎石基层混合料压实时,要根据压实层厚、下卧层温度和风速等因素来确定有效压实时间,并应控制在有效压实时间内进行充分压实，相对薄层的沥青混合料面层来说，沥青稳定碎石基层混合料有较充分的时间进行压实。

通常情况下，厚度 9 ~ 11 cm 的沥青碎石柔性层表面，降温速度主要在 0.31 ~ 3.0 ℃/min；沥青混合料的中间的降温速度主要在 0.56 ~ 1.13 ℃/min；在沥青混合料的底面的降温速度主要在 0.25 ~ 4.0 ℃/min。受厚度影响显著。同时，由于次高温区（即混合料表面附近区域）与常温区的温差的影响，混合料各个层面较高温度区的降温速度比较低温度区的降温速度要大。

因此，若混合料摊铺后表面平均温度为 166 ℃，复压完成温度取 120 ℃，摊铺层厚为 12 cm，当气温为 15 ℃时，平均降温速度为 2.04 ℃/min；当气温为 25 ℃时，平均降温速度为 1.47 ℃/min；当气温为 35 ℃时，平均降温速度为 1.66 ℃/min；当气温为 45 ℃时，平均降温速度为 1.28 ℃/min，根据以下计算式可计算出 ATB 类沥青碎石混合料在气温为 15 ℃、25 ℃、35 ℃、45 ℃时的有效压实时间分别为 23 min、31 min、28 min、36 min。

有效压实时间 =（摊铺后温度 - 复压完成温度）/平均降温速度

混合料的摊铺初始温度每提高 10 ℃，碾压时间就可以减短 15%；而最低碾压温度每降低 10 ℃，碾压时间可增长近 30%；当温度过低时，可能造成有效碾压时间过短，即使延长碾压时间，增加碾压遍数，也无法获得所需的压实效果。可见沥青混合料温度较高时，有利于缩短碾压时间，加快施工速度。鉴于沥青碎石柔性基层厚度达 12 cm，且混合料内部骨架嵌挤效果较好，内摩阻力较大，高温碾压不会产生层位推移，因此建议柔性基层在混合料摊铺后可立即进行初压，以减小混合料温度损失，在高温下完成碾压，提高柔性基层路用性能。

9.2.2 碾压遍数及碾压速度研究

合理选择碾压速度，对确保混合料高温下完成碾压，减少碾压时间，提高作业效率有重要意义。在施工中，为了避免由于突然改变碾压速度而引起压实度的变化，保证适当的恒定碾压速度是非常重要的。碾压速度不均匀，刹车和突然起步，都会引起路面推移；如果碾压速度过低，则摊铺和碾压工序不能很好的衔接，为达到规定的密实度要求，需增加碾压次数，延长碾压时间，从而影响碾压效率的提高；如果碾压速度过高，会造成被压的沥青面层出现波浪变形和横向裂纹，直接关系到路面的压实质量。合理选择碾压速度的基本原则应该是：在保证沥青材料碾压质量的前提下，最大限度地提高碾压速度，从而减少碾压次数，提高工作效率。根据经验，在碾压沥青道路时，振动压路机的碾压速度一般选用 3 ~ 5 km/h，同时压路机应紧跟摊铺机实施碾压，此时即可获得较高的压实质量和良好的经济效益。

研究表明，沥青混合料施工过程碾压初期，由于混合料处于疏松状态，再加上初压时洒水的作用，温度降低幅度较大，每碾压 1 次，温度降低 5 ~ 6 ℃。随着碾压次数增加，结构层密度增加，温度衰减速率下降至 2 ~ 3 ℃/次。因此，应在保证压实效果的前提下，合理安排压实时机及压实遍数组合，以减少碾压过程中的温度损失，提高压实机的工作效率。初压以两遍为宜，复压以四遍为宜，终压以两遍为宜。

9.2.3　振动频率及振动幅度

目前,振动压路机成为沥青混合料成型碾压的主要碾压方式,为了获得最佳的碾压效果,合理地选择振频和振幅是十分重要的。

(1)振频主要影响沥青面层的表面压实质量,如果有可能使振动压路机的振频与被压的沥青材料的固有频率相接近,或略高于沥青材料的固有频率,则可获得较好的压实效果。试验表明,对于沥青材料的碾压,其频率多在 45～50 Hz 的范围内选择。

(2)振幅主要影响沥青面层的压实深度。当碾压面层较薄(厚度小于 6 cm)时,宜选用高振频低振幅,而碾压面层较厚时,则可在适当的振频下选取较大振幅,以达到压实基层的目的。对于沥青路面,通常振幅可在 0.4～0.8 mm 内进行。

9.2.4　最佳压实厚度确定

从施工角度来看,沥青路面的厚度对沥青混合料级配最大粒径或者最大公称尺寸有着重要的影响。一般来说,在一定路面厚度下,混合料粒径偏大,则路面容易出现矿料离析、压实困难、骨料压碎等现象,从而导致路面整体强度的降低;如果粒径偏小,则混合料的内摩阻力减小,高温稳定性降低。我国《公路沥青路面施工技术规范》(JTG F40—2004)关于沥青混合料压实厚度与骨料的公称最大粒径之间关系有如下要求:对热拌热铺密级配沥青混合料,沥青层一层的压实厚度不宜小于骨料公称最大粒径的 2.5～3 倍,对 SMA 和 OGFC 等嵌挤型混合料不宜小于公称最大粒径 2～2.5 倍,并规定沥青稳定碎石混合料的压实厚度不宜大于 12 cm,但当采用大功率压路机且经试验证明能达到压实度时允许增大到 15 cm。

在国外对沥青层厚度也有相应的规定,美国早期的规范中规定沥青层厚度应不小于最大骨料粒径的 2 倍;在 Superpave1998 年出版的施工指南中建议沥青层厚度宜大于或等于公称最大粒径的 3 倍,对混合料较粗的这个比例还要增加;澳大利亚沥青混合料手册中要求沥青层厚度宜为公称最大粒径的 2.5 倍;在法国,沥青稳定基层的厚度,对 GB 类,0/20 级配的最小厚度为 8 cm,通常 10～16 cm,对高模量的 EME 基层,不同的级配如 0/10、0/14、0/20,其铺装厚度分别为 6～10 cm、7～12 cm、10～15 cm。

因此,根据上述规范规定分析,采用现有先进压路设备沥青碎石类柔性基层碾压厚度可在 10～15 mm 之间。实际压实经验表明,对沥青碎石类粗粒式混合料厚度低于 8 cm 及高于 16 cm 都是难以压实的,低于 8 cm 的沥青混合料压实度可能较最佳施工厚度有所降低。

课题组对不同厚度 ATB 沥青碎石混合料进行了现场压实,采用 8 cm、10 cm、12 cm、16 cm 四个厚度压实度检测,如表 9-4、图 9-3 所示。

通过对比 8 cm、10 cm、12 cm、16 cm 压实度可见,采用现有压实机械最佳的碾压工艺后,不同厚度 ATB 沥青稳定碎石压实度仍同厚度有很大相关性。由图 9-3 可见,ATB 沥青碎石在 8～16 cm 厚度下采用新型碾压方式均能满足毛体积密度压实度大于 97%,理论密度压实度大于 93%的标准。随着碾压厚度的增加,压实度呈先升后降状态。根据压实数据规律分析,ATB－25 最佳碾压厚度在 10～12 cm 之间。在特殊情况下,厚度可放宽到 15 cm，但此时必须调整碾压方式，加大施工机械功率。同时，考虑到单层过后，可能会出现现场拌和站供应量不足，而导致等料现象，因此若采用厚式沥青碎石单层摊铺应对拌和站生产能力进行规定，宜采用 4000 型拌和站或采用两台拌和站。

表 9-4　不同厚度 ATB 压实度分析

厚度(cm)	桩号	毛体积密度压实度 1(%)	理论密度压实度 2(%)	均值(%)		碾压遍数
				压实度 1	压实度 2	
16	ZK112 +300	97.2	93.3	97.07	93.97	钢轮振动 2 遍 胶轮 3 遍 静压 3 遍
	ZK112 +410	97.1	95			
	ZK1124 +580	96.9	93.6			
12	ZK104 +820	99.2	94.6	98.87	94.27	钢轮振动 2 遍 胶轮 2 遍 静压 3 遍
	ZK104 +970	99.4	94.8			
	ZK105 +020	98	93.4			
10	ZK104 +500	99.9	95.2	99.14	94.56	钢轮振动 2 遍 胶轮 2 遍 静压 3 遍
	ZK104 +660	98.7	94.2			
	ZK104 +820	98.8	94.3			
	ZK104 +980	98.6	94.1			
	ZK105 +020	99.7	95			
8	ZK104 +490	98.2	93.3	98.53	94.00	钢轮振动 1 遍 胶轮 2 遍 静压 3 遍
	ZK104 +520	99	94.9			
	ZK104 +670	98.4	93.8			

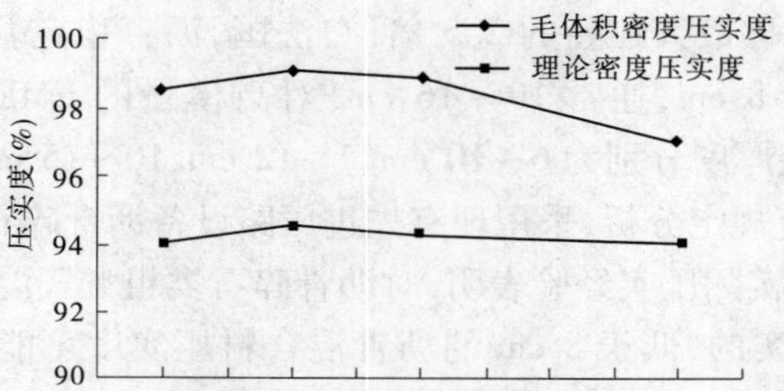

图 9-3　不同厚度 ATB 压实度分析

随着我国碾压设备的改进、大吨位压路机的使用，以及施工技术水平的日益提高，进行厚层沥青混合料的施工已成为可能，因此建议采用 10 ~ 15 cm ATB －25 柔性基层混合料的单层施工方法，以提高工作效率和减少双层施工所带来的不利影响。

9.3　刚柔组合基层沥青碎石层新型碾压方式

根据不同压路机参数及碾压机制的分析，对刚柔组合基层柔性沥青碎石层碾压方式进行了调整，该方式区别于传统的压实组合。多处施工现场柔性基层压实效果表明，采用本书设计的新型路面碾压方式对提高压实效率及压实度，保证压实效果，提高柔性基层平整度，降低施工碾压费用有较大作用。

课题组设计的刚柔组合基层沥青碎石层新型碾压组合碾压方式（见图9-4）如下：

碾压过程以50～60 m为一个碾压作业段，5～6台压路机联合作业。碾压过程压路机前进至摊铺机后为准，保证摊铺后混合料迅速进行碾压。一台钢轮压路机在前初压，前进时静压，后退时开振动。两组压路机复压，每组各负责半幅，每组采用一台双钢轮一台胶轮（28 t以上），两台压路机相距2 m左右，同步前进，同步后退，压实3～4遍（胶轮、钢轮各3～4遍），最后用双钢轮完成终压。初压、终压不计遍数，以达到效果为准。

图9-4　刚柔组合基层沥青碎石层新型碾压方式

采取本碾压方式较传统碾压方式有以下优点：提高了效率，较传统碾压方式效率提高一倍以上；由于沥青碎石层较厚，压路机紧跟摊铺机高温下进行初压保证了内部温度的储存，可在高温下完成碾压，有利于压实质量的提高，避免了温度离析及低温碾压，杜绝了表面石料破碎和油膜受到破坏。提高压实度及平整度，使钢轮振动与胶轮搓揉相结合，循环作用压实，石料受力均匀，循环压实过程不断重新分布，具有比传统压实中先振后搓的单纯的压实方式要好，且能在碾压过程中对平整度进行控制避免胶轮连续碾压带来的平整度问题。

9.4　离析控制要点

9.4.1　离析的危害

沥青碎石混合料离析主要有三种型式：级配离析、温度离析及骨料—沥青离析，见

图 9-5 ~ 图 9-9。

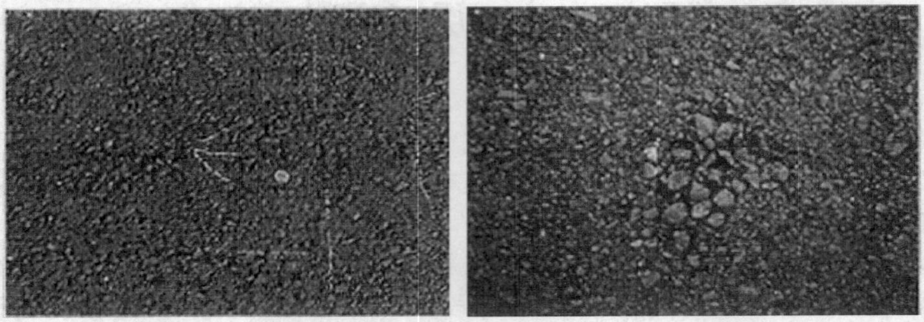

(a)　　(b)

图 9-5　级配差异

图 9-6　由于离析导致路面产生坑槽

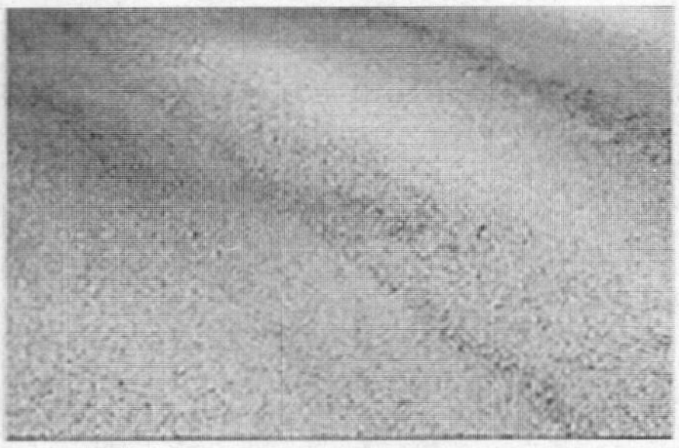

图 9-7　由于离析导致路面产生车辙

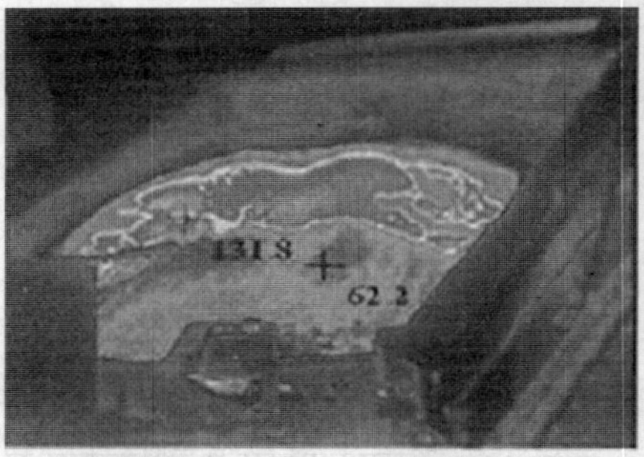

图 9-8　运料车车中温度分布差异

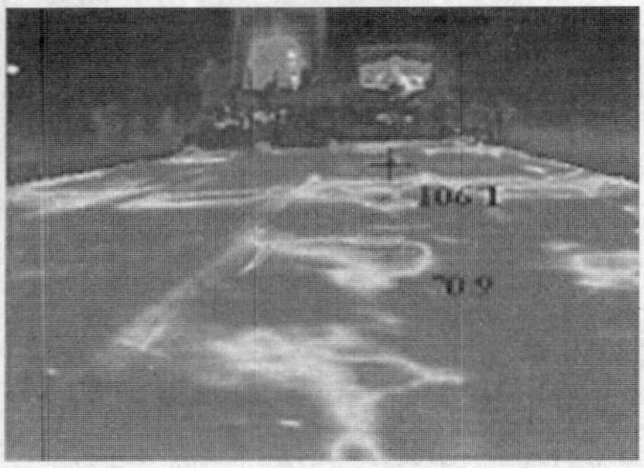

图 9-9　摊铺中温度差异

沥青混合料离析一旦形成集中,在碾压过程中,骨料非常容易被压碎,骨料表面积增大,改变了原设计的配合比,油料偏少,造成骨料碾压成型后松散,破坏路面结构,影响路面强度、行车安全和行车效果以及道路使用寿命。粗骨料集中,局部密实度差,孔隙率高,容易在路面形成积水,影响路面质量,影响路面平整度及路面美观。

9.4.2　离析的产生原因分析

离析的发生可能是由于:拌和不均匀、材料自身的不均匀、运输过程中造成离析、摊铺过程中的离析及混合料压实不均匀,刚柔组合基层沥青碎石层施工同沥青混凝土面层同样面临离析问题，若处理不当其相对较大的粒径可能较沥青混凝土离析更为严重。沥青碎石层离析主要包括温度离析及矿料级配离析。由于刚柔组合基层沥青碎石材料公称最大粒径达到 26.5 mm，施工过程中容易造成混合料粗细分离，粗骨料集中现象发生，而产生碾压不均及局部区域表面出现油面等离析现象。因此，离析防治过程应主要针对矿料离析进行控制，若矿料离析解决良好则混合料温度离析也相应得到改善。

9.4.3　离析控制要点

沥青碎石混合料中一旦形成粗骨料集中，在碾压过程中，骨料非常容易被压碎，骨料表面积增大，改变了原设计的路面配合比，油料偏少，造成骨料碾压成型后松散，破坏路面结构，影响路面强度、行车安全和行车效果以及道路使用寿命。粗骨料集中，局部密实度差，空隙率高，容易在路面形成积水，影响路面质量。

控制离析出现应对以下内容进行重点控制：料场堆料方式、装卸机取料方式、自卸车装料方式、自卸车卸料方式及摊铺机摊铺过程。具体控制措施如下：

料场堆料应按分层嵌挤法进行。分层是指每一车料应在料堆 2/3 高度处匀为一层，而不应按其自然高度堆积。嵌挤是指同层内几车料应利用其料堆间隙嵌挤堆放，以减少料堆上下部分离析。

由于拌和站料仓容量较小，冷料仓每次装料不可避免要存在骨料粒径同设计级配不相符现象，为减小该影响，装卸车进行冷料仓喂料时应兼顾料堆底部及顶部，同一冷料仓进料应自不同位置进行取料。

自卸车进行混合料装料时，应严格按双层“前、中、后”六次装料方式进行。为进一步减少离析，拌和站热料仓内混合料不要一次放净，留一部分同下一仓热料一起装料。

摊铺过程中，自卸车应尽量减小对摊铺机的碰撞。摊铺机应尽量减少收料斗次数，如要收斗，则必须提前收斗，不能在料斗内极少料时才收斗，应在料斗存有 1/3 的料时就开始收斗，并指挥新料车卸料覆盖剩余离析料，这样可以大幅度地减少离析。在铺筑过程中，料斗进料口应完全打开，摊铺机螺旋送料器应不停顿地转动，速度不宜太慢，并保持有不少于送料器高度 2/3 的混合料，保证在摊铺机全宽度端面上不发生离析。在烫平板按所需厚度固定后，不得随意调整。

加强压实，合理安排压路机的数量和类型，由几台压路机均匀压实，初压要紧跟摊铺机碾压，提倡采用大吨位轮胎压路机碾压。

加强质量管理和检查，通过肉眼观察、红外温度检测器检查温度、核子密度仪检测密度、砂铺法检测构造深度等手段对离析情况和均匀性作出评价，如有严重离析现象发现，必须返工，不留后患。

9.5　本章小结

全面系统地研究了刚柔组合基层柔性层施工机械特性及施工压实理论，确定了刚柔组合基层柔性沥青层压实参数及机械合理配置方式。根据理论研究及相关应用实践，推荐了沥青路面新型压实方式，提出了施工过程离析控制方法。

(1)全面分析了现有施工机械参数,确定了压路机型号及相关参数,分析了三种压实机械碾压性能及碾压效果。

(2)系统分析了沥青碎石类材料碾压特性,提出了刚柔组合基层沥青碎石类柔性层碾压参数,确立了沥青碎石类基层碾压层合理厚度及相应的碾压组合方式。

根据现场不同厚度 ATB 试验段压实度分析,ATB 最佳施工厚度在 10 ~ 12 cm。考虑到现有施工水平,建议采用 10 ~ 15 cm ATB - 25 柔性基层混合料的单层施工方法,以提高工作效率和减少双层施工所带来的不利影响。

(3)结合理论研究及应用实践,推荐了密级配沥青碎石层的新型碾压方式,新型碾压方式采取初终压两阶段,初压过程压路机采取“同步前进,同步后退”的方式。

(4)对沥青碎石基层施工过程中出现的离析问题进行了研究,提出了沥青碎石类基层具体的离析控制措施。

第 10 章　试验段铺筑、检测评价及推荐典型结构

10.1　试验段概况

10.1.1　青红高速邯涉段概述

青红高速刚柔组合基层试验段位于青岛—红其拉甫高速公路邯郸至涉县段。青红高速公路是国家高速公路网(7918 网)中"横 6"的组成部分,是河北省"五纵六横七条线"高速公路主骨架中"横 6"鲁冀界(聊城)—邯郸—涉县—冀晋界(长治)的重要路段。其地理位置见图 10-1、图 10-2。

图 10-1　青红高速邯涉段位置图

道路主线设计年限为 15 年,设计年限内一个车道的累计当量轴次及容许弯沉值如表 10-1所示。

表 10-1　青红高速邯郸至涉县段路面结构设计参数

累计当量轴次	重车方向	6 117 万次	轻车方向	2 852 万次
设计弯沉值	重车方向	$l_d = 0.166$ mm	轻车方向	$l_d = 0.194$ mm

青红高速邯涉段路面结构如表 10-2 所示,采用刚柔组合基层路面结构,路面总厚度 79 cm,沥青面层厚 12 cm,柔性基层采用 ATB－25 厚 12 cm,半刚性基层厚 36 cm。

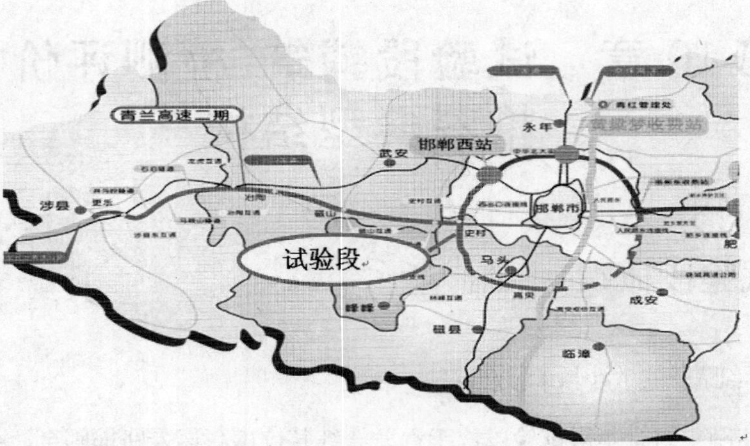

图 10-2　试验段地理位置图

表 10-2　青红高速邯涉段路面结构

层位	厚度(cm)	材料类型
上面层	5	中粒式 AC－16C＋SBS 改性乳化黏层
中面层	8	粗粒式 AC－25C ＋SBS 改性乳化黏层
柔性基层	12	ATB－25 ＋SBS 改性沥青防水层
基层	18	水稳碎石
底基层	18	二灰碎石
垫层	18	二灰土

青红高速计算行车速度为 120 km/h。路基设计采用整体式横断面，宽 28 m，其中(0.75＋3.5＋2×3.75＋1.25＋2.0/2)×2＝28。横断面各部分组成：土路肩 0.75 m，硬路肩 3.5 m，单向行车道宽 2×3.75，左侧路缘带 1.25 m 中央分隔带 2.0 mm。

全幅路基路拱坡度采用双向横坡，由中央分隔带向外倾斜，路拱横坡采用 2%，土路肩横坡采用 3%。路基边坡填方段，一般路段填方高度小于 8 m，坡率采用 1∶1.5，填方高度大于 8 m 不超过 20 m 时，边坡坡率上部 8 m，下部坡率取 1∶1.75。

青红高速二期的竣工验收弯沉值如表 10-3 所示。

表 10-3　青红高速邯涉段各层验收弯沉值

路面结构	主线弯沉值(0.01 mm)	
	左侧(重车方向)	右侧(轻车方向)
上面层	≤16	≤18.9
下面层	≤17.1	≤20.6

续表 10-3

路面结构	主线弯沉值(0.01 mm)	
	左侧(重车方向)	右侧(轻车方向)
柔性基层	≤18.4	≤23.1
上基层	≤20.8	≤27.2
下基层	≤33.1	≤49.4
底基层	≤68.7	≤138.4
土基	≤245.1 根据测试规程	

10.1.2　青红高速刚柔组合基层试验段设置

根据本书研究内容，在青红高速邯涉段设置刚柔组合基层试验段。试验段设置的目的在于对刚柔组合基层半刚性层开裂程度的预估进行验证，并进行刚柔组合基层半刚性层抗裂优化研究；根据道路使用情况进行刚柔组合基层 ATB 层抗裂最佳厚度的确定，并依次对不同柔性层的抗裂效果进行评价。通过试铺不同类型的刚柔组合基层、并与柔性基层对比，可以对刚柔组合基层的路用性能及其实用性和经济性进行检验，为以后大范围的推广应用提供实践依据。

刚柔组合基层试验段共采用 10 个结构方案，其中 1～5 号方案段设置在青红高速邯涉段 11 合同段，6～10 号方案段设置在 10 合同段。试验段设置时，综合考虑试验段结构方案段变化及机械调运，并以构造物为标志。试验段结构方案见表 10-4，试验段示意图如图 10-3 所示。

表 10-4　刚柔组合基层试验方案及桩号

方案编号	刚柔组合基层柔性层		刚柔组合基层半刚性层第 1 层		刚柔组合基层半刚性层第 2 层		桩号
	材料类型	厚度(cm)	材料类型	厚度(cm)	材料类型	厚度(cm)	
0(原结构)	ATB－25	12	水泥稳定碎石	18	二灰碎石	18	
1	ATB－25	16	水泥稳定碎石	16	二灰碎石	16	ZK112＋261～ZK112＋780(左幅)
2	ATB－25	10	水泥稳定碎石	20	二灰碎石	18	ZK110＋066.5～ZK110＋678.5(右幅)
3	ATB－25	12	二灰碎石	18	二灰碎石	18	ZK112＋780～ZK113＋280(左幅)
4	ATPB－25	12	水泥稳定碎石	18	二灰碎石	18	ZK110＋910.5～ZK111＋668.5(左幅)
5	LSAM－30	12	水泥稳定碎石	18	二灰碎石	18	ZK110＋066.5～ZK110＋678.5(左幅)

续表 10-4

方案编号	刚柔组合基层柔性层		刚柔组合基层半刚性层第 1 层		刚柔组合基层半刚性层第 2 层		桩号
	材料类型	厚度（cm）	材料类型	厚度（cm）	材料类型	厚度（cm）	
6	ATB－25	8	水泥稳定碎石	20	二灰碎石	20	ZK104＋704.5～ZK105＋145 左幅
7		10	水泥粉煤灰稳定碎石	18	二灰碎石	20	ZK104＋704.5～ZK105＋145 右幅
8		12	水泥粉煤灰稳定碎石	18	二灰碎石	18	ZK104＋470.5～ZK104＋704.5 右幅
9		12	级配碎石	18	二灰碎石	18	ZK105＋409～ZK105＋697 右幅
10		12	级配碎石	18	级配碎石	18	ZK105＋409～ZK105＋697 左幅

注：垫层所采用二灰土方案不变。

刚柔组合基层试验段上基层采用了沥青稳定碎石 ATB－25、开级配沥青稳定碎石 ATPB－25 及大粒径沥青碎石 LSAM－30 三种柔性沥青碎石结构，并采用 8 cm、10 cm、12 cm、16 cm 四种柔性沥青层厚度，以期对不同柔性沥青碎石抗裂性能及路用效果进行评价，并确定三种材料的配合比设计方法及施工工艺。

试验段中下基层采用了水稳碎石、水泥粉煤灰稳定碎石、二灰碎石三种常用的半刚性材料并进行了级配碎石柔性基层的设置。

试验段结构设计中采用了不同厚度柔性基层、不同半刚性上基层结构的刚柔组合基层进行试验，并设置了“倒装结构”及纯柔性路面结构，以期对刚柔组合基层路面结构进行系统研究。

10.2 中下基层施工

刚柔组合基层试验段中下基层施工采用水稳碎石、水泥粉煤灰稳定碎石、二灰碎石三种常用的半刚性材料及级配碎石无结合料柔性基层材料，其配合比设计采用本书优化的组成设计。

10.2.1 石灰粉煤灰稳定碎石配合比设计

石灰粉煤灰稳定碎石在河北省高速公路路面结构中较为常用，但对其配合比设计多参照规范设计中值进行，难以发挥该材料优良特性。课题组针对石灰粉煤灰稳定碎石较易出现干燥收缩及温度收缩裂缝等问题进行了专项研究，并综合考虑层位功能及其路用性能进行了配合比设计优化。

10.2.1.1 原材料试验

1. 石灰性能检测

课题组对试验段石灰粉煤灰稳定碎石所用石灰进行技术指标检验，检验结果如

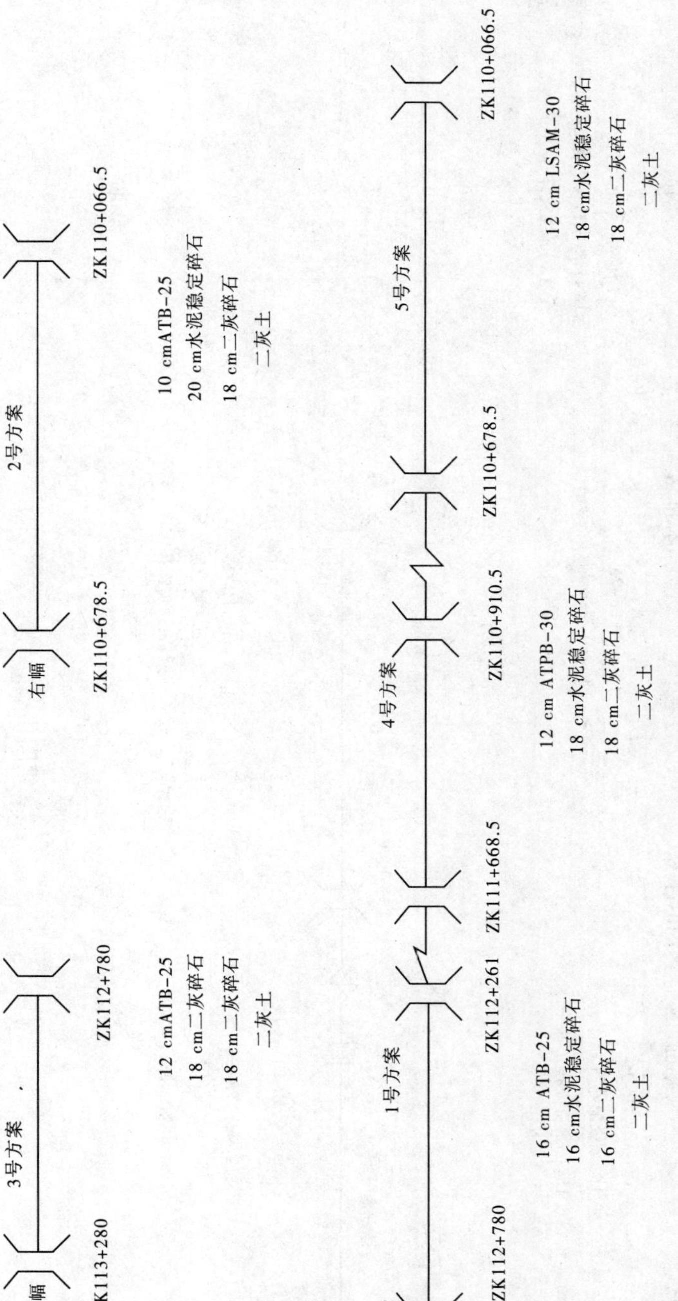

(a)

图10-3　刚柔组合基层试验段方案示意

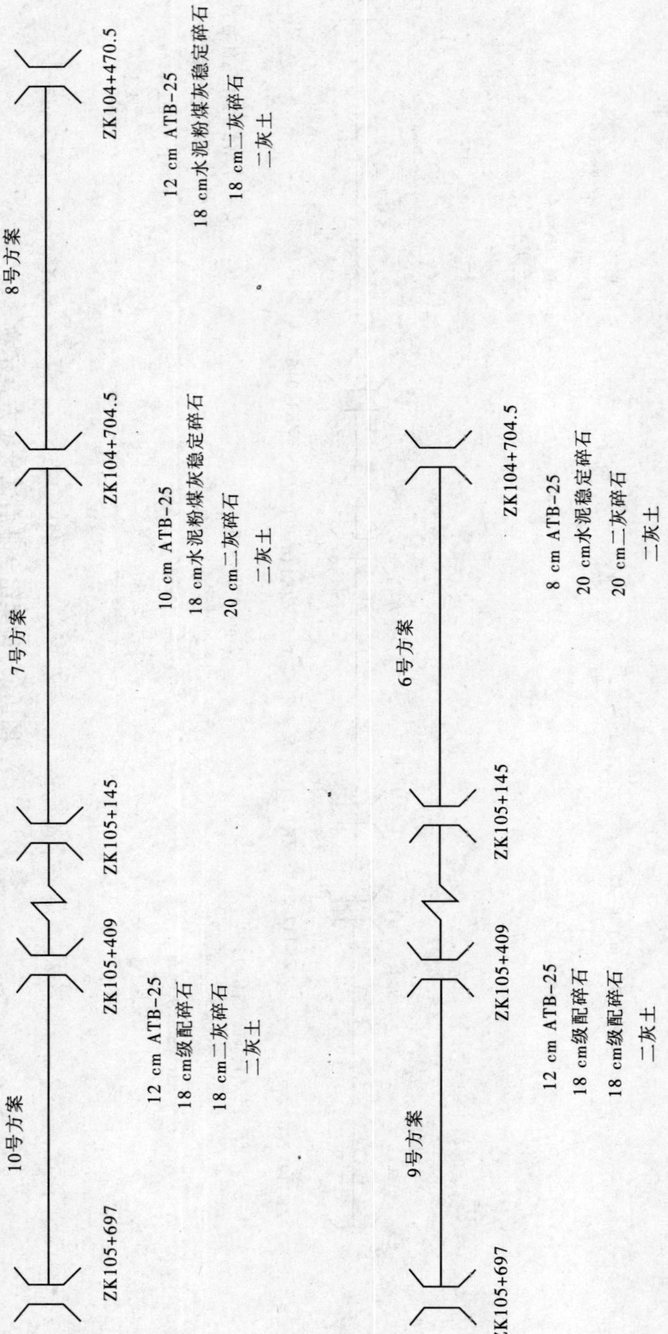
8号方案
ZK104+470.5
12 cm ATB-25
18 cm水泥粉煤灰稳定碎石
18 cm二灰碎石
二灰土
7号方案
ZK104+704.5
10 cm ATB-25
18 cm水泥粉煤灰稳定碎石
20 cm二灰碎石
二灰土
ZK105+145
10号方案
ZK105+409
ZK105+697
12 cm ATB-25
18 cm级配碎石
18 cm二灰碎石
二灰土
6号方案
ZK104+704.5
8 cm ATB-25
20 cm水泥稳定碎石
20 cm二灰碎石
二灰土
ZK105+145
9号方案
ZK105+409
ZK105+697
12 cm ATB-25
18 cm级配碎石
18 cm级配碎石
二灰土

(b)

续图10-3

表 10-5所示。所采用石灰产地均为河北省武安县野河镇,经检验其技术等级为二级,符合《公路路面基层施工技术规范》(JTJ 034—2000)中对石灰的要求。

表 10-5　石灰技术指标检验

材料名称	产地	有效氧化钙、氧化镁含量(%)	未消化残渣含量	细度(%)	级别
生石灰	武安野河	82.6	7.5	0.125	二
消石灰	武安野河	61.4		7.3	二
技术标准		≥60	≤11	≤20	二

2. 粉煤灰性能检测

选用马头电厂粉煤灰,其检验结果如表 10-6 所示。根据试验检验可知,所采用粉煤灰均符合《公路路面基层施工技术规范》(JTJ 034—2000)中对其技术指标的规定。

表 10-6　粉煤灰技术指标检验

材料名称	SiO_2、Al_2O_3、$Fe_2O_3^-$ 总含量(%)	烧失量(%)	比表面积(cm^3/g)
粉煤灰	81.09	9.6	2 860
技术标准	≥70	≤20	宜>2 500

3. 骨料试验

石灰粉煤灰稳定碎石配合比设计采用 15 ~ 30 mm、10 ~ 20 mm、5 ~ 10 mm 及石屑共四种规格骨料,骨料石质均为石灰岩,产地为河北省武安县白沙镇。室内试验分别对四种骨料进行了筛分、密度、含泥量等试验,并对粗骨料进行了针片状颗粒含量、吸水率、堆积密度试验。各骨料筛分结果如表 10-7 所示。

表 10-7　原材料筛分试验　(%)

孔径(mm)	矿料规格(mm)			
	10 ~ 30	10 ~ 20	5 ~ 10	0 ~ 5
31.5	100	100	100	100
19	36.9	94.5	100.0	100.0
9.5	0.4	3.2	90.3	100.0
4.75	0.4	0.4	13.3	100.0
2.36	0	0.1	0.8	91.1
1.18	0	0.1	0.2	59.2
0.6	0	0.1	0.2	42.2
0.075	0	0.1	0.2	11.6

4. 针片状颗粒含量及压碎值试验

粗骨料针片状颗粒含量试验表明所采用骨料针片状颗粒含量符合规范规定，如表10-8所示。10～20 mm规格骨料压碎试验显示，如表10-9所示，该骨料压碎值较接近规范规定的上基层骨料压碎值标准的26%，符合规范要求，但骨料强度略显低。

表10-8　粗骨料针片状颗粒压碎值试验

骨料类型(mm)	15～30	10～20
压碎值(%)	—	22.1、24.0

表10-9　粗骨料针片状颗粒含量试验(游标卡尺法)

骨料类型(mm)	15～30	10～20	5～10
针片状颗粒含量平均值	3.3/4.3	4.0/4.8	5.7/6.6

5. 骨料含泥量试验

为检验骨料杂质含量是否符合要求，对四种骨料进行了含泥量及泥块含量试验，试验结果(见表10-10、表10-11)显示：所采用骨料含泥量均符合规范要求，泥块含量为0，骨料较为洁净。

表10-10　骨料含泥量及泥块含量试验

骨料类型(mm)	15～30	10～20	5～10	石屑
含泥量	0.4	0.6	0.8	1.2
泥块含量	0	0	0	0

表10-11　石屑液塑限试验

矿料名称	液限	塑性指数
石屑	24、24.3	4、5

6. 骨料密度试验

实验室对所采用骨料密度、吸水率及堆积密度进行试验，试验结果如表10-12、表10-13所示。

表10-12　骨料密度及吸水率试验(网篮法)

骨料类型(mm)	15～30	10～20	5～10	石屑
表观密度(g/cm^3)	2.723	2.720	2.730	2.653(容量瓶法)
表观干密度(g/cm^3)	2.703	2.709	2.719	—
毛体积密度(g/cm^3)	2.691	2.701	2.712	—
吸水率(%)	0.44	0.26	0.24	—

表 10-13　粗骨料堆积密度及空隙率试验

骨料类型	15 ~ 30	10 ~ 20	5 ~ 10	石屑
自然堆积密度(g/cm^3)	1.48	1.49	1.46	1.645
振实堆积密度(g/cm^3)	1.56	1.58	1.54	—
捣实堆积密度(g/cm^3)	1.54	1.62	1.6	1.707
空隙率(%)	43	42	44	37.7
间隙率(%)	40	40	41	—

10.2.1.2　配合比设计

1. 矿料级配设计

结合石灰粉煤灰稳定碎石抗裂性能需求，综合考虑施工变异性及养生情况，对二灰碎石级配进行优化（见表 10-14、图 10-4）。参考规范中推荐的规范上下限，各规格粒料比例为：15 ~ 30 mm∶10 ~ 20 mm∶5 ~ 10 mm∶石屑 = 10∶32∶30∶28。调整后粒料比例为 15 ~ 30 mm∶10 ~ 20 mm∶5 ~ 10 mm∶石屑 = 19∶23∶34∶24。

表 10-14　混合料合成级配

筛孔尺寸(mm)	31.5	19	9.5	4.75	2.36	1.18	0.6	0.075
合成级配(%)	100.0	86.3	54.5	30.2	24.0	15.5	11.1	3.1
规范上限(%)	100	98	70	50	38	27	20	7
规范下限(%)	100	81	52	30	18	10	6	0

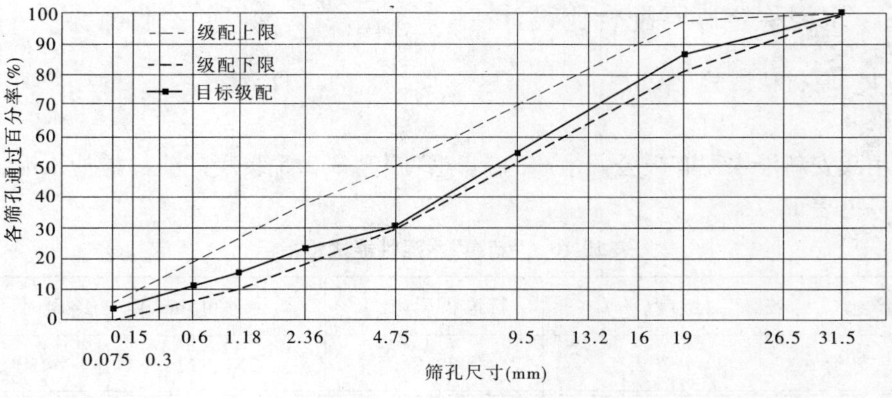

图 10-4　石灰粉煤灰合成级配曲线

2. 配合比设计试验

石灰粉煤灰组成设计 7 d 无侧限抗压强度如表 10-15 所示。

表 10-15 石灰粉煤灰组成设计 7 d 无侧限抗压强度表

石灰:粉煤灰:骨料	最佳含水量(%)	最大干密度(g/cm^3)	强度平均值(MPa) $\overline{R}_C$	$0.95R_C$	$\frac{R_d}{1-Z_aC_v}$	是否满足 $\overline{R}>\frac{R_d}{1-Z_aC_v}$
5:15:80	8.0	2.04	0.84	0.75	0.91	否
6:14:80	8.0	2.05	0.92	0.79	0.94	否
7:13:80	8.5	2.05	1.04	0.91	0.92	是
8:12:80	9.0	2.06	1.08	0.92	0.95	是
9:11:80	9.0	2.05	1.16	1.03	0.91	是

10.2.1.3 配合比设计结论及分析

石灰粉煤灰稳定碎石设计标准为二灰质量不大于20%,无侧限抗压设计强度0.8 MPa,施工压实度控制98%。设计中其二灰比例采用20%。根据以上配合比设计试验实验室得出石灰粉煤灰稳定碎石级配设计结论如下:

消石灰:粉煤灰:碎石=7:13:80

最佳含水量为$\omega_{op}=8.5\%$

最大干密度$\rho_{dmax}=2.05\ g/cm^3$

$R_d=0.8\ MPa;\overline{R}_C=1.2\ MPa;R_C=0.99\ MPa;\frac{R_d}{1-Z_aC_v}=0.92\ MPa$

本次二灰碎石配合比设计过程中,级配曲线4.75 mm以下细骨料控制在31%以下,基本达到骨架密实型级配,抗裂性能较好。

10.2.2 水泥稳定碎石配合比设计

10.2.2.1 原材料试验

1. 水泥

采用武安新峰水泥有限公司生产的"新惠"牌P.S32.5缓凝矿渣硅酸盐水泥,其物理性质指标见表10-16。

表 10-16 "新惠"水泥性能试验指标

产地	细度(%)	标准稠度(%)	初凝时间(min)	终凝时间(min)
武安新峰	1.0、2.0	27.8	241、232	450、378
安定性(mm)	3 d抗压强度	28 d抗压强度	3 d抗弯拉强度	28 d抗弯拉强度
1.2	18.2 MPa、3.2 MPa	42.6 MPa、17.2 MPa	3.5 MPa	6.8 MPa

2. 骨料指标

水泥粉煤灰稳定碎石设计采用 15 ~ 30 mm、10 ~ 20 mm、5 ~ 10 mm 及石屑共四种规格骨料，骨料石质均为石灰岩，产地为河北省武安县白沙镇。室内试验分别对四种骨料进行了筛分、密度、含泥量等试验，并对粗骨料进行了针片状颗粒含量、吸水率、堆积密度试验（筛分结果如表 10-17 所示，其他试验结果同二灰碎石骨料试验）。

表 10-17　骨料筛分试验结果　（%）

筛孔尺寸(mm)	骨料规格(mm)			
	10 ~ 30	10 ~ 20	5 ~ 10	0 ~ 5
31. 5	100	100	100	100
26. 5	79. 6	100	100	100
19	4. 8	84	100	100
9. 5	0. 6	11. 8	99. 2	100
4. 75	0. 6	0. 3	27	99. 2
2. 36	0	0. 3	3	80. 7
0. 6	0	0	0. 6	34
0. 075	0	0	0. 6	15. 7

10. 2. 2. 2　配合比设计

1. 矿料级配设计

鉴于《公路路面基层施工技术规范》（JTJ 034—2000）所确定级配范围偏于悬浮型级配，造成水泥稳定碎石早期干燥收缩开裂情况较严重。水泥稳定碎石级配设计按《公路沥青路面设计规范》（JTG D50—2006）推荐的骨架密实型级配范围进行优化设计。合同优化后粒料比例为 15 ~ 30 mm∶10 ~ 20 mm∶5 ~ 10 mm∶石屑 = 28∶22∶26∶24，材料合成级配如表 10-18、图 10-5 所示。

表 10-18　水泥稳定碎石级配设计　（%）

筛孔尺寸(mm)	31. 5	26. 5	19. 0	9. 5	4. 8	2. 4	0. 6	0. 1
规范上限	100. 0	90. 0	72. 0	47. 0	29. 0	17. 0	8. 0	0. 0
规范下限	100. 0	100. 0	89. 0	67. 0	49. 0	35. 0	22. 0	7. 0
设计级配	100. 0	80. 7	47. 2	28. 7	23. 4	10. 8	3. 0	100. 0

2. 配合比设计试验

不同水泥剂量水泥稳定碎石成型试件进行 7 d 无侧限抗压强度如表 10-19 所示。

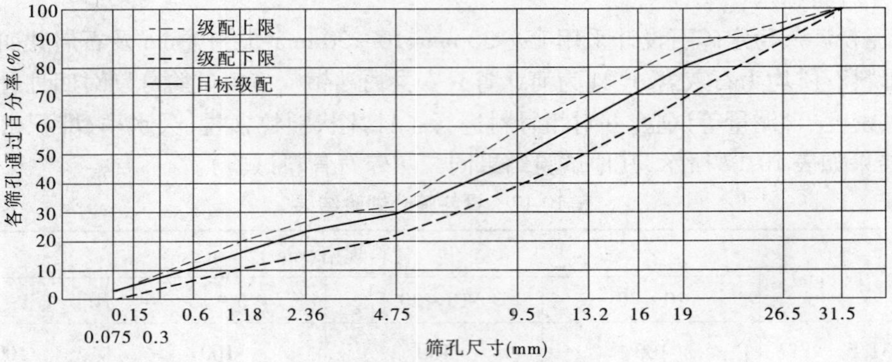

图 10-5　水泥稳定碎石矿料合成级配曲线

表 10-19　水稳碎石 7 d 无侧限抗压强度试验配合比设计

水泥剂量（%）	最佳含水量（%）	最大干密度（g/cm³）	$\overline{R}_C$（MPa）	$0.95R_C$	$\frac{R_d}{1-Z_aC_v}$	结论
3.5	4.3	2.29	3.0	2.8	4.8	$\overline{R}_C > \frac{R_d}{1-Z_aC_v}$
4	4.4	2.32	4.8	4.3	4.5	
4.5	4.9	2.35	5.7	5.1	4.7	
5	5	2.36	6.2	5.4	4.6	
5.5	5	2.36	7.3	6.5	4.8	

10.2.2.3　配合比设计结论及分析

结合以上室内试验，对水泥稳定碎石进行确定，其设计强度为 4 MPa。其中实验室得出的水泥稳定碎石配合比结论为：

水泥：碎石比 = 4.5：100；

最佳含水量为 $W_0 = 4.9\%$；

最大干密度 $\rho_{dmax} = 2.32\ g/cm^3$；

$\overline{R}_C = 5.7$ MPa，$0.95R_C = 5.1$ MPa，$\frac{R_d}{1-Z_aC_v} = 4.7$ MPa。

10.2.3　水泥粉煤灰稳定碎石配合比设计

水泥粉煤灰稳定碎石以其后期强度高，价格较水泥稳定碎石低，抗开裂性能好等优点逐步为半刚性基层所采用。水泥粉煤灰稳定碎石配合比设计宜参照《公路沥青路面设计规范》(JTG D50—2006)进行。配合比设计过程及设计要点如下。

10.2.3.1　强度形成规律

根据以往研究结果表明，同剂量水泥粉煤灰稳定碎石 7 d 抗压强度较水泥稳定碎石略低。由于其中的粉煤灰火山灰成分能促进水泥的水化反应，其 28 d 抗压强度开始逐步增强,90 d 及 180 d 抗压强度均超过同剂量水泥稳定碎石,且其干温度收缩试验表明,粉煤灰的掺入能大大改善其干温度收缩性能。

水泥稳定碎石中掺入粉煤灰可以在保证早期强度降低不大的同时,增加后期强度。水泥稳定碎石中掺加粉煤灰需对最佳掺配比例进行控制,粉煤灰掺加不足,火山灰反应不充分;而掺加过多,又延缓了火山灰反应生产物,从而影响强度的形成。

10.2.3.2 原材料试验

1. 水泥

采用武安新峰水泥有限公司生产的"新惠"牌 P. S32.5 缓凝矿渣硅酸盐水泥,其物理性质指标见表 10-20。

表 10-20 "新惠"水泥性能试验指标

产地	细度(%)	标准稠度(%)	初凝时间(min)	终凝时间
武安新峰	1.0、2.0	27.8	241、232	450、378
安定性(mm)	3 d 抗压强度	28 d 抗压强度	3 d 抗弯拉强度	28 d 抗弯拉强度
1.2	18.2 MPa、3.2 MPa	42.6 MPa、17.2 MPa	3.5 MPa	6.8 MPa

2. 粉煤灰

水泥粉煤灰稳定碎石所采用粉煤灰同石灰粉煤灰,产自邯郸电厂,性能指标同前。

3. 骨料指标

水泥粉煤灰稳定碎石设计采用 15 ~ 30 mm、10 ~ 20 mm、5 ~ 10 mm 及石屑共四种规格骨料,骨料石质均为石灰岩,产地为河北省武安县白沙镇,筛分结果如表 10-21 所示。

表 10-21 骨料筛分试验结果

骨料规格(mm)	筛孔尺寸(mm)							
	31.5	19	9.5	4.75	2.36	1.18	0.6	0.075
10 ~ 30	100	9.3	0.2	0	0	0	0	0
10 ~ 20	100	94.4	4.3	0.4	0	0	0	0
5 ~ 10	100	100	90.6	24.7	5.1	3.7	2.8	1.4
0 ~ 5	100	100	99.9	97.3	68.6	52.5	38.5	14.8

10.2.3.3 配合比设计

1. 矿料级配设计

水泥粉煤灰稳定碎石级配宜参照二灰碎石级配范围,当作为上基层时其级配曲线宜较中值线略偏低。其他层位其级配可采取二灰碎石级配中值。

本次水泥稳定碎石设计过程中,根据筛分试验,参考二灰稳定碎石规范规定级配范围,采取中值设计法对水泥粉煤灰稳定碎石级配进行设计,设计级配见表 10-22,级配曲线如图 10-6 所示。

表 10-22　混合料合成级配 （%）

筛孔尺寸(mm)	31.5	19	9.5	4.75	2.36	1.18	0.6	0.075
合成级配	100	89.3	60.7	40.9	25.4	19.4	14.3	5.6
规范上限	100	98	70	50	38	27	20	7
规范下限	100	81	52	30	18	10	6	0

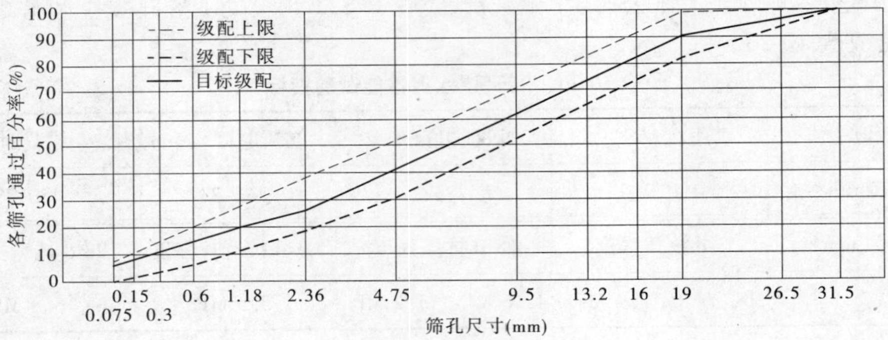

图 10-6　水泥粉煤灰稳定碎石合成级配曲线

2. 配合比设计试验

室内对水泥粉煤灰稳定碎石进行配合比设计试验。水泥粉煤灰稳定碎石中碎石比例宜为 83% ~87%，水泥剂量宜为 3% ~6%，粉煤灰含量根据上述选定比例而定。本次试验采用骨料比例为 85%，水泥及粉煤灰胶结料为 15%。以水泥含量 4.5%，上下取 4.0%、5.0% 进行配合比设计试验。其 7 d 无侧限抗压强度如表 10-23 所示。

表 10-23　水泥粉煤灰 7 d 无侧限抗压强度

水泥剂量（骨料比例 85%）	最佳含水量（%）	最大干密度（g/cm³）	强度平均值 $\overline{R}_C$（MPa）	强度标准差（MPa）	强度偏差系数（%）	$\frac{R_d}{1-Z_aC_v}$	是否满足 $\overline{R}>\frac{R_d}{1-Z_aC_v}$
4	8	2.1	3.2	0.3	9.38	1.72	是
4.5	8.0	2.1	3.3	0.34	6.3	1.78	是
5	8.0	2.1	4.0	0.47	7.83	2.07	是

水泥粉煤灰稳定碎石用于高速公路基层时 7 d 无侧限抗压强度应在 1.5 ~ 3.5 MPa 区间范围内，用于底基层时 7 d 强度应大于 1.0 MPa。本次设计强度采用 1.5 MPa。鉴于采用 4% 的水泥剂量较 4.5% 略小，且满足要求，因此采用水泥剂量为 4%。

10.2.3.4　设计结论及力学试验

根据以上室内试验，水泥稳定碎石所确定的配合比为：

水泥∶粉煤灰∶骨料 = 4∶11∶85；

最佳含水量为 $W_0 = 8.0\%$；

最大干密度 $\rho_{dmax}=2.10\ g/cm^3$；

$\overline{R}_C=3.2$ MPa，$0.95R_C=2.7$ MPa，$R_d/(1-Z_aC_v)=1.78$ MPa。

对设计水泥粉煤灰稳定碎石混合料进行 7 d 无侧限抗压强度试验，试验结果如表 10-24所示，所设计水泥粉煤灰稳定碎石 7 d 无侧限抗压强度达到设计要求。

表 10-24　水泥稳定碎石 7 d 无侧限抗压强度试验

试件编号	试件破坏时最大压力(N)	无侧限抗压强度(MPa)	试件编号	试件破坏时最大压力(N)	无侧限抗压强度(MPa)
1	52.17	3.0	8	58.14	3.3
2	55.7	3.2	9	53.67	3.1
3	52.91	3.0			
4	64.1	3.7			
5	51.66	2.9			
6	54.51	3.1			
7	64.86	4.5	标准差 S(MPa)		0.3
偏差系数 C_v(%)		9.38	平均值 $\overline{R}_C$(MPa)		3.2
$0.95R_C$		2.7	$R_d/(1-Z_aC_v)$		1.78

10.2.4　刚柔组合基层中下层试验段铺筑

刚柔组合基层半刚性层部分施工按照《公路路面基层施工技术规范》(JTJ 034—2000)要求进行，根据不同施工材料进行相应的拌和、摊铺、碾压及养生。

10.2.4.1　拌和

半刚性层各材料均采用集中厂拌法拌和。拌和前根据实验室确定的配比设计资料，进行实际施工含水量的设定，拌和过程采用 HPC 稳定土拌和仪进行级配碎石、石灰粉煤灰稳定碎石、水泥稳定碎石及水泥粉煤灰稳定碎石等材料拌和，拌和过程先干拌 10 s，然后加水湿拌 15 s，现场拌和配料过程如图 10-7 所示。

10.2.4.2　运输和摊铺

摊铺现场运力充足，从拌和站料斗出料，到卸入翻斗车中，每车 3 斗料，重约 9 t。从出料到工地，约需 5 min。

铺筑上层材料前，对原二灰土或二灰碎石层表面浮土及杂物进行清扫，级配碎石及半刚性层材料摊铺前 1 h，采用洒水车对下层结构进行洒水，以保证层间黏结状况，如图 10-8、图 10-9 所示。

摊铺过程中，均采用两台 WTD9500 多功能摊铺机呈梯形同时匀速摊铺，两摊铺机距离 6 ~ 8 m，摊铺效果良好并避免了纵向接缝的产生。由于试验段设置以构造物为界限，且试验段施工保证连续摊铺，从而避免了不同方案结构层之间横向接缝的产生。摊铺过程如图 10-10 ~ 图 10-13 所示。

(a)

(b)

图 10-7 现场配料图

图 10-8 二灰碎石下基层清扫后表面

图 10-9 半刚性层洒水车摊铺前洒水

图 10-10 级配碎石现场摊铺图

图 10-11 石灰粉煤灰稳定碎石现场摊铺

10.2.4.3 碾压及表面效果分析

半刚性层材料碾压先用英格索兰 18 t 级振动压路机开振动碾压两遍，再采用 17 ~ 30 t级 XP301 压路机振动碾压两遍，最后采用 3Y 18 ~ 21 t 级三光轮压路机复压两遍。碾压后现场进行压实度检测，保证各层压实度满足设计要求。现场碾压施工过程如图 10-14 ~ 图 10-17 所示，各方案基层表面如图 10-18 ~ 图 10-21 所示。

根据碾压后道路表面状况分析，方案 10 段所采用级配碎石情况较好，骨架结构突出

图 10-12　水泥稳定碎石现场摊铺图

图 10-13　水泥粉煤灰稳定碎石现场摊铺

图 10-14　级配碎石现场碾压

图 10-15　二灰稳定碎石碾压

图 10-16　水泥稳定碎石碾压

图 10-17　水泥粉煤灰稳定碎石碾压

且嵌挤紧密，细骨料填充良好，摊铺中除少数区域存在轻度离析外总体较为均匀。碾压现场发现部分大粒径骨料发生碎裂，其原因可能在于所采用石灰岩强度较低所致，通过对其进行压碎试验显示压碎值最大为 22% ~24.0%，较为接近规范中规定的高级公路基层骨料压碎值不大于 26% 的规定。

下基层所采用石灰粉煤灰碎石碾压后表面较为致密，表层大粒径骨料分布较为均匀，表层细料经过碾压形成一层致密的灰浆膜，致使表面空隙较小且较为光滑，后期施工过程其表面随着表面灰浆的磨耗，半刚性层表面状况较为粗糙。

图 10-18　级配碎石表面状况

图 10-19　水泥粉煤灰稳定碎石表面状况

图 10-20　水泥稳定碎石表面状况

图 10-21　石灰粉煤灰稳定碎石表面状况

10.2.4.4　养生

为了防止和抑制刚柔组合基层半刚性层部分施工及养生期间过快失水和过分曝晒等造成的早期干燥收缩裂缝，施工现场试验段铺筑后进行了相应的养生，见图 10-22、图 10-23。其中，部分水分散失较为严重路段采用覆盖保水材料方式养生，并每日进行洒水保证其水分条件。其他路段采取洒水养生，养生期 7 d，养生 7 d 后方进行上层结构铺设，见图 10-24、图 10-25。

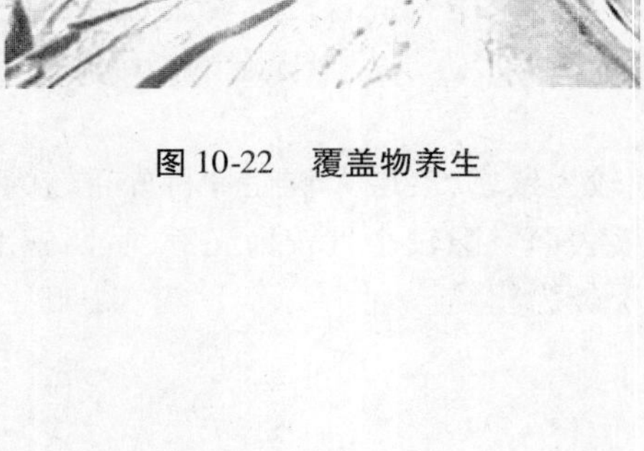

图 10-22　覆盖物养生

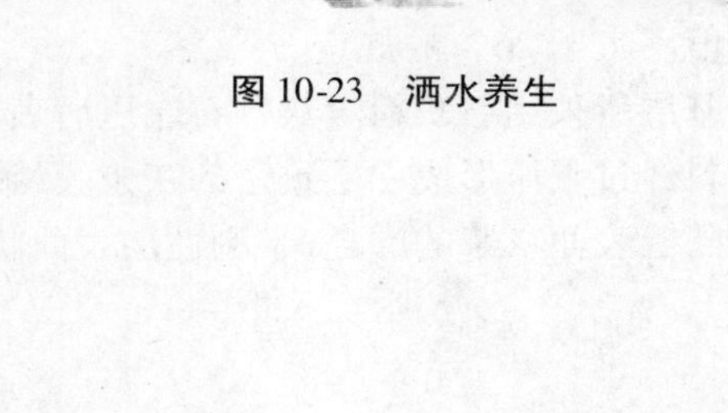

图 10-23　洒水养生

图 10-24　级配碎石铺筑效果

图 10-25　二灰碎石铺筑效果

10.3　沥青碎石柔性基层施工

10.3.1　透层及防水层施工

沥青碎石柔性基层施工前，进行了半刚性基层上透层的撒布及防水层的施工。

透层材料分别采用了煤油稀释沥青及高渗透阳离子乳化沥青。透层施工前，施工方对半刚性基层表面浮土进行了清理（见图 10-26），有效地保证了透层油的渗透及层间良好的黏结状况。透层施工（见图 10-27）后养生期为 3 d，以利于该层的渗透作用及煤油的完全挥发。经现场钻芯检验，渗透深度可达 5 ~ 8 mm。

图 10-26　吹风机清理表面浮土

图 10-27　透层油完成撒布

透层养生期满后，采用热改性 SBS 进行了上层防水层的设置，之后撒布 5 ~ 10 mm 碎石进行碾压而成。施工现场实施效果（见图 10-28）表明，防水层撒布均匀，骨料碾压后黏结牢固，且进行上层柔性基层施工过程中（见图 10-29 ~ 图 10-31），较少发现防水层粘轮、带起等现象。

10.3.2　ATB 沥青碎石施工

试验段 ATB – 25 柔性基层施工过程控制根据第 9 章所述离析控制方法及摊铺碾压过程进行。混合料拌和采用 4000 型拌和站进行，采用 5 个控制筛进行控制，施工过程严

图 10-28　透层油完成养生后效果

图 10-29　撒布防水层

图 10-30　上层碎石碾压

图 10-31　防水层效果

格控制拌和及出场温度,级配控制通过五级控制筛总量通过率控制法。

自卸车装料采用"前、中、后"双层六次装卸法,有效地避免了装卸过程的离析。摊铺采用两台摊铺机双级联铺,如图 10-32、图 10-33 所示。

图 10-32　自卸车装料方式

图 10-33　ATB 两级联铺

ATB 施工碾压采用了课题组设计的新型碾压方式进行碾压,有效地保证了施工过程的碾压效果及该层的压实度。现场控制虚铺厚度 1.58 cm 左右,其试验段铺筑过程,表面均匀,离析控制良好,压实度达到了设计要求,且现场平整度控制良好,见图 10-34、图 10-35。

图 10-34　试验路表面状况

图 10-35　ATB 密级配沥青碎石试验路一览

通过对现场 ATB 进行钻芯可见，课题组通过级配对比及贝雷法验算所设计的 ATB 沥青稳定碎石混合料骨架骨料嵌挤良好，细料填充紧密，施工过程采用的碾压方式有效地避免了内部的贯通孔隙，该混合料具有良好的级配性能，且通过对不同位置芯样（见图 10-36）的对比，不同试件粒径组成基本一致，可见该混合料施工过程有效地减少了混合料离析。

10.3.3　排水基层压实

ATPB 开级配沥青稳定碎石离析控制同 ATB 沥青稳定碎石。

为避免 ATPB 混合料运输过程发生沥青析漏现象，ATPB 改性沥青混合料现场控制拌和、出场稳定较常规 SBS 改性沥青混凝土降低 5 ℃，并应在高温下进行摊铺碾压。

同时，为保证混合料的正常压实，运至摊铺地点时，混合料温度应不低于 150 ℃，进入摊料斗内的混合料温度不低于 145 ℃，摊铺时气温不低于 20 ℃。碾压分为初、复、终 3 次碾压，温度控制为：初压温度 125 ~ 150 ℃，复压温度 100 ~ 120 ℃，终压温度 90 ~ 100 ℃，碾压结束时温度不低于 90 ℃。

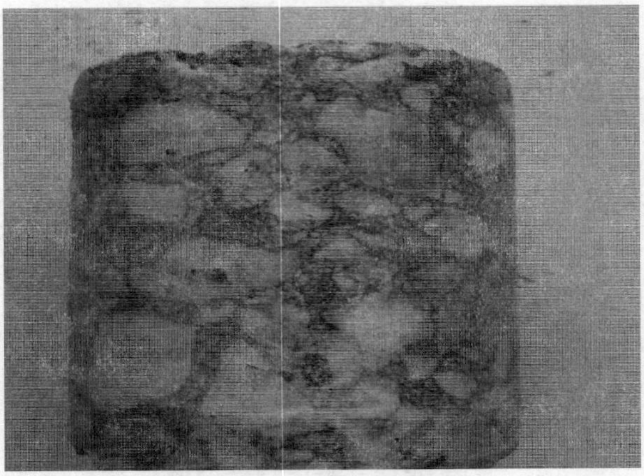

图 10-36　ATB 密级配沥青碎石芯样状况

沥青稳定碎石排水层材料的松铺系数由现场水准观测后确定。各试验路段的实施经验表明，初振后松铺系数为 1.11 ~ 1.16。

由于排水基层材料的孔隙率较大，石料间点接触较多，排水基层的碾压应采用较轻型的双铁轮压路机碾压，以防止石料破碎。现有研究多推荐不采用胶轮及振动，以轻型压路机静压完成碾压。但这种碾压方式存在压实度不足而带来的空隙率过大，骨料嵌挤效果较差等现象，道路通车后存在压实车辙的隐患。

根据课题组研究，ATPB 混合料碾压过程可在混合料温度较高时采用胶轮压路机或振动压路机，但采用胶轮压路机时，应对胶轮进行预热或涂柴油水混合物防止将混合料带起，且仅有在高温状态下方可使用胶轮。胶轮及振动压路机以不造成骨料破碎为准。试验段 ATPB 现场碾压采用两台 HD130 进行震动及静压相组合碾压，一台 HD110 完成终压。现场检测结果表明，现场碾压成型 ATPB 排水基层压实度较佳，无骨料破碎现象，且渗水效果较良，见图 10-37，图 10-38。

图 10-37　碾压后排水基层表面状况

图 10-38　开级配沥青碎石排水基层试验路一览

10.3.4　大粒径沥青碎石基层压实

大粒径沥青碎石施工及碾压方式基本同 ATB 沥青稳定碎石，应主要进行其离析及碾压过程控制防止大粒径碎石的振裂，从而对矿料级配产生影响。

为避免大粒径骨料破碎较为严重的问题，碾压过程宜较多采用胶轮，充分发挥胶轮碾压效果。初压采用钢轮封面，复压胶轮在前，以胶轮为主，且为保证其平整度采取"同步前进，同步后退"的碾压方式。

由 LSAM 大粒径沥青稳定碎石表面状况（见图 10-39）可见，青红高速试验段 LSAM 结构层（见图 10-40）施工状况较好，有效地避免了混合料施工过程的离析现象。现场芯样（见图 10-41）表明，其大粒径级配骨架多取决于较大粒径的嵌挤关系，课题组所设计大粒径沥青碎石混合料骨料嵌挤效果较好，分布均匀，表面密实性较佳。

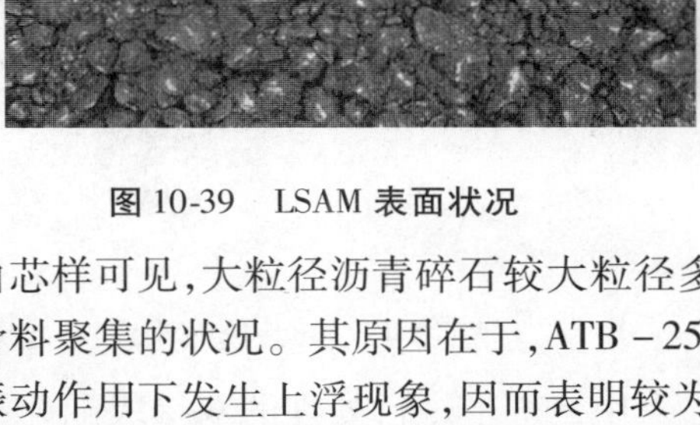

图 10-39　LSAM 表面状况

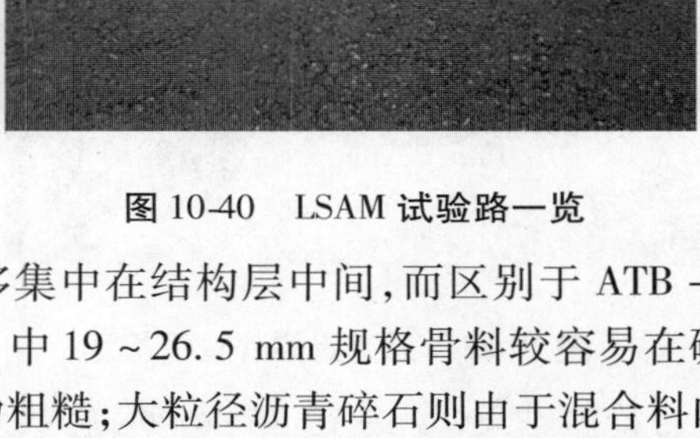

图 10-40　LSAM 试验路一览

由芯样可见，大粒径沥青碎石较大粒径多集中在结构层中间，而区别于 ATB－25 表面粗骨料聚集的状况。其原因在于，ATB－25 中 19～26.5 mm 规格骨料较容易在碾压机械的振动作用下发生上浮现象，因而表明较为粗糙；大粒径沥青碎石则由于混合料内部嵌挤效果较强，大粒径碎石在嵌挤作用下较难发生向上移动，因而大粒径沥青碎石表面略显

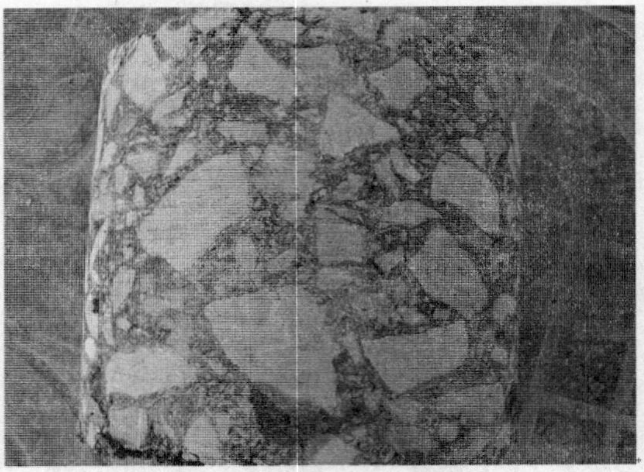

图 10-41 LSAM 芯样状况

致密。大粒径粒料均匀分布有利于其骨料嵌挤作用的发挥。

10.4 试验段检测评价

10.4.1 结构承载能力评价(弯沉测试及数据分析)

10.4.1.1 双层级配碎石试验段弯沉检测

2009 年 4 月 28 日课题组同施工单位对刚柔组合基层试验段方案 10 段碎石基层进行了弯沉检测。方案 10 号试验段碎石基层采取双层级配碎石结构,对该结构进行弯沉检测,能更好地了解该层铺筑情况及结构状态,并可为复合式基层及面层弯沉检测提供参考。

弯沉检测采用贝克曼梁静弯沉(见图 10-42),贝克曼梁采用 5.4 m。检测车后轴重 10 t,轮胎气压 0.7 MPa。气温 20 ℃,风力三到四级。检测频率为每 20 m 一点,超、行车道各测一次,卸载读数示意见图 10-43。其他方案段上基层均未进行弯沉检测。

图 10-42 贝克曼梁静弯沉检测

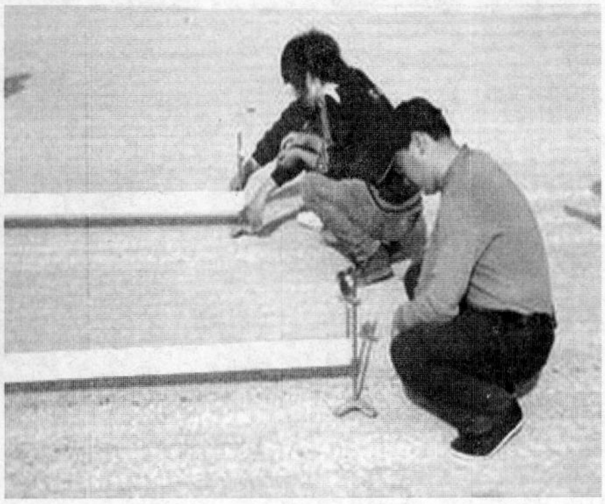

图 10-43 卸载读数示意

通过检测结果(见表 10-25)可见,底基层采用二灰土进行处理的双层级配碎石试验段弯沉值较小，代表值小于设计文件采用半刚性基层模量进行计算的半刚性上基层 27.2 mm的验收弯沉，且在测试条件完全相同的情况下道路内侧弯沉略大于外侧弯沉。弯沉检测说明，级配碎石基层能有效提高道路承载能力，满足我国沥青路面设计弯沉，可以为上层路面结构提供较高支撑强度。

表 10-25　级配碎石上基层弯沉检测数据

超车道弯沉值（×0.01 mm）			行车道（×0.01 mm）		
桩号	杆 1	杆 2	桩号	杆 1	杆 2
430	10	12	450	14	12
470	14	20	460	6	10
480	18	16	490	18	20
510	16	18	500	14	10
520	12	16	530	10	12
550	16	20	540	10	18
580	20	16	570	12	22
590	12	16	610	14	10
630	12	10	610	18	14
630	18	12	650	10	14
670	12	16	670	14	10
平均值	15.1		平均值	13.3	
标准差	3.2		标准差	4.0	
代表弯沉	20.4		代表弯沉	19.8	

10.4.1.2　刚柔组合基层顶面弯沉检测

2009 年 9 月 15 日及 9 月 25 日课题组分别对刚柔组合基层试验段进行了弯沉检测，旨在通过该弯沉检测数据对刚柔组合基层结构性能进行研究，并为其设计标准提供参考。各结构层表面弯沉如表 10-26、图 10-44 所示。

由各方案段刚柔组合基层顶面弯沉值对比可见，10 个方案段静弯沉值均小于主线结构设计文件计算的 23.1（×0.01 mm）的验收弯沉。刚柔组合基层试验段 1 ~ 9 号方案结构顶面弯沉均小于 10 号方案的柔性基层弯沉值，可见刚柔组合基层结构中半刚性基层结构的设置能有效降低沥青路面弯沉，半刚性层可为路面结构提供较好的承载面。

方案段中以 10 号方案全柔性基层弯沉最大，代表弯沉达到了 12.52（×0.01 mm），但仍较设计弯沉小 10.68（×0.01 mm），可见级配碎石的采用从我国验收弯沉角度来讲是能够满足要求的。方案 9 为典型的"倒装结构"，该方案段弯沉值略小于柔性基层，柔性基层顶面弯沉值较验收弯沉小。采用级配碎石的基层试验段弯沉检测结果说明，级配碎石层底采用二灰土或半刚性基层作为承载层，能有效约束道路结构弯沉变形，因此应用级配碎石层时其下层采用无机结合料处治的基层作为约束层。

表 10-26 刚柔组合基层试验段表面弯沉

方案编号	平均弯沉（×0.01 mm）	标准差（×0.01 mm）	代表值（×0.01 mm）	备注（方案变化）
1	1.38	0.69	2.53	16 cm ATB
2	3.31	0.75	4.54	10 cm ATB
3	0.91	0.52	1.77	二灰碎石
4	1.25	0.60	2.23	12 cm ATPB
5	1.75	0.71	2.92	12 cm LSM
6	1.81	1.07	4.03	8 cm ATB
7	2.43	1.48	5.4	10 cm ATB＋水泥粉煤灰
8	3.10	1.25	5.6	水泥粉煤灰
9	8.32	1.89	12.09	单层级配碎石
10	8.54	1.99	12.52	双层级配碎石;全柔性基层

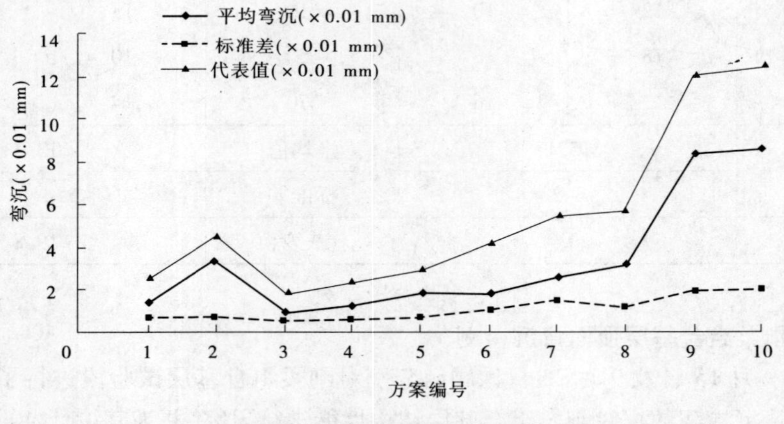

图 10-44 刚柔组合基层试验段表面弯沉对比曲线

由弯沉检测可见,12 cm ATB 刚柔组合基层试验段路段代表弯沉在 4.5 ~5.5(0.01 mm)之间,相同厚度 ATPB 及 LSAM 刚柔组合基层试验段代表弯沉为 2.23(0.01 mm)、2.92(0.01 mm),后者均较前者低。除测试水平、路基材料及下基层等因素影响外,ATPB 及 LSAM 较高的回弹模量也是影响其弯沉值的重要因素。因此,采用具有较高回弹模量的柔性基层材料能有效降低道路回弹弯沉,提高道路结构承载能力。

10.4.2 厚度检测

控制良好的厚度是保障刚柔组合基层结构功能的重要前提。施工结束后,现场采用钻芯法进行厚度检验。

现场钻芯取 12 cm、8 cm、10 cm 柔性沥青碎石基层厚度检测(见表 10-27),通过厚度可见,最大厚度偏差在 3 mm 内,满足《公路沥青路面设计规范》(JTG D50—2006)中规定的 5 mm 的偏差值。

表 10-27　青红高速刚柔组合基层试验段柔性层(ATB)厚度记录

结构层类型		基层	设计厚度(mm)					保证率(%)
测点位置			厚度(mm)					与设计厚度之差(mm)
编号	桩号	横距(m)	1	2	3	4	平均值	
1	ZK104 +490	右 3	119	121	120	116	119.0	−1.0
2	ZK104 +490	右 8	117	122	121	120	120.0	0.0
3	ZK104 +520	右 10	118	120	119	119	119.0	−1.0
4	ZK104 +520	右 4	121	120	119	120	120.0	0.0
5	ZK104 +670	右 3	119	117	121	116	118.2	−1.8
6	ZK104 +670	右 8	126	122	124	120	123.0	3.0
7	ZK104 +820	左 11	77	80	78	81	79.0	−1.0
8	ZK104 +820	左 5	78	81	79	82	80.0	0.0
9	ZK104 +980	左 6	80	76	80	76	78.0	−2.0
10	ZK104 +980	左 9	82	79	79	84	81.0	1.0
11	ZK105 +020	左 11	80	81	82	83	81.5	1.5
12	ZK104 +020	左 5	79	82	80	79	80.0	0.0
13	ZK104 +820	右 7	101	102	99	98	100.0	0.0
14	ZK104 +820	右 3	99	97	98	102	99.0	−1.0
15	ZK104 +970	右 9	98	101	100	105	101.0	1.0
16	ZK104 +970	右 4	99	101	97	95	98.0	−2.0
17	ZK105 +020	右 8	100	102	101	101	101.0	1.0
18	ZK105 +020	右 3	102	99	100	99	100.0	0.0

由于沥青路面的厚度以前多通过钻孔试件,数据少,还可能人为地舍弃一些数据,采用每天实际的生产量与铺筑面积计算,将能得到比较准确的平均厚度,该方法必须建立在混合料计重系统精准,马歇尔标准密度测试无误的基础之上。建议试件施工过程,以总量计算平均厚度为主,适量进行钻芯测厚度及高程控制为辅的方式进行道路厚度控制。

10.4.3　压实度检测

为控制压实功,保证基层材料压实效果,试验路铺筑碾压后中下基层采取灌砂法进行现场压实度检测、柔性基层采取取芯法压实度检测,如图 10-45、图 10-46 所示。

压实度检测结果表明,试验段压实度均达到课题组对该层的压实度标准。后续课题研究中,课题组将针对不同柔性基层材料、厚度、碾压方式及碾压效果进行进一步对比确定,见表 10-28。

图 10-45　半刚性基层压实度检测

图 10-46　沥青路面现场取芯

表 10-28　柔性基层试验段压实度汇总表

方案编号	桩号	压实度 1（%）97	压实度 2（%）93	方案编号	桩号	压实度 1（%）97	压实度 2（%）93
1 16 cm ATB	ZK112 + 300	97.2	93.3	6 8 cm ATB	ZK104 + 490	98.2	93.3
	ZK112 + 410	97.1	95		ZK104 + 520	99	94.9
	ZK1124 + 580	96.9	93.6		ZK104 + 670	98.4	93.8
	标准密度（g/cm^3）	2.445	2.557		标准密度（g/cm^3）	2.419	2.537
2 10 cm ATB	ZK110 + 200	99.9	95.2	7 10 cm ATB	ZK104 + 500	99.9	95.2
	ZK110 + 410	98.6	94.2		ZK104 + 660	98.7	94.2
	ZK110 + 560	98.7	94.3		ZK104 + 820	98.8	94.3
	标准密度（g/cm^3）	2.439	2.536		ZK104 + 980	98.6	94.1
3 12 cm ATB	ZK112 + 820	98.9	94.6		ZK105 + 020	99.7	95
	ZK112 + 980	99.3	94.8		标准密度（g/cm^3）	2.416	2.539
	ZK113 + 020	98	93.4	8 12 cm ATB	ZK104 + 820	99.2	94.6
	标准密度（g/cm^3）	2.443	2.557		ZK104 + 970	99.4	94.8
4 12 cm ATPB	ZK111 + 200	99.9	—		ZK105 + 020	98	93.4
	ZK111 + 500	100.3	—		标准密度（g/cm^3）	2.418	2.538
	标准密度（g/cm^3）	2.015	2.629	9 12 cm ATB	ZK105 + 440	98.9	94.2
5 12 cm LSAM	ZK110 + 580	99.4	94.9		ZK105 + 600	99.4	94.6
	ZK110 + 320	99.0920 9	94.3641 9		标准密度（g/cm^3）	2.42	2.542
	ZK110 + 200	100.175 4	95.3958 5	10 12 cm ATB	ZK105 + 450	99.5	95
	ZK110 + 420	99.0371 5	94.3118 7		ZK105 + 610	99.4	94.9
	标准密度（g/cm^3）	2.435	2.557		标准密度（g/cm^3）	2.423	2.538

通过各试验段沥青碎石类压实度对比可见，分别位于施工单位 11、10 项目部的 1～5 号方案段和 6～10 号方案段标准密度略有区别，相差 0.01～0.02 g/cm^3。差别原因在于原材料、试验仪器及试验人员测试习惯的不同，其差别在允许范围之内。

由表 10-28 可见，采用 8～16 cm 厚度 ATB 柔性基层进行压实其压实度均达到了毛体积密度压实度不小于 97%，理论密度压实度不小于 93% 的标准。可见，提高施工机械性能及采用新型碾压方式有助于增加沥青层单层施工厚度，提高了道路结构设计方案的可行性。新型碾压方式的实现，也为上面层的双层摊铺碾压工艺提供了可能。

10.4.4　道路渗水性能检测

刚柔组合基层柔性层渗水性能对道路寿命有较大影响，若柔性基层渗水系数过大，其内部较大的空隙一方面降低沥青混合料自身抗水损害能力；另一方面造成道路下基层的冲刷破坏。刚柔组合基层试验段施工结束后施工单位配合课题组对柔性基层进行了柔性基层渗水试验（见图 10-47）。试验结果表明，由于柔性基层表面粗粒式碎石较多，因此对表面进行渗水试验过程水分较多从基层表面碎石贯通孔隙处流出，失去了渗水检测的意义，因此建议粗粒式刚柔组合基层柔性层施工过程中可不对其进行现场渗水系数检测，而通过钻芯法检测其空隙率来控制。

图 10-47　柔性基层渗水试验

青红高速邯涉段路面结构设置无砂混凝土路肩，其透水能力同样关系到路面结构的稳定性，特别是设置排水基层的路段，路肩渗透能力尤为重要，若其施工过程中无法保证其渗水系数则会在路边缘产生路面结构水损害问题。现场采用路面渗水仪对无砂混凝土路肩进行了渗水系数检验（见图 10-48、图 10-49），检测结果表明无砂混凝土渗透系数均大于 800 mL/min，透水路肩实施效果良好。

10.4.5　常规检测

中下面层施工后参照《公路路面基层施工技术规范》（JTJ 034—2000）要求进行了各方案段的横坡及平整度三米直尺检测，见图 10-50、图 10-51。

柔性基层施工结束后，课题组对试验段进行了连续平整度仪、八轮仪平整度检测，并

图 10-48　无砂混凝土路肩渗水试验

图 10-49　施工良好的无砂混凝土路肩

图 10-50　基层横坡检测

图 10-51　平整度三米直尺检测

对 ATPB 试验段进行了横坡、路面宽度检测。

道路横坡是保证路面排水能力的重要指标，试验段铺筑过程对各结构层进行了横坡检测，见表 10-29。

表 10-29　青红高速刚柔组合基层试验段柔性层(ATB)横坡度记录

方案编号	桩号	横坡度(%)						
		设计值		实测值		实测差值		允许误差(%)
		左	右	左	右	左	右	
8	ZK104 + 540		+3		+3.15		+0.15	±0.3
	ZK104 + 580		+2.43		+2.71		+0.28	±0.3
	ZK104 + 620		+1.28		+1.11		-0.17	±0.3
	ZK104 + 660		+0.14		+0.29		+0.15	±0.3
	ZK104 + 700		-1.00		-1.27		-0.27	±0.3

续表 10-29

方案编号	桩号	横坡度(%)						
		设计值		实测值		实测差值		允许误差(%)
		左	右	左	右	左	右	
6	ZK104 +740	-2		-2.14		-0.14		±0.3
	ZK104 +780	-2		-2.22		-0.22		±0.3
	ZK104 +820	-2		-2.16		-0.16		±0.3
	ZK104 +860	-2		-2.29		-0.29		±0.3
	ZK105 +040	-2		-2.12		-0.12		±0.3
	ZK105 +080	-2		-1.85		+0.15		±0.3
	ZK105 +120	-2		-2.04		-0.04		±0.3
7	ZK104 +740		-2		-2.16		-0.16	±0.3
	ZK104 +780		-2		-2.19		-0.19	±0.3
	ZK104 +820		-2		-2.24		-0.24	±0.3
	ZK104 +860		-2		-2.21		-0.21	±0.3
	ZK104 +900		-2		-2.30		-0.3	±0.3
	ZK105 +040		-2		-2.1		-0.1	±0.3
	ZK105 +080		-2		-2.25		-0.25	±0.3
	ZK105 +120		-2		-2.19		-0.19	±0.3
9	ZK105 +460		-2		-2.21		-0.21	±0.3
	ZK105 +500		-2		-2.28		-0.28	±0.3
	ZK105 +540		-2		-2.14		-0.14	±0.3
	ZK105 +580		-2		-2.01		-0.01	±0.3
	ZK105 +620		-2		-1.85		+0.15	±0.3
	ZK105 +660		-2		-1.73		+0.27	±0.3
10	ZK105 +460	-2		-2.13		-0.13		±0.3
	ZK105 +500	-2		-2.24		-0.24		±0.3
	ZK105 +540	-2		-2.18		-0.18		±0.3
	ZK105 +580	-2		-2.15		-0.15		±0.3
	ZK105 +620	-2		-2.27		-0.27		±0.3
	ZK105 +660	-2		-2.3		-0.3		±0.3

检测结果表明,各方案段横坡变化幅度均小于 0.3%,能够满足道路排水的需求。横

坡变化幅度均符合规范对高速公路基层横坡及平整度的要求。

经检测,采用常规施工方法柔性基层平整度一般为1.8~1.9 mm,采用课题组推荐的碾压方式后平整度可控制在1.6~1.8 mm。LSM试验段表面平整度较ATB略小,平整度控制在1.6~1.75 mm。ATPB试验段由于部分段落尝试采用胶轮碾压平整度略低,碾压方式调整后平整度同ATB控制在1.6~1.8 mm。

10.5 基于气候分级的刚柔组合基层推荐典型结构

10.5.1 刚柔组合基层沥青路面气候影响分级

刚柔组合基层沥青路面长期暴露在自然环境之中,受环境中温度及湿度的变化影响较大。温度和湿度的变化直接影响到沥青路面的抗永久变形能力、抗水损害能力及基层的干温度收缩性能,对采用半刚性材料沥青路面结构的开裂性能有较大影响。

沥青路面刚柔组合基层结构应根据环境的温湿状况进行相应设计,以减小环境对刚柔组合基层沥青路面使用状况的影响,延长道路使用寿命及提高服务水平。

综合考虑刚柔组合基层沥青路面结构功能,其高温变形、低温抗裂及抗水损害能力是该种类型路面结构功能发挥的保证。影响因素分别为自然环境的高温状况、低温状况、降雨量及蒸发量。

10.5.1.1 高温状况分级

环境因素中的最高气温是影响刚柔组合基层沥青路面高温稳定性的直接因素。沥青混合料为感温材料,其高温稳定性随温度降低幅度为5%/℃~7%/℃。由于刚柔组合基层结构中沥青层相对较厚,随着气温状况的提高其整体高温稳定性能有较大下降。因此,采用最高温度进行分级,以在刚柔组合基层结构设计中考虑结构及材料的抗车辙性能。

高温分级参考我国《公路沥青路面施工技术规范》(JTG F40—2004)中的高温分区指标,采用最近30年内最热月的平均气温作为反映高温和重载条件下出现车辙等流动变形的气候因子,全年高于30 ℃的积温及连续高温的持续时间作为辅助参考值。刚柔组合基层结构设计高温分级状况如表10-30所示。

表10-30 刚柔组合基层沥青路面高温分级指标

高温等级	G1	G2	G3
等级状况	炎热	热	凉
最热月平均气温(℃)	>30	20~30	<20

10.5.1.2 低温状况分级

低温分级主要以控制刚柔组合基层沥青路面结构低温开裂状况为主要目标。刚柔组合基层沥青路面温度场计算表明,半刚性层所处温度较气温相差5~15 ℃。结合半刚性材料收缩应力计算公式,半刚性材料温度梯度从-5 ℃降低到-10 ℃、-20 ℃、-30 ℃、-40 ℃、-50 ℃时,其收缩应力变化如图10-52所示。

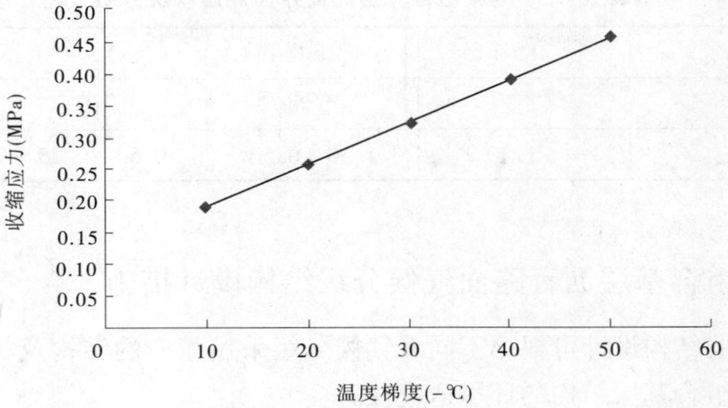

图 10-52　收缩应力随温度梯度变化关系

半刚性层温度梯度计算以其养生成型温度 10 ~ 20 ℃为基准进行计算，则材料为 0 ℃时对应的温度梯度为 -10 ℃。一般面层为 10 ~ 13 cm 下，柔性层温度接近气温，极端最低温度过低将影响其温度收缩状况。覆盖柔性层及沥青面层后，低温下半刚性层温度变化较气温提高 5 ~ 15 ℃，其低温下的温度梯度的计算表达式为

温度梯度 =（气温 + 半刚性层修正温度）- 半刚性层初期养生温度

为方便计算，低温下沥青层覆盖的半刚性层温度梯度可取气温。结合我国《公路沥青路面施工技术规范》(JTG F40—2004) 中推荐的低温指标，刚柔组合基层沥青路面低温分级如表 10-31 所示。

表 10-31　刚柔组合基层沥青路面低温分级

低温等级	D1	D2	D3	D4
等级状况	严寒	寒冷	温冷	温暖
极端最低气温(℃)	< -35.0	-35.0 ~ -15.0	-15.0 ~ -5.0	> -5.0

10.5.1.3　潮湿状况分级

刚柔组合基层沥青路面结构设计不仅要考虑气候降水量状况对路面造成的水损害影响，同时应对气候中影响半刚性材料的干燥收缩状况的降水量及蒸发量进行综合评价分级。

衡量气候、热量、水分状况的综合指标是年降水量 R(mm) 与年蒸发量 Z(mm) 的比值，这一比值称为潮湿系数 K，其表达式如下：

$$K = \frac{R}{Z}$$

式中：R 为年降水量；Z 为年蒸发量。

从宏观角度讲，潮湿系数不仅能够反映降水量对路面抗水损害能力的要求，同时能够反映半刚性材料干燥收缩开裂状况。路面结构设计过程通过对不同潮湿系数地区选取相应的结构，可降低水对路面结构的影响，提高半刚性层抗开裂性能。

结合我国公路自然区划对刚柔组合基层沥青路面湿度分级如表 10-32 所示。

表 10-32 刚柔组合基层沥青路面潮湿状况分级

潮湿等级	K1	K2	K3	K4
等级状况	潮湿	湿润	干燥	过干
潮湿系数 *K*	>1.50	1.50~0.50	0.50~0.25	<0.25

10.5.2 刚柔组合基层沥青路面气候分级结构设计措施

刚柔组合基层结构设计可根据不同的气候分级采用相应的结构及材料设计方案,以保证所设计刚柔组合基层结构的环境适应性。

对于刚柔组合基层高温分级,G1 炎热级夏季最热月平均最高气温达 30 ℃,沥青路面较易在短期内出现高温车辙,其路面结构设计应提供高温稳定性,刚柔组合基层柔性层材料应采用大粒径沥青碎石类具有较好抗永久变形的材料。G2 级应适当考虑高温稳定性,可以根据其他气候条件综合选取。G3 级可在其他气候条件兼顾的情况下提供刚柔组合基层沥青路面高温稳定性。

刚柔组合基层低温分级主要针对结构及材料低温抗开裂能力,刚柔组合基层路面结构设计 D1、D2 低温等级下宜提高沥青混合料及半刚性材料低温抗裂性能,沥青混合料优选抗裂性能较好的级配碎石、ATPB 及 LSAM 等延缓下层反射裂缝向上扩展,半刚性材料宜选用水泥粉煤灰及二灰类材料。若条件较为苛刻,可设置保温性能较好的级配碎石层,减小下层温度梯度。

通过对气候潮湿系数进行分级,可在刚柔组合基层设置过程中减小道路水损害对道路的影响,根据湿度状况选取相应的半刚性材料。K1、K2 潮湿等级应加强道路结构排水设计,结合其他气候条件重点对半刚性材料温度收缩状况进行确定。K3、K4 应重点针对半刚性材料抗裂性能进行研究,防止半刚性层干燥收缩开裂造成的上层反射裂缝的发生。

从抵抗路面反射开裂角度分析,低温及潮湿等级对半刚性层开裂及反射裂缝的发展状况有较大影响。其低温及潮湿条件直接决定了刚柔组合基层结构组合及设计,不同低温及潮湿等级下的刚柔组合基层抗裂标准如表 10-33 所示。

表 10-33 不同低温及潮湿等级下刚柔组合基层抗裂等级

潮湿等级	低温等级			
	D1	D2	D3	D4
K1	一级抗裂	三级抗裂	四级抗裂	五级抗裂
K2	一级抗裂	二级抗裂	三级抗裂	四级抗裂
K3	一级抗裂	一级抗裂	二级抗裂	三级抗裂
K4	一级抗裂	一级抗裂	二级抗裂	二级抗裂

注:抗裂等级一级为最高,表示材料开裂状况最为严重,其余等级依次减弱。

综合以上分析,刚柔组合基层气候分级相应的结构方案功能要求如表 10-34 所示。

表 10-34　刚柔组合基层沥青路面分级结构方案汇总

高温等级		G1	G2	G3	—
等级状况		炎热	热	凉	—
结构设计方案	结构功能	高抗车辙结构	抗车辙结构	适当高温稳定性	—
	柔性层材料	LSAM	LSAM、ATB	不限	—
	半刚性层材料	水泥粉煤灰稳定碎石、水泥碎石	水泥粉煤灰稳定碎石、水泥碎石	不限	—
低温等级		D1	D2	D3	D4
等级状况		严寒	寒冷	温冷	温暖
结构设计方案	结构功能	抗开裂	抗开裂	适当抗裂	兼顾其他
	柔性层材料	ATPB、级配碎石	ATPB、级配碎石、LSAM	ATPB、LSAM、级配碎石	不限
	半刚性层材料	二灰碎石、水泥粉煤灰碎石	水泥粉煤灰碎石、二灰碎石	优选二灰碎石、水泥粉煤灰碎石	水泥粉煤灰碎石、二灰碎石
潮湿等级		K1	K2	K3	K4
等级状况		潮湿	湿润	干燥	过干
结构设计方案	结构功能	良好排水	排水	适当抗裂	抗开裂
	柔性层材料	ATPB、级配碎石	ATPB、级配碎石、ATB	ATPB、级配碎石、LSAM	ATPB、级配碎石
	半刚性层材料	水泥稳定碎石	水泥稳定碎石	二灰碎石、水泥粉煤灰碎石	水泥粉煤灰碎石、二灰碎石

10.5.3　基于结构功能的刚柔组合基层推荐典型结构

10.5.3.1　基于控制开裂的刚柔组合基层推荐典型结构

刚柔组合基层沥青路面结构设计过程，根据气候条件选取合理的结构可较大程度延缓路面反射裂缝的发生。结合表 10-33 中对应的基层材料抗裂等级可进行相应的刚柔组合基层结构设计，以采取与道路所处环境相匹配的抗开裂结构。

结合半刚性、柔性材料抗裂性能的定量评价分析及基于抗裂性能的半刚性层、柔性层等级划分，对不同抗裂等级的刚柔组合基层结构进行设计。由于目前沥青面层多为“4 + 5”、“5 + 6”、“5 + 8”组合，结构厚度在 9 ~ 13 cm，因此假定在面层厚度为 9 ~ 13 cm 下推荐刚柔组合基层结构，见表 10-35。

10.5.3.2　基于综合功能的刚柔组合基层推荐典型结构

由刚柔组合基层结构设计气候分级可见，刚柔组合基层结构功能主要分为三类，即抗车辙型、抗裂型及抗水损害排水型。根据不同的气候状况，其各自功能又有高标准及低标准之分。

全面分析刚柔组合基层不同气候因素分级，气候对其结构功能交叉要求如表 10-36

所示。

表 10-35 基于控制开裂的高等级沥青路面刚柔组合基层典型结构

结构功能类型	高标准	低标准
一级抗裂结构	12 ~ 15 cm LSAM - 30 10 cm ATPB 18 cm 水泥粉煤灰稳定碎石 18 cm 石灰粉煤灰稳定碎石	10 ~ 12 cm ATPB - 25 20 cm 水泥粉煤灰碎石 20 cm 石灰粉煤灰稳定碎石
二级抗裂结构	10 ~ 12 cm ATPB - 25 20 cm 水泥粉煤灰碎石 20 cm 石灰粉煤灰稳定碎石	12 ~ 15 cm LSAM - 30 20 cm 水泥粉煤灰稳定碎石 20 cm 石灰粉煤灰稳定碎石
三级抗裂结构	12 ~ 15 cm LSAM - 30 20 cm 级配碎石 20 cm 水泥粉煤灰碎石	10 ~ 15 cm ATB - 25 18 cm 级配碎石 20 cm 水泥粉煤灰碎石
四级抗裂结构	12 ~ 15 cm LSAM - 30 20 cm 水泥粉煤灰稳定碎石 20 cm 石灰粉煤灰稳定碎石	12 ~ 15 cm LSAM - 30 18 cm 水泥粉煤灰稳定碎石 18 cm 石灰粉煤灰稳定碎石
五级抗裂结构	10 ~ 12 cm ATB - 25 20 cm 水泥稳定碎石 20 cm 石灰粉煤灰稳定碎石	10 ~ 12 cm ATB - 25 18 cm 水泥稳定碎石 18 cm 石灰粉煤灰稳定碎石

注:1. 刚柔组合基层半刚性层同沥青碎石类柔性层间应设置煤油稀释沥青透层及“两油一料”多功能夹层,刚柔组合基层级配碎石层同柔性层间应设置乳化沥青透层及“两油一料”多功能夹层。

2. 高标准适合气候因素较为严峻地区及高速公路。

表 10-36 刚柔组合基层沥青路面分级功能要求交叉组合

结构功能	抗车辙	抗裂	排水
抗车辙	抗车辙	抗裂、抗车辙	抗车辙、排水
抗裂	抗裂、抗车辙	抗裂	抗裂、排水
排水	抗车辙、排水	抗裂、排水	排水

综合以上可见,气候因素对刚柔组合基层结构功能要求有抗车辙型、抗裂型、排水型、抗车辙兼抗裂型、抗裂兼排水型、抗车辙兼排水型及三种类型的组合共 7 种结构功能要求。针对气候因素的严酷程度,各功能又可分为高标准及低标准两级。假定面层 9 ~ 13 cm下推荐基于综合结构功能的沥青路面刚柔组合基层典型结构如表 10-37 所示。

以青红高速邯涉段为例对刚柔组合基层典型结构进行应用。根据河北地区青红高速沿线气候条件可见,其 7 月高温月平均气温 26.5 ℃,高温等级为 G2 炎热级。极端最低气温为 -19 ℃,低温等级为 D2 寒冷级。年降水量 579 mm,潮湿系数 0.57,属于 K2 湿润区。由其气候因素等级可见,该地区高温及湿度情况相对较高,低温条件较为缓和。

结合其气候因素分级,根据表 10-33、表 10-34,其抗裂等级为二级抗裂等级,同时需加强刚柔组合基层结构的抗车辙及抗裂性能,兼顾材料低温性能及抗水损害能力。

表 10-37　基于综合功能的高等级沥青路面刚柔组合基层典型结构

结构功能类型	高标准	低标准
抗车辙型	12 ~ 14 cm LSAM – 30 18 cm 水泥粉煤灰碎石 18 cm 二灰碎石	12 cm ATB – 25 18 cm 水泥粉煤灰碎石 18 cm 二灰碎石
抗裂型	10 ~ 12 cm ATPB – 30 20 cm 水泥粉煤灰稳定碎石 20 cm 二灰碎石	12 ~ 15 cm LSAM – 30 18 cm 级配碎石 20 cm 水泥粉煤灰碎石
排水型		10 ~ 15 cm ATB – 25 18 cm 级配碎石 20 cm 水泥粉煤灰碎石
抗裂、抗车辙型	12 ~ 15 cm LSAM – 30 20 cm 水泥粉煤灰稳定碎石 20 cm 石灰粉煤灰稳定碎石	12 ~ 14 cm LSAM – 30 18 cm 级配碎石 20 cm 水泥粉煤灰碎石
抗裂、排水型	10 cm ATPB – 30 20 cm 水泥粉煤灰稳定碎石 20 cm 二灰碎石	10 ~ 15 cm ATB – 25 18 cm 级配碎石 20 cm 水泥稳定碎石
抗车辙、排水型	12 ~ 14 cm LSAM – 30 10 cm 级配碎石 18 cm 水泥粉煤灰稳定碎石 18 cm 石灰粉煤灰稳定碎石	10 ~ 15 cm ATB – 25 18 cm 级配碎石 20 cm 水泥粉煤灰碎石
抗裂、抗车辙、排水型	12 ~ 14 cm LSAM – 30 10 cm ATPB – 25 18 cm 水泥粉煤灰稳定碎石 18 cm 石灰粉煤灰稳定碎石	12 ~ 14 cm LSAM – 30 22 cm 水泥粉煤灰碎石 22 cm 石灰粉煤灰稳定碎石

注：1. 刚柔组合基层半刚性层同沥青碎石类柔性层间应设置煤油稀释沥青透层及“两油一料”多功能夹层，刚柔组合基层级配碎石层同柔性层间应设置乳化沥青透层及“两油一料”多功能夹层。

2. 高标准适合气候因素较为严峻地区及高速公路。

根据表 10-35 及表 10-37，该地区青红高速典型推荐的抗裂结构及综合功能结构均为：12 ~ 15 cm LSAM – 30、煤油稀释沥青透层 + 多功能夹层、20 cm 水泥粉煤灰稳定碎石、20 cm 石灰粉煤灰稳定碎石。

该结构采用抗车辙及抗裂性能较好的大粒径沥青碎石，并通过提高柔性层厚度控制下层反射裂缝的发生。下层半刚性层则采用了干温度收缩较小、抗开裂性能较好的水泥粉煤灰及石灰粉煤灰稳定碎石，并通过增加碎石层的结构厚度提高半刚性结构层抗开裂能力。因此，建议邯郸地区高速公路结构为该结构。

10.6　工程总体评价

课题组通过 10 个结构方案的刚柔组合基层试验段的设置及效果对比，完善了刚柔组合基层设计理论，对刚柔组合基层路面结构施工方式、材料设计进行了实践验证，现场检测表明刚柔组合基层试验段实施效果良好。刚柔组合基层试验段试验效果具体如下：

(1)刚柔组合基层试验段中下基层施工过程，对水泥粉煤灰稳定碎石、水泥稳定碎石、石灰粉煤灰稳定碎石及级配碎石 4 种中下基层材料进行了试验，并对其施工方法进行了确定。铺筑效果表明，刚柔组合基层试验段中下基层，摊铺均匀，施工及养生条件良好。

(2)透层、防水层、ATB、ATPB 及大粒径沥青碎石的施工过程确定了刚柔组合基层透层、防水层及柔性基层的材料组成，设计其施工方法。现场实施过程表明，课题组设计所设计材料及施工方法能够有效保证该结构的预期效果，保证了刚柔组合基层的功能要求。

(3)路面结构强度的测试与评价是道路检测工作中的重要内容。对青红高速公路刚柔组合基层试验段的弯沉和厚度测试表明，道路基层以下强度是符合要求的。

(4)刚柔组合基层试验段压实效果采用课题组推荐的压实方法，有效地保证了刚柔组合基层材料的压实度，为不同结构刚柔组合基层的实施提供了实践依据。

(5)试验段横坡及平整度检测表明：刚柔组合基层施工横坡满足道路施工要求，能有效保证路面排水；刚柔组合基层表层平整度均小于 1.8 mm，为路面总体平整度要求提供了良好的基础。

综上所述，刚柔组合基层试验段设计合理，施工过程组织有效，较好地保证了其功能的发挥，该结构层的合理设计施工能够很好地保证路面结构优越的整体性能。

10.7　本章小结

本章系统地分析了刚柔组合基层试验段实体工程的实施效果，全面验证了半刚性层开裂预估及控制措施、刚柔组合基层结构设计理论、刚柔组合基层材料设计方法及刚柔组合基层施工工艺等方面的研究内容，为刚柔组合基层沥青路面的实施提供了实践经验。

本章系统分析了刚柔组合基层沥青路面气候分级标准，确立了刚柔组合基层沥青路面气候分级标准，根据气候对路面结构功能要求首次提出高等级沥青路面刚柔组合基层典型推荐结构。

参 考 文 献

[1] 中华人民共和国行业标准. JTG D50—2006 公路沥青路面设计规范[S]. 北京:人民交通出版社,2006.

[2] 中华人民共和国交通部. JTJ 034—2000 公路路面基层施工技术规范[S]. 北京:人民交通出版社,2000.

[3] 中华人民共和国交通部. JTG F40—2004 公路沥青路面施工技术规范[S]. 北京:人民交通出版社,2004.

[4] 沙庆林. 高等级道路半刚性路面[M]. 北京:中国建筑工业出版社,1993.

[5] 沈金安. 国外沥青路面设计方法汇总[M]. 北京:人民交通出版社,2004.

[6] 冯治安,王选仓. 长寿命路面典型结构研究、设计与施工技术[M]. 北京:人民交通出版社,2007.

[7] [美]黄仰贤. 路面分析与设计[M]. 北京:人民交通出版社,1998.

[8] AASHTO. AASHTO 2002 Guide for Design of Eisenmann 1 Influence of Pavement Structures[M]. 2002.

[9] Chang D T, Lai R Q, Chang J Y, et al. Effects of geo-grid in enhancing the resistance of asphalt concrete to reflection cracks[J]. ASTM Special Technical Publication, 1998 (1348):39-52.

[10] Canadian Strategic Highway Research. Pavement Structural Design Practice Across Canada[R]. Canadian Strategic Highway Research Program,2002.

[11] Williams C R,Prowell B D. Comparison of Laboratory Wheel-Tracking Test Results to Wes Track Performance[J]. Journal of the Transportation Research,2000.

[12] Owusu-Antwi E B, Khazanovich L, Titus-Glover L. Mechanistic-based model for predicting reflective cracking in asphalt concrete-overlaid pavements[J]. TRR, 1998 (1629) :234-241.

[13] Kim K W, Doh Y S, Lim S. Mode 1 reflection cracking resistance of strengthened asphalt concretes [J]. Construction and Building aterials, 1999, 13(5):243-251.

[14] Adnan A Basma. Climatic Consideration in New AASHTO Flexible Pavement Design[M]. Transportation Engineering, 1991.

[15] Nevelt G,Thanfold H. Evaluation of the Resistance to Deformation of Different Road Structures and Asphalt Mixtures Determined in the Pavement-Rutting Tester[J]. Proceedings of the Association of Asphalt Paving Technologists, 1988,57(1):320-345.

[16] Kenis W J. Predictive design procedures—A design method for flexible pavements using the VESYS structural subsystem [C]//Proceedings,Fourth International Conference on the Structural Design of Asphalt Pavements. Ann Arbor:University of Michigan,1977:101-730.

[17] Archilla A R,Medanat S. Development of asphalt pavement rutting model from experimental data[C]// 79th Annual TBR Meeting. Washington D C:National Research Council,2000:425-445.

[18] 张宏君,王选仓,李振霞. 水泥稳定碎石断裂性能研究[J]. 公路,2008,10.

[19] 张嘎吱. 水泥粉煤灰稳定碎石基层配合比设计和路用性能研究[D]. 西安:长安大学,2004.

[20] 王选仓,等. 重载沥青路面研究[J]. 西安公路交通大学学报,1998(4).

[21] 陈冬燕. 半刚性基层材料抗裂性能研究[D]. 西安:长安大学,2005.

[22] 沙爱民,张登良. 西三公路半刚性基层材料抗裂性试验研究[J]. 西安公路交通大学学报,1998,

(1):1-5.

[23] 王磊．水泥稳定碎石抗裂性评价方法研究[J]．中国西部科技,2005(8):26-28.

[24] 宋存牛,王选仓,赵光海．沙漠地区典型沥青混凝土路面结构温度场的仿真分析[J]．公路,2005,(11):106-111.

[25] 王选仓,等．沥青混合料低温蠕变性能研究[C]//道路工程学会学术论文集．沈阳:东北大学出版社,2000.

[26] 孙立军．沥青路面结构行为理论[M]．上海:同济大学出版社,2003.

[27] 李振霞．沥青路面刚柔组合基层结构与材料研究[D]．西安:长安大学,2008.

[28] 肖亮. 刚柔组合基层沥青路面结构研究[D]. 西安:长安大学,2007.

[29] 许志鸿,等．沥青路面车辙的理论计算[J]．中国公路学报,1992,3(3).

[30] 李长江,栾海,等．级配碎石柔性基层设计参数的研究[J]．公路,2007,7:153-158.

[31] 原驰,王选仓．高速公路 ATB 联结层设计参数敏感性分析[J]．路基工程,2009,5.

[32] 徐江萍．水泥粉煤灰稳定碎石基层沥青路面抗裂性能研究[D]．西安:长安大学,2006.

[33] 胡斌．沥青路面柔性基层(沥青稳定碎石)应用研究[D]．西安:长安大学,2005.

[34] 哈尔滨工业大学交通科学与工程学院．柔性基层室内试验阶段性报告[R]．哈尔滨:哈尔滨工业大学,2002.

[35] 陆长兵．大粒径沥青稳定碎石基层性能研究[D]．南京:东南大学,2004.